UNIX 网络编程

卷 2：进程间通信

第 2 版

[美] W. 理查德 · 史蒂文斯（W. Richard Stevens） 著

人 民 邮 电 出 版 社

北 京

图书在版编目（CIP）数据

UNIX网络编程. 卷2, 进程间通信 : 第2版 = UNIX
Network Programming, Volume 2: Interprocess
Communications, Second Edition : 英文 / (美) W. 理
查德·史蒂文斯 (W. Richard Stevens) 著. -- 3版. --
北京 : 人民邮电出版社, 2019.10
ISBN 978-7-115-51780-7

Ⅰ. ①U… Ⅱ. ①W… Ⅲ. ①UNIX操作系统－程序设计
－英文 Ⅳ. ①TP316.81

中国版本图书馆CIP数据核字(2019)第172800号

内容提要

本书是 UNIX 网络编程的经典之作。进程间通信（IPC）几乎是所有 UNIX 程序性能的关键，理解 IPC 也是理解如何开发不同主机间网络应用程序的必要条件。本卷从对 Posix IPC 和 System V IPC 的内部结构开始讨论，全面深入地介绍了 4 种 IPC 形式：消息传递（管道、FIFO、消息队列）、同步（互斥锁、条件变量、读写锁、文件与记录锁、信号量）、共享内存（匿名共享内存、具名共享内存）及远程过程调用（Solaris 门、Sun RPC）。附录中给出了测量各种 IPC 形式性能的方法。

本书内容详尽且具权威性，几乎每章都提供精选的习题，并提供了部分习题的答案，是网络研究和开发人员理想的参考书。

◆ 著　　　[美] W. 理查德·史蒂文斯（W. Richard Stevens）
　责任编辑　杨海玲
　责任印制　焦志炜

◆ 人民邮电出版社出版发行　　北京市丰台区成寿寺路 11 号
　邮编　100164　　电子邮件　315@ptpress.com.cn
　网址　http://www.ptpress.com.cn
　三河市君旺印务有限公司印刷

◆ 开本：787×1092　1/16
　印张：29.5　　　　　　　2019 年 10 月第 3 版
　字数：777 千字　　　　　2024 年 11 月河北第12次印刷

著作权合同登记号　图字：01-2009-5716 号

定价：109.00 元

读者服务热线：(010)81055410　印装质量热线：(010)81055316
反盗版热线：(010)81055315
广告经营许可证：京东市监广登字 20170147 号

版 权 声 明

版权声明

前 言

概述

大多数重要的程序都涉及进程间通信（Interprocess Communication, IPC）。这是受下述设计原则影响的自然结果：把应用程序设计为一组相互通信的小片断比将其设计为单个庞大的程序更好。从历史角度看，应用程序有如下几种构建方法。

(1) 用一个庞大的程序完成全部工作。程序的各部分可以实现为函数，函数之间通过参数、返回值和全局变量来交换信息。

(2) 使用多个程序，程序之间用某种形式的IPC进行通信。许多标准的UNIX工具都是按这种风格设计的，它们使用shell管道（IPC的一种形式）在程序之间传递信息。

(3) 使用一个包含多个线程的程序，线程之间使用某种IPC。这里仍然使用术语IPC，尽管通信是在线程之间而不是在进程之间进行的。

还可以把后两种设计形式结合起来：用多个进程来实现，其中每个进程包含几个线程。在这种情况下，进程内部的线程之间可以通信，不同的进程之间也可以通信。

上面讲述了可以把完成给定任务所需的工作分到多个进程中，或许还可以进一步分到进程内的多个线程中。在包含多个处理器（CPU）的系统中，多个进程也许可以（在不同的CPU上）同时运行，或许给定进程内的多个线程也能同时运行。因此，把任务分到多个进程或线程中有望减少完成指定任务的时间。

本书详细描述了以下4种不同的IPC形式：

(1) 消息传递（管道、FIFO和消息队列）；

(2) 同步（互斥量、条件变量、读写锁、文件和记录锁、信号量）；

(3) 共享内存（匿名的和具名的）；

(4) 远程过程调用（Solaris门和Sun RPC）。

本书不讨论如何编写通过计算机网络通信的程序。这种通信通常涉及使用TCP/IP协议族的套接字API，相关主题在卷1 [Stevens 1998]中有详细讨论。

有人可能会提出质疑：不应该使用单主机或非网络IPC（本卷的主题），所有程序都应该在网络上的多台主机上同时运行。但在日常实践中，单主机IPC往往比网络通信快得多，而且有时还简单些。共享内存、同步等方法通常也只能用于单主机，跨网络时可能无法使用。经验和历史表明，非网络IPC（本卷）与跨网络IPC（卷1）都是需要的。

本卷建立在卷1和我写的另外4本书的基础上，这5本书在本书中简记如下：

- UNPv1：*UNIX Network Programming, Volume 1* [Stevens 1998]；
- APUE：*Advanced Programming in the UNIX Environment* [Stevens 1992]；
- TCPv1：*TCP/IP Illustrated, Volume 1* [Stevens 1994]；
- TCPv2：*TCP/IP Illustrated, Volume 2* [Wright and Stevens 1995]；

- TCPv3：*TCP/IP Illustrated, Volume 3* [Stevens 1996]。

在一本书名包含“网络编程”的书中讨论IPC看似有点奇怪，但事实上IPC经常用于网络应用程序。我在《UNIX网络编程》1990年版的前言里就指出：“想知道如何为网络开发软件，必须先理解进程间通信（IPC）。”

与第 1 版的区别

本书完全重写并扩充了1990年版《UNIX网络编程》的第3章和第18章。字数统计表明，现在的内容是第1版的5倍。新版的主要改动归纳如下。

- 不仅讨论了“System V IPC”的三种形式（消息队列、信号量以及共享内存），还对实现了这些IPC的新的Posix函数进行了介绍。（1.7节将详细介绍Posix标准族。）我认为使用Posix IPC函数是大势所趋，因为它们比System V中的相应部分更具优势。
- 讨论了用于同步的Posix函数：互斥锁、条件变量以及读写锁。它们可用于线程或进程的同步，而且往往在访问共享内存时使用。
- 本卷假定使用Posix线程环境（称为“Pthreads”），许多示例都是用多线程而不是多进程构建的。
- 对管道、FIFO和记录锁的讨论侧重于从它们的Posix定义出发。
- 本卷不仅描述了IPC机制及其使用方法，还实现了Posix消息队列、读写锁与Posix信号量（都可以实现为用户库）。这些实现可以把多种不同的特性捆绑起来（例如，Posix信号量的一种实现用到了互斥量、条件变量和内存映射I/O），还强调了我们在应用程序中经常要处理的一些问题（如竞争状态、错误处理、内存泄漏和变长参数列表）。理解某种特性的实现通常有助于了解如何使用该特性。
- 对RPC的讨论侧重于Sun的RPC包。在此之前讲述了新的Solaris门API，它类似于RPC但用于单主机。这么一来我们就介绍了许多在调用其他进程中的过程时需要考虑的特性，而不用关心网络方面的细节。

读者对象

本书既可以用作IPC的教程，也可以用作有经验的程序员的参考书。全书划分为以下4个主要部分：

- 消息传递；
- 同步；
- 共享内存；
- 远程过程调用。

但许多读者可能只对特定的部分感兴趣。第2章总结了所有Posix IPC函数共有的特性，第3章归纳了所有System V IPC函数共有的特性，第12章介绍了Posix和System V的共享内存，但书中多数章节都可以独立于其他章节阅读。所有读者都应该阅读第1章，尤其是1.6节，该节介绍了一些贯穿全书的包装函数。讨论Posix IPC的各章与讨论System V IPC的各章彼此独立，有关管道、FIFO和记录锁的几章不属于上述两个阵营，关于RPC的两章也独立于其他IPC方法。

为了方便读者把本书作为参考书，本书提供了完整的全文索引，并在最后几页总结了每个函数和结构的详细描述在正文中的哪里可以找到。为了给不按顺序阅读本书的读者提供方便，我们在书中为各个主题提供了大量的交叉引用。

源代码与勘误

书中所有示例的源代码可以从作者主页（列在前言的最后）获得[①]。学习本书讲述的IPC技术的最好方法就是下载这些程序，对其进行修改和改进。只有这样实际编写代码才能深入理解有关概念和方法。每章末尾都提供了大量的习题，大部分已在附录D中给出答案。

本书的最新勘误表也可以从作者主页获取。

致谢

尽管封面上只出现了作者一个人的名字，但一本高质量的书的出版需要许多人的共同努力。首先要感谢我的家人，他们在我写书的那段时间里承担了一切。再次感谢你们：Sally、Bill、Ellen和David。

感谢技术审稿人给出的宝贵的反馈意见（打印出来有135页）。他们发现了许多错误，指出了需要更多解释的地方，并对表达、用词和代码提出了许多修改建议，他们是Gavin Bowe、Allen Briggs、Dave Butenhof、Wan-Teh Chang、Chris Cleeland、Bob Friesenhahn、Andrew Gierth、Scott Johnson、Marty Leisner、Larry McVoy、Craig Metz、Bob Nelson、Steve Rago、Jim Reid、Swamy K. Sitarama、Jon C. Snader、Ian Lance Taylor、Rich Teer和Andy Tucker。

下列诸位通过电子邮件回答过我的问题，有人甚至回答过很多问题。澄清这些问题提高了本书的准确性并改进了语言表达，他们是David Bausum、Dave Butenhof、Bill Gallmeister、Mukesh Kacker、Brian Kernighan、Larry McVoy、Steve Rago、Keith Skowran、Bart Smaalders、Andy Tucker和John Wait。

特别感谢GSquared的Larry Rafsky提供了很多帮助。像以往一样，感谢国家光学天文台（NOAO）、Sidney Wolff、Richard Wolff和Steve Grandi，他们为我提供了网络与主机的访问权限。DEC公司的Jim Bound、Matt Thomas、Mary Clouter和Barb Glover提供了用于本书多数示例的Alpha系统。书中的一部分代码是在其他Unix系统上测试的：感谢Red Hat软件公司的Michael Johnson提供了最新版本的Red Hat Linux，感谢IBM奥斯汀实验室的Dave Marquardt和Jessie Haug提供了RS/6000系统以及最新版本的AIX的访问权限。

最后还要感谢Prentice Hall的优秀员工（本书的编辑Mary Franz，还有Noreen Regina、Sophie Papanikolaou和Patti Guerrieri）给予的帮助，尤其是在很紧的时间内完成一切所付出的努力。

版权说明

我制作了本书的最终电子版（PostScript格式），最后排版成现在的书。我用James Clark编写的优秀的`groff`包为本书排版，该软件包安装在一台运行Solaris 2.6的SparcStation工作站上。（认为troff已经过时的报导显然太夸张了。）我使用`vi`编辑器键入了所有的138 897个单词，用`gpic`程序绘制了72幅插图（其中用到了许多由Gary Wright编写的宏），用`gtbl`程序生成了35张表格，为全书添加了索引（用到了Jon Bentley与Brian Kernighan编写的一组awk脚本），并设计了

① 书中所有示例的源代码也可以从异步社区网站（https://www.epubit.com）本书网页免费注册下载。——编者注

最终的版式。我录入书中的8 046行C语言源代码，使用的是Dave Hanson的loom程序、GNU的indent程序和Gary Wright写的一些脚本。

欢迎读者以电子邮件的方式反馈意见、提出建议或订正错误。

W. Richard Stevens

1998年7月于亚利桑那州图森市

资源与服务

本书由异步社区出品，社区（https://www.epubit.com/）为您提供后续服务。

配套资源

本书提供源代码下载，要获得源代码，请在异步社区本书页面中点击 配套资源 ，跳转到下载界面，按提示进行操作即可。注意：为保证购书读者的权益，该操作会给出相关提示，要求输入提取码进行验证。

提交勘误

作者和编辑尽最大努力来确保书中内容的准确性，但难免会存在疏漏。欢迎您将发现的问题反馈给我们，帮助我们提升图书的质量。

当您发现错误时，请登录异步社区，按书名搜索，进入本书页面，单击“提交勘误”，输入勘误信息，单击“提交”按钮即可（见下图）。本书的作者和编辑会对您提交的勘误进行审核，确认并接受后，您将获赠异步社区的 100 积分。积分可用于在异步社区兑换优惠券、样书或奖品。

详细信息　写书评　提交勘误

页码：　页内位置（行数）：　勘误印次：

字数统计

提交

扫码关注本书

扫描下方二维码，您将会在异步社区微信服务号中看到本书信息及相关的服务提示。

与我们联系

我们的联系邮箱是 contact@epubit.com.cn。

如果您对本书有任何疑问或建议，请您发邮件给我们，并请在邮件标题中注明本书书名，以便我们更高效地做出反馈。

如果您有兴趣出版图书、录制教学视频，或者参与图书翻译、技术审校等工作，可以发邮件给我们；有意出版图书的作者也可以到异步社区在线提交投稿（直接访问 www.epubit.com/selfpublish/submission 即可）。

如果您来自学校、培训机构或企业，想批量购买本书或异步社区出版的其他图书，也可以发邮件给我们。

如果您在网上发现有针对异步社区出品图书的各种形式的盗版行为，包括对图书全部或部分内容的非授权传播，请您将怀疑有侵权行为的链接发邮件给我们。您的这一举动是对作者权益的保护，也是我们持续为您提供有价值的内容的动力之源。

关于异步社区和异步图书

“异步社区”是人民邮电出版社旗下 IT 专业图书社区，致力于出版精品 IT 技术图书和相关学习产品，为作译者提供优质出版服务。异步社区创办于 2015 年 8 月，提供大量精品 IT 技术图书和电子书，以及高品质技术文章和视频课程。更多详情请访问异步社区官网 https://www.epubit.com。

“异步图书”是由异步社区编辑团队策划出版的精品 IT 专业图书的品牌，依托于人民邮电出版社近 30 年的计算机图书出版积累和专业编辑团队，相关图书在封面上印有异步图书的 LOGO。异步图书的出版领域包括软件开发、大数据、AI、测试、前端、网络技术等。

异步社区

微信服务号

目录

第一部分 简介

第二部分 消息传递

第三部分 同步

第四部分 共享内存区

第五部分　远程过程调用

第一部分

简　　介

第1章 简介

1.1 概述

IPC是进程间通信（interprocess communication）的简称。传统上该术语描述的是运行在某个操作系统之上的不同进程间各种消息传递（message passing）的方式。本书还讲述多种形式的同步（synchronization），因为像共享内存区这样的较新式的通信需要某种形式的同步参与运作。

在Unix操作系统过去30年的演变史中，消息传递历经了如下几个发展阶段。

- 管道（pipe，第4章）是第一个广泛使用的IPC形式，既可在程序中使用，也可从shell中使用。管道的问题在于它们只能在具有共同祖先（指父子进程关系）的进程间使用，不过该问题已随有名管道（named pipe）即FIFO（第4章）的引入而解决了。
- System V消息队列（System V message queue，第6章）是在20世纪80年代早期加到System V内核中的。它们可用在同一主机上有亲缘关系或无亲缘关系的进程之间。尽管称呼它们时仍冠以“System V”前缀，当今多数版本的Unix却不论自己是否源自System V都支持它们。

3

> 在谈论Unix进程时，有亲缘关系（related）的说法意味着所论及的进程具有某个共同的祖先。说得更明白点，这些有亲缘关系的进程是从该祖先进程经过一次或多次fork派生来的。一个常见的例子是在某个进程调用fork两次，派生出两个子进程。我们说这两个子进程是有亲缘关系的。同样，每个子进程与其父进程也是有亲缘关系的。考虑到IPC，父进程可以在调用fork前建立某种形式的IPC（例如管道或消息队列），因为它知道随后派生的两个子进程将穿越fork继承该IPC对象。我们随图1-6详细讨论各种IPC对象的继承性。我们还得注意，从理论上说，所有Unix进程与init进程都有亲缘关系，它是在系统自举时启动所有初始化进程的祖先进程。然而从实践上说，进程亲缘关系开始于一个登录shell（称为一个会话）以及由该shell派生的所有进程。APUE的第9章详细讨论会话和进程亲缘关系。
>
> 本书将全文使用缩进的插入式注解（如此处所示）来说明实现上的细节、历史上的观点以及其他琐事。

- Posix消息队列（Posix消息队列，第5章）是由Posix实时标准（1003.1b-1993，将在1.7节详细讨论）加入的。它们可用在同一主机上有亲缘关系和无亲缘关系的进程之间。
- 远程过程调用（Remote Procedure Call，RPC，第五部分）出现在20世纪80年代中期，它是从一个系统（客户主机）上某个程序调用另一个系统（服务器主机）上某个函数的一种方法，是作为显式网络编程的一种替换方法开发的。既然客户和服务器之间通常传递一些信息（被调用函数的参数与返回值），而且RPC可用在同一主机上的客户和服务器之间，因此可认为RPC是另一种形式的消息传递。

看一看由Unix提供的各种同步形式的演变同样颇有教益。

- 需要某种同步形式（往往是为了防止多个进程同时修改同一文件）的早期程序使用了文件系统的诡秘特性，我们将在9.8节讨论其中的一些。
- 记录上锁（record locking，第9章）是在20世纪80年代早期加到Unix内核中的，然后在1988年由Posix.1标准化的。
- System V信号量（System V semaphore，第11章）是在System V消息队列加入System V内核的同时（20世纪80年代早期）伴随System V共享内存区（System V shared memory）加入的。当今多数版本的Unix都支持它们。
- Posix信号量（Posix semaphore，第10章）和Posix共享内存区（Posix shared memory，第13章）也由Posix实时标准（1003.1b-1993）加入。
- 互斥锁（mutex）和条件变量（condition variable，第7章）是由Posix线程标准（1003.1c-1995）定义的两种同步形式。尽管往往用于线程间的同步，它们也能提供不同进程间的同步。
- 读写锁（read-write lock，第8章）是另一种形式的同步。它们还没有被Posix标准化，不过也许不久后会被标准化。

4

1.2 进程、线程与信息共享

按照传统的Unix编程模型，我们在一个系统上运行多个进程，每个进程都有各自的地址空间。Unix进程间的信息共享可以有多种方式。图1-1对此作了总结。

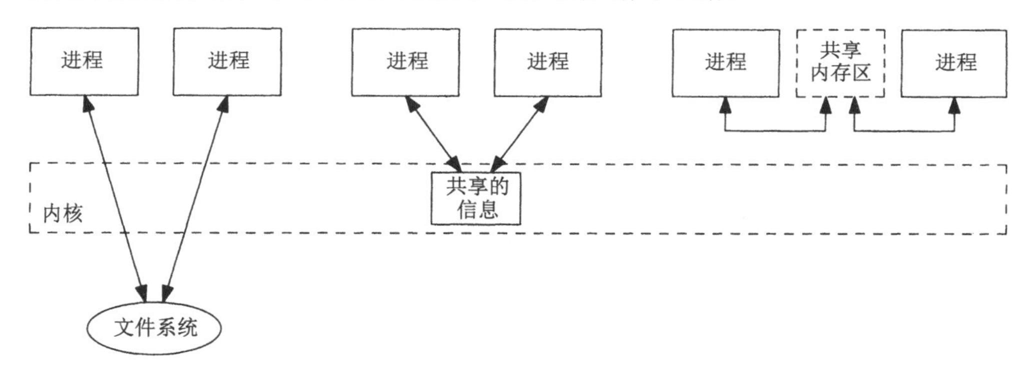

图1-1 Unix进程间共享信息的三种方式

(1) 左边的两个进程共享存留于文件系统中某个文件上的某些信息。为访问这些信息，每个进程都得穿越内核（例如`read`、`write`、`lseek`等）。当一个文件有待更新时，某种形式的同步是必要的，这样既可保护多个写入者，防止相互串扰，也可保护一个或多个读出者，防止写入者的干扰。

(2) 中间的两个进程共享驻留于内核中的某些信息。管道是这种共享类型的一个例子，System V消息队列和System V信号量也是。现在访问共享信息的每次操作涉及对内核的一次系统调用。

(3) 右边的两个进程有一个双方都能访问的共享内存区。每个进程一旦设置好该共享内存区，就能根本不涉及内核而访问其中的数据。共享该内存区的进程需要某种形式的同步。

注意没有任何东西限制任何IPC技术只能使用两个进程。我们讲述的技术适用于任意数目的进程。在图1-1中只展示两个进程是为了简单起见。

线程

5

虽然Unix系统中进程的概念已使用了很久，一个给定进程内多个线程（thread）的概念却相对较新。Posix.1线程标准（称为“Pthreads”）是于1995年通过的。从IPC角度看来，一个给定进程内的所有线程共享同样的全局变量（也就是说共享内存区的概念对这种模型来说是内在的）。然而我们必须关注的是各个线程间对全局数据的同步访问。同步尽管不是一种明确的IPC形式，但它确实伴随许多形式的IPC使用，以控制对某些共享数据的访问。

本书中我们讲述进程间的IPC和线程间的IPC。我们假设有一个线程环境，并作类似如下形式的陈述：“如果管道为空，调用线程就阻塞在它的read调用上，直到某个线程往该管道写入数据。”要是你的系统不支持线程，那你可以将该句子中的“线程”替换成“进程”，从而提供“阻塞在对空管道的read调用上”的经典Unix定义。然而在支持线程的系统上，只有对空管道调用read的那个线程阻塞，同一进程中的其余线程才可以继续执行。向该空管道写数据的工作既可以由同一进程中的另一个线程去做，也可以由另一个进程中的某个线程去做。

附录B汇总了线程的某些特征以及全书都用到的5个基本的Pthread函数。

1.3　IPC对象的持续性

我们可以把任意类型的IPC的持续性（persistence）定义成该类型的一个对象一直存在多长时间。图1-2展示了三种类型的持续性。

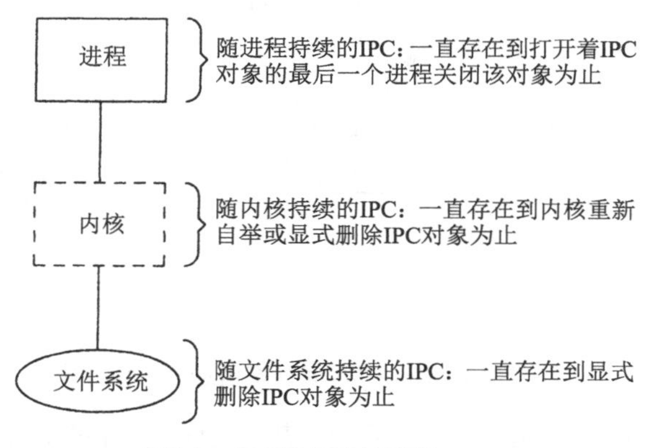

图1-2　IPC对象的持续性

(1) 随进程持续的（process-persistent）IPC对象一直存在到打开着该对象的最后一个进程关闭该对象为止。例如管道和FIFO就是这种对象。

(2) 随内核持续的（kernel-persistent）IPC对象一直存在到内核重新自举或显式删除该对象为止。例如System V的消息队列、信号量和共享内存区就是此类对象。Posix的消息队列、信号量和共享内存区必须至少是随内核持续的，但也可以是随文件系统持续的，具体取决于实现。

6

(3) 随文件系统持续的（filesystem-persistent）IPC对象一直存在到显式删除该对象为止。即使内核重新自举了，该对象还是保持其值。Posix消息队列、信号量和共享内存区如果是使用映射文件实现的（不是必需条件），那么它们就是随文件系统持续的。

在定义一个IPC对象的持续性时我们必须小心，因为它并不总是像看起来的那样。例如管道内的数据是在内核中维护的，但管道具备的是随进程的持续性而不是随内核的持续性：最后一个将某个管道打开着用于读的进程关闭该管道后，内核将丢弃所有的数据并删除该管道。类似地，尽管FIFO在文件系统中有名字，它们也只是具备随进程的持续性，因为最后一个将某个FIFO打开着的进程关闭该FIFO后，FIFO中的数据都被丢弃。

图1-3汇总了将在本书中讲述的各种类型IPC对象的持续性。

IPC类型	持续性
管道	随进程
FIFO	随进程
Posix互斥锁	随进程
Posix条件变量	随进程
Posix读写锁	随进程
`fcntl`记录上锁	随进程
Posix消息队列	随内核
Posix有名信号量	随内核
Posix基于内存的信号量	随进程
Posix共享内存区	随内核
System V消息队列	随内核
System V信号量	随内核
System V共享内存区	随内核
TCP套接字	随进程
UDP套接字	随进程
Unix域套接字	随进程

图1-3　各种类型IPC对象的持续性

注意该列表中没有任何类型的IPC具备随文件系统的持续性，但是我们说过有三种类型的Posix IPC可能会具备该持续性，这取决于它们的实现。显然，向一个文件写入数据提供了随文件系统的持续性，但这通常不作为一种IPC形式使用。多数形式的IPC并没有在系统重新自举后继续存在的打算，因为进程不可能跨越重新自举继续存活。对于一种给定形式的IPC，要求它具备随文件系统的持续性可能会使其性能降级，而IPC的一个基本的设计目标是高性能。

1.4　名字空间

7

当两个或多个无亲缘关系的进程使用某种类型的IPC对象来彼此交换信息时，该IPC对象必须有一个某种形式的*名字*（name）或*标识符*（identifier），这样其中一个进程（往往是服务器）可以创建该IPC对象，其余进程则可以指定同一个IPC对象。

管道没有名字（因此不能用于无亲缘关系的进程间），但是FIFO有一个在文件系统中的Unix路径名作为其标识符（因此可用于无亲缘关系的进程间）。在以后各章具体讲述其他形式的IPC时，我们将使用另外的命名约定。对于一种给定的IPC类型，其可能的名字的集合称为它的*名字空间*（name space）。名字空间非常重要，因为对于除普通管道以外的所有形式的IPC来说，名字是客户与服务器彼此连接以交换消息的手段。

图1-4汇总了不同形式的IPC所用的命名约定。

我们还指出哪些形式的IPC是由1996年版的Posix.1和Unix 98标准化的，这两个标准本身则在1.7节详细讨论。为了比较的目的，我们还包含了三种类型的套接字，它们在UNPv1中具体讲述。注意套接字API（应用程序编程接口）是由Posix.1g工作组标准化的，最终应该成为某个未来的Posix.1标准的一部分。

IPC类型	用于打开或创建IPC的名字空间	IPC打开后的标识	Posix.1 1996	Unix 98
管道	（没有名字）	描述符	•	•
FIFO	路径名	描述符	•	•
Posix互斥锁	（没有名字）	pthread_mutex_t指针	•	•
Posix条件变量	（没有名字）	pthread_cond_t指针	•	•
Posix读写锁	（没有名字）	pthread_rwlock_t指针		•
fcntl记录上锁	路径名	描述符	•	•
Posix消息队列	Posix IPC名字	mqd_t值	•	•
Posix有名信号量	Posix IPC名字	sem_t指针	•	•
Posix基于内存的信号量	（没有名字）	sem_t指针	•	•
Posix共享内存区	Posix IPC名字	描述符	•	•
System V消息队列	key_t键	System V IPC标识符		•
System V信号量	key_t键	System V IPC标识符		•
System V共享内存区	key_t键	System V IPC标识符		•
门	路径名	描述符		
Sun RPC	程序/版本	RPC句柄		
TCP套接字	IP地址与TCP端口	描述符	.1g	•
UDP套接字	IP地址与UDP端口	描述符	.1g	•
Unix域套接字	路径名	描述符	.1g	•

图1-4　各种形式IPC的名字空间

尽管Posix.1标准化了信号量，它们仍然是可选的特性。图1-5汇总了Posix.1和Unix 98对各种IPC特性的说明。每种特性有强制、未定义和可选三种选择。对于可选的特性，我们指出了其中每种特性受支持时（通常在<unistd.h>头文件中）定义的常值的名字，例如_POSIX_THREADS。注意，Unix 98是Posix.1的超集。

8

IPC类型	Posix.1 1996	Unix 98
管道	强制	强制
FIFO	强制	强制
Posix互斥锁	_POSIX_THREADS	强制
Posix条件变量	_POSIX_THREADS	强制
进程间共享的互斥锁/条件变量	_POSIX_THREADS_PROCESS_SHARED	强制
Posix读写锁	（未定义）	强制
fcntl记录上锁	强制	强制
Posix消息队列	_POSIX_MESSAGE_PASSING	_XOPEN_REALTIME
Posix信号量	_POSIX_SEMAPHORES	_XOPEN_REALTIME
Posix共享内存区	_POSIX_SHARED_MEMORY_OBJECTS	_XOPEN_REALTIME
System V消息队列	（未定义）	强制
System V信号量	（未定义）	强制
System V共享内存区	（未定义）	强制
门	（未定义）	（未定义）
Sun RPC	（未定义）	（未定义）
mmap	_POSIX_MAPPED_FILE或 _POSIX_SHARED_MEMORY_OBJECTS	强制
实时信号	_POSIX_REALTIME_SIGNALS	_XOPEN_REALTIME

图1-5　各种形式IPC的可用性

1.5 fork、exec 和 exit 对 IPC 对象的影响

我们需要理解fork、exec和_exit函数对于所讨论的各种形式的IPC的影响（_exit是由exit调用的一个函数）。图1-6对此作了总结。

IPC类型	fork	exec	_exit
管道和FIFO	子进程取得父进程的所有打开着的描述符的副本	所有打开着的描述符继续打开着，除非已设置描述符的FD_CLOEXEC位	关闭所有打开着的描述符，最后一个关闭时删除管道或FIFO中残留的所有数据
Posix消息队列	子进程取得父进程的所有打开着的消息队列描述符的副本	关闭所有打开着的消息队列描述符	关闭所有打开着的消息队列描述符
System V消息队列	没有效果	没有效果	没有效果
Posix互斥锁和条件变量	若驻留在共享内存区中而且具有进程间共享属性，则共享	除非在继续打开着的共享内存区中而且具有进程间共享属性，否则消失	除非在继续打开着的共享内存区中而且具有进程间共享属性，否则消失
Posix读写锁	若驻留在共享内存区中而且具有进程间共享属性，则共享	除非在继续打开着的共享内存区中而且具有进程间共享属性，否则消失	除非在继续打开着的共享内存区中而且具有进程间共享属性，否则消失
Posix基于内存的信号量	若驻留在共享内存区中而且具有进程间共享属性，则共享	除非在继续打开着的共享内存区中而且具有进程间共享属性，否则消失	除非在继续打开着的共享内存区中而且具有进程间共享属性，否则消失
Posix有名信号量	父进程中所有打开着的有名信号量在子进程中继续打开着	关闭所有打开着的有名信号量	关闭所有打开着的有名信号量
System V信号量	子进程中所有semadj值都置为0	所有semadj值都携入新程序中	所有semadj值都加到相应的信号量值上
fcntl记录上锁	子进程不继承由父进程持有的锁	只要描述符继续打开着，锁就不变	解开由进程持有的所有未处理的锁
mmap内存映射	父进程中的内存映射存留到子进程中	去除内存映射	去除内存映射
Posix共享内存区	父进程中的内存映射存留到子进程中	去除内存映射	去除内存映射
System V共享内存区	附接着的共享内存区在子进程中继续附接着	断开所有附接着的共享内存区	断开所有附接着的共享内存区
门	子进程取得父进程的所有打开着的描述符，但是客户在门描述符上激活其过程时，只有父进程是服务器	所有门描述符都应关闭，因为它们创建时设置了FD_CLOEXEC位	关闭所有打开着的描述符

图1-6 调用fork、exec和_exit对于IPC的影响

表中多数特性将在以后的章节中讲述，不过我们需要强调几点。首先，考虑到无名同步变量（互斥锁、条件变量、读写锁、基于内存的信号量），从一个具有多个线程的进程中调用fork将变得混乱不堪。[Butenhof 1997]的6.1节提供了其中的细节。我们在表中只是简单地注明：如果这些变量驻留在共享内存区中，而且创建时设置了进程间共享属性，那么对于能访问该共享内存区的任意进程来说，其任意线程能继续访问这些变量。其次，System V IPC的三种形式没有打开或关闭的说法。我们将从图6-8和习题11.1和习题14.1中看出，访问这三种形式的IPC所需知道的只是一个标识符，因此知道该标识符的任何进程都能访问它们，尽管信号量和共享内存区可附带提出某种特殊处理要求。

9 ~ 10

1.6 出错处理：包裹函数

在现实程序中，我们必须检查每个函数调用是否返回错误。由于碰到错误时终止程序执行是个惯例，因此我们可以通过定义包裹函数（wrapper function）来缩短程序的长度。包裹函数执行实际的函数调用，测试其返回值，并在碰到错误时终止进程。我们使用的命名约定是将函数名第一个字母改为大写字母，例如：

```
Sem_post(ptr);
```

图1-7定义了这个包裹函数。

lib/wrapunix.c

```
387 void
388 Sem_post(sem_t *sem)
389 {
390     if (sem_post(sem) == -1)
391         err_sys("sem_post error");
392 }
```

lib/wrapunix.c

图1-7　sem_post函数的包裹函数

每当你遇到一个以大写字母打头的函数名时，它就是我们所说的包裹函数。它调用一个名字相同但以相应小写字母开头的实际函数。当碰到错误时，包裹函数总是在输出一个出错消息后终止。

我们在讲解书中提供的源代码时，所指代的总是被调用的最低层函数（例如sem_post），而不是包裹函数（例如Sem_post）。类似地，书后的索引也总是指代被调用的最低层函数，而不是指代包裹函数。

> 刚刚展示的源代码格式全书都在使用。每一非空行都被编号。代码的正文说明部分的左边标有起始与结束的行号。有的段落开始处含有一个醒目的简短标题，概述本段代码的内容。
>
> 源代码片段起始与结束处的水平线标出了该片段所在源代码文件名，本例中就是lib目录下的wrapunix.c文件。既然本书所有例子的源代码都可免费获得（见前言），你就可以凭这个文件名找到相应的文件。阅读本书的过程中，编译、运行并修改这些程序是学习进程间通信概念的好方法。

尽管包裹函数不见得如何节省代码量，当在第7章中讨论线程时，我们会发现线程函数出错时并不设置标准的Unix errno变量；相反，本该设置errno的值改由线程函数作为其返回值返回调用者。这意味着我们每次调用任意一个线程函数时，都得分配一个变量来保存函数返回值，然后在调用我们的err_sys函数（图C-4）前，把errno设置成所保存的值。为避免源代码中到处出现花括弧，我们可以使用C语言的逗号运算符，把给errno赋值与调用err_sys组合成单个语句，如下所示：

11

```
int     n;

if ( (n = pthread_mutex_lock(&ndone_mutex)) != 0)
    errno = n, err_sys("pthread_mutex_lock error");
```

另一种办法是定义一个新的出错处理函数，它需要的另一个参数是系统的错误号[①]。但是我们可以将这段代码简化得更容易些：

```
Pthread_mutex_lock(&ndone_mutex);
```

① 意思是用新的出错处理函数代替原来的err_sys，这样对线程函数的调用可直接作为新的出错处理函数中增设的参数用，即err_sys_new("pthread_mutex_lock error", pthread_mutex_lock(&ndone_mutex))。——译者注

其前提是定义自己的包裹函数，如图1-8所示。

lib/wrappthread.c

```
125 void
126 Pthread_mutex_lock(pthread_mutex_t *mptr)
127 {
128     int     n;

129     if ( (n = pthread_mutex_lock(mptr)) == 0)
130         return;
131     errno = n;
132     err_sys("pthread_mutex_lock error");
133 }
```

lib/wrappthread.c

图1-8 给pthread_mutex_lock定义的包裹函数

仔细推敲编码，我们可改用宏代替函数，从而稍稍提高运行效率，不过即使有过的话，包裹函数也很少是程序性能的瓶颈所在。

选择将函数名的第一个字母大写是一种较折中的方法。还有许多其他方法：例如用e作为函数名的前缀（如［Kernighan and Pike 1984］第184页所示），或者用_e作为函数名的后缀等。同样提供确实在调用某个其他函数的可视化指示，我们的方法看来是最少分散人们的注意力的。

这种技巧还有助于检查那些其错误返回值通常被忽略的函数，例如close和pthread_mutex_lock。

本书后面的例子中我们将普遍使用包裹函数，除非必须检查某个确定的错误并处理它（而不是终止进程）。我们并不给出所有包裹函数的源代码，但它们是免费可得的（见前言）。

Unix **errno** 值

每当在一个Unix函数中发生错误时，全局变量errno将被设置成一个指示错误类型的正数，函数本身则通常返回-1。我们的err_sys函数检查errno的值并输出相应的出错消息，例如，errno的值等于EAGAIN时的出错消息为“Resource temporarily unavailable”（资源暂时不可用）。

errno的值只在某个函数发生错误时设置。如果该函数不返回错误，errno的值就无定义。所有正的错误值都是常值，具有以E打头的全部为大写字母的名字，通常定义在头文件<sys/errno.h>中。没有值为0的错误。

12

在多线程环境中，每个线程必须有自己的errno变量。提供一个局限于线程的errno变量的隐式请求是自动处理的，不过通常需要告诉编译器所编译的程序是可重入的。给编译器指定类似-D_REENTRANT或-D_POSIX_C_SOURCE=199506L这样的命令行选项是较典型的方法。<errno.h>头文件往往把errno定义成一个宏，当常值_REENTRANT有定义时，该宏就扩展成一个函数，由它访问errno变量的某个局限于线程的副本。

全书使用类似“mq_send函数返回EMSGSIZE错误”的用语来简略地表示这样的意思：该函数返回一个错误（典型情况是返回值为-1），并且在errno中设置了指定的常值。

1.7 Unix 标准

有关Unix标准化的大多数活动是由Posix和Open Group做的。

1.7.1 Posix

Posix是“可移植操作系统接口”（Portable Operating System Interface）的首字母缩写。它并

不是一个单一标准，而是一个由电气与电子工程师学会（即IEEE）开发的一系列标准。Posix标准还是由ISO（国际标准化组织）和IEC（国际电工委员会）采纳的国际标准，这两个组织合称为ISO/IEC。Posix标准经历了以下若干代。

- IEEE Std 1003.1-1988（共317页）是第一个Posix标准。它说明进入类Unix内核的C语言接口，涉及下列领域：进程原语（fork、exec、信号、定时器）、进程环境（用户ID、进程组）、文件与目录（所有I/O函数）、终端I/O、系统数据库（口令文件和用户组文件）、tar与cpio归档格式。

> 第一个Posix标准是出现于1986年称为“IEEEIX”的试用版本。Posix这个名字是由Richard Stallman建议使用的。

- IEEE Std 1003.1-1990（共356页）是下一个Posix标准，它也是国际标准ISO/IEC 9945-1: 1990。从1988年版本到1990年版本只做了少量的修改。新添的副标题为“Part 1: System Application Program Interface (API) [C Language]”，指示本标准为C语言API。
- IEEE Std 1003.2-1992出版成两卷本，共约1300页，其副标题为“Part2: Shell and Utilities”。这一部分定义了shell（基于System V的Bourne shell）和大约100个实用程序（即通常从shell启动执行的程序，包括awk、basename、vi和yacc等）。本书称这个标准为*Posix.2*。

13

- IEEE Std 1003.1b-1993（共590页）先前称为IEEE P1003.4。这是对1003.1-1990标准的更新，添加了由P1003.4工作组开发的实时扩展：文件同步、异步I/O、信号量、内存管理（mmap和共享内存区）、执行调度、时钟与定时器、消息队列。
- IEEE Std 1003.1，1996年版［IEEE 1996］包括1003.1-1990（基本API）、1003.lb-1993（实时扩展）、1003.1c-1995 （Pthreads）和1003.1i-1995（对1003.1b的技术性修正）。这个标准也称为ISO/IEC 9945-1: 1996。其中增加了三章线程内容以及有关线程同步（互斥锁和条件变量）、线程调度和同步调度的额外各节。本书称这个标准为*Posix.1*。

> 743页中有四分之一强的篇幅是标题为“Rationale and Notes”（原理与注解）的附录。这些原理含有历史性信息以及某些特性必须加入或删除的理由，它们通常跟正式标准一样有教益。
>
> 遗憾的是IEEE标准在因特网上不是免费可得的。其订购信息在［IEEE 1996］的参考文献说明中给出。
>
> 注意信号量在实时标准中定义，它与在Pthreads标准中定义的互斥锁和条件变量相分离，这足以解释它们的API中存在的某些差异。
>
> 最后注意读写锁（尚）不属于任何Posix标准。我们将在第8章中详细讨论。

将来某个时候印制的新版本的IEEE Std 1003.1应包括P1003.lg标准，它是我们在UNPvl中讲述的网络编程API（套接字和XTI）。

1996年版的Posix.1标准的前言中声称ISO/IEC 9945由下面三个部分构成。

- Part 1: System application program interface (API) [C Language]（第一部分：系统应用程序接口（API）[C语言]）。
- Part 2: Shell and utilities（第二部分：Shell和实用程序）。
- Part 3: System administration（第三部分：系统管理）（正在开发中）。

第一部分和第二部分就是我们所称的Posix.1和Posix.2。

Posix标准化工作仍将继续，任何论述到它的书籍都在跟踪这项工作。

1.7.2 Open Group

Open Group是由X/Open公司（1984年成立）和开放软件基金会（OSF，1988年成立）于1996年合并而成的组织。它是由厂家、业界最终用户、政府部门和学术机构组成的国际组织。它们的标准经历了以下若干代。

14

- X/Open公司于1989年出版了“X/Open Portability Guide”（《X/Open移植性指南》）第3期（XPG3）。
- 第4期于1992年出版，这一期的第2版于1994年出版。这个最终版本也称为“Spec 1170”，其中魔数1170是系统接口数（926个）、头文件数（70个）和命令数（174个）的总和。这组规范的最终名字是“X/Open Single Unix Specification”（X/Open单一Unix规范），也称为“Unix 95”。
- 1997年3月单一Unix规范的第2版发表。符合这个规范的产品可称为“Unix 98”，这也是本书提到这个规范所用的名称。Unix 98所需的接口数从1170个增加到1434个，然而，适用于工作站的接口数却猛增到3030个，因为它包含CDE（公共桌面环境，Common Desktop Environment），而CDE又反过来要求有X Windows系统和Motif用户接口。其详情见[Josey 1997] 和`http://www.UNIX-systems.org/version2`。

单一Unix规范的许多文档可在因特网上从这个站点免费取得。

1.7.3 Unix 版本和移植性

当今大多数Unix系统符合Posix.1和Posix.2的某个版本。我们使用限定词“某个”是因为Posix每次更新（例如1993年增加实时扩展，1996年增加Pthreads内容），厂家都得花一两年（甚至更长的时间）去实现并加入最近的更新内容。

从历史上看，多数Unix系统或者源自Berkeley，或者源自System V，不过这些差别在慢慢消失，因为大多数厂家已开始采用Posix标准。仍然存在的主要差别在于系统管理，这是一个目前还没有任何Posix标准可循的领域。

运行本书中大多数例子的平台是Solaris 2.6和Digital Unix 4.0B。其原因在于写到此处时（1997年末到1998年初），只有这两种Unix系统支持System V IPC、Posix IPC及Posix线程。

1.8 书中 IPC 例子索引表

为分析各种特性，全书主要使用了三种交互模式。

(1) 文件服务器：客户-服务器应用程序，客户向服务器发送一个路径名，服务器把该文件的内容返回给客户。

(2) 生产者-消费者：一个或多个线程或进程（生产者）把数据放到一个共享缓冲区中，另有一个或多个线程或进程（消费者）对该共享缓冲区中的数据进行操作。

15

(3) 序列号持续增1：一个或多个线程或进程给一个共享的序列号持续增1。该序列号有时在一个共享文件中，有时在共享内存区中。

第一个例子分析各种形式的消息传递，另外两个例子则分析各种类型的同步和共享内存区。

为了提供本书所涵盖的不同主题的索引，图1-9、图1-10和图1-11汇总了我们开发的程序及它们的源代码所在的起始图号和页码。

图 号	说 明
4-8	使用两个管道，父子进程间
4-15	使用popen和cat
4-16	使用两个FIFO，父子进程间
4-18	使用两个FIFO，独立的服务器，与服务器无亲缘关系的客户
4-23	使用多个FIFO，独立的迭代服务器，多个客户
4-25	使用管道或FIFO：在字节流上构筑记录
6-9	使用两个System V消息队列
6-15	使用一个System V消息队列，多个客户
6-20	每个客户使用一个System V消息队列，多个客户
15-18	使用穿越门的描述符传递

图1-9 不同版本的文件服务器客户-服务器例子

图 号	说 明
7-2	只用互斥锁，多个生产者，单个消费者
7-6	互斥锁和条件变量，多个生产者，单个消费者
10-17	Posix有名信号量，单个生产者，单个消费者
10-20	Posix基于内存的信号量，单个生产者，单个消费者
10-21	Posix基于内存的信号量，多个生产者，单个消费者
10-24	Posix基于内存的信号量，多个生产者，多个消费者
10-33	Posix基于内存的信号量，单个生产者，单个消费者，多个缓冲区

图1-10 不同版本的生产者-消费者例子

图 号	说 明
9-1	序列号在文件中，不上锁
9-3	序列号在文件中，fcntl上锁
9-12	序列号在文件中，使用open进行文件系统上锁
10-19	序列号在文件中，Posix有名信号量上锁
12-10	序列号在mmap共享内存区，Posix有名信号量上锁
12-12	序列号在mmap共享内存区，Posix基于内存的信号量上锁
12-14	序列号在4.4BSD匿名共享内存区，Posix有名信号量上锁
12-15	序列号在SVR4/dev/zero共享内存区，Posix有名信号量上锁
13-7	序列号在Posix共享内存区，Posix基于内存的信号量上锁
A-34	性能测量：线程间互斥锁上锁
A-36	性能测量：线程间读写锁上锁
A-39	性能测量：线程间Posix基于内存的信号量上锁
A-41	性能测量：线程间Posix有名信号量上锁
A-42	性能测量：线程间System V信号量上锁
A-45	性能测量：线程间fcntl记录上锁
A-48	性能测量：线程间互斥锁上锁

图1-11 不同版本的序列号持续增1例子

1.9　小结

IPC传统上是Unix中一个杂乱不堪的领域。虽然有了各种各样的解决办法，但没有一个是完美的。我们的讨论分成4个主要领域：

(1) 消息传递（管道、FIFO、消息队列）；

(2) 同步（互斥锁、条件变量、读写锁、信号量）；

(3) 共享内存区（匿名共享内存区、有名共享内存区）；

(4) 过程调用（Solaris门、Sun RPC）。

我们考虑单个进程中多个线程间的IPC以及多个进程间的IPC。

各种类型IPC的持续性可以是随进程持续的、随内核持续的或随文件系统持续的，这取决于IPC对象存在时间的长短。在为给定的应用选择所用的IPC类型时，我们必须清楚相应IPC对象的持续性。

各种类型IPC的另一个特性是名字空间，也就是使用IPC对象的进程和线程标识各个IPC对象的方式。各种类型的IPC有些没有名字（管道、互斥锁、条件变量、读写锁），有些具有在文件系统中的名字（FIFO），有些具有将在第2章中讲述的Posix IPC名字，有些则具有其他类型的名字（将在第3章中讲述的System V IPC键或标识符）。典型做法是：服务器以某个名字创建一个IPC对象，客户则使用该名字访问同一个IPC对象。

本书中所有源代码使用1.6节中讲述的包裹函数来缩短篇幅，同时达到检查每个函数调用是否返回错误的目的。我们的包裹函数都以一个大写字母开头。

IEEE Posix标准一直是多数厂家努力遵循的标准，其中Posix.1定义了访问Unix的基本C接口，Posix.2定义了标准命令。然而商业标准也在迅速地吸纳并扩展Posix标准，著名的有Open Group的Unix标准，例如Unix 98。

16~17

习题

1.1　图1-1中我们展示了两个进程访问单个文件的情形。如果这两个进程都只是往该文件的末尾添加新的数据（譬如说这是一个日志文件），那么需要什么类型的同步？

1.2　查看一下你的系统中的`<error.h>`头文件是如何定义`errno`变量的。

1.3　在图1-5上标注出你使用的Unix系统所支持的特性。

18

第2章 Posix IPC

2.1 概述

以下三种类型的IPC合称为“Posix IPC”：

- Posix消息队列（第5章）；
- Posix信号量（第10章）；
- Posix共享内存区（第13章）。

Posix IPC在访问它们的函数和描述它们的信息上有一些类似点。本章讲述所有这些共同属性：用于标识的路径名、打开或创建时指定的标志以及访问权限。

图2-1汇总了所有Posix IPC函数。

	消息队列	信号量	共享内存区
头文件	<mqueue.h>	<semaphore.h>	<sys/mman.h>
创建、打开或删除IPC的函数	mq_open mq_close mq_unlink	sem_open sem_close sem_unlink sem_init sem_destroy	shm_open shm_unlink
控制IPC操作的函数	mq_getattr mq_setattr		ftruncate fstat
IPC操作函数	mq_send mq_receive mq_notify	sem_wait sem_trywait sem_post sem_getvalue	mmap munmap

图2-1　Posix IPC函数汇总

2.2 IPC名字

在图1-4中我们指出，三种类型的Posix IPC都使用“Posix IPC名字”进行标识。mq_open、sem_open和shm_open这三个函数的第一个参数就是这样的一个名字，它可能是某个文件系统中的一个真正的路径名，也可能不是。Posix.1是这么描述Posix IPC名字的。

- 它必须符合已有的路径名规则（必须最多由PATH_MAX字节构成，包括结尾的空字节）。
- 如果它以斜杠符开头，那么对这些函数的不同调用将访问同一个队列。如果它不以斜杠符开头，那么效果取决于实现。
- 名字中额外的斜杠符的解释由实现定义。

因此，为便于移植起见，Posix IPC名字必须以一个斜杠符打头，并且不能再含有任何其他斜杠符。遗憾的是这些规则还不够，仍会出现移植性问题。

Solaris 2.6要求有打头的斜杠符，但是不允许有另外的斜杠符。假设要创建的是一个消息队列，创建函数将在/tmp中创建三个以.MQ开头的文件。例如，如果给mq_open的参数为/queue.

1234，那么这三个文件分别为/tmp/.MQDqueue.1234、/tmp/.MQLqueue.1234和/tmp/.MQPqueue.1234。Digital Unix 4.0B则在文件系统中创建所指定的路径名。

当我们指定一个只有单个斜杠符（作为首字符）的名字时，移植性问题就发生了：我们必须在根目录中具有写权限。例如，/tmp.1234符合Posix规则，在Solaris下也可行，但是Digital Unix却会试图创建这个文件，这时除非我们有在根目录中的写权限，否则这样的尝试将失败。如果我们指定一个/tmp/test.1234这样的名字，那么在以该名字创建一个真正文件的所有系统上都将成功（前提是/tmp目录存在，而且我们在该目录中有写权限，对于多数Unix系统来说，这是正常情况），在Solaris下则失败。

为避免这些移植性问题，我们应该把Posix IPC名字的#define行放在一个便于修改的头文件中，这样应用程序转移到另一个系统上时，只需修改这个头文件。

> 这是一个标准试图变得相当通用（本例子中，实时标准试图允许消息队列、信号量和共享内存区都在现有的Unix内核中实现，而且在独立的无盘系统上也能工作），结果标准的具体实现却变得不可移植的个例之一。在Posix中，这种现象称为“造成不标准的标准方式”（a standard way of being nonstandard）。

Posix.1定义了三个宏：

```
S_TYPEISMQ(buf)
S_TYPEISSEM(buf)
S_TYPEISSHM(buf)
```

19 ~ 20

它们的单个参数是指向某个stat结构的指针，其内容由fstat、lstat或stat这三个函数填入。如果所指定的IPC对象（消息队列、信号量或共享内存区对象）是作为一种独特的文件类型实现的，而且参数所指向的stat结构访问这样的文件类型，那么这三个宏计算出一个非零值。否则，计算出的值为0。

> 不幸的是，这三个宏没有多大用处，因为无法保证这三种类型的IPC使用一种独特的文件类型实现。举例来说，在Solaris 2.6下，这三个宏的计算结果总是0。
>
> 测试某个文件是否为给定文件类型的所有其他宏的名字都以S_IS开头，而且它们的单个参数是某个stat结构的st_mode成员。由于上面三个新宏的参数不同于其他宏，因此它们的名字改为以S_TYPEIS开头。

px_ipc_name 函数

解决上述移植性问题的另一种办法是自己定义一个名为px_ipc_name的函数，它为定位Posix IPC名字而添加上正确的前缀目录。

```
#include "unpipc.h"
char *px_ipc_name(const char *name);
```

均返回：若成功则为非空指针，若出错则为NULL

> 本书中我们给自己定义的非标准系统函数都使用这样的版式：围绕函数原型和返回值的方框是虚框。开头包含的头文件通常是我们的unpipc.h（图C-1）。

*name*参数中不能有任何斜杠符。例如，调用

```
px_ipc_name("test1")
```

在Solaris 2.6下返回一个指向字符串/test1的指针，在Digital Unix 4.0B下返回一个指向字符串/tmp/test1的指针。存放结果字符串的内存空间是动态分配的，并可通过调用free释放。另外，

环境变量PX_IPC_NAME能够覆盖默认目录。

图2-2给出了该函数的实现。

lib/px_ipc_name.c

```
 1 #include    "unpipc.h"

 2 char *
 3 px_ipc_name(const char *name)
 4 {
 5     char    *dir, *dst, *slash;

 6     if ( (dst = malloc(PATH_MAX)) == NULL)
 7         return(NULL);

 8         /* can override default directory with environment variable */
 9     if ( (dir = getenv("PX_IPC_NAME")) == NULL) {
10 #ifdef  POSIX_IPC_PREFIX
11         dir = POSIX_IPC_PREFIX;    /* from "config.h" */
12 #else
13         dir = "/tmp/";             /* default */
14 #endif
15     }
16         /* dir must end in a slash */
17     slash = (dir[strlen(dir) - 1] == '/') ? "" : "/";
18     snprintf(dst, PATH_MAX, "%s%s%s", dir, slash, name);

19     return(dst);                   /* caller can free() this pointer */
20 }
```

lib/px_ipc_name.c

图2-2 我们的px_ipc_name函数

> 这也许是你第一次碰到snprintf函数。许多现有代码调用的是sprintf，但是sprintf不检查目标缓冲区是否溢出，不过snprintf要求其第二个参数是目标缓冲区的大小，因此可确保缓冲区不溢出。提供能有意溢出一个程序的sprintf缓冲区的输入数据是黑客们已使用很多年的一种攻破系统的方法。
>
> snprintf不是标准ANSI C的一部分，但这个标准的修订版C9X正在考虑。[①]不过，许多厂家提供的标准C函数库含有这个函数。我们在本书中使用snprintf，如果你的系统不提供这个函数，那就使用我们自己的通过调用sprintf实现的版本。

2.3 创建与打开IPC通道

mq_open、sem_open和shm_open这三个创建或打开一个IPC对象的函数，它们的名为*oflag*的第二个参数指定怎样打开所请求的对象。这与标准open函数的第二个参数类似。图2-3给出了可组合构成该参数的各种常值。

前3行指定怎样打开对象：只读、只写或读写。消息队列能以其中任何一种模式打开，信号量的打开不指定任何模式（任意信号量操作，都需要读写访问权），共享内存区对象则不能以只写模式打开。

① snprinf现在已经是C99标准的函数。——编者注

说　明	mq_open	sem_open	shm_open
只读	O_RDONLY		O_RDONLY
只写	O_WRONLY		
读写	O_RDWR		O_RDWR
若不存在则创建	O_CREAT	O_CREAT	O_CREAT
排他性创建	O_EXCL	O_EXCL	O_EXCL
非阻塞模式	O_NONBLOCK		
若已存在则截短			O_TRUNC

图2-3　打开或创建Posix IPC对象所用的各种*oflag*常值

图2-3中余下4行标志是可选的。

O_CREAT　若不存在则创建由函数第一个参数所指定名字的消息队列、信号量或共享内存区对象（同时检查O_EXCL标志，我们不久将要说明）。

创建一个新的消息队列、信号量或共享内存区对象时，至少需要另外一个称为*mode*的参数。该参数指定权限位，它是由图2-4中所示常值按位或形成的。

常　值	说　明
S_IRUSR	用户（属主）读
S_IWUSR	用户（属主）写
S_IRGRP	（属）组成员读
S_IWGRP	（属）组成员写
S_IROTH	其他用户读
S_IWOTH	其他用户写

图2-4　创建新的IPC对象所用的*mode*常值

这些常值定义在<sys/stat.h>头文件中。所指定的权限位受当前进程的文件模式创建掩码（file mode creation mask）修正，而该掩码可通过调用umask函数（APUE第83~85页[①]）或使用shell的umask命令来设置。

跟新创建的文件一样，当创建一个新的消息队列、信号量或共享内存区对象时，其用户ID被置为当前进程的有效用户ID。信号量或共享内存区对象的组ID被置为当前进程的有效组ID或某个系统默认组ID。新消息队列对象的组ID则被置为当前进程的有效组ID（APUE第77~78页[②]详细讨论了用户ID和组ID。）

> 这三种Posix IPC类型在设置组ID上存在的差异多少有点奇怪。由open新创建的文件的组ID或者是当前进程的有效组ID，或者是该文件所在目录的组ID，但是IPC函数不能假定系统为IPC对象创建了一个在文件系统中的路径名。

O_EXCL　如果该标志和O_CREAT一起指定，那么IPC函数只在所指定名字的消息队列、信号量或共享内存区对象不存在时才创建新的对象。如果该对象已经存在，而且指定了O_CREAT|O_EXCL，那么返回一个EEXIST错误。

21~23

① 此处为APUE第1版英文原版书页码，第2版为第97~100页，第2版中文版为第80~82页。——编者注

② 同样为第1版英文原版书中页码，第2版为第16~17页，第2版中文版为第12~13页。——编者注

考虑到其他进程的存在，检查所指定名字的消息队列、信号量或共享内存区对象的存在与否和创建它（如果它不存在）这两步必须是*原子的*（atomic）。我们将在3.4节看到适用于System V IPC的两个类似标志。

O_NONBLOCK 该标志使得一个消息队列在队列为空时的读或队列填满时的写不被阻塞。我们将在5.4节随mq_receive和mq_send这两个函数详细讨论该标志。

O_TRUNC 如果以读写模式打开了一个已存在的共享内存区对象，那么该标志将使得该对象的长度被截成0。

图2-5展示了打开一个IPC对象的真正逻辑流程。我们将在2.4节通过访问权限的测试说明该图。图2-6是展示图2-5中逻辑的另一种形式。

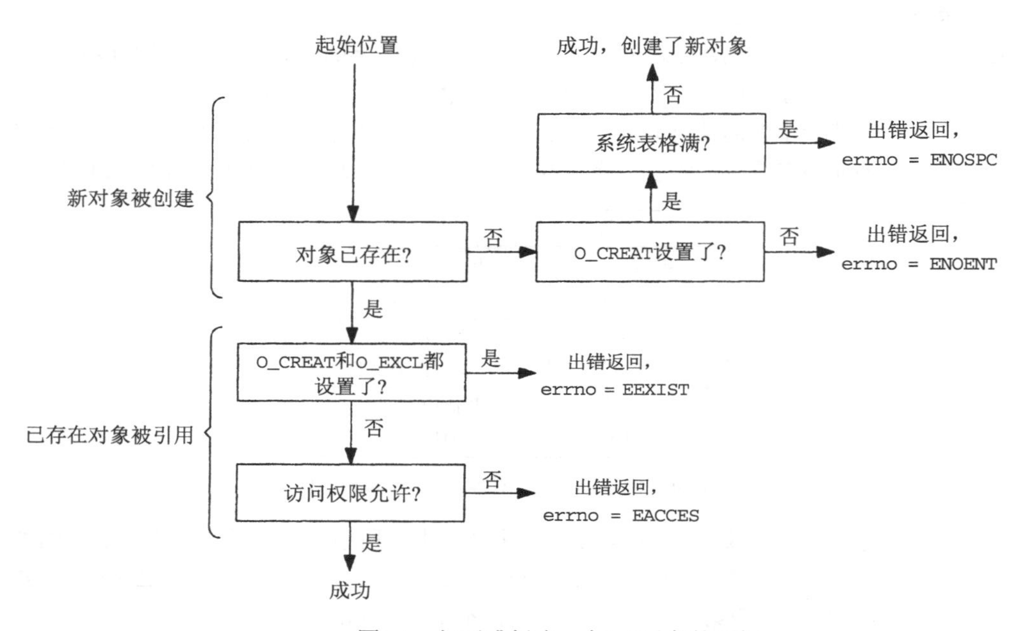

图2-5 打开或创建一个IPC对象的逻辑

*oflag*标志	对象不存在	对象已存在
无特殊标志	出错，errno = ENOENT	成功，引用已存在对象
O_CREAT	成功，创建新对象	成功，引用已存在对象
O_CREAT | O_EXCL	成功，创建新对象	出错，errno = EEXIST

24

图2-6 创建或打开一个IPC对象的逻辑

注意图2-6指定了O_CREAT标志但没有指定O_EXCL标志的中间那行，我们无法得到一个指示以判别是创建了一个新对象，还是在引用一个已存在的对象。

2.4 IPC权限

新的消息队列、有名信号量或共享内存区对象是由其*oflag*参数中含有O_CREAT标志的mq_open、sem_open或shm_open函数创建的。如图2-4所示，权限位与这些IPC类型的每个对象相关联，就像它们与每个Unix文件相关联一样。

当同样由这三个函数打开一个已存在的消息队列、信号量或共享内存区对象时（或者未指定O_CREAT，或者指定了O_CREAT但没有指定O_EXCL，同时对象已经存在），将基于如下信息执行权限测试：

(1) 创建时赋予该IPC对象的权限位；

(2) 所请求的访问类型（O_RDONLY、O_WRONLY或O_RDWR）；

(3) 调用进程的有效用户ID、有效组ID以及各个辅助组ID（若支持的话）。

大多数Unix内核按如下步骤执行权限测试。

(1) 如果当前进程的有效用户ID为0（超级用户），那就允许访问。

(2) 在当前进程的有效用户ID等于该IPC对象的属主ID的前提下，如果相应的用户访问权限位已设置，那就允许访问，否则拒绝访问。

这里相应的访问权限位的意思是：如果当前进程为读访问而打开该IPC对象，那么用户读权限位必须设置；如果当前进程为写访问而打开该IPC对象，那么用户写权限位必须设置。

(3) 在当前进程的有效组ID或它的某个辅助组ID等于该IPC对象的组ID的前提下，如果相应的组访问权限位已设置，那就允许访问，否则拒绝访问。

(4) 如果相应的其他用户访问权限位已设置，那就允许访问，否则拒绝访问。

这4个步骤是按所列的顺序尝试的。因此，如果当前进程拥有该IPC对象（第2步），那么访问权的授予与拒绝只依赖于用户访问权限——组访问权限绝不会考虑。类似地，如果当前进程不拥有该IPC对象，但它属于某个合适的组，那么访问权的授予与拒绝只依赖于组访问权限——其他用户访问权限绝不会考虑。 25

> 我们从图2-3中指出，sem_open不使用O_RDONLY、O_WRONLY或O_RDWR标志。然而在10.2节我们将指出，某些Unix实现采用O_RDWR，因为只要使用一个信号量，都涉及读写该信号量的值。

2.5 小结

三种类型的Posix IPC——消息队列、信号量、共享内存区——都是用路径名标识的。但是这些路径名既可以是文件系统中的实际路径名，也可以不是，而这点不一致性会导致一个移植性问题。全书采用的解决办法是使用我们自己的px_ipc_name函数。

当创建或打开一个IPC对象时，我们指定一组类似于open函数所用的标志。创建一个新的IPC对象时，我们必须给这个新对象指定访问权限，所用的是同样由open函数使用的S_*xxx*常值（见图2-4）。当打开一个已存在的IPC对象时，所执行的权限测试与打开一个已存在的文件时一样。

习题

2.1 使用Posix IPC的程序，其SUID与SGID位（APUE的4.4节）是如何影响2.4节中所述的权限测试的？

2.2 当一个程序打开一个Posix IPC对象时，它怎样才能判定是创建了一个新对象还是在引用一个已有的对象？ 26

第3章 System V IPC

3.1 概述

以下三种类型的IPC合称为System V IPC:

- System V消息队列（第6章）;
- System V信号量（第11章）;
- System V共享内存区（第14章）。

这个称谓作为这三种IPC机制的通称是因为它们源自System V Unix。System V IPC在访问它们的函数和内核为它们维护的信息上享有许多类似点。本章讲述所有这些共同属性。

图3-1汇总了所有System V IPC函数。

	消息队列	信号量	共享内存区
头文件	<sys/msg.h>	<sys/sem.h>	<sys/shm.h>
创建或打开IPC的函数	msgget	semget	shmget
控制IPC操作的函数	msgctl	semctl	shmctl
IPC操作函数	msgsnd msgrcv	semop	shmat shmdt

图3-1　System V IPC函数汇总

System V IPC函数的设计与开发信息难以找到。[Rochkind 1985]提供了下述信息：System V消息队列、信号量和共享内存区是20世纪70年代后期在俄亥俄州哥伦布市的一个贝尔实验室分支机构开发的，他们开发了一个内部Unix版本，（顺理成章地）称为“Columbus Unix”或简称“CB Unix”。CB Unix用于“操作支持系统”（Operation Support System），即自动完成电话公司的管理和记录保存工作的事务处理系统。System V IPC大约于1983年随System V加入到商用Unix系统中。

3.2 key_t键和ftok函数

图1-4中注明，三种类型的System V IPC使用key_t值作为它们的名字。头文件<sys/types.h>把key_t这个数据类型定义为一个整数，它通常是一个至少32位的整数。这些整数值通常是由ftok函数赋予的。

函数ftok把一个已存在的路径名和一个整数标识符转换成一个key_t值，称为IPC键。

```
#include <sys/ipc.h>

key_t ftok(const char *pathname, int id);
```

返回：若成功则为IPC键，若出错则为-1

该函数把从*pathname*导出的信息与*id*的低序8位组合成一个整数IPC键。

该函数假定对于使用System V IPC的某个给定应用来说，客户和服务器同意使用对该应用有一定意义的*pathname*。它可以是服务器守护程序的路径名、服务器使用的某个公共数据文件的路径名或者系统上的某个其他路径名。如果客户和服务器之间只需单个IPC通道，那么可以使用譬如说值为1的*id*。如果需要多个IPC通道，譬如说从客户到服务器一个通道，从服务器到客户又一个通道，那么作为一个例子，一个通道可使用值为1的*id*，另一个通道可使用值为2的*id*。客户和服务器一旦在*pathname*和*id*上达成一致，双方就都能调用`ftok`函数把*pathname*和*id*转换成同一个IPC键。

`ftok`的典型实现调用`stat`函数，然后组合以下三个值。

(1) *pathname*所在的文件系统的信息（`stat`结构的`st_dev`成员）。

(2) 该文件在本文件系统内的索引节点号（`stat`结构的`st_ino`成员）。

(3) *id*的低序8位（不能为0）。[1]

这三个值的组合通常会产生一个32位键。不能保证两个不同的路径名与同一个*id*的组合产生不同的键，因为上面所列三个条目（文件系统标识符、索引节点、*id*）中的信息位数可能大于一个整数的信息位数（见习题3.5）。

28

> 索引节点绝不会是0，因此大多数实现把`IPC_PRIVATE`（将在3.4节讲述）定义为0。

如果*pathname*不存在，或者对于调用进程不可访问，`ftok`就返回−1。注意，路径名用于产生键的文件不能是在服务器存活期间由服务器反复创建并删除的文件，因为该文件每次创建时由系统赋予的索引节点号很可能不一样，于是对下一个调用者来说，由`ftok`返回的键也可能不同。

例子

图3-2中的程序取一个作为命令行参数的路径名，调用`stat`，调用`ftok`，然后输出`stat`结构的`st_dev`和`st_ino`成员以及得出的IPC键。这三个值是以十六进制输出的，这样我们可从这两个值以及*id*值`0x57`很容易地看出IPC键是如何构造的。

svipc/ftok.c

```
 1 #include    "unpipc.h"

 2 int
 3 main(int argc, char **argv)
 4 {
 5     struct stat stat;

 6     if (argc != 2)
 7         err_quit("usage: ftok <pathname>");

 8     Stat(argv[1], &stat);
 9     printf("st_dev: %lx, st_ino: %lx, key: %x\n",
10            (u_long) stat.st_dev, (u_long) stat.st_ino,
11            Ftok(argv[1], 0x57));

12     exit(0);
13 }
```

svipc/ftok.c

图3-2 获取并输出文件系统信息和IPC键

[1] Unix 98现在宣称：当`ftok`的*id*参数的低序8位为0时，该函数的行为是未指定的。查看一番后作者发现Solaris和Digital Unix中关于`ftok`的手册页面也作了同样的声明。作者不知道这是什么时候加上的，而且作者于1991年编写的“System V Interface Definition”中也没有这样的声明。AIX甚至走得更远，若*id*为0则返回一个错误。实际上`ftok`的三种不同实现——System V Release 2、GNU libc和BSD/OS——没有一个要求*id*为非零：它们只是在id的低序8位中作逻辑或，而不管它的值。

在Solaris 2.6下执行该程序的结果如下：

```
solaris % ftok /etc/system
st_dev: 800018, st_ino: 4a1b, key: 57018a1b
solaris % ftok /usr/tmp
st_dev: 800015, st_ino: 10b78, key: 57015b78
solaris % ftok /home/rstevens/Mail.out
st_dev: 80001f, st_ino: 3b03, key: 5701fb03
```

很明显，*id*在IPC键的高序8位，st_dev的低序12位IPC在键的接下来12位，st_ino的低序12位则在IPC键的低序12位。

我们展示本例子的目的不是让大家依据这种信息组合方式构造出IPC键，而是让大家看看一个实现是如何组合*pathname*和*id*的。其他实现可能以不同的方式组合。

29

FreeBSD使用*id*的低8位、st_dev的低8位以及st_ino的低16位。

注意由ftok完成的映射是单向的，因为st_dev和st_ino中某些位未被使用。这就是说，我们不能从一个给定的键确定创建它时所用的路径名。

3.3 ipc_perm 结构

内核给每个IPC对象维护一个信息结构，其内容跟内核给文件维护的信息类似。

```
struct ipc_perm {
  uid_t    uid;     /* owner's user id */
  gid_t    gid;     /* owner's group id */
  uid_t    cuid;    /* creator's user id */
  gid_t    cgid;    /* creator's group id */
  mode_t   mode;    /* read-write permissions */
  ulong_t  seq;     /* slot usage sequence number */
  key_t    key;     /* IPC key */
};
```

该结构以及System V IPC函数使用的较为明显的常值定义在<sys/ipc.h>头文件中。我们将在本章讨论该结构的所有成员。

3.4 创建与打开 IPC 通道

创建或打开一个IPC对象的三个get*XXX*函数（见图3-1）的第一个参数*key*是类型为key_t的IPC键，返回值*identifier*是一个整数标识符。该标识符不同于ftok函数的*id*参数，我们不久就会看到。对于*key*值，应用程序有两种选择。

(1) 调用ftok，给它传递*pathname*和*id*。

(2) 指定*key*为IPC_PRIVATE，这将保证会创建一个新的、唯一的IPC对象。

图3-3展示有关步骤的顺序。

30

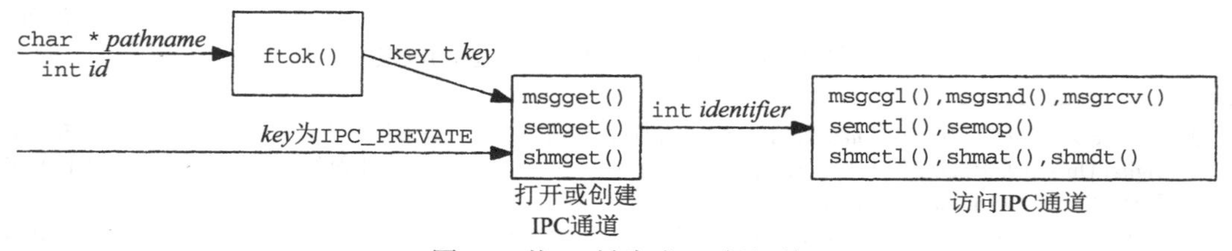

图3-3　从IPC键生成IPC标识符

所有三个get*XXX*函数（见图3-1）都有一个名为*oflag*的参数，它指定IPC对象的读写权限位（ipc_perm结构的mode成员），并选择是创建一个新的IPC对象还是访问一个已存在的IPC对象。这种选择的规则如下。

- 指定*key*为IPC_PRIVATE能保证创建一个唯一的IPC对象。没有一对id和pathname的组合会导致ftok产生IPC_PRIVATE这个键值。
- 设置*oflag*参数的IPC_CREAT位但不设置它的IPC_EXCL位时，如果所指定键的IPC对象不存在，那就创建一个新的对象，否则返回该对象。
- 同时设置*oflag*的IPC_CREAT和IPC_EXCL位时，如果所指定键的IPC对象不存在，那就创建一个新的对象，否则返回一个EEXIST错误，因为该对象已存在。

对IPC对象来说，IPC_CREAT和IPC_EXCL的组合跟open函数的O_CREAT和O_EXCL的组合类似。

设置IPC_EXCL位但不设置IPC_CREAT位是没有意义的。

图3-4展示了打开一个IPC对象的逻辑流程。图3-5是展示图3-4所示逻辑的另一种形式。

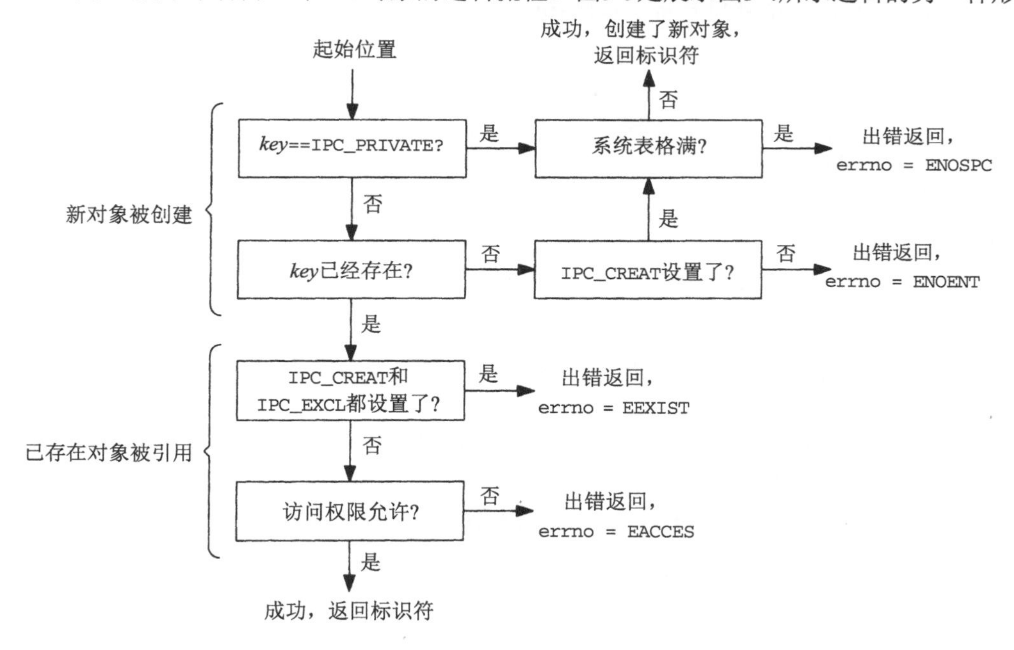

图3-4 创建或打开一个IPC对象的逻辑

*oflag*参数	*key*不存在	*key*已存在
无特殊标志	出错，errno = ENOENT	成功，引用已存在对象
IPC_CREAT	成功，创建新对象	成功，引用已存在对象
IPC_CREAT | IPC_EXCL	成功，创建新对象	出错，errno = EEXIST

图3-5 创建或打开一个IPC通道的逻辑

注意图3-5中间只有IPC_CREAT而没有IPC_EXCL标志的那一行，我们得不到一个指示以判别是创建了一个新对象，还是在引用一个已存在的对象。大多数应用程序中，由服务器创建IPC对象并指定IPC_CREAT标志（如果它不关心该对象是否存在）或IPC_CREAT | IPC_EXCL标志（如果它需要检查该对象是否已经存在）。客户则不指定其中任何一个标志（它们假定服务器已

经创建了该对象）。

> System V IPC定义了自己的IPC_*xxx*常值，而不像标准open函数以及Posix IPC函数那样使用O_CREAT和O_EXCL常值（参见图2-3）。
>
> 还要注意的是，System V IPC函数把它们的IPC_*xxx*常值跟权限位（将在下一节讲述）组合到单个*oflag*参数中。open函数以及Posix IPC函数有一个名为*oflag*的参数，用以指定各种O_*xxx*标志，另有一个名为*mode*的参数，用以指定权限位。

3.5 IPC权限

每当使用某个get*XXX*函数（指定IPC_CREAT标志）创建一个新的IPC对象时，以下信息就保存到该对象的ipc_perm结构中（3.3节）。

31 ~ 32

(1) *oflag*参数中某些位初始化ipc_perm结构的mode成员。图3-6展示了System V三种不同IPC机制的权限位（记号>>3的意思是将值右移3位）。

数字值（八进制）	符号值			说　明
	消息队列	信号量	共享内存区	
0400	MSG_R	SEM_R	SHM_R	由用户（属主）读
0200	MSG_W	SEM_A	SHM_W	由用户（属主）写
0040	MSG_R >> 3	SEM_R >> 3	SHM_R >> 3	由（属）组成员读
0020	MSG_W >> 3	SEM_A >> 3	SHM_W >> 3	由（属）组成员写
0004	MSG_R >> 6	SEM_R >> 6	SHM_R >> 6	由其他用户读
0002	MSG_W >> 6	SEM_A>> 6	SHM_W >> 6	由其他用户写

图3-6　IPC读写权限的*mode*值

(2) cuid和cgid成员分别设置为调用进程的有效用户ID和有效组ID。这两个成员合称为创建者ID（creator ID）。

(3) ipc_perm结构的uid和gid成员也分别设置为调用进程的有效用户ID和有效组ID。这两个成员合称为属主ID（owner ID）。

尽管一个进程可通过调用相应IPC机制ctl*XXX*函数（所用命令为IPC_SET）修改属主ID，创建者ID却从不改变。这三个ctl*XXX*函数还允许一个进程修改某个IPC对象的mode成员。

> 多数实现在<sys/msg.h>、<sys/sem.h>和<sys/shm.h>这三个头文件中定义图3-6中所示的6个常值：MSG_R、MSG_W、SEM_R、SEM_A、SHM_R、SHM_W。不过Unix 98没有这样的要求。SEM_A中的后缀A代表"alter"（改变）。
>
> 这三个ctl*XXX*函数不使用通常的文件模式创建掩码。消息队列、信号量或共享内存区对象的权限准确地设置成由这些函数所指定的值。
>
> Posix IPC并不允许一个IPC对象的创建者改变该对象的属主。Posix IPC中没有类似于IPC_SET命令的操作。然而如果Posix IPC名字存储在文件系统中，那么超级用户可使用chown命令改变其属主。

每当有一个进程访问某个IPC对象时，IPC就执行两级检查，该IPC对象被打开时（get*XXX*函数）执行一次，以后每次使用该对象时执行一次。

(1) 每当有一个进程以某个get*XXX*函数建立访问某个已存在IPC对象的通道时，IPC就执行一次初始检查，验证调用者的*oflag*参数没有指定不在该对象ipc_perm结构mode成员中的任何访问位。这就是图3-4中底部的方框。举例来说，一个服务器进程可以把它的输入消息队列的mode

成员设置成关掉组成员读和其他用户读这两个权限位。任何进程调用针对该消息队列的msgget函数时，如果所指定的*oflag*参数包含这两位，那么该函数都将返回一个错误。然而由get*XXX*函数完成的这种测试并没有多大用处。它隐含假定调用者知道自己属于哪个权限范畴——用户、组成员或其他用户。如果创建者特意关掉了某些权限位，而调用者却指定了这些位，那么get*XXX*函数将检测出这个错误。然而任何进程都能够完全绕过这种检查，其办法是在得知该IPC对象已存在后，简单地指定一个值为0的*oflag*参数即可。

33

(2) 每次IPC操作都对使用该操作的进程执行一次权限测试。举例来说，每当有一个进程试图使用msgsnd函数往某个消息队列放置一个消息时，msgsnd函数将以下面所列的顺序执行（多个）测试。一旦某个测试赋予了访问权，其后的测试就不再执行。

a) 超级用户总是赋予访问权。

b) 如果当前进程的有效用户ID等于该IPC对象的uid值或cuid值，而且相应的访问位在该IPC对象的mode成员中是打开的，那么赋予访问权。这儿“相应的访问位”的意思是，如果调用者想要在该IPC对象上执行一个读操作（例如从某个消息队列接收一个消息），那么读位必须设置，如果想要执行一个写操作，那么写位必须设置。

c) 如果当前进程的有效组ID等于该IPC对象的gid值或cgid值，而且相应的访问位在该IPC对象的mode成员中是打开的，那么赋予访问权。

d) 如果上面的测试没有一个为真，那么相应的“其他用户”访问位在该IPC对象的mode成员中必须是打开的才能赋予访问权。

3.6　标识符重用

ipc_perm结构（3.3节）还含有一个名为seq的变量，它是一个槽位使用情况序列号。该变量是一个由内核为系统中每个潜在的IPC对象维护的计数器。每当删除一个IPC对象时，内核就递增相应的槽位号，若溢出则循环回0。

我们在本节讲述的是普通SVR4实现。Unix 98没有强制使用该实现技巧。

该计数器的存在有两个原因。首先，考虑由内核维护的用于打开文件的文件描述符。它们是些小整数，只在单个进程内有意义，也就是它们是进程特定的值。如果我们试图从譬如说文件描述符4读，那么这种尝试只有该进程已在该描述符上打开了一个文件后才会奏效。它对于可能在另外一个与本进程无亲缘关系的进程中打开在文件描述符4上的文件来说，根本没有意义。然而，System V IPC标识符却是系统范围的，而不是特定于进程的。

我们从某个get函数（msgget、semget和shmget）获得一个IPC标识符（类似于文件描述符）。这些标识符也是整数，不过它们的意义适用于所有进程。举例来说，如果有两个无亲缘关系的进程（一个是客户，一个是服务器）使用单个消息队列，那么由msgget函数返回的该消息队列的标识符在双方进程中必须是同一个整数值，这样双方才能访问同一个消息队列。这种特性意味着某个行为不端的进程可能尝试从另外某个应用的消息队列中读消息，办法是尝试不同的小整数标识符，以期待找出一个当前在使用的允许大家读访问的消息队列。要是这些标识符的取值是小整数（像文件描述符那样），那么找到一个有效标识符的可能性约为1:50（假设每个进程最多有约50个描述符）。

34

为避免这样的问题，这些IPC机制的设计者们把标识符值的可能范围扩大到包含所有整数，而不是仅仅包含小整数。这种扩大是这么实现的：每次重用一个IPC表项时，把返回给调用进程的标识符值增加一个IPC表项数。举例来说，如果系统配置成最多50个消息队列，那么内核中的第一个消息队列表项首次被使用时，返回给进程的标识符值为0。该消息队列被删除，从而第一个表项得以重用后，所返回的标识符为50。再下一次重用时，该标识符变为100，如此等等。既然seq变量通常作为一个无符号长整数实现（见3.3节所示的ipc_perm结构），那么该表项只有在被重用85 899 346（$2^{32}/50$，假设长整数为32位）次后才循环回0。

递增槽位使用情况序列号的另一个原因是为了避免短时间内重用System V IPC标识符。这有助于确保过早终止的服务器重新启动后不会重用标识符。

作为这种特性的一个例子，图3-7中的程序输出由msgget返回的前10个标识符值。

svmsg/slot.c
```
 1 #include    "unpipc.h"

 2 int
 3 main(int argc, char **argv)
 4 {
 5     int     i, msqid;

 6     for (i = 0; i < 10; i++) {
 7         msqid = Msgget(IPC_PRIVATE, SVMSG_MODE | IPC_CREAT);
 8         printf("msqid = %d\n", msqid);

 9         Msgctl(msqid, IPC_RMID, NULL);
10     }
11     exit(0);
12 }
```
svmsg/slot.c

图3-7　连续输出由内核赋予的消息队列标识符10次

每次循环由msgget创建一个消息队列，然后由使用IPC_RMID命令的msgctl删除该队列。常值SVMSG_MODE定义在我们的unpipc.h头文件中（图C-1），它给我们的System V消息队列指定默认权限位。该程序的输出如下：

```
solaris % slot
msqid = 0
msqid = 50
msqid = 100
msqid = 150
msqid = 200
msqid = 250
msqid = 300
msqid = 350
msqid = 400
msqid = 450
```

35

如果再次运行该程序，我们就能看出槽位使用情况序列号是一个跨进程保持的内核变量。

```
solaris % slot
msqid = 500
msqid = 550
msqid = 600
msqid = 650
msqid = 700
msqid = 750
msqid = 800
msqid = 850
msqid = 900
msqid = 950
```

3.7 ipcs 和 ipcrm 程序

由于System V IPC的三种类型不是以文件系统中的路径名标识的，因此使用标准的ls和rm程序无法看到它们，也无法删除它们。不过实现了这些类型IPC的任何系统都提供两个特殊的程序：ipcs和ipcrm。ipcs输出有关System V IPC特性的各种信息，ipcrm则删除一个System V消息队列、信号量集或共享内存区。前者支持十来个命令行选项，它们决定报告哪种类型的IPC以及输出哪些信息，后者支持6个命令行选项。所有这些选项的详细信息可查阅它们的手册页面。

System V IPC不是Posix中的内容，因此这两个命令也未被Posix.2标准化。不过它们是Unix 98的内容。

3.8 内核限制

System V IPC的多数实现有内在的内核限制，例如消息队列的最大数目、每个信号量集的最大信号量数，等等。我们将在图6-25、图11-8和图14-5中给出这些限制的某些典型值。这些限制通常起源于最初的System V实现。

[Bach 1986] 的11.2节和 [Goodheart and Cox 1994] 的第8章都讲述了消息队列、信号量和共享内存区的实现。某些限制就在那儿说明。

36

不幸的是，这些对象的大小被内核限制得往往太小，这是因为其中许多限制起源于在某个小地址空间系统（16位PDP-11）上完成的最初实现。然而万幸的是，多数系统允许管理员部分或完全修改这些默认限制，但是不同风格的Unix所需的步骤也不一样。多数系统要求在修改完值后重新自举运行中的内核。尽管如此，某些实现仍然给其中一些限制使用16位整数，这在无形之中提供了一个难以突破的硬限制。

举例来说，Solaris 2.6有20个这些限制。它们的当前值可使用sysdef命令输出，不过如果相应的内核模块尚未加载（也就是说尚未使用IPC机制），那么所输出的值为0。它们的值可通过在/etc/system文件中加入如下语句来修改，而/etc/system是自举内核时读入的。

```
set msgsys:msginfo_msgseg = value
set msgsys:msginfo_msgssz = value
set msgsys:msginfo_msgtql = value
set msgsys:msginfo_msgmap = value
set msgsys:msginfo_msgmax = value
set msgsys:msginfo_msgmnb = value
set msgsys:msginfo_msgmni = value

set semsys:seminfo_semopm = value
set semsys:seminfo_semume = value
set semsys:seminfo_semaem = value
set semsys:seminfo_semmap = value
set semsys:seminfo_semvmx = value
set semsys:seminfo_semmsl = value
set semsys:seminfo_semmni = value
set semsys:seminfo_semmns = value
set semsys:seminfo_semmnu = value

set shmsys:shminfo_shmmin = value
set shmsys:shminfo_shmseg = value
set shmsys:shminfo_shmmax = value
set shmsys:shminfo_shmmni = value
```

等号左边名字中最后6个字符就是列在图6-25、图11-8和图14-5中的变量名。

至于Digital Unix 4.0B，sysconfig程序可用于查询或修改许多内核参数和限制。下面是使用-q选项时该程序的输出，它就ipc子系统查询内核以输出当前限制值。我们已省略掉了与System V IPC机制无关的一些行。

37

```
alpha % /sbin/sysconfig -q ipc
ipc:
msg-max = 8192
msg-mnb = 16384
msg-mni = 64
msg-tql = 40

shm-max = 4194304
shm-min = 1
shm-mni = 128
shm-seg = 32

sem-mni = 16
sem-msl = 25
sem-opm = 10
sem-ume = 10
sem-vmx = 32767
sem-aem = 16384
num-of-sems = 60
```

这些参数的默认值可通过在/etc/sysconfigtab文件中指定不同的值来修改，不过该文件应使用sysconfigdb程序维护。该文件是在系统自举时读入的。

3.9　小结

msgget、semget和shmget这三个函数的第一个参数是一个System V IPC键。这些键通常是使用系统的ftok函数从某个路径名创建出的。键还可以是IPC_PRIVATE这个特殊值。这三个函数创建一个新的IPC对象或打开一个已存在的IPC对象，并返回一个System V IPC标识符：接下去用于给其余IPC函数标识该对象的一个整数。这些整数不是特定于进程的标识符（像描述符那样），而是系统范围的标识符。这些标识符还由内核在一段时间后重用。

与每个System V IPC对象相关联的是一个ipc_perm结构，它含有诸如属主的用户ID、组ID、读写权限等信息。Posix IPC和System V IPC的差别之一是，这些信息对于System V IPC对象总是可用的（通过以IPC_STAT命令参数调用三个ctl*XXX*函数中的某一个），但是对于Posix IPC对象来说，能否访问这些信息要看具体实现。如果Posix IPC对象存放在文件系统中，而且我们知道它们在文件系统中的名字，那么使用现有的文件系统工具就能访问到与ipc_perm结构的内容相同的信息。

在创建一个新的System V IPC对象或打开一个已存在的对象时，可给get*XXX*函数指定两个标志（IPC_CREAT和IPC_EXCL），外加9个权限位。

毫无疑问，使用System V IPC的最大问题在于多数实现在这些对象的大小上施加了人为的内核限制，这些限制可追溯到它们历史上的最初实现。这就是说，较多使用System V IPC的多数应用需要系统管理员修改这些内核限制，然而不同风格的Unix完成这些修改工作的步骤也不一样。

习题

3.1 粗读一下6.5节的msgctl函数，把图3-7中的程序修改成除输出所赋予的标识符外，还输出ipc_perm结构的seq成员。

38

3.2 运行图3-7中的程序两次后立即运行一个创建两个消息队列的程序。假设内核从自举以来没有任何其他应用程序使用过其他消息队列，那么由内核返回的作为消息队列标识符的两个值是什么？

3.3 我们在3.5节中指出System V IPC get*XXX*函数不使用文件模式创建掩码。编写一个测试程序，由它创建一个FIFO（使用4.6节中所述的mkfifo函数）和一个System V消息队列，给它们指定的权限都是666（八进制）。比较创建成的FIFO和消息队列二者的权限。在运行该程序前，确保你的shell umask为非零值。

3.4 如果一个服务器想要为其客户创建一个唯一的消息队列，那么采用哪种方法更恰当——使用某个常值路径名（譬如说该服务器的可执行文件）作为ftok的一个参数呢，还是使用IPC_PRIVATE？

3.5 修改图3-2使其只输出IPC键和路径名。运行find程序输出你的系统上的所有路径名，并将这些路径名逐个作为刚修改过的程序的命令行参数运行之。有多少路径名映射到同一键值上？

3.6 如果你的系统支持sar程序（“系统行为报告程序”），那么运行如下命令：

```
sar -m 5 6
```

该命令输出每秒的消息队列操作数和信号量操作数，采样频率为5秒一次，共6次。

39

第二部分

消息传递

第4章

管道和FIFO

4.1 概述

管道是最初的Unix IPC形式，可追溯到1973年的Unix第3版［Salus 1994］。尽管对于许多操作来说很有用，但它们的根本局限在于没有名字，从而只能由有亲缘关系的进程使用。这一点随FIFO的加入在System III Unix（1982年）中得以改正。FIFO有时称为有名管道（named pipe）。管道和FIFO都是使用通常的read和write函数访问的。

> 技术上讲，自从可以在进程间传递描述符（在本书15.8节和UNPv1的14.7节中讲述）后，管道也能用于无亲缘关系的进程间。然而现实中，管道通常用于具有共同祖先的进程间。

本章讲述管道和FIFO的创建与使用。我们使用一个简单的文件服务器例子，同时查看一些客户-服务器程序设计问题：IPC通道需要量、迭代服务器与并发服务器、字节流与消息接口。

4.2 一个简单的客户-服务器例子

图4-1所示的客户-服务器例子在本章和第6章中都要用到，我们用它来分析说明管道、FIFO和System V消息队列。

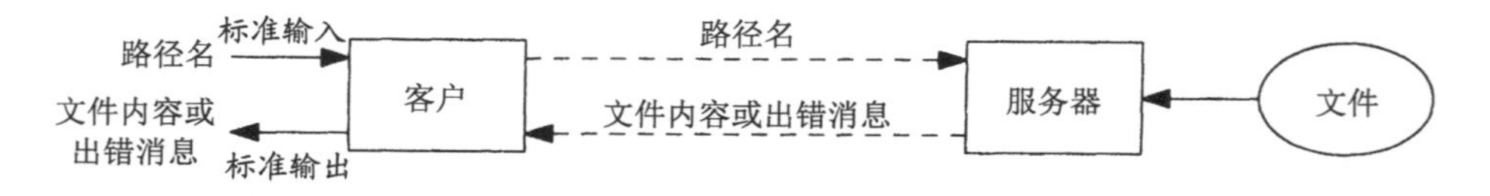

图4-1　客户-服务器例子

图中客户从标准输入（stdin）读进一个路径名，并把它写入IPC通道。服务器从该IPC通道读出这个路径名，并尝试打开其文件来读。如果服务器能打开该文件，它就读出其中的内容，并写入（可能另一个）IPC通道，以作为对客户的响应；否则，它就响应以一个出错消息。客户随后从该IPC通道读出响应，并把它写到标准输出（stdout）。如果服务器无法读该文件，那么客户读出的响应将是一个出错消息。否则，客户读出的响应就是该文件的内容。客户和服务器之间的虚线表示IPC通道。

43

4.3 管道

所有式样的Unix都提供管道。它由pipe函数创建，提供一个单路（单向）数据流。

```
#include <unistd.h>

int pipe(int fd[2]);
```

返回：若成功则为0，若出错则为-1

该函数返回两个文件描述符：*fd[0]*和*fd[1]*。前者打开来读，后者打开来写。

> 有些版本的Unix（例如SVR4）提供全双工管道，也就是说这些管道的两端都是既可用于读，也可用于写。创建一个全双工IPC管道的另一种方法是使用UNPv1的14.3节中讲述的socketpair函数，它在大多数现行Unix系统上都能工作。然而管道的最常见用途是用在各种shell中，这种情况下半双工管道足够了。
>
> Posix.1和Unix 98只要求半双工管道，本章中我们也这么假设。

宏S_ISFIFO可用于确定一个描述符或文件是管道还是FIFO。它的唯一参数是stat结构的st_mode成员，计算结果或者为真（非零值），或者为假（0）。对于管道来说，这个stat结构是由fstat函数填写的。对于FIFO来说，这个结构是由fstat、lstat或stat函数填写的。

图4-2展示了单个进程中管道的模样。

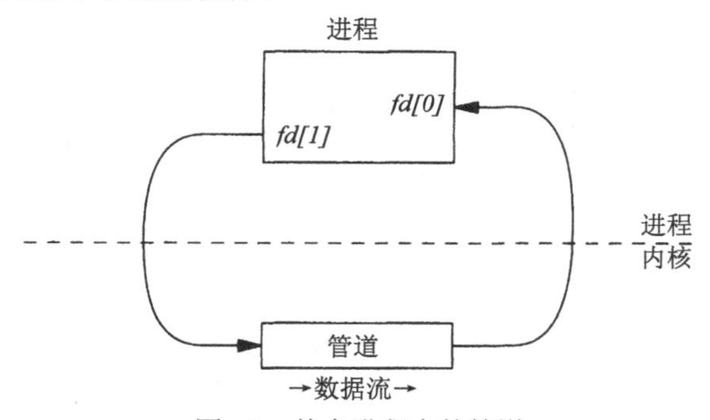

图4-2　单个进程中的管道

尽管管道是由单个进程创建的，它却很少在单个进程内使用（我们将在图5-14中给出在单个进程内使用管道的一个例子）。管道的典型用途是以下述方式为两个不同进程（一个是父进程，一个是子进程）提供进程间的通信手段。首先，由一个进程（它将成为父进程）创建一个管道后调用fork派生一个自身的副本，如图4-3所示。

44

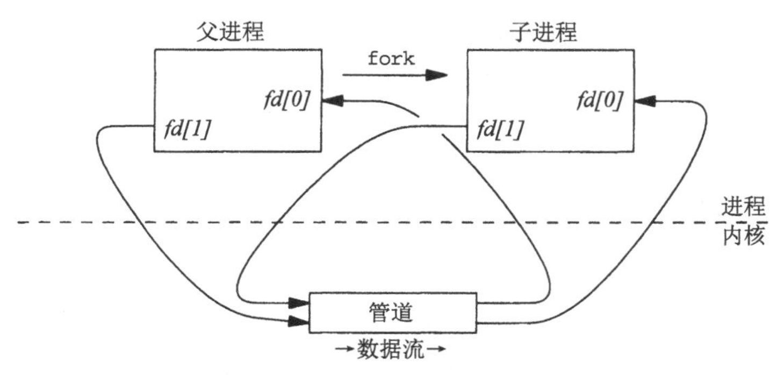

图4-3　单个进程内的管道，刚刚fork后

接着，父进程关闭这个管道的读出端，子进程关闭同一管道的写入端。这就在父子进程间提供了一个单向数据流，如图4-4所示。

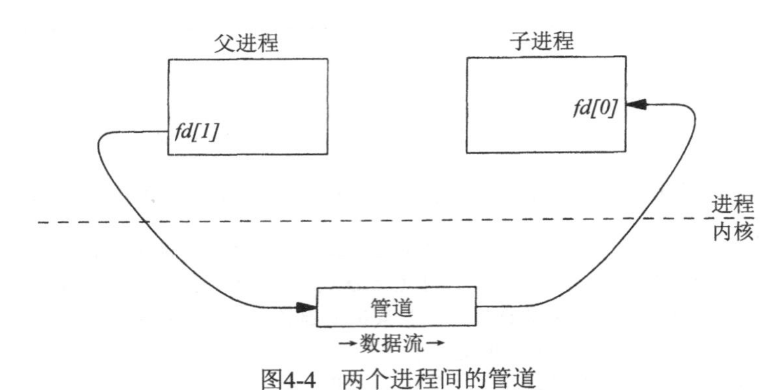

图4-4　两个进程间的管道

我们在某个Unix shell中输入一个像下面这样的命令时：

```
who | sort | lp
```

45

该shell将执行上述步骤创建三个进程和其间的两个管道。它还把每个管道的读出端复制到相应进程的标准输入，把每个管道的写入端复制到相应进程的标准输出。图4-5展示了这样的管道线。

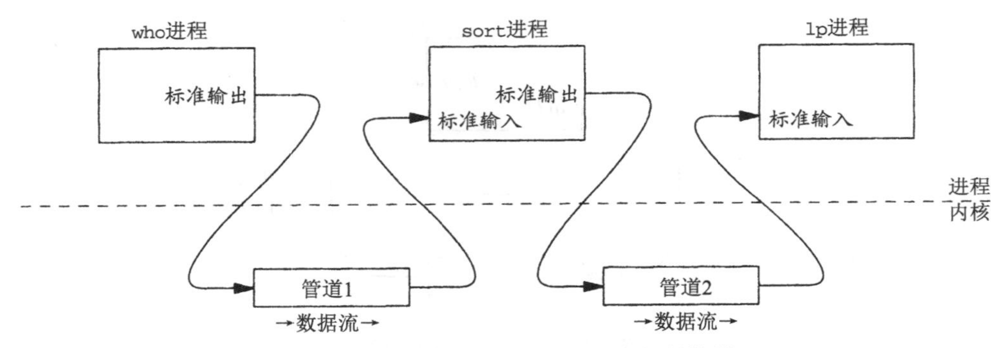

图4-5　某个shell管道线中三个进程间的管道

到此为止所示的所有管道都是半双工的即单向的，只提供一个方向的数据流。当需要一个双向数据流时，我们必须创建两个管道，每个方向一个。实际步骤如下：

(1) 创建管道1（*fd1[0]*和*fd1[1]*）和管道2（*fd2[0]*和*fd2[1]*）；

(2) fork；

(3) 父进程关闭管道1的读出端（*fd1[0]*）；

(4) 父进程关闭管道2的写入端（*fd2[1]*）；

(5) 子进程关闭管道1的写入端（*fd1[1]*）；

(6) 子进程关闭管道2的读出端（*fd2[0]*）。

46

图4-8会给出执行这些步骤的代码。它产生如图4-6所示的管道布局。

例子

现在使用管道实现4.2节中描述的客户-服务器例子。main函数创建两个管道并用fork生成一个子进程。客户然后作为父进程运行，服务器则作为子进程运行。第一个管道用于从客户向服务器发送路径名，第二个管道用于从服务器向客户发送该文件的内容（或者一个出错消息）。这样设置后的布局如图4-7所示。

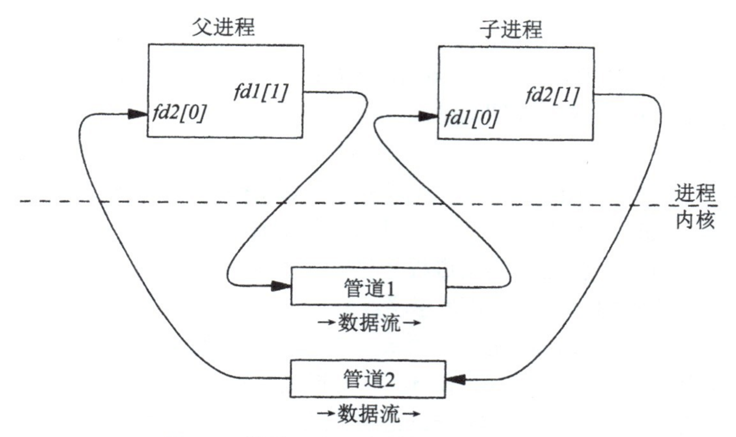

图4-6 提供一个双向数据流的两个管道

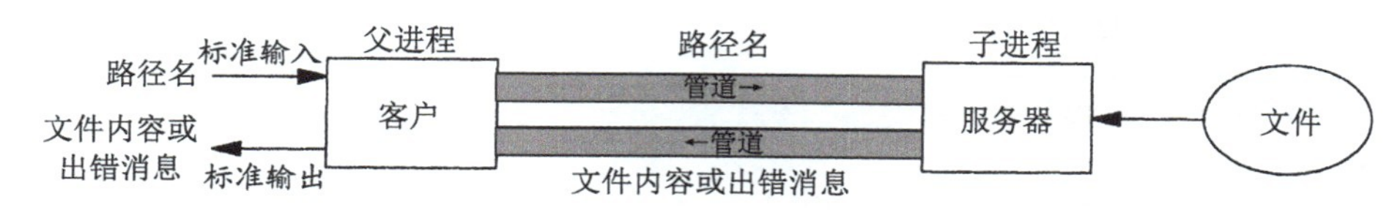

图4-7 使用两个管道实现图4-1

注意图4-7所示的两个管道直接连接着两个进程，然而实际上它们都是通过内核运作的，如图4-6所示。因此，从客户到服务器以及从服务器到客户的所有数据都穿越了用户-内核接口两次：一次是在写入管道时，另一次是在从管道读出时。

图4-8给出了这个例子的main函数。

pipe/mainpipe.c

```
 1 #include    "unpipc.h"

 2 void    client(int, int), server(int, int);

 3 int
 4 main(int argc, char **argv)
 5 {
 6     int     pipe1[2], pipe2[2];
 7     pid_t   childpid;

 8     Pipe(pipe1);    /* create two pipes */
 9     Pipe(pipe2);

10     if ( (childpid = Fork()) == 0) {        /* child */
11         Close(pipe1[1]);
12         Close(pipe2[0]);

13         server(pipe1[0], pipe2[1]);
14         exit(0);
15     }
16         /* parent */
17     Close(pipe1[0]);
18     Close(pipe2[1]);

19     client(pipe2[0], pipe1[1]);

20     Waitpid(childpid, NULL, 0);        /* wait for child to terminate */
21     exit(0);
22 }
```

pipe/mainpipe.c

图4-8 使用两个管道的客户-服务器程序main函数

创建管道，fork

8~19　创建两个管道，然后执行随图4-6列出的6个步骤。父进程调用client函数（图4-9），子进程调用server函数（图4-10）。

为子进程waitpid

20　服务器（子进程）在往管道写入最终数据后调用exit首先终止。它随后变成了一个僵尸进程（zombie）：自身已终止、但其父进程仍在运行且尚未等待该子进程的进程。当子进程终止时，内核还给其父进程产生一个SIGCHLD信号，不过父进程没有捕获这个信号，而该信号的默认行为就是忽略。此后不久，父进程的client函数在从管道读入最终数据后返回。父进程随后调用waitpid取得已终止子进程（僵尸进程）的终止状态。要是父进程没有调用waitpid，而是直接终止，那么子进程将成为托孤给init进程的孤儿进程，内核将为此向init进程发送另外一个SIGCHLD信号，init进程随后将取得该僵尸进程的终止状态。

client函数如图4-9所示。

pipe/client.c

```
 1 #include    "unpipc.h"

 2 void
 3 client(int readfd, int writefd)
 4 {
 5     size_t  len;
 6     ssize_t n;
 7     char    buff[MAXLINE];

 8         /* read pathname */
 9     Fgets(buff, MAXLINE, stdin);
10     len = strlen(buff);          /* fgets() guarantees null byte at end */
11     if (buff[len-1] == '\n')
12         len--;                   /* delete newline from fgets() */

13         /* write pathname to IPC channel */
14     Write(writefd, buff, len);

15         /* read from IPC, write to standard output */
16     while ( (n = Read(readfd, buff, MAXLINE)) > 0)
17         Write(STDOUT_FILENO, buff, n);
18 }
```

pipe/client.c

图4-9　使用两个管道的客户-服务器程序client函数

从标准输入读进路径名

8~14　从标准输入读进路径名后，删除其中由fgets存入的换行符，再写入管道。

从管道复制到标准输出

48

15~17　客户随后读出由服务器写入管道的全部内容，并写到标准输出。正常情况下它是所请求文件的内容，但是如果服务器打不开所指定的路径名，那它将返回一个出错消息。

server函数如图4-10所示。

从管道读出路径名

8~11　从管道读出由客户写入的路径名，并以空字节作为其结尾。注意，对一个管道的read只要该管道中存在一些数据就会马上返回，它不必等待达到所请求的字节数（本例中为MAXLINE）。

pipe/server.c

```
 1 #include    "unpipc.h"

 2 void
 3 server(int readfd, int writefd)
 4 {
 5     int     fd;
 6     ssize_t n;
 7     char    buff[MAXLINE+1];

 8         /* read pathname from IPC channel */
 9     if ( (n = Read(readfd, buff, MAXLINE)) == 0)
10         err_quit("end-of-file while reading pathname");
11     buff[n] = '\0';             /* null terminate pathname */

12     if ( (fd = open(buff, O_RDONLY)) < 0) {
13             /* error: must tell client */
14         snprintf(buff + n, sizeof(buff) - n, ": can't open, %s\n",
15                  strerror(errno));
16         n = strlen(buff);
17         Write(writefd, buff, n);

18     } else {
19             /* open succeeded: copy file to IPC channel */
20         while ( (n = Read(fd, buff, MAXLINE)) > 0)
21             Write(writefd, buff, n);
22         Close(fd);
23     }
24 }
```

pipe/server.c

图4-10 使用两个管道的客户-服务器程序server函数

打开文件，处理错误

12~17 打开所请求的文件来读，若出错则通过管道返回给客户一个出错消息串。我们调用strerror函数以返回对应于errno的出错消息串。（UNPv1第690~691页详细讨论了strerror函数①。）

把文件复制到管道

18~23 如果open成功，就将该文件的内容复制到管道中。

下面的例子给出了路径名正确及发生错误时该程序的输出。

49

```
solaris % mainpipe
/etc/inet/ntp.conf                    一个由两行文本构成的文件
multicastclient 224.0.1.1
driftfile /etc/inet/ntp.drift
solaris % mainpipe
/etc/shadow                           一个我们不能读的文件
/etc/shadow: can't open, Permission denied
solaris % mainpipe
/no/such/file                         一个不存在的文件
/no/such/file: can't open, No such file or directory
```

4.4 全双工管道

上一节中我们提到，某些系统提供全双工管道：SVR4的pipe函数以及许多内核都提供的

① 此处为UNPv1第2版英文原版书页码，第3版英文原版书为第774~775页。——编者注

socketpair函数。那么全双工管道到底提供什么呢？首先，我们可以如图4-11所示考虑一个半双工管道，它是对图4-2的修改，省略了其中的进程。

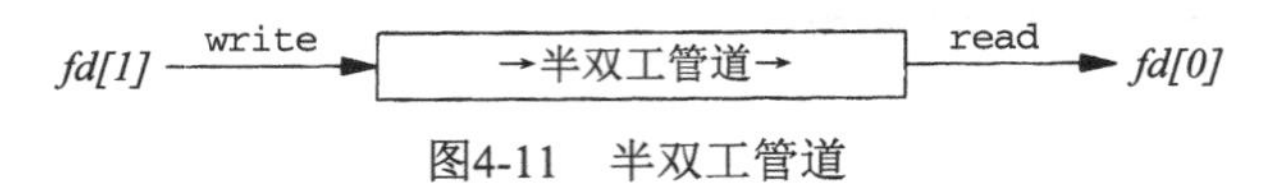

图4-11 半双工管道

全双工管道可能实现成如图4-12所示。它隐含的意思是：整个管道只存在一个缓冲区，（在任意一个描述符上）写入管道的任何数据都添加到该缓冲区末尾，（在任意一个描述符上）从管道读出的都是取自该缓冲区开头的数据。

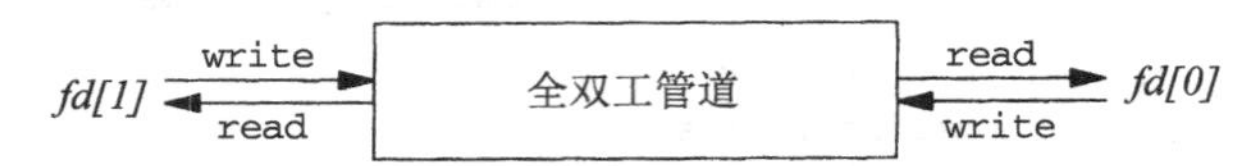

图4-12 全双工管道的一个可能实现（不正确）

这种实现所存在的问题在像图A-29这样的程序中变得很明显。我们需要双向通信，但所需的是两个独立的数据流，每个方向一个。若不是这样，当一个进程往该全双工管道写入数据，过后再对该管道调用read时，有可能读回刚写入的数据。

图4-13展示了全双工管道的真正实现。

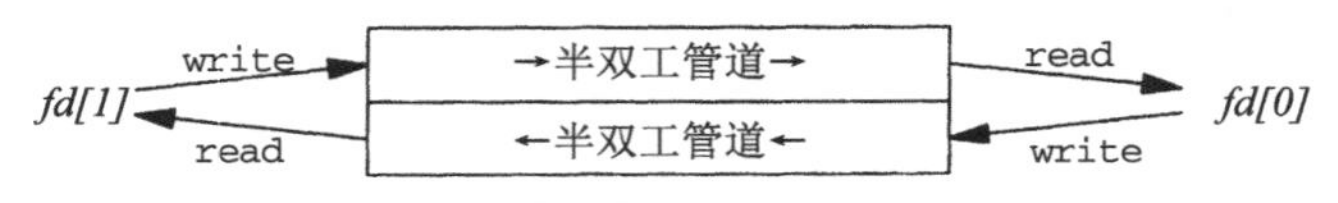

图4-13 全双工管道的真正实现

50

这儿的全双工管道是由两个半双工管道构成的。写入*fd[1]*的数据只能从*fd[0]*读出，写入*fd[0]*的数据只能从*fd[1]*读出。

图4-14中的程序表明可使用单个全双工管道完成双向通信。

pipe/fduplex.c

```
 1 #include    "unpipc.h"

 2 int
 3 main(int argc, char **argv)
 4 {
 5     int     fd[2], n;
 6     char    c;
 7     pid_t   childpid;

 8     Pipe(fd);                   /* assumes a full-duplex pipe (e.g., SVR4) */
 9     if ( (childpid = Fork()) == 0) {        /* child */
10         sleep(3);
11         if ( (n = Read(fd[0], &c, 1)) != 1)
12             err_quit("child: read returned %d", n);
13         printf("child read %c\n", c);
14         Write(fd[0], "c", 1);
15         exit(0);
16     }
17         /* parent */
18     Write(fd[1], "p", 1);
19     if ( (n = Read(fd[1], &c, 1)) != 1)
20         err_quit("parent: read returned %d", n);
21     printf("parent read %c\n", c);
22     exit(0);
23 }
```

pipe/fduplex.c

图4-14 测试全双工管道的双向通信能力

我们创建一个全双工管道后调用fork。父进程往该管道写入字符p，然后从中读出一个字符。子进程先休眠3秒，从该管道读出一个字符后，往它写入字符c。子进程中的休眠是为了让父进程的read调用先于子进程的read调用执行，从而查看父进程是否读回自己刚写的字符。

在提供全双工管道的Solaris 2.6下运行该程序，我们观察到了所期望的行为。

```
solaris % fduplex
child read p
parent read c
```

字符p穿越图4-13中所示顶部的半双工管道，字符c则穿越底部的半双工管道。父进程并没有读回自己写入管道的数据（字符p）。

在默认提供半双工管道的Digital Unix 4.0B下运行该程序，我们看到了半双工管道的预期行为。编译时如果指定不同的选项，那它也能像SVR4那样提供全双工管道。

51

```
alpha % fduplex
read error: Bad file number
alpha % child read p
write error: Bad file number
```

父进程写入字符p，它由子进程读出，但此后父进程在试图从*fd[1]* read时中止，子进程则在试图往*fd[0]* write时中止（回想图4-11）。由read返回的错误是EBADF，意思是描述符*fd[1]*不是打开来读的。类似地，write返回同样的错误，表示描述符*fd[1]*不是打开来写的。

4.5 popen和pclose函数

作为另一个关于管道的例子，标准I/O函数库提供了popen函数，它创建一个管道并启动另外一个进程，该进程要么从该管道读出标准输入，要么往该管道写入标准输出。

```
#include <stdio.h>

FILE *popen(const char *command, const char *type);
                                返回：若成功则为文件指针，若出错则为NULL

int pclose(FILE *stream);
                                返回：若成功则为shell的终止状态，若出错则为-1
```

其中*command*是一个shell命令行。它是由sh程序（通常为Bourne shell）处理的，因此PATH环境变量可用于定位*command*。popen在调用进程和所指定的命令之间创建一个管道。由popen返回的值是一个标准I/O FILE指针，该指针或者用于输入，或者用于输出，具体取决于字符串*type*。

- 如果*type*为r，那么调用进程读进*command*的标准输出。
- 如果*type*为w，那么调用进程写到*command*的标准输入。

pclose函数关闭由popen创建的标准I/O流（*stream*），等待其中的命令终止，然后返回shell的终止状态。

APUE的14.3节[①]提供了popen和pclose的一个实现。

例子

图4-15给出了我们的客户-服务器例子的另一个实现，它使用popen函数和Unix的cat程序。

52

① 此处为APUE第1版英文原版书节号，第2版为15.3节。——编者注

pipe/mainpopen.c

```
 1 #include    "unpipc.h"

 2 int
 3 main(int argc, char **argv)
 4 {
 5     size_t  n;
 6     char    buff[MAXLINE], command[MAXLINE];
 7     FILE    *fp;

 8         /* read pathname */
 9     Fgets(buff, MAXLINE, stdin);
10     n = strlen(buff);         /* fgets() guarantees null byte at end */
11     if (buff[n-1] == '\n')
12         n--;                  /* delete newline from fgets() */

13     snprintf(command, sizeof(command), "cat %s", buff);
14     fp = Popen(command, "r");

15         /* copy from pipe to standard output */
16     while (Fgets(buff, MAXLINE, fp) != NULL)
17         Fputs(buff, stdout);

18     Pclose(fp);
19     exit(0);
20 }
```

pipe/mainpopen.c

图4-15　使用popen的客户-服务器程序

8~17　跟图4-9一样，路径名从标准输入读出。随后构建一个命令并把它传递给popen。来自shell或cat程序的输出被复制到标准输出。

这个实现与图4-8中的实现的差别之一是：现在我们依赖于由系统的cat程序产生的出错消息，而这些消息往往不足以说明具体错误。例如在Solaris 2.6下，当试图读一个我们没有读权限的文件时，将得到如下的错误：

```
solaris % cat /etc/shadow
cat: cannot open /etc/shadow
```

但是在BSD/OS 3.1下，当试图读一下类似的文件时，将得到一个更清晰的错误消息：

```
bsdi % cat /etc/master.passwd
cat: /etc/master.passwd: cannot open [Permission denied]
```

还要认识到在上面的例子中，popen调用是成功的，但是其后的fgets只是在首次被调用时返回一个文件结束符。cat程序将它的出错消息写到标准错误输出，但popen不对标准错误输出作任何特殊的处理——只有标准输出才被重定向到由它创建的管道。

53

4.6　FIFO

管道没有名字，因此它们的最大劣势是只能用于有一个共同祖先进程的各个进程之间。我们无法在无亲缘关系的两个进程间创建一个管道并将它用作IPC通道（不考虑描述符传递）。

FIFO指代先进先出（first in，first out），Unix中的FIFO类似于管道。它是一个单向（半双工）数据流。不同于管道的是，每个FIFO有一个路径名与之关联，从而允许无亲缘关系的进程访问同一个FIFO。FIFO也称为*有名管道*（named pipe）。

FIFO由mkfifo函数创建。

```
#include <sys/types.h>
#include <sys/stat.h>

int mkfifo(const char *pathname, mode_t mode);
```

返回：若成功则为0，若出错则为-1

其中*pathname*是一个普通的Unix路径名，它是该FIFO的名字。

*mode*参数指定文件权限位，类似于open的第二个参数。图2-4给出了定义在<sys/stat.h>头文件中的6个常值，用于给一个FIFO指定权限位。

mkfifo函数已隐含指定O_CREAT | O_EXCL。也就是说，它要么创建一个新的FIFO，要么返回一个EEXIST错误（如果所指定名字的FIFO已经存在）。如果不希望创建一个新的FIFO，那就改为调用open而不是mkfifo。要打开一个已存在的FIFO或创建一个新的FIFO，应先调用mkfifo，再检查它是否返回EEXIST错误，若返回该错误则改为调用open。

mkfifo命令也能创建FIFO。可以从shell脚本或命令行中使用它。

在创建出一个FIFO后，它必须或者打开来读，或者打开来写，所用的可以是open函数，也可以是某个标准I/O打开函数，例如fopen。FIFO不能打开来既读又写，因为它是半双工的。

对管道或FIFO的write总是往末尾添加数据，对它们的read则总是从开头返回数据。如果对管道或FIFO调用lseek，那就返回ESPIPE错误。

4.6.1 例子

现在重新编写图4-8中的客户-服务器程序，这次改用两个FIFO代替两个管道。client和server函数保持不变，所有变动都在main函数上，它如图4-16所示。

创建两个FIFO

10~16 在/tmp文件系统中创建两个FIFO。这两个FIFO事先存在与否无关紧要。常值FILE_MODE在我们的unpipc.h头文件（图C-1）中定义如下。

```
#define  FILE_MODE  (S_IRUSR | S_IWUSR | S_IRGRP | S_IROTH)
                    /* default permissions for new files */
```

这允许用户读、用户写、组成员读和其他用户读。这些权限位会被当前进程的文件模式创建掩码修正。

fork

17~27 调用fork后，子进程调用我们的server函数（图4-10），父进程调用我们的client函数（图4-9）。在执行这些调用前，父进程打开第一个FIFO来写，打开第二个FIFO来读，子进程打开第一个FIFO来读，打开第二个FIFO来写。这与我们的管道例子类似，图4-17展示了这个布局。

这个FIFO例子比起之前的管道例子变动如下。

- 创建并打开一个管道只需调用pipe。创建并打开一个FIFO则需在调用mkfifo后再调用open。
- 管道在所有进程最终都关闭它之后自动消失。FIFO的名字则只有通过调用unlink才从文件系统中删除。

FIFO需要额外调用的好处是：FIFO在文件系统中有一个名字，该名字允许某个进程创建一个FIFO，与它无亲缘关系的另一个进程来打开这个FIFO。对于管道来说，这是不可能的。

pipe/mainfifo.c

```
 1 #include    "unpipc.h"

 2 #define FIFO1   "/tmp/fifo.1"
 3 #define FIFO2   "/tmp/fifo.2"

 4 void    client(int, int), server(int, int);

 5 int
 6 main(int argc, char **argv)
 7 {
 8     int     readfd, writefd;
 9     pid_t   childpid;

10         /* create two FIFOs; OK if they already exist */
11     if ((mkfifo(FIFO1, FILE_MODE) < 0) && (errno != EEXIST))
12         err_sys("can't create %s", FIFO1);
13     if ((mkfifo(FIFO2, FILE_MODE) < 0) && (errno != EEXIST)) {
14         unlink(FIFO1);
15         err_sys("can't create %s", FIFO2);
16     }
17     if ( (childpid = Fork()) == 0) {        /* child */
18         readfd = Open(FIFO1, O_RDONLY, 0);
19         writefd = Open(FIFO2, O_WRONLY, 0);

20         server(readfd, writefd);
21         exit(0);
22     }
23         /* parent */
24     writefd = Open(FIFO1, O_WRONLY, 0);
25     readfd = Open(FIFO2, O_RDONLY, 0);

26     client(readfd, writefd);

27     Waitpid(childpid, NULL, 0);     /* wait for child to terminate */

28     Close(readfd);
29     Close(writefd);

30     Unlink(FIFO1);
31     Unlink(FIFO2);
32     exit(0);
33 }
```

pipe/mainfifo.c

图4-16　使用两个FIFO的客户-服务器程序main函数

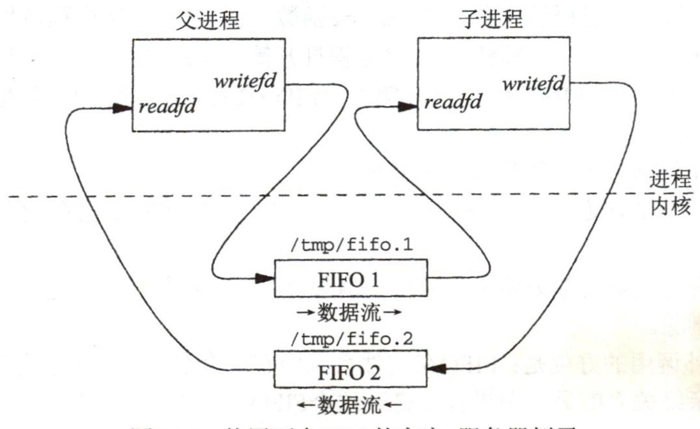

图4-17　使用两个FIFO的客户-服务器例子

没有正确使用FIFO的程序会发生微妙的问题。考虑图4-16：如果我们对换父进程中两个open调用的顺序，该程序就不工作。其原因在于，如果当前尚没有任何进程打开某个FIFO来写，那么打开该FIFO来读的进程将阻塞。对换父进程中两个open调用的顺序后，父子进程将都打开同一个FIFO来读，然而当时并没有任何进程已打开该文件来写，于是父子进程都阻塞。这种现象称为死锁（deadlock）。我们将在下一节讨论这种情形。

4.6.2 例子：无亲缘关系的客户与服务器

图4-16中客户和服务器仍然是有亲缘关系的进程。不过我们可以把这个例子重新编写成客户与服务器无亲缘关系的状态。图4-18给出了服务器程序，它与图4-16的服务器部分差不多。

pipe/server_main.c

```
 1 #include    "fifo.h"

 2 void    server(int, int);

 3 int
 4 main(int argc, char **argv)
 5 {
 6     int     readfd, writefd;

 7         /* create two FIFOs; OK if they already exist */
 8     if ((mkfifo(FIFO1, FILE_MODE) < 0) && (errno != EEXIST))
 9         err_sys("can't create %s", FIFO1);
10     if ((mkfifo(FIFO2, FILE_MODE) < 0) && (errno != EEXIST)) {
11         unlink(FIFO1);
12         err_sys("can't create %s", FIFO2);
13     }

14     readfd = Open(FIFO1, O_RDONLY, 0);
15     writefd = Open(FIFO2, O_WRONLY, 0);

16     server(readfd, writefd);
17     exit(0);
18 }
```

pipe/server_main.c

图4-18 独立服务器程序main函数

头文件fifo.h如图4-19所示，它提供了程序中两个FIFO名字的定义，客户和服务器都得知道它们。

pipe/fifo.h

```
1 #include     "unpipc.h"

2 #define  FIFO1   "/tmp/fifo.1"
3 #define  FIFO2   "/tmp/fifo.2"
```

pipe/fifo.h

图4-19 客户程序和服务器程序都包含的fifo.h头文件

图4-20给出了客户程序，它与图4-16的客户部分差不多一样。注意最后删除所用FIFO的是客户而不是服务器，因为对这些FIFO执行最终操作的是客户。

> 内核为管道和FIFO维护一个访问计数器，它的值是访问同一个管道或FIFO的打开着的描述符的个数。有了访问计数器后，客户或服务器就能成功地调用unlink。尽管该函数从文件系统中删除了所指定的路径名，先前已经打开该路径名、目前仍打开着的描述符却不受影响。然而对于其他形式的IPC来说（例如System V消息队列），这样的计数器并不存在，因此要是服务器在向某个消息队列写入自己的最终消息后删除了该队列，那么当客户尝试读出这个最终消息时，该队列可能已消失了。

pipe/client_main.c

```
 1 #include    "fifo.h"

 2 void    client(int, int);

 3 int
 4 main(int argc, char **argv)
 5 {
 6     int     readfd, writefd;

 7     writefd = Open(FIFO1, O_WRONLY, 0);
 8     readfd = Open(FIFO2, O_RDONLY, 0);

 9     client(readfd, writefd);

10     Close(readfd);
11     Close(writefd);

12     Unlink(FIFO1);
13     Unlink(FIFO2);
14     exit(0);
15 }
```

pipe/client_main.c

图4-20 独立客户程序main函数

为运行这对客户和服务器，先在后台启动服务器：

```
% server_file &
```

再启动客户。另一种办法是只启动客户，服务器则由客户通过调用fork和exec来激活。客户还可以把所用的两个FIFO的名字作为命令行参数通过exec函数传递给服务器，从而不必将它们编写到一个头文件中。不过这种情形会使得服务器成为客户的一个子进程，这么一来管道就够用了。

4.7 管道和FIFO的额外属性

我们需要就管道和FIFO的打开、读出和写入更为详细地描述它们的某些属性。首先，一个描述符能以两种方式设置成非阻塞。

(1) 调用open时可指定O_NONBLOCK标志。例如图4-20中第一个open调用可以是：

```
writefd = Open(FIFO1, O_WRONLY | O_NONBLOCK, 0);
```

(2) 如果一个描述符已经打开，那么可以调用fcntl以启用O_NONBLOCK标志。对于管道来说，必须使用这种技术，因为管道没有open调用，在pipe调用中也无法指定O_NONBLOCK标志。使用fcntl时，我们先使用F_GETFL命令取得当前文件状态标志，将它与O_NONBLOCK标志按位或后，再使用F_SETFL命令存储这些文件状态标志：

```
int     flags;

if ( (flags = fcntl(fd, F_GETFL, 0)) < 0)
    err_sys("F_GETFL error");
flags |= O_NONBLOCK;
if (fcntl(fd, F_SETFL, flags) < 0)
    err_sys("F_SETFL error");
```

留心你可能会碰到的简单地设置所需标志的代码，因为这样的代码在设置所需标志的同时清除了所有其他可能存在的文件状态标志：

```
    /* wrong way to set nonblocking */
```

```
if (fcntl(fd, F_SETFL, O_NONBLOCK) < 0)
    err_sys("F_SETFL error");
```

54 ~ 58

图4-21给出了非阻塞标志对打开一个FIFO的影响、对从一个空管道或空FIFO读出数据的影响以及对往一个管道或FIFO写入数据的影响。

当前操作	管道或FIFO的现有打开操作	返回	
		阻塞（默认设置）	O_NONBLOCK设置
open FIFO 只读	FIFO打开来写	成功返回	成功返回
	FIFO不是打开来写	阻塞到FIFO打开来写为止	成功返回
open FIFO 只写	FIFO打开来读	成功返回	成功返回
	FIFO不是打开来读	阻塞到FIFO打开来读为止	返回ENXIO错误
从空管道或空FIFO read	管道或FIFO打开来写	阻塞到管道或FIFO中有数据或者管道或FIFO不再为写打开着为止	返回EAGAIN错误
	管道或FIFO不是打开来写	read返回0（文件结束符）	read返回0（文件结束符）
往管道或FIFO write	管道或FIFO打开来读	（见正文）	（见正文）
	管道或FIFO不是打开来读	给线程产生SIGPIPE	给线程产生SIGPIPE

图4-21 O_NONBLOCK标志对管道和FIFO的影响

下面是关于管道或FIFO的读出与写入的若干额外规则。

- 如果请求读出的数据量多于管道或FIFO中当前可用数据量，那么只返回这些可用的数据。我们必须准备好处理来自read的小于所请求数目的返回值。
- 如果请求写入的数据的字节数小于或等于PIPE_BUF（一个Posix限制值，将在4.11节详细讨论），那么write操作保证是原子的。这意味着，如果有两个进程差不多同时往同一个管道或FIFO写，那么或者先写入来自第一个进程的所有数据，再写入来自第二个进程的所有数据，或者颠倒过来。系统不会相互混杂来自这两个进程的数据。然而，如果请求写入的数据的字节数大于PIPE_BUF，那么write操作不能保证是原子的。

> Posix.1要求PIPE_BUF至少为512字节。常见的值处于从BSD/OS 3.1的1024到Solaris 2.6的5120之间。4.11节有一个程序可输出这个值。

- O_NONBLOCK标志的设置对write操作的原子性没有影响——原子性完全是由所请求字节数是否小于等于PIPE_BUF决定的。然而当一个管道或FIFO设置成非阻塞时，来自write的返回值取决于待写的字节数以及该管道或FIFO中当前可用空间的大小。如果待写的字节数小于等于PIPE_BUF：

59

  a. 如果该管道或FIFO中有足以存放所请求字节数的空间，那么所有数据字节都写入。

  b. 如果该管道或FIFO中没有足以存放所请求字节数的空间，那么立即返回一个EAGAIN错误。既然设置了O_NONBLOCK标志，调用进程就不希望自己被置于休眠中。但是内核无法在接受部分数据的同时仍保证write操作的原子性，于是它必须返回一个错误，告诉调用进程以后再试。

  如果待写的字节数大于PIPE_BUF：

  a. 如果该管道或FIFO中至少有1字节空间，那么内核写入该管道或FIFO能容纳数目的数据字节，该数目同时作为来自write的返回值。

  b. 如果该管道或FIFO已满，那么立即返回一个EAGAIN错误。
- 如果向一个没有为读打开着的管道或FIFO写入，那么内核将产生一个SIGPIPE信号：

a. 如果调用进程既没有捕获也没有忽略该SIGPIPE信号，所采取的默认行为就是终止该进程。
b. 如果调用进程忽略了该SIGPIPE信号，或者捕获了该信号并从其信号处理程序中返回，那么write返回一个EPIPE错误。

SIGPIPE被认为是一个同步信号，也就是说，这是一个由特定的线程（调用write的线程）引起的信号。然而处理这个信号最容易的办法是忽略它（把它的处理办法设置成SIG-IGN），让write返回一个EPIPE错误。应用程序应该无遗漏地检测由write返回的错误，而检测某个进程被SIGPIPE终止却困难得多。如果该信号未被捕获，我们就得从shell中查看被终止进程的终止状态，以确定该进程是否被某个信号所杀死以及具体是被哪个信号杀死的。UNPv1的5.13节详细讨论SIGPIPE。

4.8 单个服务器，多个客户

FIFO的真正优势表现在服务器可以是一个长期运行的进程（例如守护进程，如UNPv1第12章所述），而且与其客户可以无亲缘关系。作为服务器的守护进程以某个众所周知的路径名创建一个FIFO，并打开该FIFO来读。此后某个时刻启动的客户打开该FIFO来写，并将其命令或给守护进程的其他任何东西通过该FIFO发送出去。使用FIFO很容易实现这种形式的单向通信（从客户到服务器），但是如果守护进程需要向客户发送回一些东西，事情就困难了。图4-22是我们随例子使用的技巧。

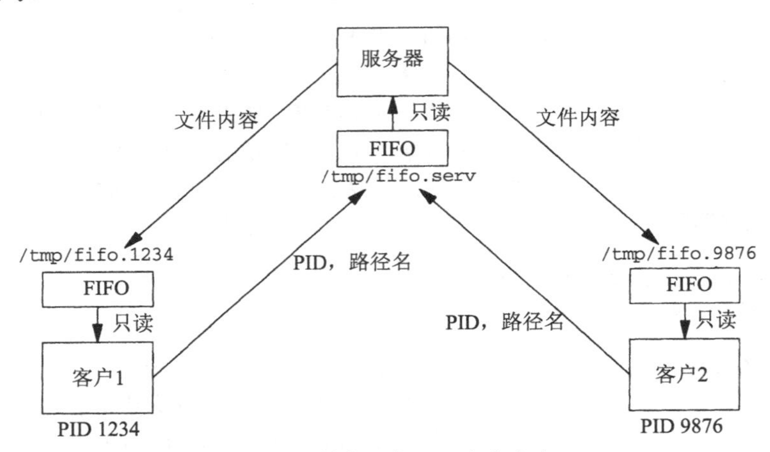

图4-22　单个服务器，多个客户

服务器以一个众所周知的路径名（本例中为/tmp/fifo.serv）创建一个FIFO，它将从这个FIFO读入客户的请求。每个客户在启动时创建自己的FIFO，所用的路径名含有自己的进程ID。每个客户把自己的请求写入服务器的众所周知FIFO中，该请求含有客户的进程ID以及一个路径名，具有该路径名的文件就是客户希望服务器打开并发回的文件。

图4-23给出了服务器程序。

创建众所周知FIFO，打开来读，打开来写

10~15　创建服务器的众所周知FIFO，就算它已经存在也没问题。接着打开该管道两次，一次只读，一次只写。readfifo描述符用于读出到达该FIFO的每个客户请求，dummyfd描述符则从来不用。打开该FIFO来写的原因可从图4-21中看出。要是我们不这么做，那么每当有一个客户终止时，该FIFO就变空，于是服务器的read返回0，表示是一个文件结束符。我们将不得不关闭（close）该FIFO，并以O_RDONLY标志再次调用open，不过该调用会一直阻塞到下一个客户请求到达为止。然而如果我们总是有一个该FIFO的描述符打开着用于写，那么当不再有客户存在时，服务器的read一定不会返回0以指示读到一个文件结束符。相反，服务器只是阻塞在read调用中，等待下一个客户请求。于是这个技巧简化了我们的服务器代码，减少了为其众所周知FIFO调用open的次数。

fifocliserv/mainserver.c

```
 1 #include    "fifo.h"

 2 void    server(int, int);

 3 int
 4 main(int argc, char **argv)
 5 {
 6     int     readfifo, writefifo, dummyfd, fd;
 7     char    *ptr, buff[MAXLINE+1], fifoname[MAXLINE];
 8     pid_t   pid;
 9     ssize_t n;

10         /* create server's well-known FIFO; OK if already exists */
11     if ((mkfifo(SERV_FIFO, FILE_MODE) < 0) && (errno != EEXIST))
12         err_sys("can't create %s", SERV_FIFO);

13         /* open server's well-known FIFO for reading and writing */
14     readfifo = Open(SERV_FIFO, O_RDONLY, 0);
15     dummyfd = Open(SERV_FIFO, O_WRONLY, 0);     /* never used */

16     while ( (n = Readline(readfifo, buff, MAXLINE)) > 0) {
17         if (buff[n-1] == '\n')
18             n--;            /* delete newline from readline() */
19         buff[n] = '\0';     /* null terminate pathname */

20         if ( (ptr = strchr(buff, ' ')) == NULL) {
21             err_msg("bogus request: %s", buff);
22             continue;
23         }
24         *ptr++ = 0;             /* null terminate PID, ptr = pathname */
25         pid = atol(buff);
26         snprintf(fifoname, sizeof(fifoname), "/tmp/fifo.%ld", (long) pid);
27         if ( (writefifo = open(fifoname, O_WRONLY, 0)) < 0) {
28             err_msg("cannot open: %s", fifoname);
29             continue;
30         }
31         if ( (fd = open(ptr, O_RDONLY)) < 0) {
32                 /* error: must tell client */
33             snprintf(buff + n, sizeof(buff) - n, ": can't open, %s\n",
34                      strerror(errno));
35             n = strlen(ptr);
36             Write(writefifo, ptr, n);
37             Close(writefifo);

38         } else {
39                 /* open succeeded: copy file to FIFO */
40             while ( (n = Read(fd, buff, MAXLINE)) > 0)
41                 Write(writefifo, buff, n);
42             Close(fd);
43             Close(writefifo);
44         }
45     }
46     exit(0);
47 }
```

fifocliserv/mainserver.c

图4-23　处理多个客户请求的FIFO服务器程序

服务器启动时，它的第一个open（使用O_RDONLY标志）将阻塞到第一个客户只写打开服务器的FIFO为止（回想图4-21）。它的第二个open（使用O_WRONLY标志）则立即返回，因为该FIFO已经打开着用于读了。

60~62

读出客户请求

16　每个客户请求是由进程ID、一个空格再加路径名构成的单行。我们使用自己的readline函数（见UNPv1第79页）。

分析客户请求

17~26　删除通常由readline返回的换行符。该换行符只有在这样两种情况下才会拉掉：遇到它之前缓冲区已填满，或者输入的最后一行不是以换行符终止。由strchr函数返回的赋给ptr的指针指向客户请求行中的空格，ptr增1后即指向后跟的路径名的首字符。客户的FIFO的路径名是根据其进程ID构造的，服务器以只写的方式打开该FIFO。

打开客户请求的文件，将它发送到客户的FIFO

27~44　服务器的剩余部分类似于图4-10中的server函数。它打开客户请求的文件，若失败则通过客户的FIFO向客户返回一个出错消息。若open成功则把文件的内容复制到客户的FIFO中。完成后关闭（close）客户的FIFO的服务器端，以使得客户的read返回0（文件结束符）。服务器不删除客户的FIFO，这个工作由客户在读出来自服务器的文件结束符后完成。客户程序在图4-24中给出。

fifocliserv/mainclient.c

```
 1 #include    "fifo.h"

 2 int
 3 main(int argc, char **argv)
 4 {
 5     int     readfifo, writefifo;
 6     size_t  len;
 7     ssize_t n;
 8     char    *ptr, fifoname[MAXLINE], buff[MAXLINE];
 9     pid_t   pid;

10         /* create FIFO with our PID as part of name */
11     pid = getpid();
12     snprintf(fifoname, sizeof(fifoname), "/tmp/fifo.%ld", (long) pid);
13     if ((mkfifo(fifoname, FILE_MODE) < 0) && (errno != EEXIST))
14         err_sys("can't create %s", fifoname);

15         /* start buffer with pid and a blank */
16     snprintf(buff, sizeof(buff), "%ld ", (long) pid);
17     len = strlen(buff);
18     ptr = buff + len;

19         /* read pathname */
20     Fgets(ptr, MAXLINE - len, stdin);
21     len = strlen(buff);             /* fgets() guarantees null byte at end */

22         /* open FIFO to server and write PID and pathname to FIFO */
23     writefifo = Open(SERV_FIFO, O_WRONLY, 0);
24     Write(writefifo, buff, len);

25         /* now open our FIFO; blocks until server opens for writing */
26     readfifo = Open(fifoname, O_RDONLY, 0);

27         /* read from IPC, write to standard output */
28     while ( (n = Read(readfifo, buff, MAXLINE)) > 0)
29         Write(STDOUT_FILENO, buff, n);

30     Close(readfifo);
31     Unlink(fifoname);
32     exit(0);
33 }
```

fifocliserv/mainclient.c

图4-24　与图4-23中服务器程序协同工作的客户程序

创建FIFO

10~14 客户的FIFO是使用以进程ID作为其最后一部分的路径名创建的。

构建客户请求行

15~21 客户的请求由其进程ID、一个空格、一个路径名和一个换行符构成，其中的路径名指代请求服务器发送给本客户的文件。这个请求行在字符数组buff中构建，路径名则从标准输入读入。

打开服务器的FIFO，写入请求

22~24 打开服务器的FIFO后往其中写入请求。如果本客户是自服务器启动以来第一个打开该FIFO的客户，那么这儿的open将把服务器从它的open调用（使用O_RDONLY标志）中解阻塞出来。

读出来自服务器的文件内容或出错消息

25~31 从本客户的FIFO中读出服务器的应答，并写到标准输出。随后关闭并删除该FIFO。

我们可以在一个窗口中启动服务器，在另一个窗口中运行客户，它们将如期地工作。下面给出的只是客户的交互例子。

```
solaris % mainclient
/etc/shadow                                    一个我们不能读的文件
/etc/shadow: can't open, Permission denied
solaris % mainclient
/etc/inet/ntp.conf                             一个由2行文本构成的文件
multicastclient 224.0.1.1
driftfile /etc/inet/ntp.drift
```

我们还可以从shell中与服务器交互，因为FIFO在文件系统中有名字。

```
solaris % Pid=$$                               本shell的进程ID
solaris % mkfifo /tmp/fifo.$Pid                创建客户的FIFO
solaris % echo "$Pid /etc/inet/ntp.conf" > /tmp/fifo.serv
solaris % cat < /tmp/fifo.$Pid                 读出服务器的应答
multicastclient 224.0.1.1
driftfile /etc/inet/ntp.drift
solaris % rm /tmp/fifo.$Pid
```

我们用一个shell命令（echo）把客户（本shell）的进程ID和所请求的路径名发送给服务器，用另一个命令（cat）读出服务器的应答。这两个命令之间可相隔任意长度的时间。这么一来，表面上看先由服务器往客户的FIFO中写文件，再由客户执行cat命令从该FIFO中读出数据，这样的表象可能会使我们认为即使没有进程打开着客户的FIFO，数据也会以某种方式存留于该FIFO中。但事情并不是这样，真正的规则是：当对一个管道或FIFO的最终close发生时，该管道或FIFO中的任何残余数据都被丢弃。在我们的shell例子中，服务器读出客户的请求行后，会阻塞在对客户的FIFO的open调用中，因为客户（即我们的shell）还没有打开该FIFO来读（回想图4-21）。服务器对该FIFO的open调用一直阻塞到我们在以后某个时候执行cat命令为止，该命令打开这个FIFO来读，服务器的open调用随之返回。这种时间顺序关系还会导致拒绝服务（denial-of-service）型攻击，我们将在下一节讨论。

63
~
64

使用shell还允许简单测试服务器的出错处理。我们可以简单地向服务器发送一行不带进程ID的请求，也可以向它发送一行所带进程ID在/tmp目录中没有对应的FIFO的请求。举例来说，如果在启动服务器后输入如下行：

```
solaris % cat > /tmp/fifo.serv
/no/process/id
999999 /invalid/process/id
```

那么服务器的输出（在另一个窗口中）如下：

```
solaris % server
bogus request: /no/process/id
cannot open: /tmp/fifo.999999
```

4.8.1 FIFO write 的原子性

本节介绍的简单客户-服务器程序还能让我们体会到管道和FIFO的write操作的原子性相当重要。假设有两个客户差不多同时向服务器发送请求。第一个客户的请求行如下：

```
1234 /etc/inet/ntp.conf
```

第二个客户的请求行如下：

```
9876 /etc/passwd
```

假设每个客户给自己的请求行执行单个write函数调用，而且每个请求行都小于或等于PIPE_BUF（这样假设是合理的，因为PIPE_BUF通常在1024和5120之间，而路径名往往限制成最多1024字节），那么系统保证该FIFO中的数据或者是

```
1234 /etc/inet/ntp.conf
9876 /etc/passwd
```

或者是

```
9876 /etc/passwd
1234 /etc/inet/ntp.conf
```

该FIFO中的数据不会像是下面的模样：

65

```
1234 /etc/inet9876 /etc/passwd
/ntp.conf
```

4.8.2 FIFO与NFS的关系

FIFO是一种只能在单台主机上使用的IPC形式。尽管在文件系统中有名字，它们也只能用在本地文件系统上，而不能用在通过NFS安装的文件系统上。

```
solaris % mkfifo /nfs/bsdi/usr/rstevens/fifo.temp
mkfifo: I/O error
```

上面的例子中，文件系统/nfs/bsdi/usr是主机bsdi上的/usr文件系统。

有些系统（例如BSD/OS）确实允许在通过NFS安装的文件系统上创建FIFO，但是数据无法在这样的两个系统间通过这些FIFO传递。这种情形下，FIFO只是用作同一主机上客户和服务器之间位于文件系统中的集结点。即使在不同主机上的某两个进程都能通过NFS打开同一个FIFO，它们也不能通过该FIFO从一个进程向另一个进程发送数据。

4.9 对比迭代服务器与并发服务器

上一节的简单客户-服务器程序例子中，服务器是一个*迭代服务器*（iterative server）。它逐一处理客户请求，而且是在完全处理每个客户的请求后再接待下一个客户。举例来说，如果有两个客户几乎同时向服务器发送一个请求——第一个客户请求一个10兆字节的文件，服务器把它发送给该客户需花（譬如说）10秒，第二个客户请求一个10字节的文件——那么第二个客户必须等待至少10秒，以让第一个客户的请求被处理完。

另一种设计是*并发服务器*（concurrent server）。Unix下最常见的并发服务器类型称为每个客

户一个子进程（one-child-per-client）服务器，每当有一个客户请求到达时，这种服务器就让主进程调用fork派生出一个新的子进程。该新子进程处理相应的客户请求，直到完成为止，而Unix的多程序运行特性提供了所有不同进程间的并发性。UNPv1第27章还详细讨论了其他并发服务器设计技巧。

- 创建一个子进程池，让池中某个空闲子进程为一个新的客户服务。
- 为每个客户创建一个线程。
- 创建一个线程池，让池中某个空闲线程为一个新的客户服务。

尽管UNPv1中的讨论是针对网络服务器的，同样的技巧也适用于IPC服务器，差别只是IPC服务器的客户总是跟服务器运行在同一主机上。

拒绝服务型攻击

我们已提及迭代服务器的一个问题——某些客户必须等待比预期要长的时间，因为它们被排在请求处理时间较长的其他客户之后——然而还存在另一个问题。回想上一节中从shell完成与服务器交互的例子，我们讨论了当客户还没有打开自己的FIFO时（客户的打开操作要到我们执行cat命令时才发生），服务器是怎样阻塞在对该FIFO的open调用上的。这意味着某个恶意的客户可以让服务器处于停顿状态，办法是给它发送一个请求行，但从来不打开自己的FIFO来读。这称为*拒绝服务*（DoS）型攻击。为避免这种攻击，在编写任何服务器程序的迭代部分时必须小心，要留意服务器可能在哪儿阻塞以及可能阻塞多久。处理这种问题的方法之一是在特定操作上设置一个超时时钟，但是把服务器程序编写成并发服务器而不是迭代服务器通常更为简单，这么一来，上述类型的拒绝服务型攻击只影响一个子进程，而不会影响主服务器。即使采用并发服务器，拒绝服务型攻击仍可能发生：一个恶意的客户可能发送大量的独立请求，导致服务器达到它的子进程数限制，从而使得后续的fork失败。

66

4.10 字节流与消息

到此为止所给出的使用管道和FIFO的例子都使用字节流I/O模型，这是Unix的原生I/O模型。这种模型不存在记录边界，也就是说读写操作根本不检查数据。举例来说，从某个FIFO中读出100字节的进程无法判定往该FIFO中写入这100字节的进程执行了单个100字节的写操作、5个20字节的写操作、2个50字节的写操作还是另外某种总共为100字节的写操作的组合。一个进程往该FIFO中写入55字节后，另一个进程再写入45字节，这样的情况同样是可能的。这样的数据是一个*字节流*（byte stream），系统不对它作解释。如果需要某种解释，写进程和读进程就得先验[①]地同意这种解释，并亲自去做。

有时候应用希望对所传送的数据加上某种结构。当数据由长度可变消息构成，并且读出者必须知道这些消息的边界以判定何时已读出单个消息时，这种需求可能发生。下面三种技巧经常用于这个目的。

(1) 带内特殊终止序列：许多Unix应用程序使用换行符来分隔每个消息。写进程会给每个消息添加一个换行符，读进程则每次读出一行。图4-23和图4-24中的客户程序和服务器程序就用这种方法分隔各个客户请求。这种技巧一般要求数据中任何出现分隔符处都作转义处理（也就是说以某种方式把它们标志成数据，而不是作为分隔符）。

① 由原因推出结果。——编者注

许多因特网应用程序（FTP、SMTP、HTTP、NNTP）使用由一个回车符后跟一个换行符构成的双字符序列（CR/LF）来分隔文本记录。

(2) 显式长度：每个记录前冠以它的长度。我们将马上使用这种技巧。当用在TCP上时，Sun RPC也使用这种技巧。这种技巧的优势之一是不再需要通过转义出现在数据中的分隔符，因为接收者不必扫描整个数据以寻找每个记录的结束位置。

67

(3) 每次连接一个记录：应用通过关闭与其对端的连接（网络应用时为TCP连接，IPC应用时为IPC连接）来指示一个记录的结束。这要求为每个记录创建一个新连接，HTTP 1.0就使用了这一技术。

标准I/O函数库也能用于读或写一个管道或FIFO。既然打开一个管道的唯一方法是使用pipe函数（它返回的是文件描述符），为创建一个新的标准I/O流（stream），必须使用标准I/O函数fdopen以将该标准I/O流与由pipe返回的某个已打开描述符相关联。

也可以构建更为结构化的消息，这种能力是由Posix消息队列和System V消息队列提供的。我们将看到每个消息有一个长度和一个优先级（System V称后者为“类型”）。长度和优先级是由发送者指定的，消息被读出后，这两者都返回给读出者。每个消息是一个记录（record），类似于UDP数据报（UNPv1）。

我们也能给一个管道或FIFO增加些结构。在图4-25所示的mesg.h头文件中，我们定义了一个消息。

pipemesg/mesg.h

```
 1 #include     "unpipc.h"

 2 /* Our own "messages" to use with pipes, FIFOs, and message queues. */

 3         /* want sizeof(struct mymesg) <= PIPE_BUF */
 4 #define MAXMESGDATA  (PIPE_BUF - 2*sizeof(long))

 5         /* length of mesg_len and mesg_type */
 6 #define MESGHDRSIZE  (sizeof(struct mymesg) - MAXMESGDATA)

 7 struct mymesg {
 8     long     mesg_len;              /* #bytes in mesg_data, can be 0 */
 9     long     mesg_type;             /* message type, must be > 0 */
10     char     mesg_data[MAXMESGDATA];
11 };

12 ssize_t  mesg_send(int, struct mymesg *);
13 void     Mesg_send(int, struct mymesg *);
14 ssize_t  mesg_recv(int, struct mymesg *);
15 ssize_t  Mesg_recv(int, struct mymesg *);
```

pipemesg/mesg.h

图4-25　我们的mymesg结构及相关定义

每个消息有一个*mesg_type*，我们把它定义成一个值必须大于0的整数。我们现在暂时忽略这个类型成员，到第6章中讲述System V消息队列时再讨论它。每个消息还有一个长度，我们允许它为0。我们使用mymesg结构在每个消息前冠以它的长度，而没有使用换行符来分隔消息。早些时候我们提到过这种设计方法的两个好处：接收者不必扫描所收到的每个字节以找出消息的结束位置，即使分隔符（换行符）出现在消息中也不必将它转义。

68

图4-26展示了mymesg结构的图示以及我们如何随管道、FIFO和System V消息队列使用它。

我们定义两个函数分别发送和接收消息。图4-27给出了我们的mesg_send函数，图4-28给出了我们的mesg_recv函数。

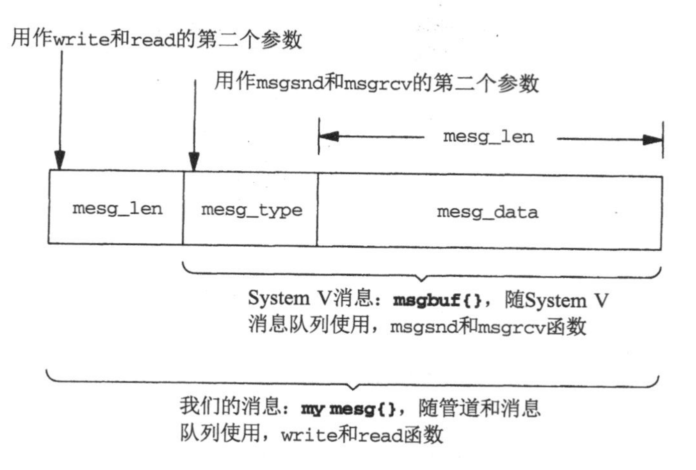

图4-26 我们的mymesg结构

pipemesg/mesg_send.c

```
1 #include    "mesg.h"

2 ssize_t
3 mesg_send(int fd, struct mymesg *mptr)
4 {
5     return(write(fd, mptr, MESGHDRSIZE + mptr->mesg_len));
6 }
```

pipemesg/mesg_send.c

图4-27 mesg_send函数

pipemesg/mesg_recv.c

```
 1 #include    "mesg.h"

 2 ssize_t
 3 mesg_recv(int fd, struct mymesg *mptr)
 4 {
 5     size_t  len;
 6     ssize_t n;

 7         /* read message header first, to get len of data that follows */
 8     if ( (n = Read(fd, mptr, MESGHDRSIZE)) == 0)
 9         return(0);              /* end of file */
10     else if (n != MESGHDRSIZE)
11         err_quit("message header: expected %d, got %d", MESGHDRSIZE, n);

12     if ( (len = mptr->mesg_len) > 0)
13         if ( (n = Read(fd, mptr->mesg_data, len)) != len)
14             err_quit("message data: expected %d, got %d", len, n);
15     return(len);
16 }
```

pipemesg/mesg_recv.c

图4-28 mesg_recv函数

现在读出每个消息需调用两个read，一个读出消息长度，另一个读出真正的消息（如果长度大于0的话）。

细心的读者可能注意到mesg_recv会检查所有可能的错误是否发生，一旦发现则马上终止。然而为一致性起见，我们还是定义了一个名为Mesg_recv的包裹函数，并在我们的程序中调用它。

现在把我们的客户函数和服务器函数改为使用mesg_send和mesg_recv函数。图4-29给出了新的客户函数。

pipemesg/client.c

```
 1 #include    "mesg.h"

 2 void
 3 client(int readfd, int writefd)
 4 {
 5     size_t  len;
 6     ssize_t n;
 7     struct mymesg  mesg;

 8         /* read pathname */
 9     Fgets(mesg.mesg_data, MAXMESGDATA, stdin);
10     len = strlen(mesg.mesg_data);
11     if (mesg.mesg_data[len-1] == '\n')
12         len--;              /* delete newline from fgets() */
13     mesg.mesg_len = len;
14     mesg.mesg_type = 1;

15         /* write pathname to IPC channel */
16     Mesg_send(writefd, &mesg);

17         /* read from IPC, write to standard output */
18     while ( (n = Mesg_recv(readfd, &mesg)) > 0)
19         Write(STDOUT_FILENO, mesg.mesg_data, n);
20 }
```

pipemesg/client.c

图4-29　我们的使用消息的client函数

读出路径名，发送给服务器

8~16　从标准输入读出路径名，然后使用mesg_send将其发送给服务器。

读出来自服务器的文件内容或出错消息

17~19　客户在一个循环中调用mesg_recv，读出服务器发送回的所有东西。按照约定，mesg_recv返回一个值为0的长度表示已到达来自服务器的数据的结尾。我们将看到服务器将在发送给客户的每个消息中都包含换行符，因此空行也会有一个值为1的消息长度。

69~70

图4-30给出了新的服务器函数。

从IPC通道读出路径名，打开文件

8~18　读出来自客户的路径名。尽管这儿给mesg_type赋值为1看来无用（它将被图4-28中的mesg_recv覆写），在使用System V消息队列时（图6-10），我们仍然会调用本函数，那时是需要这样的赋值的（例如图6-13）。标准I/O函数fopen打开该路径名的文件，这与图4-10中调用Unix I/O函数open获得访问该文件的一个描述符不一样。这儿我们调用标准I/O函数库的原因是为了调用fgets逐行地读出该文件，然后把每一行作为一个消息发送给客户。

将文件复制给客户

19~26　如果fopen调用成功，就使用fgets读出该文件并发送给客户，每个消息一行。一个长度为0的消息表示已到达文件尾。

在使用管道或FIFO时，也可以通过关闭IPC通道来通知对端已到达输入文件的结尾。不过我们通过发送回一个长度为0的消息来达到同样目的，因为之后还会遇到没有文件结束符概念的其他类型的IPC。

pipemesg/server.c

```
 1 #include    "mesg.h"

 2 void
 3 server(int readfd, int writefd)
 4 {
 5     FILE    *fp;
 6     ssize_t n;
 7     struct mymesg  mesg;

 8         /* read pathname from IPC channel */
 9     mesg.mesg_type = 1;
10     if ( (n = Mesg_recv(readfd, &mesg)) == 0)
11         err_quit("pathname missing");
12     mesg.mesg_data[n] = '\0';      /* null terminate pathname */

13     if ( (fp = fopen(mesg.mesg_data, "r")) == NULL) {
14             /* error: must tell client */
15         snprintf(mesg.mesg_data + n, sizeof(mesg.mesg_data) - n,
16                  ": can't open, %s\n", strerror(errno));
17         mesg.mesg_len = strlen(mesg.mesg_data);
18         Mesg_send(writefd, &mesg);

19     } else {
20             /* fopen succeeded: copy file to IPC channel */
21         while (Fgets(mesg.mesg_data, MAXMESGDATA, fp) != NULL) {
22             mesg.mesg_len = strlen(mesg.mesg_data);
23             Mesg_send(writefd, &mesg);
24         }
25         Fclose(fp);
26     }

27         /* send a 0-length message to signify the end */
28     mesg.mesg_len = 0;
29     Mesg_send(writefd, &mesg);
30 }
```

pipemesg/server.c

图4-30 我们的使用消息的server函数

调用我们的client和server函数的main函数根本不变。我们既可使用管道版本（图4-8），也可使用FIFO版本（图4-16）。

4.11 管道和FIFO限制

系统加于管道和FIFO的唯一限制为：

OPEN_MAX 一个进程在任意时刻打开的最大描述符数（Posix要求至少为16）；

PIPE_BUF 可原子地写往一个管道或FIFO的最大数据量（我们在4.7节讲述过，Posix要求至少为512）。

我们马上会看到OPEN_MAX的值可通过调用sysconf函数查询。它通常可通过执行ulimit命令（Bourne shell或KornShell，我们马上会看到）或limit命令（C shell）从shell中修改。它也可通过调用setrlimit函数（在APUE的7.11节中详细讲述）从一个进程中修改。

PIPE_BUF的值通常定义在<limits.h>头文件中，但是Posix认为它是一个路径名变量（pathname variable）。这意味着它的值可以随所指定的路径名而变化（只对FIFO而言，因为管道没有名字），因为不同的路径名可以落在不同的文件系统上，而这些文件系统可能有不同的特征。

于是PIPE_BUF的值可在运行时通过调用pathconf或fpathconf取得。图4-31给出了输出这两个限制值的一个例子程序。

pipe/pipeconf.c

```
 1 #include    "unpipc.h"

 2 int
 3 main(int argc, char **argv)
 4 {
 5     if (argc != 2)
 6         err_quit("usage: pipeconf <pathname>");

 7     printf("PIPE_BUF = %ld, OPEN_MAX = %ld\n",
 8            Pathconf(argv[1], _PC_PIPE_BUF), Sysconf(_SC_OPEN_MAX));
 9     exit(0);
10 }
```

pipe/pipeconf.c

71~72

图4-31　在运行时确定PIPE_BUF和OPEN_MAX的值

下面是一些例子，指定了不同的文件系统。

```
solaris % pipeconf /                    Solaris 2.6默认值
PIPE_BUF = 5120, OPEN_MAX = 64
solaris % pipeconf /home
PIPE_BUF = 5120, OPEN_MAX = 64
solaris % pipeconf /tmp
PIPE_BUF = 5120, OPEN_MAX = 64

alpha % pipeconf /                      Digital Unix 4.0B默认值
PIPE_BUF = 4096, OPEN_MAX = 4096
alpha % pipeconf /usr
PIPE_BUF = 4096, OPEN_MAX = 4096
```

下面给出在Solaris下如何使用KornShell修改OPEN_MAX的值。

```
solaris % ulimit -nS                    输出最大描述符数，软限制
64
solaris % ulimit -nH                    输出最大描述符数，硬限制
1024
solaris % ulimit -ns 512                设置软限制为512
solaris % pipeconf /                    验证该变动已发生
PIPE_BUF = 5120, OPEN_MAX = 512
```

尽管能够修改FIFO的PIPE_BUF的值，这取决于路径名所存放的底层文件系统，但实际应该很少这么做。

APUE的第2章描述了fpathconf、pathconf和sysconf函数，这些函数提供了有关特定内核限制的运行时信息。Posix.1定义了以_PC_开头的12个常值和以_SC_开头的52个常值。Digital Unix 4.0B和Solaris 2.6都对后者作了扩充，定义了约100个可使用sysconf查询的运行时常值。

Posix.2定义了getconf命令，它可以输出这些实现限制值中的大多数。例如：

```
alpha % getconf OPEN_MAX
4096
alpha % getconf PIPE_BUF /
4096
```

4.12　小结

管道和FIFO是许多应用程序的基本构建模块。管道普遍用于shell中，不过也可以从程序中

使用，往往是用于从子进程向父进程回传信息。使用管道时涉及的某些代码（pipe、fork、close、exec和waitpid）可通过使用popen和pclose来避免，由它们处理具体细节并激活一个shell。

73

FIFO与管道类似，但它们是用mkfifo创建的，之后需用open打开。打开管道时必须小心，因为有许多规则（图4-21）制约着open的阻塞与否。

在使用管道和FIFO的前提下，我们查看了一些客户-服务器程序设计：一个服务器服务多个客户，服务器可以是迭代的，也可以是并发的。迭代服务器以串行方式每次处理一个客户请求，它们易遭受拒绝服务型攻击。并发服务器则让另外一个进程或线程处理每个客户请求。

管道和FIFO的特征之一是它们的数据是一个字节流，类似于TCP连接。把这种字节流分隔成各个记录的任何方法都得由应用程序来实现。我们将在接下去的两章中看到消息队列会提供记录边界，类似于UDP数据报。

习题

4.1 在从图4-3到图4-4的转换中，如果子进程没有执行close(fd[1])，那么会发生什么情况？

4.2 在4.6节描述mkfifo时，我们说过要打开一个已有的FIFO或创建一个新的FIFO，应该调用mkfifo，检查是否返回EEXIST错误，若是则调用open。如果把这个逻辑关系变换一下，先调用open，当不存在所期望的FIFO时再调用mkfifo，那么会发生什么情况？

4.3 在图4-15中调用popen时，如果其中执行命令的shell碰到错误，那么会发生什么情况？

4.4 把图4-23中针对服务器的FIFO的open去掉，验证一下这将导致当不再有客户存在时，服务器即终止。

4.5 在图4-23中我们指出，当服务器启动后，它阻塞在自己的第一个open调用中，直到客户的第一个open打开同一个FIFO用于写为止。我们怎样才能绕过这样的阻塞，使得两个open都立即返回，转而阻塞在首次调用readline上？

4.6 如果图4-24中的客户程序对换其两个open调用的顺序，那么会发生什么情况？

4.7 为什么在读进程关闭管道或FIFO之后给写进程产生一个信号，而不会在写进程关闭管道或FIFO之后给读进程产生一个信号？

4.8 编写一个小测试程序，确定fstat是否以stat结构的st_size成员的形式返回当前在某个FIFO中的数据字节数。

4.9 写一个小测试程序，以确定在为一个读出端已关闭的管道描述符选择可写条件时select返回的内容。

74

第5章

Posix消息队列

5.1 概述

消息队列可认为是一个消息链表。有足够写权限的线程可往队列中放置消息，有足够读权限的线程可从队列中取走消息。每个消息都是一个记录（回想我们在4.10节就字节流和消息的讨论），它由发送者赋予一个优先级。在某个进程往一个队列写入消息之前，并不需要另外某个进程在该队列上等待消息的到达。这跟管道和FIFO是相反的，对后两者来说，除非读出者已存在，否则先有写入者是没有意义的。

一个进程可以往某个队列写入一些消息，然后终止，再让另外一个进程在以后某个时刻读出这些消息。我们说过消息队列具有**随内核的持续性**（1.3节），这跟管道和FIFO不一样。我们在第4章中说过，当一个管道或FIFO的最后一次关闭发生时，仍在该管道或FIFO上的数据将被丢弃。

本章讲述Posix消息队列，第6章讲述System V消息队列。这两组函数间存在许多相似性，下面是主要的差别。

- 对Posix消息队列的读总是返回最高优先级的最早消息，对System V消息队列的读则可以返回任意指定优先级的消息。
- 当往一个空队列放置一个消息时，Posix消息队列允许产生一个信号或启动一个线程，System V消息队列则不提供类似机制。

75

队列中的每个消息具有如下属性：

- 一个无符号整数优先级（Posix）或一个长整数类型（System V）；
- 消息的数据部分长度（可以为0）；
- 数据本身（如果长度大于0）。

注意这些特征不同于管道和FIFO。后两者是字节流模型，没有消息边界，也没有与每个消息关联的类型。我们在4.10节就此讨论过，并给管道和FIFO增设了自己的消息接口。

图5-1展示了一个消息队列的可能布局。

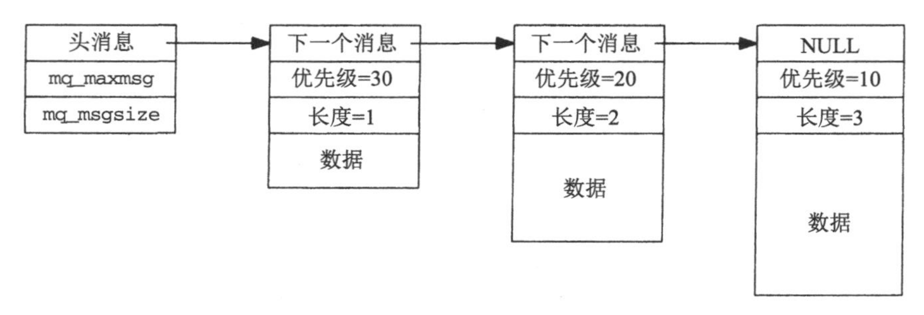

图5-1 含有三个消息的某个Posix消息队列的可能布局

我们所设想的是一个链表，该链表的头中含有当前队列的两个属性：队列中允许的最大消息数以及每个消息的最大大小。我将在5.3节中详细讨论这两个属性。

从本章开始我们使用一种新的程序设计技巧，它在以后讨论消息队列、信号量和共享内存区的各章中也会用到。既然所有这些IPC对象至少具有随内核的持续性（回想1.3节），于是我们可以编写若干小程序来使用这些IPC机制，以便深入地认识它们，并深刻地了解它们的操作。例如，我们可编写一个程序来创建一个Posix消息队列，编写另一个程序来往某个Posix消息队列中加入一个消息，再编写另一个程序来从某个Posix消息队列中读出一个消息。通过以不同的优先级构造各个消息，我们可以看出mq_receive函数是怎样返回这些消息的。

5.2 mq_open、mq_close和mq_unlink函数

mq_open函数创建一个新的消息队列或打开一个已存在的消息队列。

```
#include <mqueue.h>

mqd_t mq_open(const char *name, int oflag, ...
              /* mode_t mode, struct mq_attr *attr */ );

                              返回：若成功则为消息队列描述符，若出错则为-1
```

76

我们已在2.2节描述过有关*name*参数的规则。

*oflag*参数是O_RDONLY、O_WRONLY或O_RDWR之一，可能按位或上O_CREAT、O_EXCL或O_NONBLOCK。我们已在2.3节讲述过所有这些标志。

当实际操作是创建一个新队列时（已指定O_CREAT标志，且所请求的消息队列尚未存在），*mode*和*attr*参数是需要的。我们在图2-4中给出了*mode*值。*attr*参数用于给新队列指定某些属性。如果它为空指针，那就使用默认属性。我们将在5.3节讨论这些属性。

mq_open的返回值称为*消息队列描述符*（message queue descriptor），但它不必是（而且很可能不是）像文件描述符或套接字描述符这样的短整数。这个值用作其余7个消息队列函数的第一个参数。

> Solaris 2.6把mqd_t定义为void*，而Digital Unix 4.0B把它定义为int。在5.8节我们的Posix消息队列实现例子中，消息队列描述符是一个结构指针。称这些数据类型为描述符是一个不幸的错误。

已打开的消息队列是由mq_close关闭的。

```
#include <mqueue.h>

int mq_close(mqd_t mqdes);

                              返回：若成功则为0，若出错则为-1
```

其功能与关闭一个已打开文件的close函数类似：调用进程可以不再使用该描述符，但其消息队列并不从系统中删除。一个进程终止时，它的所有打开着的消息队列都关闭，就像调用了mq_close一样。

要从系统中删除用作mq_open第一个参数的某个*name*，必须调用mq_unlink。

```
#include <mqueue.h>

int mq_unlink(const char *name);

                              返回：若成功则为0，若出错则为-1
```

每个消息队列有一个保存其当前打开着描述符数的引用计数器（就像文件一样）①，因而本函数能够实现类似于unlink函数删除一个文件的机制：当一个消息队列的引用计数仍大于0时，其*name*就能删除，但是该队列的析构（这与从系统中删除其名字不同）要到最后一个mq_close发生时才进行②。

Posix消息队列至少具备随内核的持续性（回想1.3节）。这就是说，即使当前没有进程打开着某个消息队列，该队列及其上的各个消息也将一直存在，直到调用mq_unlink并让它的引用计数达到0以删除该队列为止。

77

> 我们将看到，如果消息队列是使用内存映射文件（12.2节）实现的，那么它们具有随文件系统的持续性，但这不是必需的，因而不能指望。

5.2.1　例子：mqcreate1程序

既然Posix消息队列至少具有随内核的持续性，我们于是可以编写一组小程序来操纵这些队列，以提供认知它们的简易办法。图5-2中的程序创建一个消息队列，其名字是作为命令行参数指定的。

pxmsg/mqcreatel.c

```
 1 #include    "unpipc.h"

 2 int
 3 main(int argc, char **argv)
 4 {
 5     int     c, flags;
 6     mqd_t   mqd;

 7     flags = O_RDWR | O_CREAT;
 8     while ( (c = Getopt(argc, argv, "e")) != -1) {
 9         switch (c) {
10         case 'e':
11             flags |= O_EXCL;
12             break;
13         }
14     }
15     if (optind != argc - 1)
16         err_quit("usage: mqcreate [ -e ] <name>");

17     mqd = Mq_open(argv[optind], flags, FILE_MODE, NULL);

18     Mq_close(mqd);
19     exit(0);
20 }
```

pxmsg/mqcreatel.c

图5-2　指定排他性创建标志，创建一个消息队列

8~16　我们允许有一个指定排他性创建的-e选项。（关于getopt函数和它的Getopt包裹函数，我们将随图5-5详细讨论。）返回时，getopt在optind中存放下一个待处理参数的下标。

17　直接以来自命令行的IPC名字调用mq_open，而不去调用px_ipc_name函数（2.2节）。这样我们就能准确地看出实现是如何处理这些Posix IPC名字的。（本书中的所有简单测试程序都这么处理。）

① 一个消息队列的名字在系统中的存在本身也占用其引用计数器的一个引用数。mq_unlink从系统中删除该名字意味着同时将其引用计数减1，若变为0则真正拆除该队列。——译者注

② 跟mq_unlink一样，mq_close也将当前消息队列的引用计数减1，若变为0则附带拆除该队列。——译者注

下面是在Solaris 2.6下的输出。

```
solaris % mqcreate1 /temp.1234                第一次创建成功
solaris % ls -l /tmp/.*1234
-rw-rw-rw-   1 rstevens other1  132632 Oct 23 17:08 /tmp/.MQDtemp.1234
-rw-rw-rw-   1 rstevens other1       0 Oct 23 17:08 /tmp/.MQLtemp.1234
-rw-r--r--   1 rstevens other1       0 Oct 23 17:08 /tmp/.MQPtemp.1234
solaris % mqcreate1 -e /temp.1234             指定-e选项的第二次创建失败
mq_open error for /temp.1234: File exists
```

78

（我们称这个程序为mqcreate1，因为它将在我们说明属性后，在图5-5中得以改进。）第三个文件（/temp/.MQPtemp.1234）具有我们用FILE_MODE常值（用户可读可写，组成员和其他用户只读）指定的权限，另外两个文件的权限则不一样。我们猜测文件名中含有D的文件含有数据，含有L的文件是某种类型的锁，含有P的文件指定权限。

在Digital Unix 4.0B下，我们可看到所创建的是真正的路径名。

```
alpha % mqcreate1 /tmp/myq.1234
alpha % ls -l /tmp/myq.1234
-rw-r--r--   1 rstevens system   11976 Oct 23 17:04 /tmp/myq.1234
alpha % mqcreate1 -e /tmp/myq.1234
mq_open error for /tmp/myq.1234: File exists
```

5.2.2 例子：mqunlink程序

图5-3中的mqunlink程序从系统中删除一个消息队列。

pxmsg/mqunlink.c

```
1 #include     "unpipc.h"

2 int
3 main(int argc, char **argv)
4 {
5     if (argc != 2)
6         err_quit("usage: mqunlink <name>");

7     Mq_unlink(argv[1]);

8     exit(0);
9 }
```

pxmsg/mqunlink.c

图5-3 mq_unlink一个消息队列

我们可使用该程序删除由mqcreate程序创建的消息队列。

```
solaris % mqunlink /temp.1234
```

我们早先给出的/tmp目录下的所有三个文件都被删除了。

5.3 mq_getattr和mq_setattr函数

每个消息队列有四个属性，mq_getattr返回所有这些属性，mq_setattr则设置其中某个属性。

```
#include <mqueue.h>

int mq_getattr(mqd_t mqdes, struct mq_attr *attr);

int mq_setattr(mqd_t mqdes, const struct mq_attr *attr, struct mq_attr *oattr);
```

均返回：若成功则为0，若出错则为-1

79

mq_attr结构含有以下属性。

```
struct mq_attr {
  long mq_flags;   /* message queue flag: 0, O_NONBLOCK */
  long mq_maxmsg;  /* max number of messages allowed on queue */
  long mq_msgsize; /* max size of a message (in bytes) */
  long mq_curmsgs; /* number of messages currently on queue */
};
```

指向某个mq_attr结构的指针可作为mq_open的第四个参数传递，从而允许我们在该函数的实际操作是创建一个新队列时，给它指定mq_maxmsg和mq_msgsize属性。mq_open忽略该结构的另外两个成员。

mq_getattr把所指定队列的当前属性填入由*attr*指向的结构。

mq_setattr给所指定队列设置属性，但是只使用由*attr*指向的mq_attr结构的mq_flags成员，以设置或清除非阻塞标志。该结构的另外三个成员被忽略：每个队列的最大消息数和每个消息的最大字节数只能在创建队列时设置，队列中的当前消息数则只能获取而不能设置。

另外，如果*oattr*指针非空，那么所指定队列的先前属性（mq_flags、mq_maxmsg和mq_msgsize）和当前状态（mq_curmsgs）将返回到由该指针指向的结构中。

5.3.1 例子：**mqgetattr**程序

图5-4中的程序打开一个指定的消息队列，并输出其属性。

pxmsg/mqgetattr.c

```
 1 #include    "unpipc.h"

 2 int
 3 main(int argc, char **argv)
 4 {
 5     mqd_t   mqd;
 6     struct mq_attr  attr;

 7     if (argc != 2)
 8         err_quit("usage: mqgetattr <name>");

 9     mqd = Mq_open(argv[1], O_RDONLY);

10     Mq_getattr(mqd, &attr);
11     printf("max #msgs = %ld, max #bytes/msg = %ld, "
12            "#currently on queue = %ld\n",
13            attr.mq_maxmsg, attr.mq_msgsize, attr.mq_curmsgs);

14     Mq_close(mqd);
15     exit(0);
16 }
```

pxmsg/mqgetattr.c

图5-4　取得并输出某个消息队列的属性

80

我们可以创建一个消息队列并输出其默认属性。

```
solaris % mqcreate1 /hello.world
solaris % mqgetattr /hello.world
max #msgs = 128, max #bytes/msg = 1024, #currently on queue = 0
```

现在可以看出，在图5-2之后以默认属性创建一个队列的例子中，由ls列出的数据文件（/tmp/.MQDtemp.1234）的大小为128×1024+1560=132 632（字节）。1560个额外字节也许是开销信息：每个消息8字节，外加另外536字节。

5.3.2 例子：mqcreate 程序

我们可以对图5-2中的程序作修改，以允许指定所创建队列的最大消息数和每个消息的最大大小。我们不能只指定其中一个而不指定另一个，即两者都得指定（不过见习题5.1）。图5-5是修改后的程序。

pxmsg/mqcreate.c

```
 1 #include        "unpipc.h"

 2 struct mq_attr  attr;           /* mq_maxmsg and mq_msgsize both init to 0 */

 3 int
 4 main(int argc, char **argv)
 5 {
 6     int     c, flags;
 7     mqd_t   mqd;

 8     flags = O_RDWR | O_CREAT;
 9     while ( (c = Getopt(argc, argv, "em:z:")) != -1) {
10         switch (c) {
11         case 'e':
12             flags |= O_EXCL;
13             break;

14         case 'm':
15             attr.mq_maxmsg = atol(optarg);
16             break;

17         case 'z':
18             attr.mq_msgsize = atol(optarg);
19             break;
20         }
21     }
22     if (optind != argc - 1)
23         err_quit("usage: mqcreate [ -e ] [ -m maxmsg -z msgsize ] <name>");

24     if ((attr.mq_maxmsg != 0 && attr.mq_msgsize == 0) ||
25         (attr.mq_maxmsg == 0 && attr.mq_msgsize != 0))
26         err_quit("must specify both -m maxmsg and -z msgsize");

27     mqd = Mq_open(argv[optind], flags, FILE_MODE,
28                   (attr.mq_maxmsg != 0) ? &attr : NULL);

29     Mq_close(mqd);
30     exit(0);
31 }
```

pxmsg/mqcreate.c

图5-5　改进后的图5-2，允许指定属性

81

指定某个命令行选项需要一个参数，我们在getopt调用中给这些选项字节（m和z）指定了一个后跟的冒号。在处理这样的选项字符时，optarg指向其参数。

> 我们的Getopt包裹函数调用标准函数库中的getopt函数，并在getopt检测到错误时终止当前进程，这些错误包括：遇到一个没有包含在getopt第三个参数中的选项字母，或者遇到一个没有所需参数的选项字母（通过在getopt的第三个参数中的该选项字母之后跟一个冒号指示）。不论遇到哪种错误，getopt都将一个出错消息写到标准错误输出，然后返回一个错误，这个错误导致我们的Getopt包裹函数终止。例如，如下两个错误由getopt检测出。

```
solaris % mqcreate -z
mqcreate: option requires an argument -- z
```

```
solaris % mqcreate -q
mqcreate: illegal option -- q
```

下面这个错误（没有指定所需的名字参数）则由我们的程序检测出。

```
solaris % mqcreate
usage: mqcreate [ -e ] [ -m maxmsg -z msgsize ] <name>
```

如果这两个新的命令行选项都没有指定，我们就给mq_open传递一个空指针作为最后一个参数，否则传递一个根据所指定命令行选项的参数构造的*attr*结构。

现在运行这个新版本的程序，指定一个最多有1024个消息的队列，每个消息最多有8192字节。

```
solaris % mqcreate -e -m 1024 -z 8192 /foobar
solaris % ls -al /tmp/.*foobar
-rw-rw-rw-   1 rstevens other1 8397336 Oct 25 11:29 /tmp/.MQDfoobar
-rw-rw-rw-   1 rstevens other1       0 Oct 25 11:29 /tmp/.MQLfoobar
-rw-r--r--   1 rstevens other1       0 Oct 25 11:29 /tmp/.MQPfoobar
```

含有该队列之数据的文件（/tmp/.MQDfoobar）其大小能容纳最大数目的最长消息（1024× 8192= 8 388 608），剩余的8728字节开销允许每个消息占用8字节（8×1024=8192），外加536字节。

在Digital Unix 4.0B下执行同一程序的结果如下：

```
alpha % mqcreate -m 256 -z 2048 /tmp/bigq
alpha % ls -l /tmp/bigq
-rw-r--r--   1 rstevens system  537288 Oct 25 15:38 /tmp/bigq
```

该系统上的实现看来能容纳最大数目的最长消息（256×2048=524 288），剩余的13 000字节开销允许每个消息占用48字节（48×256 = 12 288），外加712字节。

5.4 mq_send和mq_receive函数

这两个函数分别用于往一个队列中放置一个消息和从一个队列中取走一个消息。每个消息有一个优先级，它是一个小于MQ_PRIO_MAX的无符号整数。Posix要求这个上限至少为32。

> Solaris 2.6的上限为32，Digital Unix 4.0B的上限为256。我们将随图5-8给出取得该上限值的方法。

82

mq_receive总是返回所指定队列中最高优先级的最早消息，而且该优先级能随该消息的内容及其长度一同返回。

> mq_receive的操作不同于Systme V的msgrcv（6.4节）。System V消息有一个类似于优先级的类型字段，但使用msgrcv时，我们可以就返回哪一个消息指定三种不同的情形：所指定队列中最早的消息、具有某个特定类型的最早消息、其类型小于或等于某个值的最早消息。

```
#include <mqueue.h>

int mq_send(mqd_t mqdes, const char *ptr, size_t len, unsigned int prio);
                                        返回：若成功则为0，若出错则为-1

ssize_t mq_receive(mqd_t mqdes, char *ptr, size_t len, unsigned int *priop);
                              返回：若成功则为消息中字节数，若出错则为-1
```

这两个函数的前三个参数分别与write和read的前三个参数类似。

> 把指向缓冲区的指针参数定义为char*看来是个错误。使用void*将与其他Posix.1函数更为一致。

mq_receive的*len*参数的值不能小于能加到所指定队列中的消息的最大大小（该队列mq_attr结构的mq_msgsize成员）。要是*len*小于该值，mq_receive就立即返回EMSGSIZE错误。

> 这意味着使用Posix消息队列的大多数应用程序必须在打开某个队列后调用mq_getattr确定最大消息大小，然后分配一个或多个那样大小的读缓冲区。通过要求每个缓冲区总是足以存放队列中的任意消息，mq_receive就不必返回消息是否大于缓冲区的通知。作为比较的例子，System V消息队列（6.4节）可能使用MSG_NOERROR标志，返回E2BIG错误，接收UDP数据报的recvmsg函数（UNPv1的13.5节）可能使用MSG_TRUNC标志。

mq_send的*prio*参数是待发送消息的优先级，其值必须小于MQ_PRIO_MAX。如果mq_receive的*priop*参数是一个非空指针，所返回消息的优先级就通过该指针存放。如果应用不必使用优先级不同的消息，那就给mq_send指定值为0的优先级，给mq_receive指定一个空指针作为其最后一个参数。

> 0字节长度的消息是允许的。这里重要的不是标准（即Posix.1）中说的内容，而是它的言外之意：没有地方可以禁止使用0字节长度的消息。mq_receive的返回值是所接收消息中的字节数（如果成功）或-1（如果出错），因此返回值为0表示返回长度为0的消息。
>
> Posix消息队列和System V消息队列都不具备的一个特性是：向接收者准确地标识每条消息的发送者。这个信息在许多应用中可能有用。不幸的是，大多数IPC消息机制并不标识发送者。在15.5节中，我们将讲述门如何提供这个标识。UNPv1的14.8节讲述了使用Unix域套接字时，BSD/OS如何提供这个标识。APUE的15.3.1节[①]讲述了通过管道传递描述符时，SVR4如何通过同一管道传递发送者的标识。BSD/OS技术没有得到广泛实现，而SVR4技术尽管是Unix 98的一部分，却要求通过管道传递描述符，这通常比通过管道直接传递数据开销更大。我们不能让发送者随消息包含自己的标识（例如有效用户ID），因为难以认定发送者不说假话。尽管消息队列的访问权限决定了是否允许发送者往队列中放置消息，这仍然没有标识发送者。另外，尽管存在为每个发送者创建一个队列的可能性（对此我们将在6.8节就System V消息队列展开讨论），但对大的应用来说，这种方法的可扩展性并不好。最后，要是消息队列函数完全是作为用户函数实现的（5.8节中的实现就是这样），根本没在内核中，那么我们不能信任伴随消息的任何发送者标识，因为它很容易伪造。

83

5.4.1 例子：mqsend程序

图5-6给出了往某个队列中增加一个消息的mqsend程序。

pxmsg/mqsend.c

```
1 #include     "unpipc.h"

2 int
3 main(int argc, char **argv)
4 {
5     mqd_t    mqd;
6     void     *ptr;
7     size_t   len;
8     uint_t   prio;
```

图5-6 mqsend程序

① 此处为APUE第1版英文原版书节号，第2版的17.4.1节讲述通过管道传递文件描述符。——编者注

```
 9     if (argc != 4)
10         err_quit("usage: mqsend <name> <#bytes> <priority>");
11     len = atoi(argv[2]);
12     prio = atoi(argv[3]);

13     mqd = Mq_open(argv[1], O_WRONLY);

14     ptr = Calloc(len, sizeof(char));
15     Mq_send(mqd, ptr, len, prio);

16     exit(0);
17 }
```

pxmsg/mqsend.c

图5-6（续）

待发送消息的大小和优先级必须作为命令行参数指定。所用缓冲区使用calloc分配，该函数会把该缓冲区初始化为0。

5.4.2　例子：mqreceive 程序

84

图5-7中的程序从某个队列中读入下一个消息。

pxmsg/mqreceive.c

```
 1 #include    "unpipc.h"

 2 int
 3 main(int argc, char **argv)
 4 {
 5     int     c, flags;
 6     mqd_t   mqd;
 7     ssize_t n;
 8     uint_t  prio;
 9     void   *buff;
10     struct mq_attr  attr;

11     flags = O_RDONLY;
12     while ( (c = Getopt(argc, argv, "n")) != -1) {
13         switch (c) {
14         case 'n':
15             flags |= O_NONBLOCK;
16             break;
17         }
18     }
19     if (optind != argc - 1)
20         err_quit("usage: mqreceive [ -n ] <name>");

21     mqd = Mq_open(argv[optind], flags);
22     Mq_getattr(mqd, &attr);

23     buff = Malloc(attr.mq_msgsize);

24     n = Mq_receive(mqd, buff, attr.mq_msgsize, &prio);
25     printf("read %ld bytes, priority = %u\n", (long) n, prio);

26     exit(0);
27 }
```

pxmsg/mqreceive.c

图5-7　mqreceive程序

允许-n选项以指定非阻塞属性

14~17　命令行选项-n指定非阻塞属性，这样如果所指定队列中没有消息，mqreceive程序就返回一个错误。

打开队列并取得属性

21~25 调用mq_getattr打开队列并取得属性。我们需要确定最大消息大小，因为必须为调用mq_receive分配一个这样大小的缓冲区。最后输出所读出消息的大小及其属性。

既然n是一个size_t数据类型，而我们又不知道size_t是int还是long，那么要使用%ld格式化串将n类型强制转换成一个长整数。在64位系统上，int是32位整数，long和size_t则都是64位整数。

85

我们可使用这两个程序来查看优先级字段是如何使用的。

```
solaris % mqcreate /test1                    创建并取得属性
solaris % mqgetattr /test1
max #msgs = 128, max #bytes/msg = 1024, #currently on queue = 0

solaris % mqsend /test1 100 99999            以无效的优先级发送
mq_send error: Invalid argument

solaris % mqsend /test1 100 6                100字节，优先级为6
solaris % mqsend /test1 50 18                50字节，优先级为18
solaris % mqsend /test1 33 18                50字节，优先级为18

solaris % mqreceive /test1
read 50 bytes, priority = 18                 返回优先级最高的最早消息
solaris % mqreceive /test1
read 33 bytes, priority = 18
solaris % mqreceive /test1
read 100 bytes, priority = 6
solaris % mqreceive-n /test1                 指定非阻塞属性，队列为空
mq_receive error: Resource temporarily unavailable
```

可以看出，mq_receive返回优先级最高的最早消息。

5.5 消息队列限制

我们已遇到任意给定队列的两个限制，它们都是在创建该队列时建立的：

mq_mqxmsg 队列中的最大消息数；

mq_msgsize 给定消息的最大字节数。

这两个值都没有内在的限制，尽管对于我们已查看过的两种实现（Solaris 2.6和Digital Unix 4.0B）来说，大小为这两个数之积再加少量开销的某个文件在文件系统中必须有容纳空间。基于队列大小的虚拟内存要求也可能存在（见习题5.5）。

消息队列的实现定义了另外两个限制：

MQ_OPEN_MAX 一个进程能够同时拥有的打开着消息队列的最大数目（Posix要求它至少为8）；

MQ_PRIO_MAX 任意消息的最大优先级值加1（Posix要求它至少为32）。

这两个常值往往定义在<unistd.h>头文件中，也可以在运行时通过调用sysconf函数获取，如接下来的例子所示。

例子：mqsysconf 程序

86

图5-8中的程序调用sysconf，输出消息队列的两个由实现定义的限制。

pxmsg/mqsysconf.c

```
1 #include    "unpipc.h"

2 int
3 main(int argc, char **argv)
4 {
5     printf("MQ_OPEN_MAX = %ld, MQ_PRIO_MAX = %ld\n",
6            Sysconf(_SC_MQ_OPEN_MAX), Sysconf(_SC_MQ_PRIO_MAX));
7     exit(0);
8 }
```

pxmsg/mqsysconf.c

图5-8　调用sysconf获取消息队列限制

在我们的两个系统上执行该程序的结果如下：

```
solaris % mqsysconf
MQ_OPEN_MAX = 32, MQ_PRIO_MAX = 32

alpha % mqsysconf
MQ_OPEN_MAX = 64, MQ_PRIO_MAX = 256
```

5.6　mq_notify函数

第6章中讨论的System V消息队列的问题之一是无法通知一个进程何时在某个队列中放置了一个消息。我们可以阻塞在msgrcv调用中，但那将阻止我们在等待期间做其他任何事。如果给msgrcv指定非阻塞标志（IPC_NOWAIT），那么尽管不阻塞了，但必须持续调用该函数以确定何时有一个消息到达。我们说过这称为轮询（polling），是对CPU时间的一种浪费。我们需要一种方法，让系统告诉我们何时有一个消息放置到了先前为空的某个队列中。

本节和本章的剩余各节含有高级主题，你第一次阅读时可暂时跳过去。

Posix消息队列允许异步事件通知（asynchronous event notification），以告知何时有一个消息放置到了某个空消息队列中。这种通知有两种方式可供选择：

- 产生一个信号；
- 创建一个线程来执行一个指定的函数。

这种通知通过调用mq_notify建立。

```
#include <mqueue.h>

int mq_notify(mqd_t mqdes, const struct sigevent *notification);
```

返回：若成功则为0，若出错则为–1

该函数为指定队列建立或删除异步事件通知。sigevent结构是随Posix.1实时信号新加的，后者将在下一节详细讨论。该结构以及本章中引入的所有新的信号相关常值都定义在<signal.h>头文件中。

87

```
union sigval {
  int     sival_int;          /* integer value */
  void   *sival_ptr;          /* pointer value */
};

struct sigevent {
  int              sigev_notify;    /* SIGEV_{NONE,SIGNAL,THREAD} */
  int              sigev_signo;     /* signal number if SIGEV_SIGNAL */
```

```
    union sigval      sigev_value;      /* passed to signal handler or thread */
                                        /* following two if SIGEV_THREAD */
    void              (*sigev_notify_function)(union sigval);
    pthread_attr_t    *sigev_notify_attributes;
};
```

我们马上给出以不同方法使用异步事件通知的几个例子，但在此前先给出一些普遍适用于该函数的若干规则。

(1) 如果*notification*参数非空，那么当前进程希望在有一个消息到达所指定的先前为空的队列时得到通知。我们说“该进程被注册为接收该队列的通知”。

(2) 如果*notification*参数为空指针，而且当前进程目前被注册为接收所指定队列的通知，那么已存在的注册将被撤销。

(3) 任意时刻只有一个进程可以被注册为接收某个给定队列的通知。

(4) 当有一个消息到达某个先前为空的队列，而且已有一个进程被注册为接收该队列的通知时，只有在没有任何线程阻塞在该队列的mq_receive调用中的前提下，通知才会发出。这就是说，在mq_reveive调用中的阻塞比任何通知的注册都优先。

(5) 当该通知被发送给它的注册进程时，其注册即被撤销。该进程必须再次调用mq_notify以重新注册（如果想要的话）。

> Unix信号最初的问题之一是：每当一个信号产生后，其行为就被复位成默认行为（APUE的10.4节）。信号处理程序调用的第一个函数通常是signal，用于重新建立处理程序。这么一来提供了一个短的时间窗口，它处于该信号的产生与当前进程重建其信号处理程序之间，这段时间内再次产生的同一信号可能终止当前进程。初看起来，mq_notify似乎有类似的问题，因为当前进程必须在每次通知发生后重新注册。然而消息队列不同于信号，因为在队列变空前通知不会再次发生。因此我们必须小心，保证在从队列中读出消息之前（而不是之后）重新注册。

5.6.1 例子：简单的信号通知

在深入探讨Posix实时信号和线程之前，我们可以编写一个简单的程序，当有一个消息放置到某个空队列中，该程序产生一个SIGUSR1信号。图5-9给出了这个程序，注意它含有一个我们不久后将详细讨论的错误。

88

声明全局变量

2~6 声明main函数和信号处理程序（sig_usr1）都使用的一些全局变量。

打开队列，取得属性，分配读缓冲区

12~15 打开通过命令行参数指定的消息队列，获取其属性，然后分配一个读缓冲区。

建立信号处理程序，启用通知

16~20 首先给SIGUSR1建立信号处理程序。在sigevent结构的sigev_notify成员中填入SIGEV_SIGNAL常值，其意思是当所指定队列由空变为非空时，我们希望有一个信号会产生。将sigev_signo成员设置成希望产生的信号后，调用mq_notify。

无限循环

21~22 main函数接下来是个无限休眠在pause函数中的循环，该函数每次捕获一个信号时都会返回-1。

捕获信号，读出消息

25~33 我们的信号处理程序调用mq_notify以便为下一个事件重新注册，然后读出消息并输出其长度。本程序中我们忽略了接收到的消息的优先级。

pxmsg/mqnotifysig1.c

```
 1 #include        "unpipc.h"

 2 mqd_t   mqd;
 3 void    *buff;
 4 struct mq_attr  attr;
 5 struct sigevent sigev;

 6 static void sig_usr1(int);

 7 int
 8 main(int argc, char **argv)
 9 {
10     if (argc != 2)
11         err_quit("usage: mqnotifysig1 <name>");

12         /* open queue, get attributes, allocate read buffer */
13     mqd = Mq_open(argv[1], O_RDONLY);
14     Mq_getattr(mqd, &attr);
15     buff = Malloc(attr.mq_msgsize);

16         /* establish signal handler, enable notification */
17     Signal(SIGUSR1, sig_usr1);
18     sigev.sigev_notify = SIGEV_SIGNAL;
19     sigev.sigev_signo = SIGUSR1;
20     Mq_notify(mqd, &sigev);

21     for ( ; ; )
22         pause();                /* signal handler does everything */
23     exit(0);
24 }

25 static void
26 sig_usr1(int signo)
27 {
28     ssize_t n;

29     Mq_notify(mqd, &sigev);     /* reregister first */
30     n = Mq_receive(mqd, buff, attr.mq_msgsize, NULL);
31     printf("SIGUSR1 received, read %ld bytes\n", (long) n);
32     return;
33 }
```

pxmsg/mqnotifysig1.c

图5-9 当有消息放置到某个空队列中时产生SIGUSR1（不正确版本）

sig_usr1结束处的return语句不是必要的，因为并没有返回值需返回，而且掉出该函数的末尾也是一个向调用者的隐式返回。然而作者总会在信号处理程序的末尾写上一个显式的return语句，目的是为了强调从这种函数的返回是特殊的。它可能会导致处理该信号的线程中某个函数调用过早返回（返回一个EINTR错误）。

我们现在从一个窗口运行这个程序：

```
solaris % mqcreate /test1                创建队列
solaris % mqnotifysig1 /test1            启动图5-9中的程序
```

从另外一个窗口中执行如下命令：

```
solaris % mqsend /test1 50 16            发送50字节优先级为16的消息
```

正如所料，程序mynotifysig1输出：“SIGUSR1 reveived, read 50 bytes”。

我们可以验证每次只有一个进程可被注册为接收通知，方法是从另一个窗口中启动该程序的另一个副本：

```
solaris % mqnotifysig1 /test1
mq_notify error: Device busy
```

这个出错消息对应EBUSY错误。

5.6.2 Posix 信号：异步信号安全函数

图5-9中程序的问题是它从信号处理程序中调用mq_notify、mq_receive和printf。这些函数实际上都不可以从信号处理程序中调用。

Posix使用异步信号安全（async-signal-safe）这一术语描述可以从信号处理程序中调用的函数。图5-10列出了这些Posix函数以及由Unix 98加上的其他几个函数。

access	fpathconf	rename	sysconf
aio_return	fstat	rmdir	tcdrain
aio_suspend	fsync	sem_post	tcflow
alarm	getegid	setgid	tcflush
cfgetispeed	geteuid	setpgid	tcgetattr
cfgetospeed	getgid	setsid	tcgetpgrp
cfsetispeed	getgroups	setuid	tcsendbreak
cfsetospeed	getpgrp	sigaction	tcsetattr
chdir	getpid	sigaddset	tcsetpgrp
chmod	getppid	sigdelset	time
chown	getuid	sigemptyset	timer_getoverrun
clock_gettime	kill	sigfillset	timer_gettime
close	link	sigismember	timer_settime
creat	lseek	signal	times
dup	mkdir	sigpause	umask
dup2	mkfifo	sigpending	uname
execle	open	sigprocmask	unlink
execve	pathconf	sigqueue	utime
_exit	pause	sigset	wait
fcntl	pipe	sigsuspend	waitpid
fdatasync	raise	sleep	write
fork	read	stat	

图5-10 异步信号安全的函数

没有列在该表中的函数不可以从信号处理程序中调用。注意所有标准I/O函数和pthread_*XXX*函数都没有列在其中。本书所涵盖的所有IPC函数中，只有sem_post、read和write列在其中（我们假定read和write可用于管道和FIFO）。

> ANSI C列出了可以从信号处理程序中调用的四个函数：abort、exit、longjmp和signal。Unix 98没有把前三个函数列为异步信号安全函数。

5.6.3 例子：信号通知

避免从信号处理程序中调用任何函数的方法之一是：让处理程序仅仅设置一个全局标志，由某个线程检查该标志以确定何时接收到一个消息。图5-11展示了这种技巧，不过它含有另外一个错误，我们不久会讲到。

全局变量

2　既然信号处理程序执行的唯一操作是把mqflag置为非零，于是图5-9中的全局变量不必仍然是全局变量。降低全局变量的数目肯定是一种好技巧，当使用线程时尤为如此。

pxmsg/mqnotifysig2.c

```
 1 #include    "unpipc.h"

 2 volatile sig_atomic_t   mqflag;    /* set nonzero by signal handler */
 3 static void sig_usr1(int);

 4 int
 5 main(int argc, char **argv)
 6 {
 7     mqd_t   mqd;
 8     void    *buff;
 9     ssize_t n;
10     sigset_t    zeromask, newmask, oldmask;
11     struct mq_attr  attr;
12     struct sigevent sigev;

13     if (argc != 2)
14         err_quit("usage: mqnotifysig2 <name>");

15         /* open queue, get attributes, allocate read buffer */
16     mqd = Mq_open(argv[1], O_RDONLY);
17     Mq_getattr(mqd, &attr);
18     buff = Malloc(attr.mq_msgsize);

19     Sigemptyset(&zeromask);     /* no signals blocked */
20     Sigemptyset(&newmask);
21     Sigemptyset(&oldmask);
22     Sigaddset(&newmask, SIGUSR1);

23         /* establish signal handler, enable notification */
24     Signal(SIGUSR1, sig_usr1);
25     sigev.sigev_notify = SIGEV_SIGNAL;
26     sigev.sigev_signo = SIGUSR1;
27     Mq_notify(mqd, &sigev);

28     for ( ; ; ) {
29         Sigprocmask(SIG_BLOCK, &newmask, &oldmask);      /* block SIGUSR1 */
30         while (mqflag == 0)
31             sigsuspend(&zeromask);
32         mqflag = 0;                 /* reset flag */

33         Mq_notify(mqd, &sigev);    /* reregister first */
34         n = Mq_receive(mqd, buff, attr.mq_msgsize, NULL);
35         printf("read %ld bytes\n", (long) n);
36         Sigprocmask(SIG_UNBLOCK, &newmask, NULL);    /* unblock SIGUSR1 */
37     }
38     exit(0);
39 }

40 static void
41 sig_usr1(int signo)
42 {
43     mqflag = 1;
44     return;
45 }
```

pxmsg/mqnotifysig2.c

图5-11 信号处理程序只是给主线程设置一个标志（不正确版本）

打开消息队列

15~18 打开通过命令行参数指定的消息队列，获取其属性，然后分配一个读缓冲区。

初始化信号集

19~22 初始化三个信号集，并在newmask集中打开对应SIGUSR1的位。

89 ~ 92

建立信号处理程序，启用通知

23~27 给SIGUSR1建立一个信号处理程序，填写sigevent结构，调用mq_notify。

等待信号处理程序设置标志

28~32 调用sigprocmask阻塞SIGUSR1，并把当前信号掩码保存到oldmask中。随后在一个循环中测试全局变量mqflag，以等待信号处理程序将它设置成非零。只要它为0，我们就调用sigsuspend，它原子性地将调用线程置于休眠状态，并把它的信号掩码复位成zeromask（没有一个信号被阻塞）。APUE的10.16节详细讨论sigsuspend以及为什么只能在SIGUSR1被阻塞时测试mqflag变量。每次sigsuspend返回时，SIGUSR1被重新阻塞。

重新注册并读出消息

33~36 当mqflag为非零时，重新注册并从指定队列中读出消息。随后给SIGUSR1解阻塞并返回for循环顶部。

我们提到过这种办法仍存在一个问题。考虑一下第一个消息被读出之前有两个消息到达的情形。我们可通过在mq_notify调用前增加一个sleep语句来模拟这种情形。这里的基本问题是：通知只是在有一个消息被放置到某个空队列上时才发出。如果在能够读出第一个消息前有两个消息到达，那么只有一个通知被发出：我们于是读出第一个消息，并调用sigsuspend等待另一个消息，而对应它的通知可能永远不会发出。在此期间，另一个消息已放置于该队列中等待读出，而我们却一直在忽略它。

5.6.4 例子：使用非阻塞 mq_receive 的信号通知

上述问题的解决办法是：当使用mq_notify产生信号时，总是以非阻塞模式读消息队列。图5-12给出了图5-11的一个修改版本，它以非阻塞模式读消息队列。

pxmsg/mqnotifysig3.c

```
 1 #include    "unpipc.h"

 2 volatile sig_atomic_t   mqflag;    /* set nonzero by signal handler */
 3 static void sig_usr1(int);

 4 int
 5 main(int argc, char **argv)
 6 {
 7     mqd_t   mqd;
 8     void    *buff;
 9     ssize_t n;
10     sigset_t zeromask, newmask, oldmask;
11     struct mq_attr  attr;
12     struct sigevent sigev;

13     if (argc != 2)
14         err_quit("usage: mqnotifysig3 <name>");

15         /* open queue, get attributes, allocate read buffer */
16     mqd = Mq_open(argv[1], O_RDONLY | O_NONBLOCK);
17     Mq_getattr(mqd, &attr);
18     buff = Malloc(attr.mq_msgsize);

19     Sigemptyset(&zeromask);     /* no signals blocked */
20     Sigemptyset(&newmask);
21     Sigemptyset(&oldmask);
22     Sigaddset(&newmask, SIGUSR1);
23         /* establish signal handler, enable notification */
24     Signal(SIGUSR1, sig_usr1);
```

图5-12 使用信号通知读Posix消息队列

```
25      sigev.sigev_notify = SIGEV_SIGNAL;
26      sigev.sigev_signo = SIGUSR1;
27      Mq_notify(mqd, &sigev);

28      for ( ; ; ) {
29          Sigprocmask(SIG_BLOCK, &newmask, &oldmask);     /* block SIGUSR1 */
30          while (mqflag == 0)
31              sigsuspend(&zeromask);
32          mqflag = 0;                 /* reset flag */

33          Mq_notify(mqd, &sigev);     /* reregister first */
34          while ( (n = mq_receive(mqd, buff, attr.mq_msgsize, NULL)) >= 0) {
35              printf("read %ld bytes\n", (long) n);
36          }
37          if (errno != EAGAIN)
38              err_sys("mq_receive error");
39          Sigprocmask(SIG_UNBLOCK, &newmask, NULL);    /* unblock SIGUSR1 */
40      }
41      exit(0);
42 }

43 static void
44 sig_usr1(int signo)
45 {
46      mqflag = 1;
47      return;
48 }
```
pxmsg/mqnotifysig3.c

图5-12（续）

打开消息队列以非阻塞模式

15~18　第一个变动是在打开消息队列时指定O_NONBLOCK标志。

从队列中读出所有消息

34~38　另一个变动是在一个循环中调用mq_receive，处理队列中的每个消息。返回一个EAGAIN错误不表示有问题，它只是意味着暂时没有消息可读。

5.6.5　例子：使用 sigwait 代替信号处理程序的信号通知

上一个例子尽管正确，但效率还可以更高些。我们的程序通过调用sigsuspend阻塞，以等待某个消息的到达。当有一个消息被放置到某个空队列中时，该信号产生，主线程被阻止，信号处理程序执行并设置mqflag变量，主线程再次执行，发现mq_flag为非零，于是读出该消息。更为简易（并且可能更为高效）的办法之一是阻塞在某个函数中，仅仅等待该信号的递交，而不是让内核执行一个只为设置一个标志的信号处理程序。sigwait提供了这种能力。

93~94

```
#include <signal.h>

int sigwait(const sigset_t *set, int *sig);
```
返回：若成功则为0，若出错则为正的Exxx值

调用sigwait前，我们阻塞某个信号集。我们将这个信号集指定为*set*参数。sigwait然后一直阻塞到这些信号中有一个或多个待处理，这时它返回其中一个信号。该信号值通过指针sig存放，函数的返回值则为0。这个过程称为“同步地等待一个异步事件”：我们是在使用信号，但没有涉及异步信号处理程序。

图5-13给出了用到sigwait时mq_notify的使用。

pxmsg/mqnotifysig4.c

```
 1 #include    "unpipc.h"

 2 int
 3 main(int argc, char **argv)
 4 {
 5     int     signo;
 6     mqd_t   mqd;
 7     void    *buff;
 8     ssize_t n;
 9     sigset_t    newmask;
10     struct mq_attr  attr;
11     struct sigevent sigev;

12     if (argc != 2)
13         err_quit("usage: mqnotifysig4 <name>");

14         /* open queue, get attributes, allocate read buffer */
15     mqd = Mq_open(argv[1], O_RDONLY | O_NONBLOCK);
16     Mq_getattr(mqd, &attr);
17     buff = Malloc(attr.mq_msgsize);

18     Sigemptyset(&newmask);
19     Sigaddset(&newmask, SIGUSR1);
20     Sigprocmask(SIG_BLOCK, &newmask, NULL);     /* block SIGUSR1 */

21         /* establish signal handler, enable notification */
22     sigev.sigev_notify = SIGEV_SIGNAL;
23     sigev.sigev_signo = SIGUSR1;
24     Mq_notify(mqd, &sigev);

25     for ( ; ; ) {
26         Sigwait(&newmask, &signo);
27         if (signo == SIGUSR1) {
28             Mq_notify(mqd, &sigev);    /* reregister first */
29             while ( (n = mq_receive(mqd, buff, attr.mq_msgsize, NULL)) >= 0){
30                 printf("read %ld bytes\n", (long) n);
31             }
32             if (errno != EAGAIN)
33                 err_sys("mq_receive error");
34         }
35     }
36     exit(0);
37 }
```

pxmsg/mqnotifysig4.c

图5-13 伴随sigwait使用mq_notify

初始化信号集并阻塞SIGUSR1

18~20 把某个信号集初始化成只含有SIGUSR1，然后用sigprocmask阻塞该信号。

等待信号

26~34 在sigwait调用中阻塞并等待该信号。SIGUSR1被递交后，重新注册通知并读出所有可用消息。

> sigwait往往在多线程化的进程中使用。实际上，看一看它的函数原型，我们会发现其返回值或为0，或为某个Exxx错误，这与大多数Pthread函数一样。但是在多线程化的进程中不能使用sigprocmask，而必须调用pthread_sigmask，它只是改变调用线程的信号掩码。pthread_sigmask的参数与sigprocmask的相同。

sigwait存在两个变种：sigwaitinfo和sigtimedwait。sigwaitinfo还返回一个siginfo_t结构（将在下一节中定义），目的是用于可靠信号中。sigtimedwait也返回一个siginfo_t结构，并允许调用者指定一个时间限制。

大多数讨论线程的书（例如[Butenhof 1997]）推荐在多线程化的进程中使用sigwait来处理所有信号，而绝不要使用异步信号处理程序。

5.6.6　例子：使用select的Posix消息队列

消息队列描述符（mqd_t变量）不是“普通”描述符，它不能用在select或poll（UNPv1第6章）中。然而我们可以伴随一个管道和mq_notify函数使用它们。（我们将在6.9节中随System V消息队列展示类似的技巧，那时涉及的是一个子进程和一个管道。）首先，从图5-10注意到write函数是异步信号安全的，因此可以从信号处理程序中调用它。图5-14给出了我们的程序。

pxmsg/mqnotifysig5.c

```
 1 #include    "unpipc.h"

 2 int     pipefd[2];
 3 static void sig_usr1(int);

 4 int
 5 main(int argc, char **argv)
 6 {
 7     int     nfds;
 8     char    c;
 9     fd_set  rset;
10     mqd_t   mqd;
11     void   *buff;
12     ssize_t n;
13     struct mq_attr  attr;
14     struct sigevent sigev;

15     if (argc != 2)
16         err_quit("usage: mqnotifysig5 <name>");

17         /* open queue, get attributes, allocate read buffer */
18     mqd = Mq_open(argv[1], O_RDONLY | O_NONBLOCK);
19     Mq_getattr(mqd, &attr);
20     buff = Malloc(attr.mq_msgsize);

21     Pipe(pipefd);

22         /* establish signal handler, enable notification */
23     Signal(SIGUSR1, sig_usr1);
24     sigev.sigev_notify = SIGEV_SIGNAL;
25     sigev.sigev_signo = SIGUSR1;
26     Mq_notify(mqd, &sigev);

27     FD_ZERO(&rset);
28     for ( ; ; ) {
29         FD_SET(pipefd[0], &rset);
30         nfds = Select(pipefd[0] + 1, &rset, NULL, NULL, NULL);

31         if (FD_ISSET(pipefd[0], &rset)) {
32             Read(pipefd[0], &c, 1);
```

图5-14　伴随管道使用信号通知

```
33             Mq_notify(mqd, &sigev);      /* reregister first */
34             while ( (n = mq_receive(mqd, buff, attr.mq_msgsize, NULL)) >= 0){
35                 printf("read %ld bytes\n", (long) n);
36             }
37             if (errno != EAGAIN)
38                 err_sys("mq_receive error");
39         }
40     }
41     exit(0);
42 }

43 static void
44 sig_usr1(int signo)
45 {
46     Write(pipefd[1], "", 1);     /* one byte of 0 */
47     return;
48 }
```

pxmsg/mqnotifysig5.c

95 ~ 97

图5-14（续）

创建一个管道

21 创建一个管道，当接收到消息队列的异步事件通知时，信号处理程序就会往该管道中写入数据。这是一个管道用于信号处理程序中的例子。

调用select

27~40 初始化描述符集rset，每次循环时打开对应于pipefd[0]（管道的读出端）的那一位。然后调用select只等待该描述符，不过在典型的应用中，这儿是多个描述符上的输入或输出复用的地方。当管道的读出端可读时，重新注册消息队列的通知，并读出所有可得的消息。

信号处理程序

43~48 我们的信号处理程序只是往管道写入1字节。我们已提及这是一个异步信号安全的操作。

5.6.7 例子：启动线程

异步事件通知的另一种方式是把sigev_notify设置成SIGEV_THREAD，这会创建一个新的线程。该线程调用由sigev_notify_function指定的函数，所用的参数由sigev_value指定。新线程的线程属性由sigev_notify_attributes指定，要是默认属性合适的话，它可以是一个空指针。图5-15给出了使用这种技术的一个例子。

我们把给新线程的参数（sigev_value）指定成一个空指针，因此不会有任何东西传递给该线程的起始函数。我们能以参数的形式传递一个指向所处理消息队列描述符的指针，而不是把它声明为一个全局变量，不过新线程仍然需要消息队列属性和sigev结构（以便重新注册）。我们把给新线程的属性指定成一个空指针，因此使用的是系统默认属性。这样的新线程是作为脱离的线程创建的。

> 遗憾的是，本书例子所用的两个系统（Solaris 2.6和Digital Unix 4.0B）没有一个支持SIGEV_THREAD。这两个系统都要求sigev_notify或者为SIGEV_NONE，或者为SIGEV_SIGNAL。

pxmsg/mqnotifythread1.c

```
 1 #include    "unpipc.h"

 2 mqd_t  mqd;
 3 struct mq_attr  attr;
 4 struct sigevent sigev;

 5 static void notify_thread(union sigval);    /* our thread function */

 6 int
 7 main(int argc, char **argv)
 8 {
 9     if (argc != 2)
10         err_quit("usage: mqnotifythread1 <name>");

11     mqd = Mq_open(argv[1], O_RDONLY | O_NONBLOCK);
12     Mq_getattr(mqd, &attr);

13     sigev.sigev_notify = SIGEV_THREAD;
14     sigev.sigev_value.sival_ptr = NULL;
15     sigev.sigev_notify_function = notify_thread;
16     sigev.sigev_notify_attributes = NULL;
17     Mq_notify(mqd, &sigev);

18     for ( ; ; )
19         pause();                /* each new thread does everything */

20     exit(0);
21 }

22 static void
23 notify_thread(union sigval arg)
24 {
25     ssize_t n;
26     void    *buff;

27     printf("notify_thread started\n");
28     buff = Malloc(attr.mq_msgsize);
29     Mq_notify(mqd, &sigev);    /* reregister */

30     while ( (n = mq_receive(mqd, buff, attr.mq_msgsize, NULL)) >= 0) {
31         printf("read %ld bytes\n", (long) n);
32     }
33     if (errno != EAGAIN)
34         err_sys("mq_receive error");

35     free(buff);
36     pthread_exit(NULL);
37 }
```

pxmsg/mqnotifythread1.c

图5-15　启动一个新线程的mq_notify

5.7　Posix 实时信号

在过去几十年中，Unix信号经历了多次重大的演变。

(1) 由Version 7 Unix（1978年）提供的信号模型是不可靠的。信号可能丢失，而且进程难以在执行临界代码段时关掉选中的若干信号。

(2) 4.3BSD（1986年）增加了可靠的信号。

(3) System V Release 3.0（1986年）也增加了可靠的信号，不过不同于BSD模型。

(4) Posix.1（1990年）标准化了BSD可靠信号模型，APUE的第10章详细讲述了该模型。

(5) Posix.1（1996年）给Posix模型增加了实时信号。该工作起源于Posix.1b实时扩展（以前称为Posix.4）。

当今几乎每种Unix系统都提供Posix可靠信号，更新的系统正在逐步提供Posix实时信号。（在描述信号时，注意区分可靠和实时。）我们有必要较详细地讨论实时信号，因为已在上一节中使用过由这个扩展定义的一些结构（sigval结构和sigevent结构）。

信号可划分为两个大组。

(1) 其值在SIGRTMIN和SIGRTMAX之间（包括两者在内）的实时信号。Posix要求至少提供RTSIG_MAX种实时信号，而该常值的最小值为8。

(2) 所有其他信号：SIGALRM、SIGINT、SIGKILL等。

> Solaris 2.6上普通Unix信号的值为1~37，8种实时信号的值为38~45。Digital Unix 4.0B上普通Unix信号的值为1~32，16种实时信号的值为33~48。这两种实现都把SIGRTMIN和SIGRTMAX定义为调用sysconf的宏，以允许在将来修改它们的值。

接下去我们关注接收某个信号的进程的sigaction调用中是否指定了新的SA_SIGINFO标志。这些差异带来了图5-16中所示的四种可能情形。

信　　号	sigaction调用	
	SA_SIGINFO已指定	SA_SIGINFO未指定
SIGRTMIN到SIGRTMAX	实时行为有保证	实时行为未指定
所有其他信号	实时行为未指定	实时行为未指定

图5-16　Posix信号实时行为，取决于SA_SIGINFO

其中有三个框标以“实时行为未指定”，其含义是有些实现可能提供实时行为，有些实现可能不提供。如果需要实时行为，我们必须使用SIGRTMIN和SIGRTMAX之间的新的实时信号，而且在安装信号处理程序时必须给sigaction指定SA_SIGINFO标志。

术语实时行为（realtime behavior）隐含着如下特征。

- 信号是排队的。这就是说，如果同一信号产生了三次，它就递交三次。另外，一种给定信号的多次发生以先进先出（FIFO）顺序排队。我们不久将给出一个信号排队的例子。对于不排队的信号来说，产生了三次的某种信号可能只递交一次。
- 当有多个SIGRTMIN到SIGRTMAX范围内的解阻塞信号排队时，值较小的信号先于值较大的信号递交。这就是说，SIGRTMIN比值为SIGRTMIN+1的信号“更为优先”，值为SIGRTMIN+1的信号比值为SIGRTMIN+2的信号“更为优先”，依此类推。
- 当某个非实时信号递交时，传递给它的信号处理程序的唯一参数是该信号的值。实时信号比其他信号携带更多的信息。通过设置SA_SIGINFO标志安装的任意实时信号的信号处理程序声明如下：

```
void func(int signo, siginfo_t *info, void *context);
```

其中*signo*是该信号的值，siginfo_t结构则定义如下：

```
typedef struct {
  int           si_signo;    /* same value as signo argument */
  int           si_code;     /* SI_{USER,QUEUE,TIMER,ASYNCIO,MEGEQ} */
  union sigval  si_value;    /* integer or pointer value from sender */
} siginfo_t;
```

98
~
100

*context*参数所指向的内容依赖于实现。

> 技术上讲，非实时Posix信号的处理程序只用一个参数调用。许多系统有一个较早的使用三个参数的约定，适用于先于Posix实时标准的信号处理程序。
>
> siginfo_t是使用typedef定义的具有以_t结尾的名字的唯一一个Posix结构。图5-17中我们把指向这些结构的指针声明为siginfo_t*，而不出现struct一词[①]。

- 一些新函数定义成使用实时信号工作。例如，sigqueue函数用于代替kill函数向某个进程发送一个信号，该新函数允许发送者随所发送信号传递一个sigval联合。

实时信号由下列Posix.1特性产生，它们由包含在传递给信号处理程序的siginfo_t结构中的si_code值来标识。

SI_ASYNCIO　信号由某个异步I/O请求的完成产生，这些异步I/O请求就是Posix的aio_*XXX*函数，我们不讲述。

SI_MESGQ　信号在有一个消息被放置到某个空消息队列中时产生，如5.6节中所述。

SI_QUEUE　信号由sigqueue函数发出。稍后我们将给出一个这样的例子。

SI_TIMER　信号由使用timer_settime函数设置的某个定时器的到时产生，我们不讲述。

SI_USER　信号由kill函数发出。

如果信号是由某个其他事件产生的，si_code就会被设置成不同于这里所列的某个值。siginfo_t结构的si_value成员的内容只在si_code为SI_ASYNCIO、SI_MESGQ、SI_QUEUE或SI_TIMER时才有效。

101

5.7.1 例子

图5-17是一个演示实时信号的简单程序。该程序调用fork，子进程阻塞三种实时信号，父进程随后发送9个信号（三种实时信号中每种3个），子进程接着解阻塞信号，我们于是看到每种信号各有多少个递交以及它们的先后递交顺序。

输出实时信号值

10　输出最小和最大实时信号值，以查看系统实现支持多少种实时信号。我们把这两个常值类型强制转换成一个整数，因为有些实现把这两个常值定义为调用sysconf的宏，例如：

```
#define     SIGRTMAX     (sysconf(_SC_RTSIG_MAX))
```

而sysconf返回一个长整数（见习题5.4）。

fork：子进程阻塞三种实时信号

11~17　派生一个子进程，由子进程调用sigprocmask阻塞我们将使用的三种实时信号：SIGRTMAX、SIGRTMAX-1、SIGRTMAX-2。

---

① 在由Posix.1定义的所有结构中（aiocb、group、itimerspec、lock、mq_attr、passwd、sched_param、sigaction、sigevent、siginfo_t、sival、stat、termio、timespec、utimbuf），只有siginfo_t是使用typedef定义的。Posix.1给它的所有简单系统数据类型（pid_t、pthread_t等）的名字添上_t后缀，但它们没有一个必须是结构，Posix.1也没有给这些数据类型的任何一个定义结构成员名。因此把一个必须是结构的数据类型定义为加_t后缀的siginfo_t导致作者认为是一个错误。这个古怪现象的原因也许是因为siginfo_t是由SVR4定义的，后来Posix一直忽略它，直到发展到P1003.4实时扩展为止。事实上1003.1b-1993第354页谈到该名字破坏了约定，所列的原因是为了遵循已有的实践，从而提高可移植性。

rtsignals/test1.c

```
 1 #include    "unpipc.h"

 2 static void sig_rt(int, siginfo_t *, void *);

 3 int
 4 main(int argc, char **argv)
 5 {
 6     int     i, j;
 7     pid_t   pid;
 8     sigset_t newset;
 9     union sigval val;

10     printf("SIGRTMIN = %d, SIGRTMAX = %d\n", (int) SIGRTMIN, (int) SIGRTMAX);

11     if ( (pid = Fork()) == 0) {
12             /* child: block three realtime signals */
13         Sigemptyset(&newset);
14         Sigaddset(&newset, SIGRTMAX);
15         Sigaddset(&newset, SIGRTMAX - 1);
16         Sigaddset(&newset, SIGRTMAX - 2);
17         Sigprocmask(SIG_BLOCK, &newset, NULL);

18             /* establish signal handler with SA_SIGINFO set */
19         Signal_rt(SIGRTMAX, sig_rt, &newset);
20         Signal_rt(SIGRTMAX - 1, sig_rt, &newset);
21         Signal_rt(SIGRTMAX - 2, sig_rt, &newset);

22         sleep(6);                /* let parent send all the signals */

23         Sigprocmask(SIG_UNBLOCK, &newset, NULL); /* unblock */
24         sleep(3);                /* let all queued signals be delivered */
25         exit(0);
26     }

27         /* parent sends nine signals to child */
28     sleep(3);                    /* let child block all signals */
29     for (i = SIGRTMAX; i >= SIGRTMAX - 2; i--) {
30         for (j = 0; j <= 2; j++) {
31             val.sival_int = j;
32             Sigqueue(pid, i, val);
33             printf("sent signal %d, val = %d\n", i, j);
34         }
35     }
36     exit(0);
37 }

38 static void
39 sig_rt(int signo, siginfo_t *info, void *context)
40 {
41     printf("received signal #%d, code = %d, ival = %d\n",
42            signo, info->si_code, info->si_value.sival_int);
43 }
```

rtsignals/test1.c

图5-17　演示实时信号的简单测试程序

建立信号处理程序

18~21　调用signal_rt函数（将在图5-18中给出），建立我们的sig_rt函数来作为这三种实时信号的处理程序。该函数设置SA_SIGINFO标志，再加上这三种信号都是实时信号，于是我们预期它们具备实时行为。该函数还设置执行信号处理程序期间需阻塞的信号掩码[①]。

等待父进程产生信号，然后解阻塞信号

22~25　等待6秒以允许父进程产生预定的9个信号。然后调用sigprocmask解阻塞那三种实时信号。该操作应允许所有排队的信号都被递交。子进程停顿另外3秒，以便信号处理程序调用printf 9次，然后终止。

父进程发送9个信号

27~36　父进程停顿3秒，以便子进程阻塞所有信号。父进程随后给那三种实时信号的第一种产生3个信号：i取这三种实时信号的值，对于每个i值，j取值为0、1和2。我们特意从最高的信号值开始产生信号，因为期待它们从最低的信号值开始递交。我们还伴随每个信号发送一个不同的整数值（sival_int），以验证一种给定信号的3次发生是按FIFO的顺序产生的。

信号处理程序

38~43　我们的信号处理程序只是输出所递交信号的有关信息。

102~103

> 我们从图5-10注意到printf不是异步信号安全的，因而不能从信号处理程序中调用。在这儿的小测试程序中，我们将它作为一个简单的诊断工具来调用。[②]

我们首先在Solaris 2.6下运行该程序，但是发现它的输出与我们预期的不一致。

```
solaris % test1
SIGRTMIN = 38, SIGRTMAX = 45                    提供8种实时信号
                                                这儿停顿3秒
sent signal 45, val = 0                         父进程现在发送9个信号
sent signal 45, val = 1
sent signal 45, val = 2
sent signal 44, val = 0
```

---

① 无论何时处理不止一种实时信号，我们都必须给每种实时信号的信号处理函数指定一个sa_mask值，该掩码应该阻塞所有剩余的值较大的（即优先级较低的）实时信号。Posix规则保证当有多种实时信号待处理时，值最小的信号最先递交，然而保证较低优先级的实时信号不中断当前信号处理函数却是我们的责任。我们通过给信号处理函数指定一个sa_mask值来做到这一点。

② 既然本例子中所有三种实时信号都从信号处理函数中相互阻塞了，也就是说在执行某个信号的处理函数期间，其他信号不会递交，因而不会中断当前信号处理函数的执行，这种情况下把printf作为一个简单的诊断工具来调用也许可行。然而输出各个信号递交顺序的更好技巧之一是按下述修改图5-17。首先分配两个全局变量：

```
static volatile siginfo_t arrival[10];
static volatile int       nsig;
```

然后让信号处理程序在该数组中保存其info参数：

```
static void
sig_rt(int signo, siginfo_t *info, void *context)
{
    arrival[nsig++] = *info; /* save info for child to print */
}
```

最后由子进程在终止前输出该数组中的信息：

```
sleep(3);       /* let all queued signals be delivered */
for (i = 0; i < nsig; i++) {
    printf("received signal #%d, code = %d, ival = %d\n",
           arrival[i].si_signo, arrival[i].si_code,
           arrival[i].si_value.sival_int);
}
exit(0);
```

```
sent signal 44, val = 1
sent signal 44, val = 2
sent signal 43, val = 0
sent signal 43, val = 1
sent signal 43, val = 2
solaris %                                              父进程终止，shell提示符输出
                                                       在子进程解阻塞信号前停顿3秒
received signal #45, code = -2, ival = 2              子进程捕获信号
received signal #45, code = -2, ival = 1
received signal #45, code = -2, ival = 0
received signal #44, code = -2, ival = 2
received signal #44, code = -2, ival = 1
received signal #44, code = -2, ival = 0
received signal #43, code = -2, ival = 2
received signal #43, code = -2, ival = 1
received signal #43, code = -2, ival = 0
```

父进程发送的9个信号排了队，但是那三种信号是从值最大的信号开始产生的（而我们却期待值最小的信号最先产生）。对于一种给定信号，它的3个排了队的信号看来是以LIFO顺序而不是FIFO顺序递交的。值为-2的si_code对应SI_QUEUE。

接着改在Digital Unix 4.0B下运行该程序，我们看到了预期的结果。

```
alpha % test1
SIGRTMIN = 33, SIGRTMAX = 48                          提供16种实时信号
                                                       这儿停顿3秒
sent signal 48, val = 0                               父进程现在发送9个信号
sent signal 48, val = 1
sent signal 48, val = 2
sent signal 47, val = 0
sent signal 47, val = 1
sent signal 47, val = 2
sent signal 46, val = 0
sent signal 46, val = 1
sent signal 46, val = 2
alpha %                                                父进程终止，shell提示符输出
                                                       在子进程解阻塞信号前停顿3秒
received signal #46, code = -1, ival = 0              子进程捕获信号
received signal #46, code = -1, ival = 1
received signal #46, code = -1, ival = 2
received signal #47, code = -1, ival = 0
received signal #47, code = -1, ival = 1
received signal #47, code = -1, ival = 2
received signal #48, code = -1, ival = 0
received signal #48, code = -1, ival = 1
received signal #48, code = -1, ival = 2
```

父进程发送的9个信号排队后按我们期待的顺序递交：值最小的信号最先递交，对于一种给定信号，它的3次发生按FIFO顺序递交。 104

Solaris 2.6的实现看来存在缺陷。

5.7.2 signal_rt 函数

我们在UNPv1第120页给出了自己的signal函数，它调用Posix sigaction函数建立一个提供可靠Posix语义的信号处理程序。现在我们把该函数修改成提供实时行为。我们称这个新函数为signal_rt，如图5-18所示。

lib/signal_rt.c

```
 1 #include    "unpipc.h"

 2 Sigfunc_rt *
 3 signal_rt(int signo, Sigfunc_rt *func, sigset-t *mask)
 4 {
 5     struct sigaction act, oact;

 6     act.sa_sigaction = func;        /* must store function addr here */
 7     act.sa_mask = *mask;            /* signals to block */
 8     act.sa_flags = SA_SIGINFO;      /* must specify this for realtime */
 9     if (signo == SIGALRM) {
10 #ifdef  SA_INTERRUPT
11         act.sa_flags |= SA_INTERRUPT;       /* SunOS 4.x */
12 #endif
13     } else {
14 #ifdef  SA_RESTART
15         act.sa_flags |= SA_RESTART;         /* SVR4, 44BSD */
16 #endif
17     }
18     if (sigaction(signo, &act, &oact) < 0)
19         return((Sigfunc_rt *) SIG_ERR);
20     return(oact.sa_sigaction);
21 }
```

lib/signal_rt.c

图5-18　提供实时行为的signal_rt函数

使用typedef简化函数原型

1~3　在我们的unpipc.h头文件（图C-1）中，Sigfunc_rt定义如下：

```
typedef  void  Sigfunc_rt(int, siginfo_t *, void *);
```

我们在本节早先说过，这是在设置SA_SIGINFO标志的前提下安装的信号处理程序的函数原型。

指定处理程序函数

105

5~7　加入实时信号支持后，sigaction发生变化，即增加了新的sa_sigaction成员。

```
struct sigaction {
  void      (*sa_handler)();/* SIG_DFL,SIG_IGN,or add of signal handler */
  sigset_t  sa_mask;         /* additional signals to block */
  int       sa_flags;        /* signal options: SA_xxx */
  void      (*sa_sigaction)(int, siginfo_t, void *);
                             /* addr of signal handler if SA_SIGINFO set */
};
```

规则如下。

- 如果在sa_flags成员中设置了SA_SIGINFO标志，那么sa_sigaction成员会指定信号处理函数的地址。
- 如果在sa_flags成员中没有设置SA_SIGINFO标志，那么sa_handler成员会指定信号处理函数的地址。
- 为给某个信号指定默认行为或忽略该信号，应把sa_handler设置为SIG_DFL或SIG_IGN，并且不设置SA_SIGINFO标志。

设置SA_SIGINFO

8~17　我们总是设置SA_SIGINFO标志，如果信号不是SIGALRM，那就再指定SA_RESTART标志。

5.8 使用内存映射 I/O 实现 Posix 消息队列

我们现在提供一个使用内存映射I/O以及Posix互斥锁和条件变量完成的Posix消息队列的实现。

> 我们在第7章中讨论互斥锁和条件变量，在第12章和第13章中讨论内存映射I/O。你可能希望跳过本节，阅读过所列各章后再返回来。

图5-19展示了我们用于实现Posix消息队列的各种数据结构的布局。该图中我们假设创建出的消息队列最多容纳4个消息，每个消息7字节。

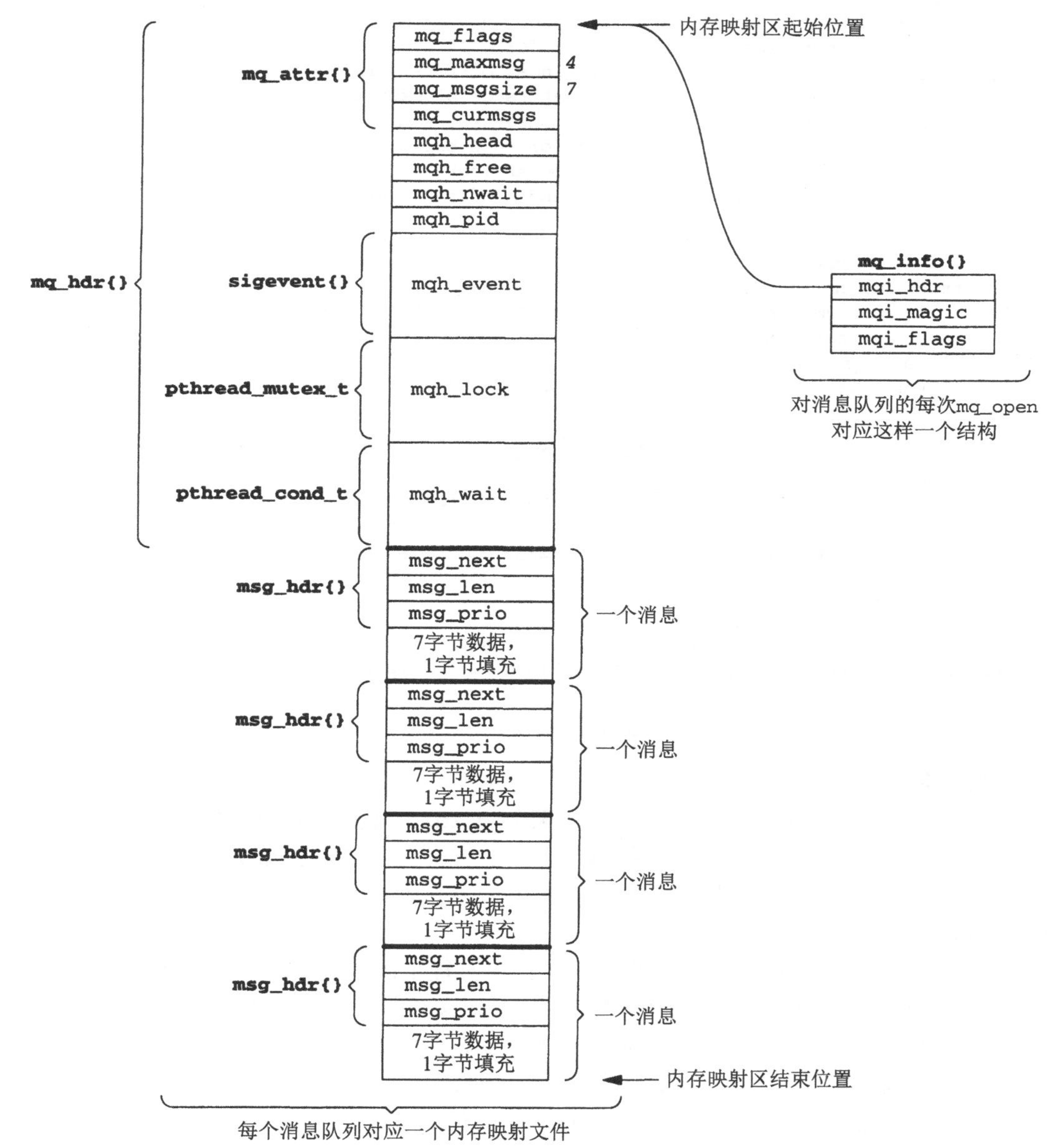

图5-19 使用内存映射文件实现Posix消息队列的各种数据结构的布局

图5-20给出了我们的mqueue.h头文件，它定义了本实现的基本结构。

my_pxmsg_mmap/mqueue.h

```
 1 typedef struct mq_info *mqd_t;   /* opaque datatype */

 2 struct mq_attr {
 3     long    mq_flags;             /* message queue flag: O_NONBLOCK */
 4     long    mq_maxmsg;            /* max number of messages allowed on queue */
 5     long    mq_msgsize;           /* max size of a message (in bytes) */
 6     long    mq_curmsgs;           /* number of messages currently on queue */
 7 };

 8         /* one mq_hdr{} per queue, at beginning of mapped file */
 9 struct mq_hdr {
10     struct mq_attr  mqh_attr;     /* the queue's attributes */
11     long    mqh_head;             /* index of first message */
12     long    mqh_free;             /* index of first free message */
13     long    mqh_nwait;            /* #threads blocked in mq_receive() */
14     pid_t   mqh_pid;              /* nonzero PID if mqh_event set */
15     struct sigevent mqh_event;    /* for mq_notify() */
16     pthread_mutex_t mqh_lock;     /* mutex lock */
17     pthread_cond_t mqh_wait;      /* and condition variable */
18 };

19         /* one msg_hdr{} at the front of each message in the mapped file */
20 struct msg_hdr {
21     long    msg_next;             /* index of next on linked list */
22         /* msg_next must be first member in struct */
23     ssize_t msg_len;              /* actual length */
24     unsigned int    msg_prio;     /* priority */
25 };

26         /* one mq_info{} malloc'ed per process per mq_open() */
27 struct mq_info {
28     struct mq_hdr *mqi_hdr;       /* start of mmap'ed region */
29     long    mqi_magic;            /* magic number if open */
30     int     mqi_flags;            /* flags for this process */
31 };
32 #define MQI_MAGIC   0x98765432

33         /* size of message in file is rounded up for alignment */
34 #define MSGSIZE(i)  ((((i) + sizeof(long)-1) / sizeof(long)) * sizeof(long))
```

my_pxmsg_mmap/mqueue.h

图5-20　mqueue.h头文件

mqd_t数据类型

1　我们的消息队列描述符只是一个指向某个mq_info结构的指针。每次调用mq_open都会分配一个这种结构，其指针就返回给调用者。这一点再次强调了消息队列描述符不必像文件描述符那样是一个小整数——唯一的Posix要求是这种数据类型不能是一个数组类型。

mq_hdr结构

8~18　该结构出现在映射文件的开头，含有针对每个队列的所有信息。mq_attr结构的mq_flags成员没有用上，因为标志（唯一定义了的是非阻塞标志）必须以每次打开为基而不是以每个队列为基来维护。也就是说，标志在mq_info结构中维护。该结构的其余成员随它们在各种函数中的使用而说明。

现在开始注意，我们称之为索引（index）的任何东西（本结构的mqh_head和mqh_free成员，下一个结构的msg_next成员）都含有从映射文件头开始的字节索引。举例来说，

106～108

Solaris 2.6下mq_hdr结构的大小为96字节，因此该首部之后第一个消息的索引为96。图5-19中的每个消息占据20字节（12字节的msg_hdr结构和8字节的消息数据），因此其余三个消息的索引分别为116、136和156，该映射文件的大小为176字节。这些索引用于维护映射文件中的两个链表：一个链表（mqh_head）含有当前在队列中的所有消息，另一个链表（mqh_free）含有队列中的所有空闲消息。我们不能给这些链表指针使用真正的内存指针（地址），因为同一映射文件在映射它的各个进程中可以在不同的内存地址开始（如图13-6所示）。

msg_hdr结构

19~25 该结构出现在映射文件中每个消息的开头。所有消息要么在消息链表中，要么在空闲链表中，msg_next成员含有本链表中下一个消息的索引（如果本消息为所在链表最后一个消息，那么下一个消息的索引为0）。msg_len是消息数据的真正长度，对于图5-19中的例子来说，它可以在0~7字节之间（包括0和7）。msg_prio是由mq_send的调用者赋予消息的优先级。

mq_info结构

26~32 每次打开一个队列时，mq_open会动态分配一个这种结构，它由mq_close释放。mqi_hdr指向映射文件（由mmap返回的起始地址）。我们的实现中的基本数据类型mqd_t就是指向该结构的指针，该指针是mq_open的返回值。

一旦mq_info结构初始化，其mqi_magic成员便含有MQI_MAGIC，被传递以一个mqd_t指针的每个函数都检查该成员，以确信该指针确实指向一个mq_info结构。mqi_flags成员含有当前队列的本次打开实例的非阻塞标志。

MSGSIZE宏

33~34 为了对齐，我们希望映射文件中的每个消息从一个长整数边界开始。因此，如果每个消息的最大大小不是这样对齐的，我们就得给每个消息的数据部分增加1~3个填充字节，如图5-19所示。这里假设长整数的大小为4字节（对于Solaris 2.6来说是正确的），但是如果长整数的大小为8字节（Digit Unix 4.0上就是这样），那么填充字节数在1~7之间。

5.8.1 mq_open 函数

图5-21给出了mq_open函数的第一部分，它创建一个新消息队列或打开一个已存在的消息队列。

处理可变长度参数表

29~32 本函数能够以两个或四个参数调用，这取决于是否指定了O_CREAT标志。当指定了该标志时，第三个参数的类型为mode_t，它是一个基本的系统数据类型，可以是任意类型的整数。我们遇到的问题是在BSD/OS上，它把该数据类型定义为unsigned short整数（占据16位）。既然该实现上的整数要占据32位，而且参数表中的所有短整数都被扩展成整数，那么C编译器会把这种类型的参数从16位扩展到32位。但是如果在va_arg调用中指定mode_t，那它将会在栈中走过16位后便指向下一个参数，然而本参数已被扩展为占据32位。为此我们必须定义自己的数据类型va_mode_t，它在BSD/OS下是整数，在其他系统下是类型mode_t。我们的unpipc.h头文件（图C-1）中的如下各行处理这个移植性问题：

```
#ifdef    __bsdi__
#define   va_mode_t   int
#else
#define   va_mode_t   mode_t
#endif
```

30　我们关掉mode变量中的用户执行位（S_IXUSR），其原因稍后解释。

my_pxmsg_mmap/mq_open.c

```
 1 #include    "unpipc.h"
 2 #include    "mqueue.h"

 3 #include    <stdarg.h>
 4 #define     MAX_TRIES   10    /* for waiting for initialization */

 5 struct mq_attr  defattr =
 6 { 0, 128, 1024, 0 };

 7 mqd_t
 8 mq_open(const char *pathname, int oflag, ...)
 9 {
10     int     i, fd, nonblock, created, save_errno;
11     long    msgsize, filesize, index;
12     va_list ap;
13     mode_t  mode;
14     int8_t *mptr;
15     struct stat statbuff;
16     struct mq_hdr   *mqhdr;
17     struct msg_hdr  *msghdr;
18     struct mq_attr  *attr;
19     struct mq_info  *mqinfo;
20     pthread_mutexattr_t mattr;
21     pthread_condattr_t  cattr;

22     created = 0;
23     nonblock = oflag & O_NONBLOCK;
24     oflag &= ~O_NONBLOCK;
25     mptr = (int8_t *) MAP_FAILED;
26     mqinfo = NULL;
27   again:
28     if (oflag & O_CREAT) {
29         va_start(ap, oflag);    /* init ap to final named argument */
30         mode = va_arg(ap, va_mode_t) & ~S_IXUSR;
31         attr = va_arg(ap, struct mq_attr *);
32         va_end(ap);

33             /* open and specify O_EXCL and user-execute */
34         fd = open(pathname, oflag | O_EXCL | O_RDWR, mode | S_IXUSR);
35         if (fd < 0) {
36             if (errno == EEXIST && (oflag & O_EXCL) == 0)
37                 goto exists;    /* already exists, OK */
38             else
39                 return((mqd_t) -1);
40         }
41         created = 1;
42             /* first one to create the file initializes it */
43         if (attr == NULL)
44             attr = &defattr;
45         else {
46             if (attr->mq_maxmsg <= 0 || attr->mq_msgsize <= 0) {
47                 errno = EINVAL;
48                 goto err;
49             }
50         }
```

my_pxmsg_mmap/mq_open.c

图5-21　mq_open函数：第一部分

创建一个新消息队列

33~34　按照由调用者指定的名字创建一个普通文件，并打开它的用户执行位。

处理潜在的竞争状态

35~40　要是我们只是打开该文件，内存映射其内容，并在调用者指定O_CREAT标志的前提下初始化映射文件（如稍后所述），就会碰到一个竞争状态。一个消息队列只在调用者指定了O_CREAT标志并且该消息队列原本不存在时才会由mq_open初始化。这意味着我们需要某种方法来检测消息队列是否存在。为此我们总是在open由调用者给定的内存映射文件时指定O_EXCL标志。但是只有调用者指定了O_EXCL标志时，来自open的EEXIST出错返回才会成为出自mq_open的错误。否则，如果open返回一个EEXIST错误，那说明由调用者给定的文件已经存在，我们就向前跳到图5-23，仿佛未曾指定过O_CREAT标志。

可能出现竞争状态是因为使用一个内存映射文件代表一个消息队列需要两个步骤来初始化一个新的消息队列：首先必须使用open创建该文件，其次必须初始化该文件的内容（稍后描述）。如果有两个线程（可以在同一进程或不同进程中）几乎同时调用mq_open，问题就会发生。一个线程创建该文件，然后系统在该线程完成初始化之前切换到第二个线程。第二个线程检测到该文件已存在（使用O_EXCL标志open），于是立即尝试使用该消息队列。不过只有在第一个线程初始化消息队列后，它才能被使用。我们使用该文件的用户执行位来指示该消息队列尚未初始化。该位只能由真正创建该文件的线程启用（使用O_EXCL标志检测是否由本线程创建了该文件），这个线程随后初始化该消息队列，并关掉用户执行位。我们在图10-43和图10-52中还将遇到类似的竞争状态。

109~111

检查属性

42~50　如果调用者给mq_open的最后一个参数指定了一个空指针，我们就使用图5-21开始处给出的默认属性：128个消息，每个消息1024字节。如果调用者指定了属性，我们就验证mq_maxmsg和mq_msgsize为正数。

mq_open函数的第二部分在图5-22中给出；它完成一个新队列的初始化。

my_pxmsg_mmap/mq_open.c

```
51          /* calculate and set the file size */
52      msgsize = MSGSIZE(attr->mq_msgsize);
53      filesize = sizeof(struct mq_hdr) + (attr->mq_maxmsg *
54                             (sizeof(struct msg_hdr) + msgsize));
55      if (lseek(fd, filesize - 1, SEEK_SET) == -1)
56          goto err;
57      if (write(fd, "", 1) == -1)
58          goto err;

59          /* memory map the file */
60      mptr = mmap(NULL, filesize, PROT_READ | PROT_WRITE,
61                  MAP_SHARED, fd, 0);
62      if (mptr == MAP_FAILED)
63          goto err;

64          /* allocate one mq_info{} for the queue */
65      if ( (mqinfo = malloc(sizeof(struct mq_info))) == NULL)
66          goto err;
```

图5-22　mq_open函数第二部分：完成新队列的初始化

```
67         mqinfo->mqi_hdr = mqhdr = (struct mq_hdr *) mptr;
68         mqinfo->mqi_magic = MQI_MAGIC;
69         mqinfo->mqi_flags = nonblock;

70             /* initialize header at beginning of file */
71             /* create free list with all messages on it */
72         mqhdr->mqh_attr.mq_flags = 0;
73         mqhdr->mqh_attr.mq_maxmsg = attr->mq_maxmsg;
74         mqhdr->mqh_attr.mq_msgsize = attr->mq_msgsize;
75         mqhdr->mqh_attr.mq_curmsgs = 0;
76         mqhdr->mqh_nwait = 0;
77         mqhdr->mqh_pid = 0;
78         mqhdr->mqh_head = 0;
79         index = sizeof(struct mq_hdr);
80         mqhdr->mqh_free = index;
81         for (i = 0; i < attr->mq_maxmsg - 1; i++) {
82             msghdr = (struct msg_hdr *) &mptr[index];
83             index += sizeof(struct msg_hdr) + msgsize;
84             msghdr->msg_next = index;
85         }
86         msghdr = (struct msg_hdr *) &mptr[index];
87         msghdr->msg_next = 0;     /* end of free list */

88             /* initialize mutex & condition variable */
89         if ( (i = pthread_mutexattr_init(&mattr)) != 0)
90             goto pthreaderr;
91         pthread_mutexattr_setpshared(&mattr, PTHREAD_PROCESS_SHARED);
92         i = pthread_mutex_init(&mqhdr->mqh_lock, &mattr);
93         pthread_mutexattr_destroy(&mattr);  /* be sure to destroy */
94         if (i != 0)
95             goto pthreaderr;

96         if ( (i = pthread_condattr_init(&cattr)) != 0)
97             goto pthreaderr;
98         pthread_condattr_setpshared(&cattr, PTHREAD_PROCESS_SHARED);
99         i = pthread_cond_init(&mqhdr->mqh_wait, &cattr);
100        pthread_condattr_destroy(&cattr);   /* be sure to destroy */
101        if (i != 0)
102            goto pthreaderr;

103            /* initialization complete, turn off user-execute bit */
104        if (fchmod(fd, mode) == -1)
105            goto err;
106        close(fd);
107        return((mqd_t) mqinfo);
108    }
```

my_pxmsg_mmap/mq_open.c

图5-22（续）

设置文件大小

51~58 计算每个消息的大小，并向上舍入到下一个长整数大小的倍数。计算文件大小时会将在该文件开头分配的mq_hdr结构和在每个消息开头分配的msg_hdr结构所占的空间包括在内（图5-19）。使用lseek设置新创建文件的大小，然后往当前读写位置写入字节0。只调用ftruncate（13.3节）会更容易些，但是我们不能保证它可用来增长一个文件的大小。

内存映射该文件

59~63 使用mmap内存映射该文件。

分配mq_info结构

64~66 我们给mq_open的每次调用分配一个mq_info结构。然后初始化该结构。

初始化mq_hdr结构

67~68 初始化mq_hdr结构。设置消息链表的头（mqh_head）为0，把队列中所有消息加到空闲链表（mgh_free）中。

初始化互斥锁和条件变量

88~102 既然只要知道一个Posix消息队列的名字并具有足够的权限，任何进程都能共享它，那么我们必须以PTHEAD_PROCESS_SHARED属性初始化互斥锁和条件变量。为此我们首先调用pthread_mutexattr_init初始化一个互斥锁属性结构，再调用pthread_mutexattr_setpshared在该结构中设置进程间共享属性，然后调用pthread_mutex_init初始化互斥锁。对于条件变量也完成几乎同样的步骤。我们要小心地摧毁初始化了的互斥锁属性或条件变量属性，即使发生错误也这样，因为调用pthread_mutexattr_init或pthread_condattr_init可能分配了内存空间（习题7.3）。

112~113

关掉用户执行位

103~107 一旦消息队列已初始化，我们就关掉用户执行位。这样指示消息队列已初始化完毕。我们还close已内存映射的文件，因为映射到内存后就没有必要让它继续打开着（这样会占用一个描述符）。

图5-23给出了mq_open函数的最后一部分，它打开一个已存在的队列。

打开已存在的消息队列

109~115 我们是在O_CREAT标志未指定或O_CREAT指定了但消息队列已存在的条件下到达这里的。这两种情况下，我们将打开一个已存在的消息队列。我们open含有该消息队列的文件来读写，并使用mmap把该文件内存映射到当前进程的地址空间中。

> 就打开模式而言，我们的实现简化了。即使调用者指定了O_RDONLY，我们也必须给open和mmap指定读写访问，因为不可能从一个队列中读出一个消息而不改变该队列所在的内存映射文件。同样地，我们不可能往一个队列中写入一个消息而不读其内存映射文件。解决这个问题的方法之一是在mq_info结构中保存打开模式（O_RDONLY、O_WRONLY或O_RDWR），然后在各个函数中检查这个模式。例如，如果打开模式是O_WRONLY，mq_receive就应该失败。

验证消息队列已初始化

116~132 我们必须等待消息队列的初始化（以防多个线程几乎同时尝试创建同一个消息队列）。为此我们调用stat查看内存映射文件的权限（stat结构的st_mode成员）。如果用户执行位已关掉，那么消息队列已被初始化。

这段代码还处理另外一个可能的竞争状态。假设不同进程中的两个线程几乎同时打开同一个消息队列。第一个线程创建了由调用者给定的文件后阻塞在图5-22中的lseek调用中。第二个线程发现该文件已存在，于是跳转到exists标号处，在那儿它再次打开文件，然后阻塞。第一个线程再次运行，然而它在图5-22中的mmap调用失败（也许是因为它超过了自己的虚拟内存限制），于是跳转到err标号处unlink自己创建的文件。第二个线程继续运行，然而要是我们调用fstat而不是stat的话，该线程就可能在等待该文件初始化的for循环中超时。于是我们改为调用stat，而且如果它返回一个文件不存在的错误，同时O_CREAT标志已指定，那么我们跳转到again标号处（图5-21）以再次创建该文件。这种可能的竞争状态也是我们在open调用中检查ENOENT错误的原因。

my_pxmsg_mmap/mq_open.c

```
109 exists:
110         /* open the file then memory map */
111     if ( (fd = open(pathname, O_RDWR)) < 0) {
112         if (errno == ENOENT && (oflag & O_CREAT))
113             goto again;
114         goto err;
115     }
116         /* make certain initialization is complete */
117     for (i = 0; i < MAX_TRIES; i++) {
118         if (stat(pathname, &statbuff) == -1) {
119             if (errno == ENOENT && (oflag & O_CREAT)) {
120                 close(fd);
121                 goto again;
122             }
123             goto err;
124         }
125         if ((statbuff.st_mode & S_IXUSR) == 0)
126             break;
127         sleep(1);
128     }
129     if (i == MAX_TRIES) {
130         errno = ETIMEDOUT;
131         goto err;
132     }
133     filesize = statbuff.st_size;
134     mptr = mmap(NULL, filesize, PROT_READ | PROT_WRITE, MAP_SHARED, fd, 0);
135     if (mptr == MAP_FAILED)
136         goto err;
137     close(fd);

138         /* allocate one mq_info{} for each open */
139     if ( (mqinfo = malloc(sizeof(struct mq_info))) == NULL)
140         goto err;

141     mqinfo->mqi_hdr = (struct mq_hdr *) mptr;
142     mqinfo->mqi_magic = MQI_MAGIC;
143     mqinfo->mqi_flags = nonblock;
144     return((mqd_t) mqinfo);
145 pthreaderr:
146     errno = i;
147 err:
148         /* don't let following function calls change errno */
149     save_errno = errno;
150     if (created)
151         unlink(pathname);
152     if (mptr != MAP_FAILED)
153         munmap(mptr, filesize);
154     if (mqinfo != NULL)
155         free(mqinfo);
156     close(fd);
157     errno = save_errno;
158     return((mqd_t) -1);
159 }
```

my_pxmsg_mmap/mq_open.c

图5-23　mq_open函数第三部分：打开已存在的队列

内存映射文件，分配并初始化mq_info结构

133~144 内存映射消息队列所在文件，然后关闭该文件的描述符。分配一个mq_info结构并将其初始化。返回值为指向这个新分配mq_info结构的指针。

处理错误

145~158 当在本函数中此前某处检测到一个错误时，程序将跳转到err标号处，同时errno已被设置成将由mq_open返回的值。这里我们要注意保证检测到错误后调用的用于清理的函数不影响将由本函数返回的errno值。

5.8.2 mq_close 函数

图5-24给出了我们的mq_close函数。

my_pxmsg_mmap/mq_close.c

```
 1 #include    "unpipc.h"
 2 #include    "mqueue.h"

 3 int
 4 mq_close(mqd_t mqd)
 5 {
 6     long    msgsize, filesize;
 7     struct mq_hdr   *mqhdr;
 8     struct mq_attr  *attr;
 9     struct mq_info  *mqinfo;

10     mqinfo = mqd;
11     if (mqinfo->mqi_magic != MQI_MAGIC) {
12         errno = EBADF;
13         return(-1);
14     }
15     mqhdr = mqinfo->mqi_hdr;
16     attr = &mqhdr->mqh_attr;

17     if (mq_notify(mqd, NULL) != 0)      /* unregister calling process */
18         return(-1);

19     msgsize = MSGSIZE(attr->mq_msgsize);
20     filesize = sizeof(struct mq_hdr) + (attr->mq_maxmsg *
21                                         (sizeof(struct msg_hdr) + msgsize));
22     if (munmap(mqinfo->mqi_hdr, filesize) == -1)
23         return(-1);

24     mqinfo->mqi_magic = 0;      /* just in case */
25     free(mqinfo);
26     return(0);
27 }
```

my_pxmsg_mmap/mq_close.c

114~116

图5-24 mq_close函数

取得指向各个结构的指针

10~16 验证参数的有效性后，取得指向内存映射区（mqhdr）和属性（在mq_hdr结构中）的指针。

注销调用进程

17~18 调用mq_notify注销队列的调用进程。如果该进程已注册，它就被注销，但是如果它未注册过，那也不返回错误。

撤销内存区映射，释放内存空间

19~25 给munmap计算待撤销内存映射文件的大小，释放mq_info结构所用的内存空间。为防止本函数的调用者在该内存区被malloc重用之前继续使用已关闭的消息队列描述符，我们把魔数设置为0，这样我们的消息队列函数以后将检测到该错误。

注意，如果进程没有调用mq_close就终止，那么进程终止时发生同样的操作：内存映射文件被撤销映射，内存空间被释放。

5.8.3 mq_unlink函数

图5-25给出了我们的mq_unlink函数，它会删除与我们定义的某个消息队列相关联的名字。它只是调用Unix unlink函数。

my_pxmsg_mmap/mq_unlink.c

```
1 #include     "unpipc.h"
2 #include     "mqueue.h"

3 int
4 mq_unlink(const char *pathname)
5 {
6     if (unlink(pathname) == -1)
7         return(-1);
8     return(0);
9 }
```

my_pxmsg_mmap/mq_unlink.c

图5-25　mq_unlink函数

5.8.4 mq_getattr函数

图5-26给出了我们的mq_getattr函数，它返回调用者指定的队列的当前属性。

my_pxmsg_mmap/mq_getattr.c

```
 1 #include     "unpipc.h"
 2 #include     "mqueue.h"

 3 int
 4 mq_getattr(mqd_t mqd, struct mq_attr *mqstat)
 5 {
 6     int     n;
 7     struct mq_hdr   *mqhdr;
 8     struct mq_attr  *attr;
 9     struct mq_info  *mqinfo;

10     mqinfo = mqd;
11     if (mqinfo->mqi_magic != MQI_MAGIC) {
12         errno = EBADF;
13         return(-1);
14     }
15     mqhdr = mqinfo->mqi_hdr;
16     attr = &mqhdr->mqh_attr;
17     if ( (n = pthread_mutex_lock(&mqhdr->mqh_lock)) != 0) {
18         errno = n;
19         return(-1);
20     }
21     mqstat->mq_flags = mqinfo->mqi_flags;   /* per-open */
22     mqstat->mq_maxmsg = attr->mq_maxmsg;    /* remaining three per-queue */
23     mqstat->mq_msgsize = attr->mq_msgsize;
24     mqstat->mq_curmsgs = attr->mq_curmsgs;

25     pthread_mutex_unlock(&mqhdr->mqh_lock);
26     return(0);
27 }
```

my_pxmsg_mmap/mq_getattr.c

图5-26　mq_getattr函数

获取队列的互斥锁

17~20 在取得属性前，必须获取由调用者指定的消息队列的互斥锁，以免另外某个线程中途修改它们。

5.8.5 mq_setattr函数

图5-27给出了我们的mq_setattr函数，它给调用者指定的队列设置当前属性。

my_pxmsg_mmap/mq_setattr.c

```
 1 #include    "unpipc.h"
 2 #include    "mqueue.h"

 3 int
 4 mq_setattr(mqd_t mqd, const struct mq_attr *mqstat,
 5            struct mq_attr *omqstat)
 6 {
 7     int     n;
 8     struct mq_hdr   *mqhdr;
 9     struct mq_attr  *attr;
10     struct mq_info  *mqinfo;

11     mqinfo = mqd;
12     if (mqinfo->mqi_magic != MQI_MAGIC) {
13         errno = EBADF;
14         return(-1);
15     }
16     mqhdr = mqinfo->mqi_hdr;
17     attr = &mqhdr->mqh_attr;
18     if ( (n = pthread_mutex_lock(&mqhdr->mqh_lock)) != 0) {
19         errno = n;
20         return(-1);
21     }
22     if (omqstat != NULL) {
23         omqstat->mq_flags = mqinfo->mqi_flags;  /* previous attributes */
24         omqstat->mq_maxmsg = attr->mq_maxmsg;
25         omqstat->mq_msgsize = attr->mq_msgsize;
26         omqstat->mq_curmsgs = attr->mq_curmsgs;     /* and current status */
27     }
28     if (mqstat->mq_flags & O_NONBLOCK)
29         mqinfo->mqi_flags |= O_NONBLOCK;
30     else
31         mqinfo->mqi_flags &= ~O_NONBLOCK;

32     pthread_mutex_unlock(&mqhdr->mqh_lock);
33     return(0);
34 }
```

my_pxmsg_mmap/mq_setattr.c

图5-27 mq_setattr函数

返回当前属性

22~27 如果第三个参数是一个非空指针，那就在修改属性前返回先前的属性和当前的状态。

修改mq_flags

28~31 可使用本函数修改的唯一属性是mq_flags，我们将它放置在mq_info结构中。

5.8.6 mq_notify函数

图5-28给出的mq_notify函数注册或注销所指定队列的调用进程。我们追踪当前已注册为

接收出自某个队列的通知的进程，办法是将它的进程ID存放在对应该队列的mq_hdr结构的mqh_pid成员中。对于一个给定队列，每次只有一个进程可注册。当一个进程注册自身时，它还把通过函数参数指定的sigevent结构保存到mqh_event结构中。

117～119

my_pxmsg_mmap/mq_notify.c

```
 1 #include    "unpipc.h"
 2 #include    "mqueue.h"

 3 int
 4 mq_notify(mqd_t mqd, const struct sigevent *notification)
 5 {
 6     int     n;
 7     pid_t   pid;
 8     struct mq_hdr   *mqhdr;
 9     struct mq_info  *mqinfo;

10     mqinfo = mqd;
11     if (mqinfo->mqi_magic != MQI_MAGIC) {
12         errno = EBADF;
13         return(-1);
14     }
15     mqhdr = mqinfo->mqi_hdr;
16     if ( (n = pthread_mutex_lock(&mqhdr->mqh_lock)) != 0) {
17         errno = n;
18         return(-1);
19     }
20     pid = getpid();
21     if (notification == NULL) {
22         if (mqhdr->mqh_pid == pid) {
23             mqhdr->mqh_pid = 0; /* unregister calling process */
24         }                       /* no error if caller not registered */
25     } else {
26         if (mqhdr->mqh_pid != 0) {
27             if (kill(mqhdr->mqh_pid, 0) != -1 || errno != ESRCH) {
28                 errno = EBUSY;
29                 goto err;
30             }
31         }
32         mqhdr->mqh_pid = pid;
33         mqhdr->mqh_event = *notification;
34     }
35     pthread_mutex_unlock(&mqhdr->mqh_lock);
36     return(0);

37   err:
38     pthread_mutex_unlock(&mqhdr->mqh_lock);
39     return(-1);
40 }
```

my_pxmsg_mmap/mq_notify.c

图5-28　mq_notify函数

注销调用进程

20~24　如果第二个参数是个空指针，那么注销所指定队列的调用进程。可能让人奇怪的是，调用进程未曾被注册接收该队列的通知并未被指定为一种错误。

120

注册调用进程

25~34　如果某个进程已被注册，我们就通过向它发送信号0（称为空信号（null signal））以检查它是否仍然存在。这么做只是执行普通的出错检查，而不发送任何信号，会在该进程不存在时返回一个ESRCH错误。如果先前注册了的进程仍然存在，本函数就返回一个EBUSY错误。否则，保存调用进程的进程ID以及调用者的sigevent结构。

这里测试先前注册了的进程是否存在的方法是不完善的。该进程可能终止，而其进程ID却在以后某个时刻被重用。

5.8.7 mq_send函数

图5-29给出了我们的mq_send函数的前半部分。

my_pxmsg_mmap/mq_send.c

```
 1 #include    "unpipc.h"
 2 #include    "mqueue.h"

 3 int
 4 mq_send(mqd_t mqd, const char *ptr, size_t len, unsigned int prio)
 5 {
 6     int     n;
 7     long    index, freeindex;
 8     int8_t  *mptr;
 9     struct sigevent *sigev;
10     struct mq_hdr *mqhdr;
11     struct mq_attr *attr;
12     struct msg_hdr *msghdr, *nmsghdr, *pmsghdr;
13     struct mq_info *mqinfo;

14     mqinfo = mqd;
15     if (mqinfo->mqi_magic != MQI_MAGIC) {
16         errno = EBADF;
17         return(-1);
18     }
19     mqhdr = mqinfo->mqi_hdr;    /* struct pointer */
20     mptr = (int8_t *) mqhdr;    /* byte pointer */
21     attr = &mqhdr->mqh_attr;
22     if ( (n = pthread_mutex_lock(&mqhdr->mqh_lock)) != 0) {
23         errno = n;
24         return(-1);
25     }
26     if (len > attr->mq_msgsize) {
27         errno = EMSGSIZE;
28         goto err;
29     }
30     if (attr->mq_curmsgs == 0) {
31         if (mqhdr->mqh_pid != 0 && mqhdr->mqh_nwait == 0) {
32             sigev = &mqhdr->mqh_event;
33             if (sigev->sigev_notify == SIGEV_SIGNAL) {
34                 sigqueue(mqhdr->mqh_pid, sigev->sigev_signo,
35                          sigev->sigev_value);
36             }
37             mqhdr->mqh_pid = 0;        /* unregister */
38         }
39     } else if (attr->mq_curmsgs >= attr->mq_maxmsg) {
40             /* queue is full */
41         if (mqinfo->mqi_flags & O_NONBLOCK) {
42             errno = EAGAIN;
43             goto err;
44         }
45             /* wait for room for one message on the queue */
46         while (attr->mq_curmsgs >= attr->mq_maxmsg)
47             pthread_cond_wait(&mqhdr->mqh_wait, &mqhdr->mqh_lock);
48     }
```

my_pxmsg_mmap/mq_send.c

图5-29 mq_send函数：前半部分

初始化

14~29　取得指向我们将使用的各个结构的指针，获取访问调用者指定队列的互斥锁。检查待发送消息，确定其大小没有超过该队列的最大消息大小。

检查队列是否为空，若合适则发送通知

30~38　如果是在往一个空队列中放置消息，我们就检查是否有某个进程被注册为接收出自该队列的通知，并检查是否有某个线程阻塞在mq_receive调用中。对于后面那种检查而言，我们将看到图5-31和图5-32中的mq_receive函数维护着一个用来存放阻塞在空队列上的线程数的计数器（mqh_nwait）。如果该计数器的值为非零，我们就不向已注册了的进程发送任何通知。我们只处理SIGEV_SIGNAL这种通知方式，其信号通过调用sigqueue发出。已注册了的进程随后被注销。

> 调用sigqueue发送信号导致向信号处理程序传递的siginfo_t结构（5.7节）中si_code成员的值为SI_QUEUE，这是不正确的，正确的值应为SI_MESGQ。从用户进程中产生正确的si_code取决于实现。［IEEE 1996］第433页提到，要从一个用户函数库中产生该信号，需用到进入信号产生机制的一个隐藏接口。

检查队列是否填满

39~48　如果调用者指定的队列已填满，但是O_NONBLOCK标志已设置，我们就返回一个EAGAIN错误。否则，我们等待在条件变量mqh_wait上，该条件变量由我们的mq_receive函数在从某个填满的队列中读出一个消息时发给信号。

> 就mq_send调用在被某个由其调用进程捕获的信号中断时返回一个EINTR错误而言，我们的实现简化了。问题在于当信号处理程序返回时，pthread_cond_wait并不返回一个错误：它可能返回一个为0的值（这看来是次虚假的唤醒），也可能根本不返回。绕过这一问题的方法确实存在，但每种方法都不简单。

121～122

图5-30给出了mq_send函数的后半部分。至此我们已知道调用者指定的队列中有写入新消息的空间。

取得待用空闲块的索引

50~52　既然在调用者指定的队列初始化时创建的空闲消息数等于mq_maxmsg，我们就不应该有在空闲链表为空的前提下mq_curmsgs小于mq_maxmsg的状态。

复制消息

53~56　nmsghdr含有所映射内存区中用于存放待写入消息的位置的地址。该消息的优先级和长度存放在它的msg_hdr结构中，其内容则从调用者空间复制。

把新消息置于链表中正确位置

57~74　我们的链表中各消息的顺序是从开始处（mqh_head）的最高优先级到结束处的最低优先级。当一个新消息加入调用者指定的队列中，并且一个或多个同样优先级的消息已在该队列中时，这个新消息就加在最后一个优先级相同的消息之后。使用这样的排序方式后，mq_receive总是返回链表中的第一个消息（它是该队列上优先级最高的最早的消息）。当我们沿链表行进时，pmsghdr将含有链表中上一个消息的地址，因为它的msg_next值将含有该新消息的索引。

> 我们的做法在该队列中有大量消息时可能较慢，因为每次往该队列中写入一个消息时都得遍历大量的链表项。可以再维护一个索引，让它记住各个可能优先级的最后一个消息的位置。

my_pxmsg_mmap/mq_send.c

```
49          /* nmsghdr will point to new message */
50      if ( (freeindex = mqhdr->mqh_free) == 0)
51          err_dump("mq_send: curmsgs = %ld; free = 0", attr->mq_curmsgs);
52      nmsghdr = (struct msg_hdr *) &mptr[freeindex];
53      nmsghdr->msg_prio = prio;
54      nmsghdr->msg_len = len;
55      memcpy(nmsghdr + 1, ptr, len);      /* copy message from caller */
56      mqhdr->mqh_free = nmsghdr->msg_next;    /* new freelist head */

57          /* find right place for message in linked list */
58      index = mqhdr->mqh_head;
59      pmsghdr = (struct msg_hdr *) &(mqhdr->mqh_head);
60      while (index != 0) {
61          msghdr = (struct msg_hdr *) &mptr[index];
62          if (prio > msghdr->msg_prio) {
63              nmsghdr->msg_next = index;
64              pmsghdr->msg_next = freeindex;
65              break;
66          }
67          index = msghdr->msg_next;
68          pmsghdr = msghdr;
69      }
70      if (index == 0) {
71              /* queue was empty or new goes at end of list */
72          pmsghdr->msg_next = freeindex;
73          nmsghdr->msg_next = 0;
74      }
75          /* wake up anyone blocked in mq_receive waiting for a message */
76      if (attr->mq_curmsgs == 0)
77          pthread_cond_signal(&mqhdr->mqh_wait);
78      attr->mq_curmsgs++;

79      pthread_mutex_unlock(&mqhdr->mqh_lock);
80      return(0);

81 err:
82      pthread_mutex_unlock(&mqhdr->mqh_lock);
83      return(-1);
84 }
```

my_pxmsg_mmap/mq_send.c

图5-30 mq_send函数：后半部分

唤醒阻塞在mq_receive中的任何线程

75~77 如果在往该队列放置新消息前该队列为空，我们就调用pthread_cond_signal唤醒可能阻塞在mq_receive中的任何线程。

78 给当前在该队列中的消息数mq_curmsgs加1。

5.8.8 mq_receive 函数

图5-31给出了我们的mq_receive函数的前半部分，它设置所需的指针、获取互斥锁，并验证调用者的缓冲区足以容纳最大的可能消息。

检查队列是否为空

30~40 如果由调用者指定的队列为空，而且O_NONBLOCK标志已设置，那就返回一个EAGAIN错误。否则，给该队列的mqh_nwait计数器加1，它由图5-29中的mq_send函数检查，检查前提是该队列为空，而且某个进程已注册成接收该队列的通知。然后等待在条件变量上，它由图5-29中的mq_send发送信号。

my_pxmsg_mmap/mq_receive.c

```
 1 #include     "unpipc.h"
 2 #include     "mqueue.h"

 3 ssize_t
 4 mq_receive(mqd_t mqd, char *ptr, size_t maxlen, unsigned int *priop)
 5 {
 6     int     n;
 7     long    index;
 8     int8_t  *mptr;
 9     ssize_t len;
10     struct mq_hdr   *mqhdr;
11     struct mq_attr  *attr;
12     struct msg_hdr  *msghdr;
13     struct mq_info  *mqinfo;

14     mqinfo = mqd;
15     if (mqinfo->mqi_magic != MQI_MAGIC) {
16         errno = EBADF;
17         return(-1);
18     }
19     mqhdr = mqinfo->mqi_hdr;      /* struct pointer */
20     mptr = (int8_t *) mqhdr;      /* byte pointer */
21     attr = &mqhdr->mqh_attr;
22     if ( (n = pthread_mutex_lock(&mqhdr->mqh_lock)) != 0) {
23         errno = n;
24         return(-1);
25     }
26     if (maxlen < attr->mq_msgsize) {
27         errno = EMSGSIZE;
28         goto err;
29     }
30     if (attr->mq_curmsgs == 0) {        /* queue is empty */
31         if (mqinfo->mqi_flags & O_NONBLOCK) {
32             errno = EAGAIN;
33             goto err;
34         }
35             /* wait for a message to be placed onto queue */
36         mqhdr->mqh_nwait++;
37         while (attr->mq_curmsgs == 0)
38             pthread_cond_wait(&mqhdr->mqh_wait, &mqhdr->mqh_lock);
39         mqhdr->mqh_nwait--;
40     }
```

my_pxmsg_mmap/mq_receive.c

图5-31　mq_receive函数：前半部分

跟mq_send的实现一样，就mq_receive调用在被某个由其调用进程捕获的信号中断时返回一个EINTR错误而言，我们的实现简化了。

123~125

图5-32给出了我们的mq_receive函数的后半部分。至此我们已知道由调用者指定的队列中有一个消息准备返回给调用者。

给调用者返回消息

43~51　msghdr指向调用者指定队列中第一个消息的msg_hdr，它是我们要返回的。由该消息占据的空间变为空闲链表的新头。

唤醒阻塞在mq_send中的任何线程

52~54　如果该队列在我们从中取走待读出消息前是填满的，我们就调用pthread_cond_signal，以防某个线程阻塞在mq_send调用中等待一个消息的空间。

my_pxmsg_mmap/mq_receive.c

```
41      if ( (index = mqhdr->mqh_head) == 0)
42          err_dump("mq_receive: curmsgs = %ld; head = 0", attr->mq_curmsgs);

43      msghdr = (struct msg_hdr *) &mptr[index];
44      mqhdr->mqh_head = msghdr->msg_next;     /* new head of list */
45      len = msghdr->msg_len;
46      memcpy(ptr, msghdr + 1, len);       /* copy the message itself */
47      if (priop != NULL)
48          *priop = msghdr->msg_prio;

49          /* just-read message goes to front of free list */
50      msghdr->msg_next = mqhdr->mqh_free;
51      mqhdr->mqh_free = index;

52          /* wake up anyone blocked in mq_send waiting for room */
53      if (attr->mq_curmsgs == attr->mq_maxmsg)
54          pthread_cond_signal(&mqhdr->mqh_wait);
55      attr->mq_curmsgs--;

56      pthread_mutex_unlock(&mqhdr->mqh_lock);
57      return(len);

58    err:
59      pthread_mutex_unlock(&mqhdr->mqh_lock);
60      return(-1);
61 }
```

my_pxmsg_mmap/mq_receive.c

图5-32 mq_receive函数：后半部分

5.9 小结

Posix消息队列比较简单：mq_open创建一个新队列或打开一个已存在的队列，mq_close关闭队列，mq_unlink则删除队列名。往一个队列中放置消息使用mq_send，从一个队列中读出消息使用mq_receive。队列属性的查询与设置使用mq_getattr和mq_setattr，函数mq_notify则允许我们注册一个信号或线程，它们在有一个消息被放置到某个空队列上时发送（信号）或激活（线程）。队列中的每个消息被赋予一个小整数优先级，mq_receive每次被调用时总是返回最高优先级的最早消息。 126

rnq_notify的使用给我们引入了Posix实时信号，它们在SIGRTMIN和SIGRTMAX之间。当设置SA_SIGINFO标志来安装这些信号的处理程序时，（1）这些信号是排队的，（2）排了队的信号是以FIFO顺序递交的，（3）给信号处理程序传递两个额外的参数。

最后，我们使用内存映射I/O以及一个Posix互斥锁和一个Posix条件变量，以约500行C代码实现了Posix消息队列的大多数特性。该实现展示了处理新队列的创建中存在的一个竞争状态，我们在第10章中实现Posix信号量时将遇到同样的竞争状态。

习题

5.1 在介绍图5-5时我们说过，当创建新队列时，如果mq_open的*attr*参数非空，那么mq_maxmsg和mq_msgsize两个成员都必须指定。怎么做才能允许我们只指定其中的一个成员，而未指定的那个成员则采用系统的默认值？

5.2 修改图5-9中的程序，使得所讨论的信号在递交之时并不调用mq_notify。然后往相应的队列发送两个消息，验证对应第二个消息的信号没有产生。为什么？

5.3 修改图5-9中的程序，使得所讨论的信号在递交之时并不从相应队列中读出消息。相反，处理程序只是调用mq_notify并输出接收到的信号。然后往该队列发送两个消息，验证对应第二个消息的信号没有产生。为什么？

5.4 在图5-17的第一个printf中，如果我们把那两个常值向整数的类型强制转换去掉，那么会发生什么情况？

5.5 如下修改图5-5中的程序：在调用mq_open之前，输出一个消息并休眠30秒。在mq_open返回之后，输出另一个消息，休眠30秒，然后调用mq_close。编译并运行该程序，指定一个较大的消息数（几十万个），最大消息大小则（譬如说）为10字节。其目的是创建一个大消息队列（数百万字节大小），然后查看消息队列的实现是否使用内存映射文件。在第一个30秒停顿期间，运行一个诸如ps这样的程序，看一看修改后程序的内存大小。mq_open返回后再做一遍。你能解释所发生的情况吗？

5.6 当mq_send的调用者指定一个0长度时，图5-30中的memcpy调用会发生什么？

5.7 比较消息队列和4.4节讲述的全双工管道。父子进程之间的双向通信需多少个消息队列？

5.8 图5-24中我们为什么不摧毁互斥锁和条件变量？

5.9 Posix说消息队列描述符不能是数组类型。为什么？

5.10 图5-14中的main函数在哪儿花费大部分时间？每次递交一个信号后发生什么？我们如何处理这种情形？

127

5.11 不是所有实现都支持互斥锁和条件变量的PTHREAD_PROCESS_SHARED属性。重新编写5.8节中Posix消息队列的实现，使用Posix信号量（第10章）代替互斥锁和条件变量。

128

5.12 把5.8节中Posix消息队列的实现扩展成支持SIGEV_THREAD。

第6章 System V消息队列

6.1 概述

System V消息队列使用消息队列标识符（message queue identifier）标识。具有足够特权（3.5节）的任何进程都可以往一个给定队列放置一个消息，具有足够特权的任何进程都可以从一个给定队列读出一个消息。跟Posix消息队列一样，在某个进程往一个队列中写入一个消息之前，不求另外某个进程正在等待该队列上一个消息的到达。

对于系统中的每个消息队列，内核维护一个定义在<sys/msg.h>头文件中的信息结构。

```
struct msqid_ds {
  struct ipc_perm   msg_perm;    /* read_write perms: Section 3.3 */
  struct msg       *msg_first;   /* ptr to first message on queue */
  struct msg       *msg_last;    /* ptr to last message on queue */
  msglen_t          msg_cbytes;  /* current # bytes on queue */
  msgqnum_t         msg_qnum;    /* current # of messages on queue */
  msglen_t          msg_qbytes;  /* max # of bytes allowed on queue */
  pid_t             msg_lspid;   /* pid of last msgsnd() */
  pid_t             msg_lrpid;   /* pid of last msgrcv() */
  time_t            msg_stime;   /* time of last msgsnd() */
  time_t            msg_rtime;   /* time of last msgrcv() */
  time_t            msg_ctime;   /* time of last msgctl()
                                    (that changed the above) */
};
```

Unix 98不要求有msg_first、msg_last和msg_cbytes成员。然而普通的源自System V的实现中可找到这三个成员。很自然，将一个队列中的各个消息作为一个链表来维护的要求并不存在，但这却是msg_first和msg_last这两个成员所隐含的。就算提供了这两个指针，那么它们指向的是内核内存空间，对于应用来说基本上没有作用。

我们可以将内核中某个特定的消息队列画为一个消息链表，如图6-1所示。假设有一个具有三个消息的队列，消息长度分别为1字节、2字节和3字节，而且这些消息就是以这样的顺序写入该队列的。再假设这三个消息的类型（type）分别为100、200和300。

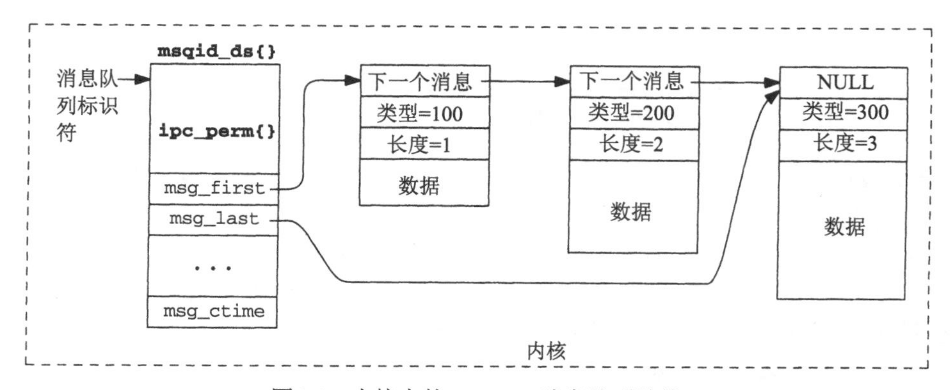

图6-1　内核中的System V消息队列结构

我们将在本章中查看操纵System V消息队列的函数，并使用消息队列实现4.2节中的文件服务器例子。

6.2 msgget函数

msgget函数用于创建一个新的消息队列或访问一个已存在的消息队列。

```
#include <sys/msg.h>

int msgget(key_t key, int oflag);
```

返回：若成功则为非负标识符，若出错则为-1

返回值是一个整数标识符，其他三个msg函数就用它来指代该队列。它是基于指定的*key*产生的，而*key*既可以是ftok的返回值，也可以是常值IPC_PRIVATE，如图3-3所示。

*oflag*是图3-6中所示的读写权限值的组合。它还可以与IPC_CREAT或IPC_CREAT | IPC_EXCL按位或，如随图3-4的讨论所述。

130

当创建一个新消息队列时，msqid_ds结构的如下成员被初始化。

- msg_perm结构的uid和cuid成员被设置成当前进程的有效用户ID，gid和cgid成员被设置成当前进程的有效组ID。
- *oflag*中的读写权限位存放在msg_perm.mode中。
- msg_qnum、msg_lspid、msg_lrpid、msg_stime和msg_rtime被置为0。
- msg_ctime被设置成当前时间。
- msg_qbytes被设置成系统限制值。

6.3 msgsnd函数

使用msgget打开一个消息队列后，我们使用msgsnd往其上放置一个消息。

```
#include <sys/msg.h>

int msgsnd(int msqid, const void *ptr, size_t length, int flag);
```

返回：若成功则为0，若出错则为-1

其中*msqid*是由msgget返回的标识符。*ptr*是一个结构指针，该结构具有如下的模板，它定义在<sys/msg.h>中。

```
struct msgbuf {
  long mtype;       /* message type, must be > 0 */
  char mtext[1];    /* message data */
};
```

消息类型必须大于0，因为对于msgrcv函数来说，非正的消息类型用作特殊的指示器，我们将在下一节讲述。

msgbuf结构定义中的名字mtext不大确切，消息的数据部分并不局限于文本。任何形式的数据都是允许的，无论是二进制数据还是文本。内核根本不解释消息数据的内容。

我们使用“模板”的说法描述这个结构，因为*ptr*所指向的只是一个含有消息类型的长整数，消息本身则紧跟在它之后（如果消息长度大于0字节）。不过大多数应用并不使用ms_gbuf结构的这个定义，因为其数据量（1字节）通常是不够的。一个消息中的数据量并不存在编译时限制

（其系统限制则通常可由系统管理员修改），因此可不去声明一个数据量很大（比一个给定应用可能支持的数据还要大）的结构，而去定义一个上述的模板。大多数应用然后定义自己的消息结构，其数据部分根据应用的需要定义。

举例来说，如果某个应用需要交换由一个16位整数后跟一个8字节字符数组构成的消息，那它可以定义自己的结构如下：

131

```
#define MY_DATA  8

typedef struct my_msgbuf {
  long      mtype;       /* message type */
  int16_t   mshort;      /* start of message data */
  char      mchar[MY_DATA];
} Message;
```

msgsnd的*length*参数以字节为单位指定待发送消息的长度。这是位于长整数消息类型之后的用户自定义数据的长度。该长度可以是0。在刚刚给出的例子中，长度可以传递成sizeof(Message) - sizeof(long)。

*flag*参数既可以是0，也可以是IPC_NOWAIT。IPC_NOWAIT标志使得msgsnd调用非阻塞(nonblocking)：如果没有存放新消息的可用空间，该函数就马上返回。这个条件可能发生的情形包括：

- 在指定的队列中已有太多的字节（对应该队列的msqid_ds结构中的msg_qbytes值）；
- 在系统范围存在太多的消息。

如果这两个条件中有一个存在，而且IPC_NOWAIT标志已指定，msgsnd就返回一个EAGAIN错误。如果这两个条件中有一个存在，但是IPC_NOWAIT标志未指定，那么调用线程被置于休眠状态，直到：

- 具备存放新消息的空间；
- 由*msqid*标识的消息队列从系统中删除（这种情况下返回一个EIDRM错误）；
- 调用线程被某个捕获的信号所中断（这种情况下返回一个EINTR错误）。

6.4 msgrcv 函数

使用msgrcv函数从某个消息队列中读出一个消息。

```
#include <sys/msg.h>

ssize_t msgrcv(int msqid, void *ptr, size_t length, long type, int flag);
```

返回：若成功则为读入缓冲区中数据的字节数，若出错则为-1

其中*ptr*参数指定所接收消息的存放位置。跟msgsnd一样，该指针指向紧挨在真正的消息数据之前返回的长整数类型字段（图4-26）。

*length*指定了由*ptr*指向的缓冲区中数据部分的大小。这是该函数能返回的最大数据量。该长度不包括长整数类型字段。

132

*type*指定希望从所给定的队列中读出什么样的消息。

- 如果*type*为0，那就返回该队列中的第一个消息。既然每个消息队列都是作为一个FIFO（先进先出）链表维护的，因此*type*为0指定返回该队列中最早的消息。
- 如果*type*大于0，那就返回其类型值为*type*的第一个消息。
- 如果*type*小于0，那就返回其类型值小于或等于*type*参数的绝对值的消息中类型值最小的第一个消息。

考虑图6-1中所示的消息队列例子，它含有三个消息：

- 第一个消息的类型为100，长度为1；
- 第二个消息的类型为200，长度为2；
- 最后一个消息的类型为300，长度为3。

图6-2展示了为不同的*type*值返回的消息的类型。

type	所返回消息的类型
0	100
100	100
200	200
300	300
-100	100
-200	100
-300	100

图6-2　由msgrcv给不同的*type*值返回的消息

msgrcv的*flag*参数指定所请求类型的消息不在所指定的队列中时该做何处理。在没有消息可得的情况下，如果设置了*flag*中的IPC_NOWAIT位，msgrcv函数就立即返回一个ENOMSG错误。否则，调用者被阻塞到下列某个事件发生为止：

(1) 有一个所请求类型的消息可获取；

(2) 由*msqid*标识的消息队列被从系统中删除（这种情况下返回一个EIDRM错误）；

(3) 调用线程被某个捕获的信号所中断（这种情况下返回一个EINTR错误）。

*flag*参数中另有一位可以指定：MSG_NOERROR。当所接收消息的真正数据部分大于*length*参数时，如果设置了该位，msgrcv函数就只是截短数据部分，而不返回错误。否则，ms_grcv返回一个E2BIG错误。

133

成功返回时，msgrcv返回的是所接收消息中数据的字节数。它不包括也通过*ptr*参数返回的长整数消息类型所需的几字节。

6.5 msgctl 函数

msgctl函数提供在一个消息队列上的各种控制操作。

```
#include <sys/msg.h>

int msgctl(int msqid, int cmd, struct msqid_ds *buff);
```

返回：若成功则为0，若出错则为-1

msgctl函数提供3个命令。

IPC_RMID　从系统中删除由*msqid*指定的消息队列。当前在该队列上的任何消息都被丢弃。我们已在图3-7中看到过这种操作的例子。对于该命令而言，msgctl函数的第三个参数被忽略。

IPC_SET　给所指定的消息队列设置其msqid_ds结构的以下4个成员：msg_perm.uid、msg_perm.gid、msg_perm.mode和msg_qbytes。它们的值来自由*buff*参数指向的结构中的相应成员。

IPC_STAT （通过*buff*参数）给调用者返回与所指定消息队列对应的当前msqid_ds结构。

例子

图6-3中的程序创建一个消息队列，往该队列中放置一个含有1字节数据的消息，发出msgctl的IPC_STAT命令，使用system函数执行ipcs命令，最后使用msgctl的IPC_RMID命令删除该队列。

svmsg/ctl.c

```
 1 #include    "unpipc.h"

 2 int
 3 main(int argc, char **argv)
 4 {
 5     int     msqid;
 6     struct msqid_ds info;
 7     struct msgbuf   buf;

 8     msqid = Msgget(IPC_PRIVATE, SVMSG_MODE | IPC_CREAT);

 9     buf.mtype = 1;
10     buf.mtext[0] = 1;
11     Msgsnd(msqid, &buf, 1, 0);

12     Msgctl(msqid, IPC_STAT, &info);
13     printf("read-write: %03o, cbytes = %lu, qnum = %lu, qbytes = %lu\n",
14            info.msg_perm.mode & 0777, (ulong_t) info.msg_cbytes,
15            (ulong_t) info.msg_qnum, (ulong_t) info.msg_qbytes);

16     system("ipcs -q");

17     Msgctl(msqid, IPC_RMID, NULL);
18     exit(0);
19 }
```

svmsg/ctl.c

图6-3 使用msgctl命令的例子

我们把1字节长度的消息写入所创建的队列中，这里只要使用定义在<sys/msg.h>中的标准msgbuf结构就行了。

执行该程序的结果如下：

```
solaris % ctl
read-write: 664, cbytes = 1, qnum = 1, qbytes = 4096
IPC status from <running system> as of Mon Oct 20 15:36:40 1997
T        ID      KEY        MODE         OWNER     GROUP
Message Queues:
q       1150    00000000   --rw-rw-r--  rstevens   other1
```

这与预期的一致。如3.2节所提，0是IPC_PRIVATE键的共同键值。执行本例子的系统上每个消息队列有4096字节的限制。既然我们写了一个1字节数据的消息，而且msg_cbytes的值为1，那么该限制显然只适用于消息的数据部分，而不包括与每个消息关联的长整数消息类型。

6.6 简单的程序

既然System V消息队列是随内核持续的，我们就可以编写一组小程序来操纵它们，以便观察效果。

6.6.1 msgcreate程序

图6-4给出了我们的msgcreate程序，它创建一个消息队列。

svmsg/msgcreate.c

```
 1 #include    "unpipc.h"

 2 int
 3 main(int argc, char **argv)
 4 {
 5     int     c, oflag, mqid;

 6     oflag = SVMSG_MODE | IPC_CREAT;
 7     while ( (c = Getopt(argc, argv, "e")) != -1) {
 8         switch (c) {
 9         case 'e':
10             oflag |= IPC_EXCL;
11             break;
12         }
13     }
14     if (optind != argc - 1)
15         err_quit("usage: msgcreate [ -e ] <pathname>");

16     mqid = Msgget(Ftok(argv[optind], 0), oflag);
17     exit(0);
18 }
```

svmsg/msgcreate.c

图6-4 创建一个System V消息队列

9~12 我们允许使用-e命令行选项来指定IPC_EXCL标志。

16 把必须由用户作为命令行参数提供的路径名作为参数传递给ftok。导出的键由msgget转换成一个标识符（见习题6.1）。

6.6.2 msgsnd程序

图6-5给出了我们的msgsnd程序，它把一个指定了长度和类型的消息放置到某个队列中。

svmsg/msgsnd.c

```
 1 #include    "unpipc.h"

 2 int
 3 main(int argc, char **argv)
 4 {
 5     int     mqid;
 6     size_t  len;
 7     long    type;
 8     struct msgbuf *ptr;

 9     if (argc != 4)
10         err_quit("usage: msgsnd <pathname> <#bytes> <type>");
11     len = atoi(argv[2]);
12     type = atoi(argv[3]);

13     mqid = Msgget(Ftok(argv[1], 0), MSG_W);

14     ptr = Calloc(sizeof(long) + len, sizeof(char));
15     ptr->mtype = type;

16     Msgsnd(mqid, ptr, len, 0);

17     exit(0);
18 }
```

svmsg/msgsnd.c

图6-5 往一个System V消息队列中加一个消息

我们先分配一个指向通用msgbuf结构的指针，然后根据待发送消息的大小调用calloc分配真正的结构（例如输出缓冲区）。calloc函数还把所分配的缓冲区初始化为0。

134 ~ 136

6.6.3 msgrcv 程序

图6-6给出了我们的msgrcv程序，它从一个队列中读出一个消息。-n命令行选项指定非阻塞，-t命令行选项指定msgrcv函数的*type*参数。

svmsg/msgrcv.c

```
 1 #include    "unpipc.h"

 2 #define MAXMSG  (8192 + sizeof(long))

 3 int
 4 main(int argc, char **argv)
 5 {
 6     int     c, flag, mqid;
 7     long    type;
 8     ssize_t n;
 9     struct msgbuf *buff;

10     type = flag = 0;
11     while ( (c = Getopt(argc, argv, "nt:")) != -1) {
12         switch (c) {
13         case 'n':
14             flag |= IPC_NOWAIT;
15             break;

16         case 't':
17             type = atol(optarg);
18             break;
19         }
20     }
21     if (optind != argc - 1)
22         err_quit("usage: msgrcv [ -n ] [ -t type ] <pathname>");

23     mqid = Msgget(Ftok(argv[optind], 0), MSG_R);

24     buff = Malloc(MAXMSG);

25     n = Msgrcv(mqid, buff, MAXMSG, type, flag);
26     printf("read %d bytes, type = %ld\n", n, buff->mtype);

27     exit(0);
28 }
```

svmsg/msgrcv.c

图6-6 从一个System V消息队列中读出一个消息

2 没有简单的方法用以确定一个消息的最大大小（我们将在6.10节讨论这个限制及其他限制），因此我们给它定义了自己的常值。

6.6.4 msgrmid 程序

要删除一个消息队列，我们以IPC_RMID命令调用msgctl，如图6-7所示。

137

svmsg/msgrmid.c

```
1 #include    "unpipc.h"

2 int
3 main(int argc, char **argv)
```

图6-7 删除一个System V消息队列

```
 4 {
 5     int     mqid;

 6     if (argc != 2)
 7         err_quit("usage: msgrmid <pathname>");

 8     mqid = Msgget(Ftok(argv[1], 0), 0);
 9     Msgctl(mqid, IPC_RMID, NULL);

10     exit(0);
11 }
```

svmsg/msgrmid.c

图6-7（续）

6.6.5　例子

现在使用刚刚给出的四个程序。首先创建一个消息队列并往其中写入三个消息。

```
solaris % msgcreate /tmp/no/such/file
ftok error for pathname "/tmp/no/such/file" and id 0: No such file or directory
solaris % touch /tmp/test1
solaris % msgcreate /tmp/test1
solaris % msgsnd /tmp/test1 1 100
solaris % msgsnd /tmp/test1 2 200
solaris % msgsnd /tmp/test1 3 300
solaris % ipcs -qo
IPC status from <running system> as of Sat Jan 10 11:25:45 1998
T         ID     KEY        MODE        OWNER    GROUP CBYTES  QNUM
Message Quenes:
q        100    0x0000113e --rw-r--r-- rstevens   other1      6     3
```

我们首先使用一个不存在的路径名尝试创建一个消息队列。这个示例表明ftok的路径名参数必须存在。我们随后创建文件/tmp/test1，并使用该路径名创建一个消息队列。往该队列中放置三个消息：长度分别为1字节、2字节和3字节，类型分别为100、200和300（回想图6-1）。ipcs程序指出这三个消息总共构成该队列中的6字节。

接着展示在不以FIFO顺序读出消息时msgrcv的*type*参数的使用。

```
solaris % msgrcv -t 200 /tmp/test1
read 2 bytes, type = 200
solaris % msgrcv -t -300 /tmp/test1
read 1 bytes, type = 100
solaris % msgrcv /tmp/test1
read 3 bytes, type = 300
solaris % msgrcv -n /tmp/test1
msgrcv error: No message of desired type
```

138

其中第一个例子请求读出类型为200的消息，第二个例子请求读出类型小于或等于300且是最小的消息，第三个例子请求读出该队列中的第一个消息。最后一次执行msgrcv程序用上了IPC_NOWAIT标志。

如果我们给msgrcv指定一个正的*type*参数，但是队列中不存在具有该类型的消息，那会发生什么？

```
solaris % ipcs -qo
IPC status from <running system> as of Sat Jan 10 11:37:01 1998
T         ID     KEY        MODE        OWNER    GROUP CBYTES  QNUM
Message Quenes:
q        100    0x0000113e --rw-r--r-- rstevens   other1      0     0
```

```
solaris % msgsnd /tmp/test1 1 100
solaris % msgrcv -t 999 /tmp/test1
^?                                                    键入中断键终止程序执行
solaris % msgrcv -n -t 999 /tmp/test1
msgrcv error: No message of desired type
solaris % grep desired /usr/include/sys/errno.h
#define ENOMSG  35      /* No message of desired type */
solaris % msgrmid /tmp/test1
```

我们首先执行ipcs验证刚才的队列是空的，然后往其中放置一个长度为1字节、类型为100的消息。当请求读出一个类型为999的消息时，msgrcv程序阻塞（阻塞在msgrcv调用中），等待某个该类型的消息被放置到该队列中。我们用中断键终止该程序以中断其中的阻塞。接着在指定-n标志以防止阻塞的前提下重新执行msgrcv程序，结果看到返回ENOMSG错误。然后用我们的msgrmid程序从系统中删除该队列。我们也可以使用由系统提供的命令删除该队列。下面的命令指定的是消息队列标识符：

```
solaris % ipcrm -q 100
```

下面的命令指定的是消息队列键：

```
solaris % ipcrm -Q 0x113e
```

6.6.6 msgrcvid 程序

要访问一个System V消息队列，调用msgget并不是必需的：我们只需知道该消息队列的标识符（使用ipcs极易得到），并拥有该队列的读权限。图6-8是图6-6中msgrcv程序的简化版本。

svmsg/msgrcvid.c

```
 1 #include    "unpipc.h"

 2 #define MAXMSG  (8192 + sizeof(long))

 3 int
 4 main(int argc, char **argv)
 5 {
 6     int     mqid;
 7     ssize_t n;
 8     struct msgbuf *buff;

 9     if (argc != 2)
10         err_quit("usage: msgrcvid <mqid>");
11     mqid = atoi(argv[1]);

12     buff = Malloc(MAXMSG);

13     n = Msgrcv(mqid, buff, MAXMSG, 0, 0);
14     printf("read %d bytes, type = %ld\n", n, buff->mtype);

15     exit(0);
16 }
```

svmsg/msgrcvid.c

图6-8 只知道标识符时从一个System V消息队列中读

我们没有调用msgget，而是由调用者在命令行上指定消息队列标识符。下面是使用这种技巧的一个例子。

```
solaris % touch /tmp/testid
solaris % msgcreate /tmp/testid
solaris % msgsnd /tmp/testid 4 400
solaris % ipcs -qo
IPC status from <running system> as of Wed Mar 25 09:48:28 1998
```

```
T          ID      KEY         MODE          OWNER     GROUP  CBYTES   QNUM
Message Queues:
q         150   0x0000118a --rw-r--r-- rstevens   other1       4      1
solaris % msgrcvid 150
read 4 bytes, type = 400
```

我们从ipcs的输出获得标识符为150，它就是我们的msgrcvid程序的命令行参数。

同样的特性也适用于System V信号量（习题11.1）和System V共享内存区（习题14.1）。

6.7 客户-服务器例子

现在我们把4.2节中的客户-服务器例子编写成使用两个消息队列。一个队列用于从客户到服务器的消息，另一个队列用于从服务器到客户的消息。

图6-9给出了我们svmsg.h头文件。其中包括了我们的标准头文件（unpipc.h），并定义了两个消息队列的键。

svmsgcliserv/svmsg.h

```
1 #include     "unpipc.h"

2 #define  MQ_KEY1  1234L
3 #define  MQ_KEY2  2345L
```

svmsgcliserv/svmsg.h

图6-9　使用消息队列的客户-服务器程序的头文件

图6-10给出了服务器程序的main函数。创建两个方向的消息队列，不过任何一个已经存在也没有关系，因为我们没有指定IPC_EXCL标志。server函数是图4-30中所示的版本，它调用的mesg_send和mesg_recv函数我们稍后给出。

svmsgcliserv/server_main.c

```
 1 #include     "svmsg.h"

 2 void     server(int, int);

 3 int
 4 main(int argc, char **argv)
 5 {
 6     int     readid, writeid;

 7     readid = Msgget(MQ_KEY1, SVMSG_MODE | IPC_CREAT);
 8     writeid = Msgget(MQ_KEY2, SVMSG_MODE | IPC_CREAT);

 9     server(readid, writeid);

10     exit(0);
11 }
```

svmsgcliserv/server_main.c

图6-10　使用消息队列的服务器程序main函数

图6-11给出了客户程序的main函数。我们打开两个方向的消息队列，随后调用图4-29中的client函数。该函数调用我们接下去给出的mesg_send和mesg_recv函数。

client和server函数都使用图4-25中所示的消息格式。这两个函数还调用我们的mesg_send和mesg_recv函数。图4-27和图4-28给出的这两个函数的版本调用了write和read，这对于管道和FIFO是有用的，但对于消息队列则需要重新编写它们。图6-12和图6-13给出了它们的新版本。注意，这两个函数的前后两个版本需传递的参数不变，因为第一个整数参数既可以含有一个整数描述符（用于访问管道或FIFO），也可以含有一个整数消息队列标识符。

svmsgcliserv/client_main.c

```
 1 #include    "svmsg.h"

 2 void    client(int, int);

 3 int
 4 main(int argc, char **argv)
 5 {
 6     int     readid, writeid;

 7         /* assumes server has created the queues */
 8     writeid = Msgget(MQ_KEY1, 0);
 9     readid = Msgget(MQ_KEY2, 0);

10     client(readid, writeid);

11         /* now we can delete the queues */
12     Msgctl(readid, IPC_RMID, NULL);
13     Msgctl(writeid, IPC_RMID, NULL);

14     exit(0);
15 }
```

svmsgcliserv/client_main.c

图6-11 使用消息队列的客户程序main函数

svmsgcliserv/mesg_send.c

```
1 #include    "mesg.h"

2 ssize_t
3 mesg_send(int id, struct mymesg *mptr)
4 {
5     return(msgsnd(id, &(mptr->mesg_type), mptr->mesg_len, 0));
6 }
```

svmsgcliserv/mesg_send.c

图6-12 用于消息队列的mesg_send函数

svmsgcliserv/mesg_recv.c

```
1 #include    "mesg.h"

2 ssize_t
3 mesg_recv(int id, struct mymesg *mptr)
4 {
5     ssize_t n;

6     n = msgrcv(id, &(mptr->mesg_type), MAXMESGDATA, mptr->mesg_type, 0);
7     mptr->mesg_len = n;         /* return #bytes of data */

8     return(n);                  /* -1 on error, 0 at EOF, else >0 */
9 }
```

svmsgcliserv/mesg_recv.c

图6-13 用于消息队列的mesg_recv函数

6.8 复用消息

与一个队列中的每个消息相关联的类型字段提供了两个特性。

(1) 类型字段可用于标识消息，从而允许多个进程在单个队列上复用（multiplex）消息。举例来说，类型字段的某个值用于标识从各个客户到服务器的消息，对于每个客户均为唯一的另外某个值用于标识从服务器到各个客户的消息。每个客户的进程ID自然可用作对于每个客户均为唯一的类型字段。

139
~
142

(2) 类型字段可用作优先级字段。这允许接收者以不同于先进先出（FIFO）的某个顺序读出各个消息。使用管道或FIFO时，数据必须以写入的顺序读出。使用System V消息队列时，消息能够以任意顺序读出，只要跟与消息类型关联的值一致就行。而且我们可以指定IPC_NOWAIT标志调用msgrcv从某个队列中读出某个给定类型的任意消息，但是如果没有给定类型的消息存在，那就立即返回。

6.8.1　例子：每个应用一个队列

回想我们那个由一个服务器进程和单个客户进程构成的简单应用例子。使用管道和FIFO时，为在两个方向上交换数据需两个IPC通道，因为这两种类型的IPC是单向的。使用消息队列时，单个队列就够用，由每个消息的类型来标识该消息是从客户到服务器，还是从服务器到客户。

考虑更为复杂的情况：一个服务器带多个客户。这儿我们可以使用譬如说值为1的类型来指示从任意客户到服务器的消息。如果该客户将自己的进程ID作为消息的一部分传递，服务器就能把自己的消息发送给该客户，办法是把该客户的进程ID用作消息类型。每个客户然后把自己的进程ID指定为msgrcv的*type*参数。图6-14展示了单个消息队列是如何用于在多个客户和单个服务器之间复用消息的。

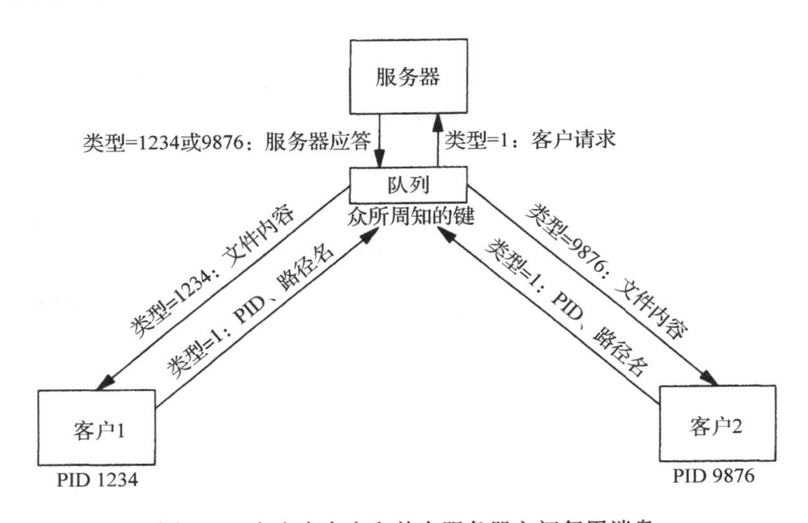

图6-14　在多个客户和单个服务器之间复用消息

> 当单个IPC通道同时由多个客户和单个服务器使用时，总是存在死锁的隐患。客户们可以填满消息队列（在本例子中），妨碍服务器发送应答。于是这些客户阻塞在msgsnd中，服务器也这样。可检测这种死锁的办法之一是，约定服务器对消息队列总是使用非阻塞写。

143

现在改用单个消息队列重新编写我们的客户-服务器例子程序，给每个方向的消息使用不同的消息类型。这些程序使用这样的约定：类型为1的消息是从客户到服务器的，所有其他消息有一个等于其客户进程ID的类型。该客户-服务器应用要求每个客户请求含有对应客户的进程ID以及所请求的路径名，这与我们在4.8节的做法类似。

图6-15给出了服务器程序的main函数。其中svmsg.h头文件在图6-9中给出。服务器只创建一个消息队列，如果它已经存在，那也没有关系。给server函数的两个参数所用的是同一个消息队列标识符。

svmsgmpx1q/server_main.c

```
 1 #include    "svmsg.h"

 2 void    server(int, int);

 3 int
 4 main(int argc, char **argv)
 5 {
 6     int     msqid;

 7     msqid = Msgget(MQ_KEY1, SVMSG_MODE | IPC_CREAT);

 8     server(msqid, msqid);        /* same queue for both directions */

 9     exit(0);
10 }
```

svmsgmpx1q/server_main.c

图6-15 服务器程序main函数

server函数完成所有的服务器处理，在图6-16中给出。该函数是图4-23和图4-30的组合，其中图4-23是读出由一个进程ID和一个路径名构成的命令的FIFO服务器程序，图4-30则使用了我们的mesg_send和mesg_recv函数。注意，由某个客户发送的进程ID用作由服务器发送给该客户的所有消息的消息类型。这个server函数还是一个调用一次后永不返回的无限循环，每次循环读出一个客户请求并发回应答。这是个迭代服务器，如4.9节中讨论的那样。

svmsgmpx1q/server.c

```
 1 #include    "mesg.h"

 2 void
 3 server(int readfd, int writefd)
 4 {
 5     FILE    *fp;
 6     char    *ptr;
 7     pid_t    pid;
 8     ssize_t  n;
 9     struct mymesg mesg;

10     for ( ; ; ) {
11             /* read pathname from IPC channel */
12         mesg.mesg_type = 1;
13         if ( (n = Mesg_recv(readfd, &mesg)) == 0) {
14             err_msg("pathname missing");
15             continue;
16         }
17         mesg.mesg_data[n] = '\0';    /* null terminate pathname */

18         if ( (ptr = strchr(mesg.mesg_data, ' ')) == NULL) {
19             err_msg("bogus request: %s", mesg.mesg_data);
20             continue;
21         }

22         *ptr++ = 0;              /* null terminate PID, ptr = pathname */
23         pid = atol(mesg.mesg_data);
24         mesg.mesg_type = pid; /* for messages back to client */

25         if ( (fp = fopen(ptr, "r")) == NULL) {
26                 /* error: must tell client */
27             snprintf(mesg.mesg_data + n, sizeof(mesg.mesg_data) - n,
28                      ": can't open, %s\n", strerror(errno));
29             mesg.mesg_len = strlen(ptr);
```

图6-16 server函数

```
30                memmove(mesg.mesg_data, ptr, mesg.mesg_len);
31                Mesg_send(writefd, &mesg);

32            } else {
33                    /* fopen succeeded: copy file to IPC channel */
34                while (Fgets(mesg.mesg_data, MAXMESGDATA, fp) != NULL) {
35                    mesg.mesg_len = strlen(mesg.mesg_data);
36                    Mesg_send(writefd, &mesg);
37                }
38                Fclose(fp);
39            }

40                /* send a 0-length message to signify the end */
41            mesg.mesg_len = 0;
42            Mesg_send(writefd, &mesg);
43        }
44 }
```
svmsgmpx1q/server.c

图6-16（续）

图6-17给出了客户程序的main函数。客户打开唯一的消息队列，它必须已由服务器创建。

svmsgmpx1q/client_main.c
```
 1 #include    "svmsg.h"

 2 void    client(int, int);

 3 int
 4 main(int argc, char **argv)
 5 {
 6     int     msqid;

 7         /* server must create the queue */
 8     msqid = Msgget(MQ_KEY1, 0);

 9     client(msqid, msqid);          /* same queue for both directions */

10     exit(0);
11 }
```
svmsgmpx1q/client_main.c

图6-17　客户程序main函数

图6-18所示的client函数为我们的客户完成所有处理。该函数是图4-24和图4-29的组合，其中图4-24发送一个进程ID后跟一个路径名，图4-29使用了我们的mesg_send和mesg_recv函数。注意从mesg_recv请求的消息类型等于当前客户的进程ID。

svmsgmpx1q/client.c
```
 1 #include    "mesg.h"

 2 void
 3 client(int readfd, int writefd)
 4 {
 5     size_t  len;
 6     ssize_t n;
 7     char    *ptr;
 8     struct mymesg mesg;

 9         /* start buffer with pid and a blank */
10     snprintf(mesg.mesg_data, MAXMESGDATA, "%ld ", (long) getpid());
11     len = strlen(mesg.mesg_data);
```

图6-18　client函数

```
12        ptr = mesg.mesg_data + len;

13            /* read pathname */
14        Fgets(ptr, MAXMESGDATA - len, stdin);
15        len = strlen(mesg.mesg_data);
16        if (mesg.mesg_data[len-1] == '\n')
17            len--;                  /* delete newline from fgets() */
18        mesg.mesg_len = len;
19        mesg.mesg_type = 1;

20            /* write PID and pathname to IPC channel */
21        Mesg_send(writefd, &mesg);

22            /* read from IPC, write to standard output */
23        mesg.mesg_type = getpid();
24        while ( (n = Mesg_recv(readfd, &mesg)) > 0)
25            Write(STDOUT_FILENO, mesg.mesg_data, n);
26 }
```

svmsgmpx1q/client.c

图6-18（续）

144
~
146

我们的client和server函数都使用图6-12和图6-13中的mesg_send和mesg_recv函数。

6.8.2 例子：每个客户一个队列

现在把前面的例子改成给去往服务器的所有客户请求使用一个队列，给每个客户使用一个队列接收去往各个客户的服务器应答。图6-19展示了这样的设计。

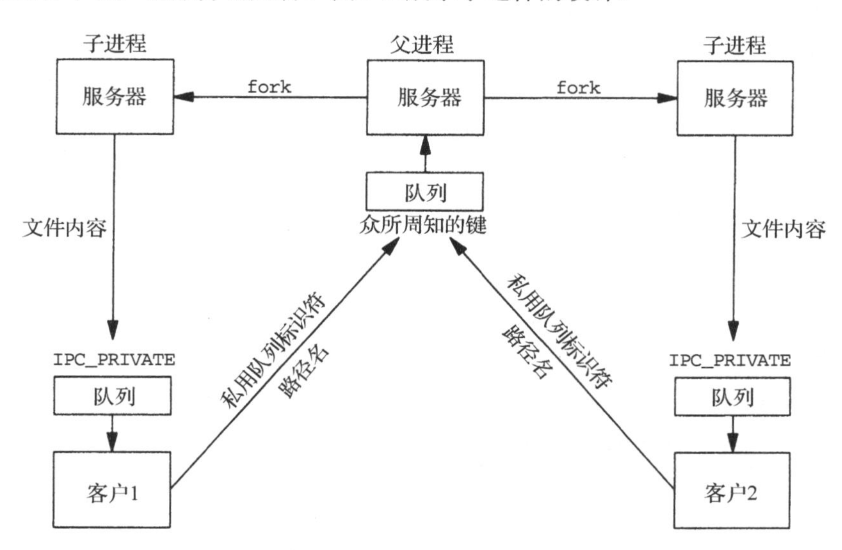

图6-19 每个服务器一个队列，每个客户一个队列

服务器的队列有一个对客户来说众所周知的键，但是各个客户以IPC_PRIVATE键创建各自的队列。这里并未随请求传递本进程ID，而是由每个客户把自己的私用队列的标识符传递给服务器，服务器把自己的应答发送到由客户指出的队列中。我们还以并发服务器模型编写这个服务器程序，给每个客户fork一次。

这种设计的潜在问题之一发生在某个客户中途死亡时，这种情况下它的私用队列中可能永远残留消息（或者至少到内核重新自举或某个用户显式地删除该队列为止）。

下列头文件和函数跟以前的版本一样：

- mesg.h头文件（图4-25）；
- svmsg.h头文件（图6-9）；
- 服务器程序main函数（图6-15）；
- mesg_send函数（图4-27）。

图6-20给出了我们的客户程序main函数，它与图6-17的差别很小。它打开服务器的众所周知队列（MQ_KEY1），然后用IPC_PRIVATE键创建自己的队列。这两个队列标识符成为client函数（图6-21）的参数。当客户运行完时，它的私用队列被删除。

147

svmsgmpxnq/client_main.c

```
 1 #include    "svmsg.h"

 2 void    client(int, int);

 3 int
 4 main(int argc, char **argv)
 5 {
 6     int     readid, writeid;

 7         /* server must create its well-known queue */
 8     writeid = Msgget(MQ_KEY1, 0);
 9         /* we create our own private queue */
10     readid = Msgget(IPC_PRIVATE, SVMSG_MODE | IPC_CREAT);

11     client(readid, writeid);

12         /* and delete our private queue */
13     Msgctl(readid, IPC_RMID, NULL);

14     exit(0);
15 }
```

svmsgmpxnq/client_main.c

图6-20　客户程序main函数

svmsgmpxnq/client.c

```
 1 #include    "mesg.h"

 2 void
 3 client(int readid, int writeid)
 4 {
 5     size_t  len;
 6     ssize_t n;
 7     char    *ptr;
 8     struct mymesg   mesg;

 9         /* start buffer with msqid and a blank */
10     snprintf(mesg.mesg_data, MAXMESGDATA, "%d ", readid);
11     len = strlen(mesg.mesg_data);
12     ptr = mesg.mesg_data + len;

13         /* read pathname */
14     Fgets(ptr, MAXMESGDATA - len, stdin);
15     len = strlen(mesg.mesg_data);
16     if (mesg.mesg_data[len-1] == '\n')
17         len--;                  /* delete newline from fgets() */
18     mesg.mesg_len = len;
19     mesg.mesg_type = 1;
```

图6-21　client函数

```
20      /* write msqid and pathname to server's well-known queue */
21      Mesg_send(writeid, &mesg);

22      /* read from our queue, write to standard output */
23      while ( (n = Mesg_recv(readid, &mesg)) > 0)
24          Write(STDOUT_FILENO, mesg.mesg_data, n);
25 }
```

svmsgmpxnq/client.c

图6-21（续）

148

图6-21是client函数。该函数与图6-18几乎相同，但是作为请求的一部分传递的是本客户的私用队列标识符，而不是本客户的进程ID。mesg结构中的消息类型仍保留为1，因为它是两个方向的消息都使用的类型。

图6-23是server函数。与图6-16相比的主要变化是将这个函数编写为一个无限循环，每次循环给一个客户请求调用fork。

给SIGCHLD建立信号处理程序

10 既然是在给每个客户派生一个子进程，我们必须顾虑僵尸进程。UNPv1的5.9节和5.10节详细讨论了这一点。这里我们给SIGCHLD信号建立一个信号处理程序，这样当某个子进程终止时，我们的sig_chld（图6-22）就被调用。

12~18 服务器父进程阻塞在mesg_recv调用中，等待下一个客户消息的到达。

25~45 调用fork派生一个子进程，由子进程尝试打开所请求的文件，发回一个出错消息或该文件的内容。我们特意把fopen调用放在子进程而不是父进程中，以防该文件在某个远程文件系统上，因为要是这样，如果发生任何网络问题，文件的打开就可能花一段时间。

图6-22给出了SIGCHLD信号的处理程序。它复制自UNPv1的图5-11。

svmsgmpxnq/sigchldwaitpid.c

```
1 #include     "unpipc.h"

2 void
3 sig_chld(int signo)
4 {
5     pid_t   pid;
6     int     stat;

7     while ( (pid = waitpid(-1, &stat, WNOHANG)) > 0) ;
8     return;
9 }
```

svmsgmpxnq/sigchldwaitpid.c

图6-22 调用waitpid的SIGCHLD信号处理程序

每次调用我们的信号处理程序时，它就在一个循环中调用waitpid，以取得已终止的任何子进程的终止状态。该信号处理程序随后返回。这可能造成一个问题，因为父进程会把大部分时间花在阻塞在mesg_recv函数（图6-13）的msgrcv调用中。当我们的信号处理程序返回时，这个msgrcv调用就被中断。也就是说该函数将返回一个EINTR错误，如UNPv1的5.9节所述。

我们必须处理这个被中断的系统调用，图6-24给出Mesg_recv包裹函数的新版本。它允许有来自mesg_recv的EINTR错误（mesg_recv只是调用msgrcv），如果发生该错误，那就再次调用mesg_recv。

149

svmsgmpxnq/server.c

```
 1 #include    "mesg.h"

 2 void
 3 server(int readid, int writeid)
 4 {
 5     FILE    *fp;
 6     char    *ptr;
 7     ssize_t  n;
 8     struct mymesg   mesg;
 9     void    sig_chld(int);

10     Signal(SIGCHLD, sig_chld);

11     for ( ; ; ) {
12             /* read pathname from our well-known queue */
13         mesg.mesg_type = 1;
14         if ( (n = Mesg_recv(readid, &mesg)) == 0) {
15             err_msg("pathname missing");
16             continue;
17         }
18         mesg.mesg_data[n] = '\0';      /* null terminate pathname */

19         if ( (ptr = strchr(mesg.mesg_data, ' ')) == NULL) {
20             err_msg("bogus request: %s", mesg.mesg_data);
21             continue;
22         }
23         *ptr++ = 0;                 /* null terminate msgid, ptr = pathname */
24         writeid = atoi(mesg.mesg_data);

25         if (Fork() == 0) {          /* child */
26             if ( (fp = fopen(ptr, "r")) == NULL) {
27                     /* error: must tell client */
28                 snprintf(mesg.mesg_data + n, sizeof(mesg.mesg_data) - n,
29                          ": can't open, %s\n", strerror(errno));
30                 mesg.mesg_len = strlen(ptr);
31                 memmove(mesg.mesg_data, ptr, mesg.mesg_len);
32                 Mesg_send(writeid, &mesg);

33             } else {
34                     /* fopen succeeded: copy file to client's queue */
35                 while (Fgets(mesg.mesg_data, MAXMESGDATA, fp) != NULL) {
36                     mesg.mesg_len = strlen(mesg.mesg_data);
37                     Mesg_send(writeid, &mesg);
38                 }
39                 Fclose(fp);
40             }

41                 /* send a 0-length message to signify the end */
42             mesg.mesg_len = 0;
43             Mesg_send(writeid, &mesg);
44             exit(0);             /* child terminates */
45         }
46         /* parent just loops around */
47     }
48 }
```

svmsgmpxnq/server.c

图6-23　server函数

svmsgmpxnq/mesg_recv.c

```
10 ssize_t
11 Mesg_recv(int id, struct mymesg *mptr)
12 {
13     ssize_t n;

14     do {
15         n = mesg_recv(id, mptr);
16     } while (n == -1 && errno == EINTR);

17     if (n == -1)
18         err_sys("mesg_recv error");

19     return(n);
20 }
```

svmsgmpxnq/mesg_recv.c

图6-24 处理被中断系统调用的Mesg_recv包裹函数

6.9 消息队列上使用 select 和 poll

System V消息队列的问题之一是它们由各自的标识符而不是描述符标识。这意味着我们不能在消息队列上直接使用select或poll（UNPv1第6章）。

> 实际上有一个版本的Unix（即IBM的AIX）把select扩展成能够在描述符之外处理System V消息队列。不过这是不可移植的，只适用于AIX。

当有人想编写一个同时处理网络连接和IPC连接的服务器程序时，这种缺失的特性往往暴露出来。使用套接字API或XTI API（UNPv1）的网络通信使用的是描述符，因而允许使用select或poll。管道和FIFO也适合这两个函数，因为它们也是由描述符标识的。

解决该问题的办法之一是：让服务器创建一个管道，然后派生一个子进程，由子进程阻塞在msgrcv调用中。当有一个消息准备好被处理时，msgrcv返回，子进程接着从所指定的队列中读出该消息，并把该消息写入管道。服务器父进程当时可能在该管道以及一些网络连接上select。这种办法的负面效果是消息被处理了三次：一次是在子进程使用msgrcv读出时，一次是在子进程写入管道时，最后一次是在父进程从该管道中读出时。为避免这样的额外处理，父进程可以创建一个在它自身和子进程之间分享的共享内存区，然后把管道用作父子进程间的一种标志（习题12.5）。

> 在图5-14中我们给出了一种不需要fork就在Posix消息队列上间接使用select或poll的办法。在Posix消息队列上可以只使用单个进程的原因是它们提供了通知能力，当某个空队列上有一个消息到达时，这种通知能力将产生一个信号。System V消息队列不提供这种能力，因此必须fork一个子进程，由该子进程阻塞在msgrcv调用中。

151

与网络编程相比，System V消息队列另一个缺失的特性是无法窥探一个消息，而这是recv、recvform和recvmsg函数的MSG_PEEK标志提供的能力（UNPv1第356页[1]）。要是提供了这种能力，刚刚描述的（用于绕过select问题的）父子进程情形就可以做得更为有效，办法是让子进程指定msgrcv的窥探标志，当有一个消息准备好时就写1字节到管道中，以通知父进程读出该消息。

① 此处为UNPv1第2版英文原版书页码，第3版为第388页。——编者注

6.10　消息队列限制

正如3.8节中所指出的那样，消息队列上往往存在某些系统限制。图6-25给出了两种实现上的这些值。第一栏是内容为所说明限制值的内核变量的传统SystemV名字。

名　字	说　明	DUnix 4.0B	Solaris 2.6
msgmax	每个消息的最大字节数	8 192	2 048
msgmnb	任何一个消息队列上的最大字节数	16 384	4 096
msgmni	系统范围的最大消息队列数	64	50
msgtql	系统范围的最大消息数	40	40

图6-25　System V消息队列的典型系统限制

许多源自SVR4的实现还有从它们的初始实现继承来的额外限制：msgssz和msgseg。msgssz往往是8，这是存放消息数据的“节”（segment）的大小（单位为字节）。一个21字节数据的消息将存放在3个这样的节中，其中最后一节的后3个字节未用上。msgseg是分配了的节数，往往是1 024。因历史原因，它一直存放在某个短整数中，因而必须小于32 768。所有消息数据的总共可用字节数是这两个变量的乘积，通常是8×1 024=8 192字节。

本节的目的是输出一些典型值，以辅助在代码移植上所作的计划。当一个系统运行大量使用消息队列的应用时，这些参数（或类似参数）的内核微调通常是必需的（关于内核参数微调已在3.8节中讲述过）。

例子

图6-26给出了确定图6-25中所示四个限制值的程序。

svmsg/limits.c

152

```
 1 #include    "unpipc.h"

 2 #define MAX_DATA    64*1024
 3 #define MAX_NMESG   4096
 4 #define MAX_NIDS    4096
 5 int     max_mesg;

 6 struct mymesg {
 7   long  type;
 8   char  data[MAX_DATA];
 9 } mesg;

10 int
11 main(int argc, char **argv)
12 {
13     int     i, j, msqid, qid[MAX_NIDS];

14         /* first try and determine maximum amount of data we can send */
15     msqid = Msgget(IPC_PRIVATE, SVMSG_MODE | IPC_CREAT);
16     mesg.type = 1;
17     for (i = MAX_DATA; i > 0; i -= 128) {
18         if (msgsnd(msqid, &mesg, i, 0) == 0) {
19             printf("maximum amount of data per message = %d\n", i);
20             max_mesg = i;
21             break;
```

图6-26　确定System V消息队列上的系统限制

```
22          }
23          if (errno != EINVAL)
24              err_sys("msgsnd error for length %d", i);
25      }
26      if (i == 0)
27          err_quit("i == 0");
28      Msgctl(msqid, IPC_RMID, NULL);

29          /* see how many messages of varying size can be put onto a queue */
30      mesg.type = 1;
31      for (i = 8; i <= max_mesg; i *= 2) {
32          msqid = Msgget(IPC_PRIVATE, SVMSG_MODE | IPC_CREAT);
33          for (j = 0; j < MAX_NMESG; j++) {
34              if (msgsnd(msqid, &mesg, i, IPC_NOWAIT) != 0) {
35                  if (errno == EAGAIN)
36                      break;
37                  err_sys("msgsnd error, i = %d, j = %d", i, j);
38                  break;
39              }
40          }
41          printf("%d %d-byte messages were placed onto queue,", j, i);
42          printf(" %d bytes total\n", i*j);
43          Msgctl(msqid, IPC_RMID, NULL);
44      }

45          /* see how many identifiers we can "open" */
46      mesg.type = 1;
47      for (i = 0; i <= MAX_NIDS; i++) {
48          if ( (qid[i] = msgget(IPC_PRIVATE, SVMSG_MODE | IPC_CREAT)) == -1) {
49              printf("%d identifiers open at once\n", i);
50              break;
51          }
52      }
53      for (j = 0; j < i; j++)
54          Msgctl(qid[j], IPC_RMID, NULL);

55      exit(0);
56 }
```

svmsg/limits.c

图6-26（续）

确定最大消息大小

14~28 为确定最大消息大小，我们尝试发送一个含有65536字节数据的消息，如果失败了就尝试含有65408字节数据的消息，如此等等，直到msgsnd调用成功为止。

确定一个队列中可放置多少不同大小消息

29~44 从8字节消息开始查看一个给定队列上能放置多少消息。一旦确定该限制值，我们就删除其队列（丢弃其中的所有消息），并以16字节消息再次尝试。这样一直尝试到超过第一个步骤中确定的最大消息大小为止。我们预期较小的消息将在遇到每队列总消息数的限制，较大的消息将遇到每队列总字节数的限制。

确定同时可打开多少标识符

45~54 任何时刻能打开着的消息队列标识符最大数目通常存在一个系统限制。我们通过一直创建队列直到msgget失败来确定该限制。

我们先在Solaris 2.6下运行该程序，接着在Digital Unix 4.0B下运行，结果符合图6-25中所示的值。

```
solaris % limits
maximum amount of data per message = 2048
40 8-byte messages were placed onto queue, 320 bytes total
40 16-byte messages were placed onto queue, 640 bytes total
40 32-byte messages were placed onto queue, 1280 bytes total
40 64-byte messages were placed onto queue, 2560 bytes total
32 128-byte messages were placed onto queue, 4096 bytes total
16 256-byte messages were placed onto queue, 4096 bytes total
8 512-byte messages were placed onto queue, 4096 bytes total
4 1024-byte messages were placed onto queue, 4096 bytes total
2 2048-byte messages were placed onto queue, 4096 bytes total
50 identifiers open at once

alpha % limits
maximum amount of data per message = 8192
40 8-byte messages were placed onto queue, 320 bytes total
40 16-byte messages were placed onto queue, 640 bytes total
40 32-byte messages were placed onto queue, 1280 bytes total
40 64-byte messages were placed onto queue, 2560 bytes total
40 128-byte messages were placed onto queue, 5120 bytes total
40 256-byte messages were placed onto queue, 10240 bytes total
32 512-byte messages were placed onto queue, 16384 bytes total
16 1024-byte messages were placed onto queue, 16384 bytes total
8 2048-byte messages were placed onto queue, 16384 bytes total
4 4096-byte messages were placed onto queue, 16384 bytes total
2 8192-byte messages were placed onto queue, 16384 bytes total
63 identifiers open at once
```

Digital Unix下输出63个标识符的限制，而不是图6-25所示的64个，其原因在于已有一个系统守护进程在使用一个标识符。

154

6.11 小结

System V消息队列与Posix消息队列类似。新的应用程序应考虑使用Posix消息队列，不过大量的现有代码使用System V消息队列。然而把一个应用程序从使用System V消息队列重新编写成使用Posix消息队列不是件难事。Posix消息队列缺失的主要特性是从队列中读出指定优先级的消息的能力。这两种消息队列都不使用真正的描述符，从而造成在消息队列上使用select或poll的困难。

习题

6.1 修改图6-4中的程序以接受IPC_PRIVATE这样的路径名参数，若指定了这样的参数，就以一个私用键创建一个消息队列。这么一来，6.6节中的其余程序必须如何变动？

6.2 在图6-14中，我们为什么为发送给服务器的消息使用1这个类型？

6.3 在图6-14中，要是一个恶意的客户向服务器发送了许多消息，但它从来不去读服务器的应答，那么会发生什么？图6-19对于这种类型的客户有什么变动？

155

6.4 重新编写5.8节中Posix消息队列的实现，改用System V消息队列代替内存映射I/O。

第三部分

同　　步

第 7 章

互斥锁和条件变量

7.1 概述

从本章开始关于同步的讨论：怎样同步多个线程或多个进程的活动。为允许在线程或进程间共享数据，同步通常是必需的。互斥锁和条件变量是同步的基本组成部分。

互斥锁和条件变量出自Posix.1线程标准，它们总是可用来同步一个进程内的各个线程的。如果一个互斥锁或条件变量存放在多个进程间共享的某个内存区中，那么Posix还允许它用于这些进程间的同步。

> 这在Posix是个选项，在Unix 98却是必需的（参见图1-5中IPC类型为“进程间共享的互斥锁/条件变量”的那一行）。

本章中我们将介绍经典的生产者-消费者问题，并在解决该问题的方案中使用互斥锁和条件变量。对于本例子，我们使用多个线程而不是多个进程，因为让多个线程共享本问题中采用的公共数据缓冲区非常简单，而在多个进程间共享一个公共数据缓冲区却需要某种形式的共享内存区（将在第4部分中讲述）。我们将在第10章中提供使用信号量解决该问题的其他方案。

7.2 互斥锁：上锁与解锁

159

互斥锁指代相互排斥（mutual exclusion），它是最基本的同步形式。互斥锁用于保护临界区（critical region），以保证任何时刻只有一个线程在执行其中的代码（假设互斥锁由多个线程共享），或者任何时刻只有一个进程在执行其中的代码（假设互斥锁由多个进程共享）。保护一个临界区的代码的通常轮廓大体如下：

```
lock_the_mutex(...);
临界区
unlock_the_mutex(...);
```

既然任何时刻只有一个线程能够锁住一个给定的互斥锁，于是这样的代码保证任何时刻只有一个线程在执行其临界区中的指令。

Posix互斥锁被声明为具有pthread_mutex_t数据类型的变量。如果互斥锁变量是静态分配的，那么我们可以把它初始化成常值PTHREAD_MUTEX_INITIALIZER，例如：

```
static pthread_mutex_t  lock = PTHREAD_MUTEX_INITIALIZER;
```

如果互斥锁是动态分配的（例如通过调用malloc），或者分配在共享内存区中，那么我们必须在运行之时通过调用pthread_mutex_init函数来初始化它，如7.7节中所示。

> 你可能会碰到省略了初始化操作的代码，因为它所在的实现把初始化常值定义为0（而且静态分配的变量被自动地初始化为0）。不过这是不正确的代码。

下列三个函数给一个互斥锁上锁和解锁：

```
#include <pthread.h>

int pthread_mutex_lock(pthread_mutex_t *mptr);

int pthread_mutex_trylock(pthread_mutex_t *mptr);

int pthread_mutex_unlock(pthread_mutex_t *mptr);
```

均返回：若成功则为0，若出错则为正的Exxx值

如果尝试给一个已由另外某个线程锁住的互斥锁上锁，那么pthread_mutex_lock将阻塞到该互斥锁解锁为止。pthread_mutex_trylock是对应的非阻塞函数，如果该互斥锁已锁住，它就返回一个EBUSY错误。

> 如果有多个线程阻塞在等待同一个互斥锁上，那么当该互斥锁解锁时，哪一个线程会开始运行呢？1003.1b-1993标准增加的特性之一是提供一个优先级调度选项。我们不讨论该领域，不过下述概括足以说明其内容：不同线程可被赋予不同的优先级，同步函数（互斥锁、读写锁、信号量）将唤醒优先级最高的被阻塞线程。[Butenhof 1997]的5.5节提供有关Posix.1实时调度特性的具体细节。

尽管我们说互斥锁保护的是临界区，实际上保护的是在临界区中被操纵的数据（data）。也就是说，互斥锁通常用于保护由多个线程或多个进程分享的共享数据（shared data）。 160

互斥锁是协作性（cooperative）锁。这就是说，如果共享数据是一个链表（举个例子），那么操纵该链表的所有线程都必须在实际操纵前获取该互斥锁。不过也没有办法防止某个线程不首先获取该互斥锁就操纵该链表。

7.3 生产者-消费者问题

同步中有一个称为**生产者-消费者**（producer-consumer）问题的经典问题，也称为**有界缓冲区**（bounded buffer）问题。一个或多个生产者（线程或进程）创建着一个个的数据条目，然后这些条目由一个或多个消费者（线程或进程）处理。数据条目在生产者和消费者之间是使用某种类型的IPC传递的。

我们一直使用Unix管道处理这个问题。这就是说，如下的shell管道就是这样的问题：

```
grep pattern chapters.* | wc -l
```

grep是单个生产者，wc是单个消费者。Unix管道用作两者间的IPC形式。生产者和消费者间所需的同步是由内核以一定方式处理的，内核以这种方式处理生产者的write和消费者的read。如果生产者超前消费者（也就是管道被填满），内核就在生产者调用write时把它置于休眠状态，直到管道中有空余空间。如果消费者超前生产者（也就是管道为空），内核就在消费者调用read时把它置于休眠状态，直到管道中有一些数据为止。

这些类型的同步是**隐式的**（implicit）；也就是说生产者和消费者甚至不知道内核在执行同步。如果我们改用Posix消息队列或System V消息队列作为生产者和消费者间的IPC形式，那么内核仍然会处理同步。

然而当共享内存区用作生产者和消费者之间的IPC形式时，生产者和消费者必须执行某种类型的**显式**（explicit）同步。我们将使用互斥锁展示显式同步。图7-1展示了我们使用的例子。

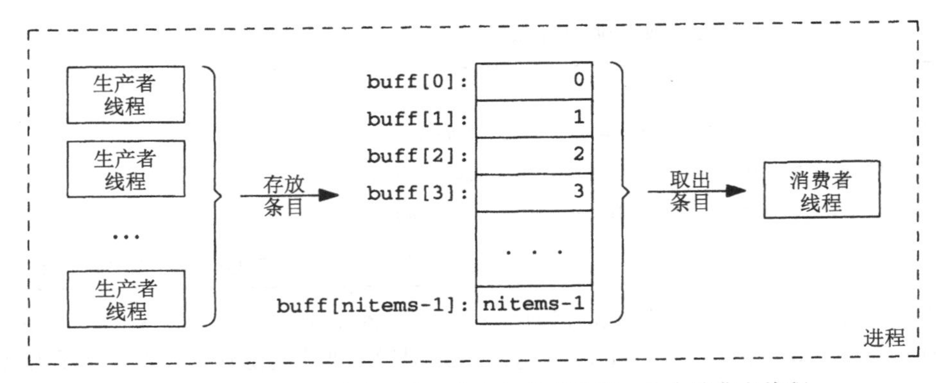

161

图7-1　生产者-消费者例子：多个生产者线程、单个消费者线程

在单个进程中有多个生产者线程和单个消费者线程。整数数组buff含有被生产和消费的条目（也就是共享数据）。为简单起见，生产者只是把buff[0]设置为0，把buff[1]设置为1，如此等等。消费者只是沿着该数组行进，并验证每个数组元素都是正确的。

在第一个例子中，我们只关心多个生产者线程之间的同步。直到所有生产者线程都完成工作后，我们才启动消费者线程。图7-2是这个例子的main函数。

线程间共享的全局变量

4~12　这些变量是各个线程间共享的。我们把它们以及相应的互斥锁收集到一个名为shared的结构中，目的是为了强调这些变量只应该在拥有其互斥锁时访问。nput是buff数组中下一次存放的元素下标，nval是下一次存放的值（0、1、2等）。我们分配这个结构，并初始化其中用于生产者线程间同步的互斥锁。

> 我们将如本例子所做的那样一直努力地把共享数据和它们的同步变量（互斥锁、条件变量或信号量）收集到一个结构中，这是一个很好的编程技巧。然而在许多情况下共享数据是动态分配的，譬如说一个链表。我们可以把该链表的头以及该链表的同步变量存放到一个结构中（图5-20中的mq_hdr结构就是这么一回事），但是其他共享数据（该链表的其余部分）却不在该结构中。因此这种办法通常是不完善的。

命令行参数

19~22　第一个命令行参数指定生产者存放的条目数，下一个参数指定待创建生产者线程的数目。

设置并发级别

23　我们的set_concurrency函数告诉线程系统我们希望并发运行多少线程。在Solaris 2.6下，该函数只是调用thr_setconcurrency，当我们希望多个生产者线程中每一个都有执行机会时，这个函数是必需的。如果我们在Solaris下省略该调用，那么只有第一个生产者线程运行。在Digital Unix 4.0B下，我们的set_concurrency函数不做任何事（因为默认情况下，一个进程中的各个线程竞争使用处理器）。

> Unix 98需要一个名为pthread_setconcurrency的函数执行同样的功能。在把多个用户线程（使用pthread_create创建的对象）复用到较小的一组内核执行实体（例如内核线程）上的线程实现中，该函数是需要的。这些实现经常被称为多对少、两级或M对N实现。[Butenhof 1997]的5.6节详细讨论了用户线程和内核实体间的关系。

mutex/prodcons2.c

```
 1 #include    "unpipc.h"

 2 #define MAXNITEMS       1000000
 3 #define MAXNTHREADS         100

 4 int     nitems;                 /* read-only by producer and consumer */
 5 struct {
 6     pthread_mutex_t mutex;
 7     int     buff[MAXNITEMS];
 8     int     nput;
 9     int     nval;
10 } shared = {
11     PTHREAD_MUTEX_INITIALIZER
12 };

13 void    *produce(void *), *consume(void *);

14 int
15 main(int argc, char **argv)
16 {
17     int     i, nthreads, count[MAXNTHREADS];
18     pthread_t   tid_produce[MAXNTHREADS], tid_consume;

19     if (argc != 3)
20         err_quit("usage: prodcons2 <#items> <#threads>");
21     nitems = min(atoi(argv[1]), MAXNITEMS);
22     nthreads = min(atoi(argv[2]), MAXNTHREADS);

23     Set_concurrency(nthreads);
24         /* start all the producer threads */
25     for (i = 0; i < nthreads; i++) {
26         count[i] = 0;
27         Pthread_create(&tid_produce[i], NULL, produce, &count[i]);
28     }

29         /* wait for all the producer threads */
30     for (i = 0; i < nthreads; i++) {
31         Pthread_join(tid_produce[i], NULL);
32         printf("count[%d] = %d\n", i, count[i]);
33     }

34         /* start, then wait for the consumer thread */
35     Pthread_create(&tid_consume, NULL, consume, NULL);
36     Pthread_join(tid_consume, NULL);

37     exit(0);
38 }
```

mutex/prodcons2.c

图7-2 main函数

创建生产者线程

24~28 创建生产者线程，每个线程执行produce。在tid_produce数组中保存每个线程的线程ID。传递给每个生产者线程的参数是指向count数组中某个元素的指针。我们首先把该计数器初始化为0，然后每个线程在每次往缓冲区中存放一个条目时给这个计数器加1。当一切生产完毕时，我们输出这个计数器数组各元素的值，以查看每个生产者线程分别存放了多少条目。

等待生产者线程，然后启动消费者线程

29~36 等待所有生产者线程终止，同时输出每个线程的计数器值，此后才启动单个的消费者

线程。这是我们（暂时）避免生产者和消费者之间的同步问题的办法。接着等待消费者完成，然后终止进程。

162~163

图7-3给出了这个例子所用的produce和consume函数。

mutex/prodcons2.c

```
39 void *
40 produce(void *arg)
41 {
42     for ( ; ; ) {
43         Pthread_mutex_lock(&shared.mutex);
44         if (shared.nput >= nitems) {
45             Pthread_mutex_unlock(&shared.mutex);
46             return(NULL);          /* array is full, we're done */
47         }
48         shared.buff[shared.nput] = shared.nval;
49         shared.nput++;
50         shared.nval++;
51         Pthread_mutex_unlock(&shared.mutex);
52         *((int *) arg) += 1;
53     }
54 }

55 void *
56 consume(void *arg)
57 {
58     int     i;

59     for (i = 0; i < nitems; i++) {
60         if (shared.buff[i] != i)
61             printf("buff[%d] = %d\n", i, shared.buff[i]);
62     }
63     return(NULL);
64 }
```

mutex/prodcons2.c

图7-3　produce和consume函数

产生数据条目

42~53　生产者的临界区由用来测试是否一切生产完毕的条件语句

```
if (shared.nput >= nitems)
```

和随后的三行

```
shared.buff[shared.nput] = shared.nval;
shared.nput++;
shared.nval++;
```

构成。

我们用一个互斥锁保护该临界区，同时保证在一切生产完毕的情况下给该互斥锁解锁。注意count元素的增加（通过指针arg）不属于该临界区，因为每个线程有各自的计数器（main函数中的count数组）。既然如此，我们就不把这行代码包括在由互斥锁锁住的临界区中，因为作为一个通用的编程原则，我们总是应该努力减少由一个互斥锁锁住的代码量。

消费者验证数组的内容

164

59~62　消费者只是验证buff数组中的每个条目是否正确，若发现错误则输出一个消息。正如我们先前所说，本函数只有一个实例在运行，而且是在所有生产者线程都完成之后，因此不需要任何同步。

指定一百万个条目和5个生产者线程运行上述程序，结果如下：

```
solaris % prodcons2 1000000 5
count[0] = 167165
count[1] = 249891
count[2] = 194221
count[3] = 191815
count[4] = 196908
```

正如我们所提，如果在Solaris 2.6下去掉set_concurrency调用，那么count[0]将变为1000000，其余计数器则都是0。

要是我们删除本例子中的互斥锁上锁，那么它将如期地失败。也就是说，消费者将检测出许多buff[i]不等于i的情况。我们还可以验证，如果只有一个生产者线程在运行，那么删除互斥锁上锁并没有影响。

7.4 对比上锁与等待

现在展示互斥锁用于上锁（locking）而不能用于等待（waiting）。我们把上一节中的生产者-消费者例子改为在所有生产者线程都启动后立即启动消费者线程。这样在生产者线程产生数据的同时，消费者线程就能处理它，而不是像图7-2中那样，消费者线程直到所有生产者线程都完成后才启动。但现在我们必须同步生产者和消费者，以确保消费者只处理已由生产者存放的数据条目。

图7-4给出了main函数。在main声明之前的所有行与图7-2中的一样。

mutex/prodcons3.c

```
14 int
15 main(int argc, char **argv)
16 {
17     int     i, nthreads, count[MAXNTHREADS];
18     pthread_t   tid_produce[MAXNTHREADS], tid_consume;

19     if (argc != 3)
20         err_quit("usage: prodcons3 <#items> <#threads>");
21     nitems = min(atoi(argv[1]), MAXNITEMS);
22     nthreads = min(atoi(argv[2]), MAXNTHREADS);

23         /* create all producers and one consumer */
24     Set_concurrency(nthreads + 1);
25     for (i = 0; i < nthreads; i++) {
26         count[i] = 0;
27         Pthread_create(&tid_produce[i], NULL, produce, &count[i]);
28     }
29     Pthread_create(&tid_consume, NULL, consume, NULL);

30         /* wait for all producers and the consumer */
31     for (i = 0; i < nthreads; i++) {
32         Pthread_join(tid_produce[i], NULL);
33         printf("count[%d] = %d\n", i, count[i]);
34     }
35     Pthread_join(tid_consume, NULL);

36     exit(0);
37 }
```

mutex/prodcons3.c

图7-4 main函数：启动生产者后立即启动消费者

165

24　给并发级别加1，把额外的消费者线程也计算在内。

25~29　创建生产者线程后，立即创建消费者线程。

produce函数没有变化，已在图7-3中给出。

图7-5给出了consume函数，它调用我们新定义的consume_wait函数。

mutex/prodcons3.c

```
54 void
55 consume_wait(int i)
56 {
57     for ( ; ; ) {
58         Pthread_mutex_lock(&shared.mutex);
59         if (i < shared.nput) {
60             Pthread_mutex_unlock(&shared.mutex);
61             return;                /* an item is ready */
62         }
63         Pthread_mutex_unlock(&shared.mutex);
64     }
65 }

66 void *
67 consume(void *arg)
68 {
69     int     i;

70     for (i = 0; i < nitems; i++) {
71         consume_wait(i);
72         if (shared.buff[i] != i)
73             printf("buff[%d] = %d\n", i, shared.buff[i]);
74     }
75     return(NULL);
76 }
```

mutex/prodcons3.c

图7-5　consume_wait和consume函数

消息者必须等待

166

71　consume函数的唯一变动是在从buff数组中取出下一个条目之前调用consume_wait。

等待生产者

57~64　我们的consume_wait函数必须等待到生产者产生了第i个条目。为检查这种条件，先给生产者的互斥锁上锁，再比较i和生产者的nput下标。我们必须在查看nput前获得互斥锁，因为某个生产者线程当时可能正处于更新该变量的过程中。

这里的基本问题是：当期待的条目尚未准备好时，我们能做些什么？图7-5中的做法是一次次地循环，每次给互斥锁解锁又上锁。这称为轮转（spinning）或轮询（polling），是一种对CPU时间的浪费。

我们也许可以休眠很短的一段时间，但是不知道该休眠多久。这儿所需的是另一种类型的同步，它允许一个线程（或进程）休眠到发生某个事件为止。

7.5　条件变量：等待与信号发送

互斥锁用于上锁，条件变量则用于等待。这两种不同类型的同步都是需要的。

条件变量是类型为pthread_cond_t的变量，以下两个函数使用了这些变量。

```
#include <pthread.h>

int pthread_cond_wait(pthread_cond_t *cptr, pthread_mutex_t *mptr);

int pthread_cond_signal(pthread_cond_t *cptr);
```

均返回：若成功则为0，若出错则为正的Exxx值

其中第二个函数的名字中的“signal”一词指的不是Unix SIGxxx信号。

这两个函数所等待或由之得以通知的“条件”，其定义由我们选择：我们在代码中测试这种条件。

每个条件变量总是有一个互斥锁与之关联。我们调用pthread_cond_wait等待某个条件为真时，还会指定其条件变量的地址和所关联的互斥锁的地址。

我们通过重新编写上一节中的例子来解释条件变量的使用。图7-6给出了全局变量的声明。

mutex/prodcons6.c

```
 1 #include    "unpipc.h"

 2 #define MAXNITEMS       1000000
 3 #define MAXNTHREADS         100

 4         /* globals shared by threads */
 5 int     nitems;                 /* read-only by producer and consumer */
 6 int     buff[MAXNITEMS];
 7 struct {
 8     pthread_mutex_t     mutex;
 9     int     nput;               /* next index to store */
10     int     nval;               /* next value to store */
11 } put = {
12     PTHREAD_MUTEX_INITIALIZER
13 };

14 struct {
15     pthread_mutex_t mutex;
16     pthread_cond_t cond;
17     int     nready;             /* number ready for consumer */
18 } nready = {
19     PTHREAD_MUTEX_INITIALIZER, PTHREAD_COND_INITIALIZER
20 };
```

mutex/prodcons6.c

图7-6 使用条件变量的生产者-消费者程序全局变量

把生产者变量和互斥锁收集到一个结构中

7~13 把互斥锁变量mutex以及与之关联的两个变量nput和nval收集到一个名为put的结构中。生产者使用这个结构。

把计数器、条件变量和互斥锁收集到一个结构中

14~20 下一个结构含有一个计数器、一个条件变量和一个互斥锁。我们把条件变量初始化为PTHREAD_COND_INITIALIZER。

main函数没有变动，已在图7-4中给出。

produce和consume函数变动了，在图7-7中给出。

往数组中放置下一个条目

50~58 当生产者往数组buff中放置一个新条目时，我们改用互斥锁put.mutex来为临界区上锁。

mutex/prodcons6.c

```
46 void *
47 produce(void *arg)
48 {
49     for ( ; ; ) {
50         Pthread_mutex_lock(&put.mutex);
51         if (put.nput >= nitems) {
52             Pthread_mutex_unlock(&put.mutex);
53             return(NULL);        /* array is full, we're done */
54         }
55         buff[put.nput] = put.nval;
56         put.nput++;
57         put.nval++;
58         Pthread_mutex_unlock(&put.mutex);

59         Pthread_mutex_lock(&nready.mutex);
60         if (nready.nready == 0)
61             Pthread_cond_signal(&nready.cond);
62         nready.nready++;
63         Pthread_mutex_unlock(&nready.mutex);

64         *((int *) arg) += 1;
65     }
66 }

67 void *
68 consume(void *arg)
69 {
70     int     i;

71     for (i = 0; i < nitems; i++) {
72         Pthread_mutex_lock(&nready.mutex);
73         while (nready.nready == 0)
74             Pthread_cond_wait(&nready.cond, &nready.mutex);
75         nready.nready--;
76         Pthread_mutex_unlock(&nready.mutex);

77         if (buff[i] != i)
78             printf("buff[%d] = %d\n", i, buff[i]);
79     }
80     return(NULL);
81 }
```

mutex/prodcons6.c

图7-7　produce和consume函数

通知消费者

59~64　给用来统计准备好由消费者处理的条目数的计数器nready.nready加1。在加1之前，如果该计数器的值为0，那就调用pthread_cond_signal唤醒可能正在等待其值变为非零的任意线程（如消费者）。现在可以看出与该计数器关联的互斥锁和条件变量的相互作用。该计数器是在生产者和消费者之间共享的，因此只有锁住与之关联的互斥锁（nready.mutex）时才能访问它。与之关联的条件变量则用于等待和发送信号。

消费者等待nready.nready变为非零

72~76　消费者只是等待计数器nready.nready变为非零。既然该计数器是在所有的生产者和消费者之间共享的，那么只有锁住与之关联的互斥锁（nready.mutex）时才能测试它的值。如果在锁住该互斥锁期间该计数器的值为0，我们就调用pthread_cond_wait进入休眠状态。该函数原子地执行以下两个动作：

167 ~ 169

(1) 给互斥锁nready.mutex解锁；

(2) 把调用线程置于休眠状态，直到另外某个线程就本条件变量调用pthread_cond_signal。

pthread_cond_wait在返回前重新给互斥锁nready.mutex上锁。因此当它返回并且我们发现计数器nready.nready不为0时，我们将把该计数器减1（前提是我们肯定已锁住了该互斥锁），然后给该互斥锁解锁。注意，当pthread_cond_wait返回时，我们总是再次测试相应条件成立与否，因为可能发生虚假的（spurious）唤醒：期待的条件尚不成立时的唤醒。各种线程实现都试图最大限度减少这些虚假唤醒的数量，但是仍有可能发生。

总的来说，给条件变量发送信号的代码大体如下：

```
struct {
  pthread_mutex_t  mutex;
  pthread_cond_t   cond;
  维护本条件的各个变量
} var = { PTHREAD_MUTEX_INITIALIZER, PTHREAD_COND_INITIALIZER, ... };

Pthread_mutex_lock(&var.mutex);
设置条件为真
Pthread_cond_signal(&var.cond);
Pthread_mutex_unlock(&var.mutex);
```

在我们的例子中，用来维护条件的变量是一个整数计数器，设置条件的操作就是给该计数器加1。我们做了优化处理，即只有该计数器从0变为1时才发出条件变量信号。

测试条件并进入休眠状态以等待该条件变为真的代码大体如下：

```
Pthread_mutex_lock(&var.mutex);
while (条件为假)
    Pthread_cond_wait(&var.cond, &var.mutex);
修改条件
Pthread_mutex_unlock(&var.mutex);
```

避免上锁冲突

在刚刚给出的代码片段以及图7-7中，pthread_cond_signal由当前锁住某个互斥锁的线程调用，而该互斥锁是与本函数将给它发送信号的条件变量关联的。我们可以设想下最坏情况，当该条件变量被发送信号后，系统立即调度等待在其上的线程，该线程开始运行，但立即停止，因为它没能获取相应的互斥锁。为避免这种上锁冲突，图7-7中的代码可作如下变动：

```
int  dosignal;

Pthread_mutex_lock(&nready.mutex);
dosignal = (nready.nready == 0);
nready.nready++;
Pthread_mutex_unlock(&neready.mutex);

if (dosignal)
    Pthread_cond_signal(&nready.cond);
```

在这儿，我们直到释放互斥锁nready.mutex后才给与之关联的条件变量nready.cond发送信号。Posix明确允许这么做：调用pthread_cond_signal的线程不必是与之关联的互斥锁的当前属主。不过Posix接着说：如果需要可预见的调度行为，那么调用pthread_cond_signal的线程必须锁住该互斥锁。

170

7.6　条件变量：定时等待和广播

通常pthread_cond_signal只唤醒等待在相应条件变量上的一个线程。在某些情况下一个线程认定有多个其他线程应被唤醒，这时它可调用pthread_cond_broadcast唤醒阻塞在相应条件变量上的所有线程。

> 有多个线程应唤醒的情形的例子之一发生在我们将在第8章中讲述的读出者与写入者问题中。当一个写入者完成访问并释放相应的锁后，它希望唤醒所有排着队的读出者，因为允许同时有多个读出者访问。

> 考虑条件变量信号单播发送与广播发送的一种候选（且更为安全的）方式是坚持使用广播发送。如果所有的等待者代码都编写确切，只有一个等待者需要唤醒，而且唤醒哪一个等待者无关紧要，那么可以使用为这些情况而优化的单播发送。所有其他情况下都必须使用广播发送。

```
#include <pthread.h>

int pthread_cond_broadcast(pthread_cond_t *cptr);

int pthread_cond_timedwait(pthread_cond_t *cptr, pthread_mutex_t *mptr,
                           const struct timespec *abstime);
```

均返回：若成功则为0，若出错则为正的*Exxx*值

pthread_cond_timedwait允许线程就阻塞时间设置一个限制值。*abstime*参数是一个timespec结构：

```
struct timespec {
  time_t   tv_sec;     /* seconds */
  long     tv_nsec;    /* nanoseconds */
};
```

该结构指定这个函数必须返回时的系统时间，即便当时相应的条件变量还没有收到信号。如果发生这种超时情况，该函数就返回ETIMEDOUT错误。

时间值是绝对时间（absolute time），而不是时间差（time delta）。这就是说，*abstime*是该函数应该返回时刻的系统时间——自UTC时间1970年1月1日子时以来流逝的秒数和纳秒数。这与select、pselect和poll（UNPv1第6章）不同，它们都指定在将来的某个小数秒数，到时函数应该返回（select指定将来的微秒数，pselect指定将来的纳秒数，poll指定将来的毫秒数）。使用绝对时间而不是时间差的好处是：如果函数过早返回了（也许是因为捕获了某个信号），那么同一函数无须改变其参数中timespec结构的内容就能再次被调用。

171

7.7　互斥锁和条件变量的属性

本章中的互斥锁和条件变量例子把它们作为一个进程中的全局变量存放，它们用于该进程内各线程间的同步。我们用两个常值PTHREAD_MUTEX_INITIALIZER和PTHREAD_COND_INITIALIZER来初始化它们。由这种方式初始化的互斥锁和条件变量具备默认属性，不过我们还能以非默认属性初始化它们。

首先，互斥锁和条件变量是用以下函数初始化或摧毁的。

```
#include <pthread.h>

int pthread_mutex_init(pthread_mutex_t *mptr, const pthread_mutexattr_t *attr);

int pthread_mutex_destroy(pthread_mutex_t *mptr);

int pthread_cond_init(pthread_cond_t *cptr, const pthread_condattr_t *attr);

int pthread_cond_destroy(pthread_cond_t *cptr);
```

均返回：若成功则为0，若出错则为正的Exxx值

考虑互斥锁情况，*mptr*必须指向一个已分配的pthread_mutex_t变量，并由pthread_mutex_init函数初始化该互斥锁。由该函数第二个参数*attr*指向的pthread_mutexattr_t值指定其属性。如果该参数是个空指针，那就使用默认属性。

互斥锁属性的数据类型为pthread_mutexattr_t，条件变量属性的数据类型为pthread_condattr_t，它们由以下函数初始化或摧毁。

```
#include <pthread.h>

int pthread_mutexattr_init(pthread_mutexattr_t *attr);

int pthread_mutexattr_destroy(pthread_mutexattr_t *attr);

int pthread_condattr_init(pthread_condattr_t *attr);

int pthread_condattr_destroy(pthread_condattr_t *attr);
```

均返回：若成功则为0，若出错则为正的Exxx值

一旦某个互斥锁属性对象或某个条件变量属性对象已被初始化，就通过调用不同函数启用或禁止特定的属性。举例来说，我们将在以后各章中使用的一个属性是：指定互斥锁或条件变量在不同进程间共享，而不是只在单个进程内的不同线程间共享。这个属性是用以下函数取得或存入的。

172

```
#include <pthread.h>

int pthread_mutexattr_getpshared(const pthread_mutexattr_t *attr, int *valptr);

int pthread_mutexattr_setpshared(pthread_mutexattr_t *attr, int value);

int pthread_condattr_getpshared(const pthread_condattr_t *attr, int *valptr);

int pthread_condattr_setpshared(pthread_condattr_t *attr, int value);
```

均返回：若成功则为0，若出错则为正的Exxx值

其中两个get函数返回在由*valptr*指向的整数中的这个属性的当前值，两个set函数则根据*value*的值设置这个属性的当前值。*value*的值可以是PTHREAD_PROCESS_PRIVATE或PTHREAD_PROCESS_SHARED。后者也称为进程间共享属性。

> 这个特性只在头文件<unistd.h>中定义了常值_POSIX_THREAD_PROCESS_SHARED时才得以支持。它在Posix.1中是可选特性，在Unix 98中却是必需的（图1-5）。

以下代码片段给出初始化一个互斥锁以便它能在进程间共享的过程：

```
pthread_mutex_t        *mptr;    /* pointer to the mutex in shared memory */
pthread_mutexattr_t     mattr;   /* mutex attribute datatype */
    . . .
    mptr = /* some value that points to shared memory */ ;
```

```
    Pthread_mutexattr_init(&mattr);
#ifdef _POSIX_THREAD_PROCESS_SHARED
    Pthread_mutexattr_setpshared(&mattr, PTHREAD_PROCESS_SHARED);
#else
# error this implementation does not support _POSIX_THREAD_PROCESS_SHARED
#endif
    Pthread_mutex_init(mptr, &mattr);
```

我们声明一个名为mattr的pthread_mutexattr_t数据类型的变量，把它初始化成互斥锁的默认属性，然后给它设置PTHREAD_PROCESS_SHARED属性，意思是该互斥锁将在进程间共享。pthread_mutex_init然后照此初始化该互斥锁。必须分配给该互斥锁的共享内存区空间大小为sizeof(pthread_mutex_t)。

用于给存放在共享内存区中供多个进程使用的一个条件变量设置PTHREAD_PROCESS_SHARED属性的一组语句与用于互斥锁的语句几乎相同，只需把其中的5处mutex替换成cond。

173

我们已在图5-22中给出这些进程间共享的互斥锁和条件变量的例子。

持有锁期间进程终止

当在进程间共享一个互斥锁时，持有该互斥锁的进程在持有期间终止（也许是非自愿地）的可能总是有的。没有办法让系统在进程终止时自动释放所持有的锁。我们将会看到读写锁和Posix信号量也具备这种属性。进程终止时内核总是自动清理的唯一同步锁类型是fcntl记录锁（第9章）。使用System V信号量时，应用程序可以选择进程终止时内核是否自动清理某个信号量锁（将在11.3节中讨论的SEM_UNDO特性）。

一个线程也可以在持有某个互斥锁期间终止，起因是被另一个线程取消或自己去调用了pthread_exit。后者没什么可关注的，因为如果该线程调用pthread_exit自愿终止的话，它应该知道自己还持有一个互斥锁。如果是被另一个线程取消的情况，那么该线程可以安装将在被取消时调用的清理处理程序，如8.5节中所展示的那样。对于一个线程来说是致命的条件通常还导致整个进程的终止。举例来说，如果某个线程执行了一个无效指针访问，从而引发了SIGSEGV信号，那么一旦该信号未被捕获，整个进程就被它终止，我们于是回到了先前处理进程终止的条件上。

即使一个进程终止时系统会自动释放某个锁，那也可能解决不了问题。该锁保护某个临界区很可能是为了在执行该临界区代码期间更新某个数据。如果该进程在执行该临界区的中途终止，该数据处于什么状态呢？该数据处于不一致状态的可能性很大：举例来说，一个新条目也许只是部分插入某个链表中，要是该进程终止时内核仅仅把那个锁解开的话，使用该链表的下一个进程就可能发现它已损坏。

然而在某些例子中，让内核在进程终止时清理某个锁（若是信号量情况则为计数器）不成问题。例如，某个服务器可能使用一个System V信号量（打开其SEM_UNDO特性）来统计当前被处理的客户数。每次fork一个子进程时，它就把该信号量加1，当该子进程终止时，它再把该信号量减1。如果该子进程非正常终止，内核仍会把该计数器减1。9.7节给出了一个例子，说明内核在什么时候释放一个锁（不是我们刚讲的计数器）合适。那儿的守护进程一开始就在自己的某个数据文件上获得一个写入锁，然后在其运行期间一直持有该锁。如果有人试图启动该守护进程的另一个副本，那么新的副本将因为无法取得该写入锁而终止，从而确保该守护进程只有一个副本在一直运行。但是如果该守护进程不正常地终止了，那么内核会释放该写入锁，从而允许启动该守护进程的另一个副本。

7.8 小结

互斥锁用于保护代码临界区，从而保证任何时刻只有一个线程在临界区内执行。有时候一个线程获得某个互斥锁后，发现自己需要等待某个条件变为真。如果是这样，该线程就可以等待在某个条件变量上。条件变量总是有一个互斥锁与之关联。把调用线程置于休眠状态的pthread_cond_wait函数在这么做之前先给所关联的互斥锁解锁，以后某个时刻唤醒该线程前再给该互斥锁上锁。该条件变量由另外某个线程向它发送信号，而这个发送信号的线程既可以只唤醒一个线程（pthread_cond_signal），也可以唤醒等待相应条件变为真的所有线程（pthread_ cond_broadcast）。 174

互斥锁和条件变量可以静态分配并静态初始化。它们也可以动态分配，那要求动态地初始化它们。动态初始化允许我们指定进程间共享属性，从而允许在不同进程间共享某个互斥锁或条件变量，其前提是该互斥锁或条件变量必须存放在由这些进程共享的内存区中。

习题

7.1 去掉图7-3中的互斥锁，验证这个例子在运行不止一个生产者线程的前提下会失败。

7.2 如果把图7-2中对消费者线程的Pthread_join调用去掉，那么会发生什么？

7.3 编写一个程序，在一个无限循环中只调用pthread_mutexattr_init和pthread_condattr_init。使用诸如ps这样的程序观察其进程的内存使用情况。发生了什么？现在加上合适的pthread_mutexattr_destroy和phtread_condattr_destory，再验证没有发生内存遗漏。

7.4 在图7-7中，生产者只在计数器nready.nready由0变为1时才调用pthread_cond_signal。为查看这种优化处理的效果，增设一个计数器，它在每次调用pthread_cond_signal时加1，当消费者完成时，在主线程中输出这个计数器的值。 175

第8章 读写锁

8.1 概述

互斥锁把试图进入我们称之为临界区的所有其他线程都阻塞住。该临界区通常涉及对由这些线程共享的一个或多个数据的访问或更新。然而有时候我们可以在读某个数据与修改某个数据之间作区分。

我们现在讲述读写锁（read-write lock），并在获取读写锁用于读和获取读写锁用于写之间作区分。这些读写锁的分配规则如下：

(1) 只要没有线程持有某个给定的读写锁用于写，那么任意数目的线程可以持有该读写锁用于读。

(2) 仅当没有线程持有某个给定的读写锁用于读或用于写时，才能分配该读写锁用于写。

换一种说法就是，只要没有线程在修改某个给定的数据，那么任意数目的线程都可以拥有该数据的读访问权。仅当没有其他线程在读或修改某个给定的数据时，当前线程才可以修改它。

某些应用中读数据比修改数据频繁，这些应用可从改用读写锁代替互斥锁中获益。任意给定时刻允许多个读出者存在提供了更高的并发度，同时在某个写入者修改数据期间保护该数据，以免任何其他读出者或写入者的干扰。

这种对于某个给定资源的共享访问也称为**共享-独占**（shared-exclusive）上锁，因为获取一个读写锁用于读称为**共享锁**（shared lock），获取一个读写锁用于写称为**独占锁**（exclusive lock）。有关这种类型问题（多个读出者和一个写入者）的其他说法有**读出者与写入者**（readers and writers）问题以及**多读出者-单写入者**（readers-writer）锁。（最后一个说法的英文名称中，“readers”有意是复数，“writer”有意是单数，目的是强调这种问题的多个读出者与单个写入者本性。）

> 读写锁的一个日常类比是访问银行账户。多个线程可以同时读出某个账户的收支结余，但是一旦有一个线程需要更新某个给定收支结余，该线程就必须等待所有读出者完成该收支结余的读出，然后只允许该更新线程修改这个收支结余。直到更新完之前，任何读出者都不允许读该收支结余。
>
> 本章中描述的函数由Unix 98定义，因为读写锁不属于1996年Posix.1标准的一部分。这些函数是在1995年由一个称为Aspen Group的Unix厂家联合体开发的，同时开发的还有Posix.1未定义的其他扩充。有一个Posix工作组（1003.1j）正在开发包括读写锁在内的一组Pthread扩充，它们很有可能与本章中讲述的一样。

8.2 获取与释放读写锁

读写锁的数据类型为`pthread_rwlock_t`。如果这个类型的某个变量是静态分配的，那么可通过给它赋常值PTHREAD_RWLOCK_INITIALIZER来初始化它。

pthread_rwlock_rdlock获取一个读出锁，如果对应的读写锁已由某个写入者持有，那就阻塞调用线程。pthread_rwlock_wrlock获取一个写入锁，如果对应的读写锁已由另一个写入者持有，或者已由一个或多个读出者持有，那就阻塞调用线程。pthread_rwlock_unlock释放一个读出锁或写入锁。

```
#include <pthread.h>

int pthread_rwlock_rdlock(pthread_rwlock_t *rwptr);

int pthread_rwlock_wrlock(pthread_rwlock_t *rwptr);

int pthread_rwlock_unlock(pthread_rwlock_t *rwptr);
```

均返回：若成功则为0，若出错则为正的Exxx值

下面两个函数尝试获取一个读出锁或写入锁，但是如果该锁不能马上取得，那就返回一个EBUSY错误，而不是把调用线程置于休眠状态。

```
#include <pthread.h>

int pthread_rwlock_tryrdlock(pthread_rwlock_t *rwptr);

int pthread_rwlock_trywrlock(pthread_rwlock_t *rwptr);
```

均返回：若成功则为0，若出错则为正的Exxx值

178

8.3 读写锁属性

我们提到过，可通过给一个静态分配的读写锁赋常值PTHREAD_RWLOCK_INITIALIZER来初始化它。读写锁变量也可以通过调用pthread_rwlock_init来动态地初始化。当一个线程不再需要某个读写锁时，可以调用pthread_rwlock_destroy摧毁它。

```
#include <pthread.h>

int pthread_rwlock_init(pthread_rwlock_t *rwptr,
                        const pthread_rwlockattr_t *attr);

int pthread_rwlock_destroy(pthread_rwlock_t *rwptr);
```

均返回：若成功则为0，若出错则为正的Exxx值

初始化某个读写锁时，如果*attr*是个空指针，那就使用默认属性。要赋予它非默认的属性，需使用下面两个函数。

```
#include <pthread.h>

int pthread_rwlockattr_init(pthread_rwlockattr_t *attr);

int pthread_rwlockattr_destroy(pthread_rwlockattr_t *attr);
```

均返回：若成功则为0，若出错则为正的Exxx值

数据类型为pthread_rwlockattr_t的某个属性对象一旦初始化，就通过调用不同的函数来启用或禁止特定属性。当前定义了的唯一属性是PTHREAD_PROCESS_SHARED，它指定相应的读写锁将在不同进程间共享，而不仅仅是在单个进程内的不同线程间共享。以下两个函数分别获取和设置这个属性。

```
#include <pthread.h>

int pthread_rwlockattr_getpshared(const pthread_rwlockattr_t *attr, int *valptr);

int pthread_rwlockattr_setpshared(pthread_rwlockattr_t *attr, int value);
```

均返回：若成功则为0，若出错则为正的*Exxx*值

第一个函数在由*valptr*指向的整数中返回该属性的当前值。第二个函数把该属性的当前值设置为*value*，其值或为PTHREAD_PROCESS_PRIVATE，或为PTHREAD_PROCESS_SHARED。

8.4　使用互斥锁和条件变量实现读写锁

179

只需使用互斥锁和条件变量就能实现读写锁。本节中我们将查看一种可能的实现。这个实现优先考虑等待着的写入者。这不是必需的，可以有其他实现方案。

本节和本章剩余各节含有高级主题，第一次阅读时你可暂时跳过去。

读写锁的其他实现也值得研究。[Butenhof 1997]的7.1.2节提供了一个优先考虑等待着的读出者的实现，并且包括取消处理（我们将稍后讨论）。[IEEE1996]的B.18.2.3.1节提供了另一个优先考虑等待着的写入者的实现，也包括取消处理。[Kleiman, Shah, and Smaalders 1996]第14章提供了一个优先考虑等待着的写入者的实现。本节给出的实现来自Doug Schmidt的ACE软件包http://www.cs.wustl.edu/~schmidt/ACE.html（适应性通信环境，Adaptive Communications Environment）。以上4个实现都使用互斥锁和条件变量。

8.4.1　pthread_rwlock_t 数据类型

图8-1给出我们的pthread_rwlock.h头文件，它定义了基本的pthread_rwlock_t数据类型和操作读写锁的各个函数的函数原型。通常情况下它们是在<pthread.h>头文件中。

my_rwlock/pthread_rwlock.h

```
 1 #ifndef __pthread_rwlock_h
 2 #define __pthread_rwlock_h

 3 typedef struct {
 4     pthread_mutex_t rw_mutex;      /* basic lock on this struct */
 5     pthread_cond_t rw_condreaders;     /* for reader threads waiting */
 6     pthread_cond_t rw_condwriters;     /* for writer threads waiting */
 7     int      rw_magic;             /* for error checking */
 8     int      rw_nwaitreaders;      /* the number waiting */
 9     int      rw_nwaitwriters;      /* the number waiting */
10     int      rw_refcount;
11         /* -1 if writer has the lock, else # readers holding the lock */
12 } pthread_rwlock_t;

13 #define RW_MAGIC    0x19283746

14         /* following must have same order as elements in struct above */
15 #define PTHREAD_RWLOCK_INITIALIZER { PTHREAD_MUTEX_INITIALIZER, \
16             PTHREAD_COND_INITIALIZER, PTHREAD_COND_INITIALIZER, \
17             RW_MAGIC, 0, 0, 0 }

18 typedef int pthread_rwlockattr_t;      /* dummy; not supported */

19         /* function prototypes */
```

图8-1　pthread_rwlock_t数据类型的定义

```
20 int      pthread_rwlock_destroy(pthread_rwlock_t *);
21 int      pthread_rwlock_init(pthread_rwlock_t *, pthread_rwlockattr_t *);
22 int      pthread_rwlock_rdlock(pthread_rwlock_t *);
23 int      pthread_rwlock_tryrdlock(pthread_rwlock_t *);
24 int      pthread_rwlock_trywrlock(pthread_rwlock_t *);
25 int      pthread_rwlock_unlock(pthread_rwlock_t *);
26 int      pthread_rwlock_wrlock(pthread_rwlock_t *);
27          /* and our wrapper functions */
28 void     Pthread_rwlock_destroy(pthread_rwlock_t *);
29 void     Pthread_rwlock_init(pthread_rwlock_t *, pthread_rwlockattr_t *);
30 void     Pthread_rwlock_rdlock(pthread_rwlock_t *);
31 int      Pthread_rwlock_tryrdlock(pthread_rwlock_t *);
32 int      Pthread_rwlock_trywrlock(pthread_rwlock_t *);
33 void     Pthread_rwlock_unlock(pthread_rwlock_t *);
34 void     Pthread_rwlock_wrlock(pthread_rwlock_t *);
35 #endif   /* __pthread_rwlock_h */
```

my_rwlock/pthread_rwlock.h

图8-1（续）

3~13 我们的pthread_rwlock_t数据类型含有一个互斥锁、两个条件变量、一个标志及三个计数器。我们将从接下来给出的函数中看出所有这些成员的用途。无论何时检查或操纵该结构，我们都必须持有其中的互斥锁成员rw_mutex。该结构初始化成功后，标志成员rw_magic就被设置成RW_MAGIC。所有函数都测试该成员，以检查调用者是否向某个已初始化的读写锁传递了指针。该读写锁被摧毁时，这个成员就被置为0。

注意计数器成员之一rw_refcount总是指示着本读写锁的当前状态：-1表示它是一个写入锁（任意时刻这样的锁只能有一个），0表示它是可用的，大于0的值则意味着它当前容纳着那么多的读出锁。

14~17 给该数据类型定义静态初始化常值。

8.4.2 pthread_rwlock_init 函数

图8-2给出了我们的第一个函数pthread_rwlock_init，它动态初始化一个读写锁。

my_rwlock/pthread_rwlock_init.c

```
 1 #include     "unpipc.h"
 2 #include     "pthread_rwlock.h"
 3 int
 4 pthread_rwlock_init(pthread_rwlock_t *rw, pthread_rwlockattr_t *attr)
 5 {
 6     int     result;
 7     if (attr != NULL)
 8         return(EINVAL);  /* not supported */
 9     if ( (result = pthread_mutex_init(&rw->rw_mutex, NULL)) != 0)
10         goto err1;
11     if ( (result = pthread_cond_init(&rw->rw_condreaders, NULL)) != 0)
12         goto err2;
13     if ( (result = pthread_cond_init(&rw->rw_condwriters, NULL)) != 0)
14         goto err3;
15     rw->rw_nwaitreaders = 0;
```

图8-2 pthread_rwlock_init函数：初始化一个读写锁

```
16      rw->rw_nwaitwriters = 0;
17      rw->rw_refcount = 0;
18      rw->rw_magic = RW_MAGIC;

19      return(0);

20    err3:
21      pthread_cond_destroy(&rw->rw_condreaders);
22    err2:
23      pthread_mutex_destroy(&rw->rw_mutex);
24    err1:
25      return(result);         /* an errno value */
26 }
```

my_rwlock/pthread_rwlock_init.c

图8-2（续）

7~8　我们不支持使用本函数给读写锁赋属性，因此检查其attr是否为一个空指针。

9~19　初始化由调用者指定其指针的读写锁结构中的互斥锁和两个条件变量成员。所有三个计数器成员都设置为0，rw_magic成员则设置为表示该结构已初始化完毕的值。

20~25　如果互斥锁或条件变量的初始化失败，那么小心地确保摧毁已初始化的对象，然后返回一个错误。

8.4.3 **pthread_rwlock_destroy 函数**

图8-3给出了我们的pthread_rwlock_destroy函数，它在所有线程（包括调用者在内）都不再持有也不试图持有某个读写锁的时候摧毁该锁。

my_rwlock/pthread_rwlock_destroy.c

```
 1 #include    "unpipc.h"
 2 #include    "pthread_rwlock.h"

 3 int
 4 pthread_rwlock_destroy(pthread_rwlock_t *rw)
 5 {
 6     if (rw->rw_magic != RW_MAGIC)
 7         return(EINVAL);
 8     if (rw->rw_refcount != 0 ||
 9         rw->rw_nwaitreaders != 0 || rw->rw_nwaitwriters != 0)
10         return(EBUSY);

11     pthread_mutex_destroy(&rw->rw_mutex);
12     pthread_cond_destroy(&rw->rw_condreaders);
13     pthread_cond_destroy(&rw->rw_condwriters);
14     rw->rw_magic = 0;

15     return(0);
16 }
```

my_rwlock/pthread_rwlock_destroy.c

图8-3　pthread_rwlock_destroy函数：摧毁一个读写锁

8~13　首先检查由调用者指定的读写锁已不在使用中，然后给其中的互斥锁和两个条件变量成员调用合适的摧毁函数。

8.4.4 **pthread_rwlock_rdlock 函数**

图8-4给出了我们的pthread_rwlock_rdlock函数。

my_rwlock/pthread_rwlock_rdlock.c

```
 1 #include    "unpipc.h"
 2 #include    "pthread_rwlock.h"

 3 int
 4 pthread_rwlock_rdlock(pthread_rwlock_t *rw)
 5 {
 6     int     result;

 7     if (rw->rw_magic != RW_MAGIC)
 8         return(EINVAL);

 9     if ( (result = pthread_mutex_lock(&rw->rw_mutex)) != 0)
10         return(result);

11         /* give preference to waiting writers */
12     while (rw->rw_refcount < 0 || rw->rw_nwaitwriters > 0) {
13         rw->rw_nwaitreaders++;
14         result = pthread_cond_wait(&rw->rw_condreaders, &rw->rw_mutex);
15         rw->rw_nwaitreaders--;
16         if (result != 0)
17             break;
18     }
19     if (result == 0)
20         rw->rw_refcount++;         /* another reader has a read lock */

21     pthread_mutex_unlock(&rw->rw_mutex);
22     return (result);
23 }
```

my_rwlock/pthread_rwlock_rdlock.c

图8-4 pthread_rwlock_rdlock函数：获取一个读出锁

9~10 无论何时操作pthread_rwlock_t类型的结构，都必须给其中的rw_mutex成员上锁。

11~18 如果（a）rw_refcount小于0（意味着当前有一个写入者持有由调用者指定的读写锁），或者（b）有线程正等着获取该读写锁的一个写入锁（rw_nwaitwriters大于0），那么我们无法获取该读写锁的一个读出锁。如果这两个条件中有一个为真，我们就把rw_nwaitreaders加1。并在rw_condreaders条件变量上调用pthread_cond_wait。我们稍后将看到，当给一个读写锁解锁时，首先检查是否有任何等待着的写入者，若没有则检查是否有任何等待着的读出者。如果有读出者在等待，那就向rw_condreaders条件变量广播信号。

19~20 取得读出锁后把rw_refcount加1。互斥锁旋即释放。

该函数中存在一个问题：如果调用线程阻塞在其中的pthread_cond_wait调用上并随后被取消，它就在仍持有互斥锁的情况下终止，于是rw_nwaitreaders计数器的值出错。图8-6中pthread_rwlock_wrlock函数的实现也存在同样的问题。我们将在8.5节纠正这些问题。

180~183

8.4.5 pthread_rwlock_tryrdlock 函数

图8-5给出我们的pthread_rwlock_tryrdlock函数，它在尝试获取一个读出锁时并不阻塞。

11~14 如果当前有一个写入者持有调用者指定的读写锁，或者有线程在等待该读写锁的一个写入锁，那就返回EBUSY错误。否则，通过把rw_refcount加1获取该读写锁。

my_rwlock/pthread_rwlock_tryrdlock.c

```
 1 #include    "unpipc.h"
 2 #include    "pthread_rwlock.h"

 3 int
 4 pthread_rwlock_tryrdlock(pthread_rwlock_t *rw)
 5 {
 6     int     result;

 7     if (rw->rw_magic != RW_MAGIC)
 8         return(EINVAL);

 9     if ( (result = pthread_mutex_lock(&rw->rw_mutex)) != 0)
10         return(result);

11     if (rw->rw_refcount < 0 || rw->rw_nwaitwriters > 0)
12         result = EBUSY;            /* held by a writer or waiting writers */
13     else
14         rw->rw_refcount++;         /* increment count of reader locks */

15     pthread_mutex_unlock(&rw->rw_mutex);
16     return(result);
17 }
```

my_rwlock/pthread_rwlock_tryrdlock.c

图8-5　pthread_rwlock_tryrdlock函数：试图获取一个读出锁

8.4.6　pthread_rwlock_wrlock 函数

图8-6给出了我们的pthread_rwlock_wrlock函数。

my_rwlock/pthread_rwlock_wrlock.c

```
 1 #include    "unpipc.h"
 2 #include    "pthread_rwlock.h"

 3 int
 4 pthread_rwlock_wrlock(pthread_rwlock_t *rw)
 5 {
 6     int     result;

 7     if (rw->rw_magic != RW_MAGIC)
 8         return(EINVAL);

 9     if ( (result = pthread_mutex_lock(&rw->rw_mutex)) != 0)
10         return(result);

11     while (rw->rw_refcount != 0) {
12         rw->rw_nwaitwriters++;
13         result = pthread_cond_wait(&rw->rw_condwriters, &rw->rw_mutex);
14         rw->rw_nwaitwriters--;
15         if (result != 0)
16             break;
17     }
18     if (result == 0)
19         rw->rw_refcount = -1;

20     pthread_mutex_unlock(&rw->rw_mutex);
21     return(result);
22 }
```

my_rwlock/pthread_rwlock_wrlock.c

图8-6　pthread_rwlock_wrlock函数：获取一个写入锁

11~17　只要有读出者持有由调用者指定的读写锁的读出锁，或者有一个写入者持有该读写锁的唯一写入锁（两者都是rw_refcount不为0的情况），调用线程就得阻塞。为此，我们把rw_nwaitwriters加1，然后在rw_condwriters条件变量上调用pthread_cond_wait。我们将看到，向该条件变量发送信号的前提是：它所在的读写锁被释放，并且有写入者正在等待。

18~19 取得写入锁后把rw_refcount置为-1。

8.4.7 pthread_rwlock_trywrlock 函数

图8-7给出了非阻塞版本的pthread_rwlock_trywrlock函数。

my_rwlock/pthread_rwlock_trywrlock.c

```
 1 #include    "unpipc.h"
 2 #include    "pthread_rwlock.h"

 3 int
 4 pthread_rwlock_trywrlock(pthread_rwlock_t *rw)
 5 {
 6     int     result;

 7     if (rw->rw_magic != RW_MAGIC)
 8         return(EINVAL);

 9     if ( (result = pthread_mutex_lock(&rw->rw_mutex)) != 0)
10         return(result);

11     if (rw->rw_refcount != 0)
12         result = EBUSY;        /* held by either writer or reader(s) */
13     else
14         rw->rw_refcount = -1; /* available, indicate a writer has it */

15     pthread_mutex_unlock(&rw->rw_mutex);
16     return(result);
17 }
```

my_rwlock/pthread_rwlock_trywrlock.c

图8-7 pthread_rwlock_trywrlock函数：试图获取一个写入锁

11~14 如果rw_refcount不为0，那么由调用者指定的读写锁或者由一个写入者持有，或者由一个或多个读出者持有（至于由哪个持有则无关紧要），因而返回一个EBUSY错误。否则，获取该读写锁的写入锁，并把rw_refcount置为-1。

8.4.8 pthread_rwlock_unlock 函数

图8-8给出了我们的最后一个函数pthread_rwlock_unlock。

11~16 如果rw_refcount当前大于0，那么有一个读出者（即调用线程）准备释放一个读出锁。如果rw_refcount当前为-1，那么有一个写入者（即调用线程）准备释放一个写入锁。

17~22 如果有一个写入者在等待，那么一旦由调用者指定的读写锁变得可用（也就是说它的引用计数变为0），就向rw_condwriters条件变量发送信号。我们知道只有一个写入者能够获取该读写锁，因此调用pthread_cond_signal来唤醒一个线程。如没有写入者在等待，但是有一个或多个读出者在等待，那就在rw_condreaders条件变量上调用pthread_ cond_broadcast，因为所有等待着的读出者都可以获取一个读出锁。注意，一旦有一个写入者在等待，我们就不给任何读出者授予读出锁，否则一个持续的读请求流可能永远阻塞某个等待着的写入者。由于这个原因，我们需要两个分开的if条件测试，而不能写成：

```
        /* give preference to waiting writers over waiting readers */
    if (rw->rw_nwaitwriters > 0 && rw->rw_refcount == 0) {
        result = pthread_cond_signal(&rw->rw_condwriters);
    } else if (rw->rw_nwaitreaders > 0)
        result = pthread_cond_broadcast(&rw->rw_condreaders);
```

my_rwlock/pthread_rwlock_unlock.c

```
 1 #include    "unpipc.h"
 2 #include    "pthread_rwlock.h"

 3 int
 4 pthread_rwlock_unlock(pthread_rwlock_t *rw)
 5 {
 6     int     result;

 7     if (rw->rw_magic != RW_MAGIC)
 8         return(EINVAL);

 9     if ( (result = pthread_mutex_lock(&rw->rw_mutex)) != 0)
10         return(result);

11     if (rw->rw_refcount > 0)
12         rw->rw_refcount--;          /* releasing a reader */
13     else if (rw->rw_refcount == -1)
14         rw->rw_refcount = 0;        /* releasing a writer */
15     else
16         err_dump("rw_refcount = %d", rw->rw_refcount);

17         /* give preference to waiting writers over waiting readers */
18     if (rw->rw_nwaitwriters > 0) {
19         if (rw->rw_refcount == 0)
20             result = pthread_cond_signal(&rw->rw_condwriters);
21     } else if (rw->rw_nwaitreaders > 0)
22         result = pthread_cond_broadcast(&rw->rw_condreaders);

23     pthread_mutex_unlock(&rw->rw_mutex);
24     return(result);
25 }
```

my_rwlock/pthread_rwlock_unlock.c

184～186

图8-8 pthread_rwlock_unlock函数：释放一个读出锁或写入锁

我们也可以省略对rw->rw_refcount的测试，不过那会导致在仍分配着读出锁的情况下还调用pthread_cond_signal，从而降低了效率。

8.5 线程取消

我们在随图8-4的说明中暗示了一个问题，即如果pthread_rwlock_rdlock的调用线程阻塞在其中的pthread_cond_wait调用上并随后被取消，它就在仍持有互斥锁的情况下终止。通过由对方调用函数pthread_cancel，一个线程可以被同一进程内的任何其他线程所取消（cancel），pthread_cancel的唯一参数就是待取消线程的线程ID。

```
#include <pthread.h>

int pthread_cancel(pthread_t tid);
```

返回：若成功则为0，若出错则为正的Exxx值

举例来说，如果启动了多个线程以执行某个给定任务（譬如说在某个数据库中查找一个记录），那么首先完成任务的线程可使用线程取消功能取消其他线程。另一个例子是，当多个线程开始执行同一个任务时，如果其中某个线程发现一个错误，它和其他线程就有必要终止。

为处理被取消的可能情况，任何线程可以安装（压入）和删除（弹出）清理处理程序。

```
#include <pthread.h>

void pthread_cleanup_push(void (*function)(void *), void *arg);

void pthread_cleanup_pop(int execute);
```

这些处理程序就是发生以下情况时被调用的函数：

- 调用线程被取消（由某个线程调用pthread_cancel完成）；
- 调用线程自愿终止（或者通过调用pthread_exit，或者从自己的线程起始函数返回）。

清理处理程序可以恢复任何需要恢复的状态，例如给调用线程当前持有的任何互斥锁或信号量解锁。

pthread_cleanup_push的*function*参数是调用线程被取消时所调用的函数的地址，*arg*是它的单个参数。pthread_cleanup_pop总是删除调用线程的取消清理栈中位于栈顶的函数，而且如果*execute*不为0，那就调用该函数。

> 我们将随图15-31再次遇到线程取消，那时我们将看到，在某个过程调用正在处理期间如果客户终止，门服务器就被取消。

187

例子

说明上一节中我们的实现所存在问题的最简易方法是给出例子。图8-9给出了测试程序的时间线图，图8-10给出了程序本身。

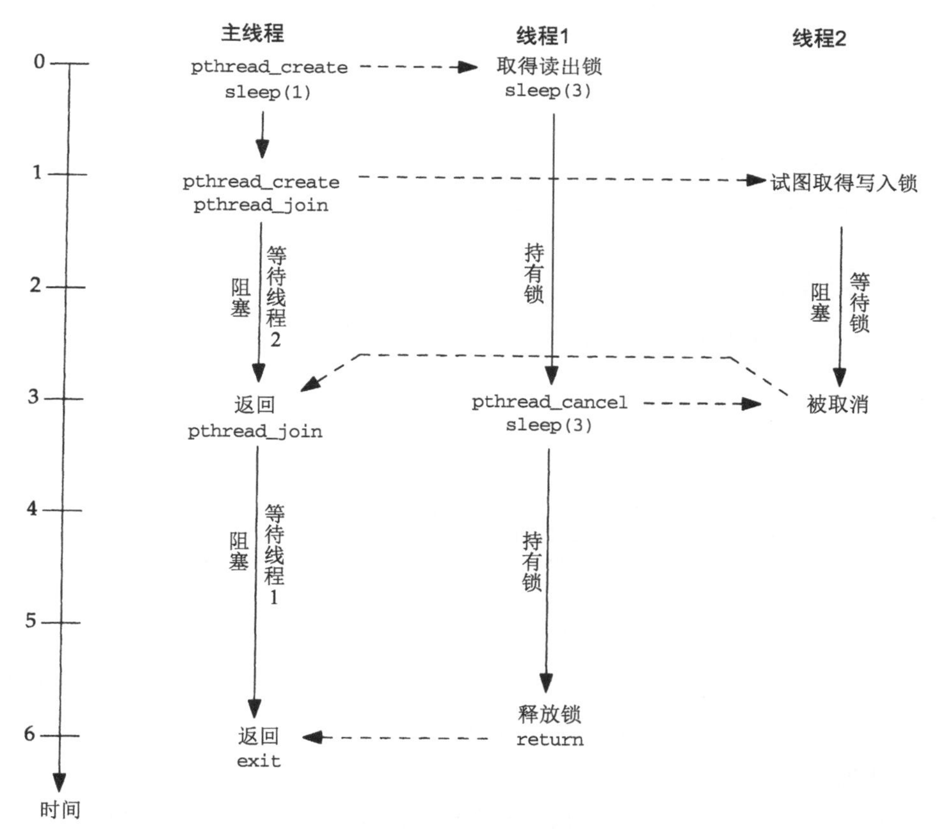

图8-9 图8-10中程序的时间线图

my_rwlock_cancel/testcancel.c

```
 1 #include    "unpipc.h"
 2 #include    "pthread_rwlock.h"

 3 pthread_rwlock_t rwlock = PTHREAD_RWLOCK_INITIALIZER;
 4 pthread_t tid1, tid2;
 5 void    *thread1(void *), *thread2(void *);

 6 int
 7 main(int argc, char **argv)
 8 {
 9     void    *status;

10     Set_concurrency(2);
11     Pthread_create(&tid1, NULL, thread1, NULL);
12     sleep(1);                   /* let thread1() get the lock */
13     Pthread_create(&tid2, NULL, thread2, NULL);

14     Pthread_join(tid2, &status);
15     if (status != PTHREAD_CANCELED)
16         printf("thread2 status = %p\n", status);
17     Pthread_join(tid1, &status);
18     if (status != NULL)
19         printf("thread1 status = %p\n", status);

20     printf("rw_refcount = %d, rw_nwaitreaders = %d, rw_nwaitwriters = %d\n",
21            rwlock.rw_refcount, rwlock.rw_nwaitreaders,
22            rwlock.rw_nwaitwriters);
23     Pthread_rwlock_destroy(&rwlock);

24     exit(0);
25 }

26 void *
27 thread1(void *arg)
28 {
29     Pthread_rwlock_rdlock(&rwlock);
30     printf("thread1() got a read lock\n");
31     sleep(3);                   /* let thread2 block in pthread_rwlock_wrlock() */
32     pthread_cancel(tid2);
33     sleep(3);
34     Pthread_rwlock_unlock(&rwlock);
35     return(NULL);
36 }

37 void *
38 thread2(void *arg)
39 {
40     printf("thread2() trying to obtain a write lock\n");
41     Pthread_rwlock_wrlock(&rwlock);
42     printf("thread2() got a write lock\n");     /* should not get here */
43     sleep(1);
44     Pthread_rwlock_unlock(&rwlock);
45     return(NULL);
46 }
```

my_rwlock_cancel/testcancel.c

图8-10　展示线程取消的测试程序

创建两个线程

10~13　创建两个进程，第一个线程执行函数thread1，第二个线程执行函数thread2。创建第一个线程后休眠1秒，以允许它获取一个读出锁。

等待线程终止

14~23 首先等待第二个线程，并验证其状态为PTHREAD_CANCEL。接着等待第一个线程，并验证其状态为一个空指针。然后输出pthread_rwlock_t类型读写锁结构中两个计数器成员的值，最后摧毁该读写锁。

thread1函数

26~36 第一个线程获取一个读出锁后休眠3秒。这个停顿允许另一个线程（第二个线程）调用pthread_rwlock_wrlock并阻塞在其中的pthread_cond_wait调用中，因为在有一个读出锁活跃期间，是无法提供写入锁的。本线程然后调用pthread_cancel取消另一个线程，再休眠3秒后释放所持有的读出锁，然后终止。

thread2函数

37~46 第二个线程试图获取一个写入锁（这是不可能取得的，因为第一个线程已经获取了一个读出锁）。本函数的其余部分不应该被执行。

如果使用上一节中给出的函数运行本测试程序，那么我们将得到如下结果：

```
solaris % testcancel
thread1() got a read lock
thread2() trying to obtain a write lock
```

而且肯定不返回shell提示符状态。该程序被挂起。发生如下步骤。

(1) 第二个线程调用pthread_rwlock_wrlock（图8-6），阻塞在其中的pthread_cond_wait调用中。

(2) 第一个线程中的sleep(3)返回，pthread_cancel被接着调用。

(3) 第二个线程被取消（这儿就是被终止）。当阻塞在某个条件变量等待中的一个线程被取消时，要再次取得与该条件变量关联的互斥锁，然后调用第一个线程取消清理处理程序。（我们尚未安装任何线程取消清理处理程序，但是所关联的互斥锁仍然在该线程被取消前再次取得。）因此，当第二个线程被取消时，它持有包含在读写锁中的互斥锁，而且图8-6中rw_nwaitwriters的值已被加1。

(4) 第一个线程调用pthread_rwlock_unlcok，但它永远阻塞在其中的pthread_ mutex_lock调用中（图8-8），因为它想要持有的互斥锁仍然由已被取消的线程锁着。

要是我们去掉thread1函数中的pthread_rwlock_unlock调用，那么主线程将输出如下：

```
rw_refcount = 1, rw_nwaitreaders = 0, rw_nwaitwriters = 1
pthread_rwlock_destroy error: Device busy
```

第一个计数器是1，因为我们删除了pthread_rwlock_unlock调用，但是最后一个计数器也是1，因为它是由第二个线程在被取消前加1了的计数器。

这一问题纠正起来很简单。首先，给图8-4中的pthread_rwlock_rdlock函数增加两行代码（前有加号指示），它们把pthread_cond_wait调用括了起来：

188～190

```
        rw->rw_nwaitreaders++;
+       prhread_cleanup_push(rwlock_cancelrdwait, (void *) rw);
        result = pthread_cond_wait(&rw->rw_condreaders, &rw->rw_mutex);
+       pthread_cleanup_pop(0);
        rw->rw_nwaitreaders--;
```

第一行新代码建立一个清理处理程序（我们的rwlock_cancelrdwait函数），它的单个参数将是读写锁指针rw。如果pthread_cond_wait返回，第二行新代码就删除这个清理处理程序。pthread_cleanup_pop的值为0的单个参数指示不调用该处理程序。要是该参数不为0，那就先调用这个清理处理程序再删除它。

如果pthread_rwlock_rdlock的调用线程在阻塞于该函数中的pthread_cond_wait调用期间被取消，它就不会从该函数返回，而是会调用清理处理程序（在重新获取所关联的互斥锁之后，我们已在前面的第3步中提到过这一点）。

图8-11给出了我们的rwlock_cancelrdwait函数，它是我们为pthread rwlock_rdlock建立的清理处理程序。

my_rwlock_cancel/pthread_rwlock_rdlock.c

```
 3 static void
 4 rwlock_cancelrdwait(void *arg)
 5 {
 6     pthread_rwlock_t *rw;

 7     rw = arg;
 8     rw->rw_nwaitreaders--;
 9     pthread_mutex_unlock(&rw->rw_mutex);
10 }
```

my_rwlock_cancel/pthread_rwlock_rdlock.c

图8-11　rwlock_cancelrdwait函数：读出锁的清理处理程序

8~9　把rw_nwaitreaders计数器减1，并给互斥锁解锁。这是在调用pthread_cond_wait前建立的“状态”，其调用线程被取消时必须恢复到该状态。

对图8-6中pthread_rwlock_wrlock函数进行类似的修正。首先，在pthread_cond_wait调用前后各增加一行新代码：

```
    rw->rw_nwaitwriters++;
+   prhread_cleanup_push(rwlock_cancelwrwait, (void *) rw);
    result = pthread_cond_wait(&rw->rw_condwriters, &rw->rw_mutex);
+   pthread_cleanup_pop(0);
    rw->rw_nwaitwriters--;
```

图8-12给出了我们的rwlcok_cancelwrwait函数，它是清理写入锁请求的清理处理程序。

my_rwlock_cancel/pthread_rwlock_wrlock.c

```
 3 static void
 4 rwlock_cancelwrwait(void *arg)
 5 {
 6     pthread_rwlock_t *rw;

 7     rw = arg;
 8     rw->rw_nwaitwriters--;
 9     pthread_mutex_unlock(&rw->rw_mutex);
10 }
```

my_rwlock_cancel/pthread_rwlock_wrlock.c

图8-12　rwlock_cancelwrwait函数：写入锁的清理处理程序

8~9　给rw_nwaitwriters计数器减1，并给互斥锁解锁。

用这些新函数运行图8-10中的测试程序，结果是正确的：

```
solaris % testcancel
thread1() got a read lock
thread2() trying to obtain a write lock
rw_refcount = 0, rw_nwaitreaders = 0, rw_nwaitwriters = 0
```

三个计数器的值都是正确的，thread1从它的pthread_rwlock_unlock调用返回，而且pthread_rwlock_destroy不返回EBUSY错误。

本节仅仅是线程取消的一个概貌。它还有许多细节，参见[Butenhof 1997]的5.3节。

8.6 小结

与普通的互斥相比，当被保护数据的读访问比写访问更为频繁时，读写锁能提供更高的并发度。本章讲述的由Unix 98定义的读写锁函数或类似函数应出现在某个未来的Posix标准中。这些函数与第7章讲述的互斥锁函数类似。

读写锁可以只通过使用互斥锁和条件变量来实现，我们给出了一个实现例子。这个实现优先考虑等待着的写入者，但是有的实现优先考虑等待着的读出者。

线程可能在阻塞于pthread_cond_wait调用期间被取消，我们的读写锁实现允许看到这种情况的发生。我们使用线程取消清理处理程序解决了这个问题。

习题

8.1 修改8.4节中我们的读写锁实现，优先考虑读出者而不是写入者。

8.2 度量并比较8.4节中我们的读写锁实现和厂家提供的实现的性能。

191
~
192

第9章 记录上锁

9.1 概述

上一章讲述的读写锁是作为pthread_rwlock_t数据类型的变量在内存中分配的。当读写锁是在单个进程内的各个线程间共享时（默认情况），这些变量可以在那个进程内；当读写锁是在共享某个内存区的进程间共享时（假设初始化它们时指定了PTHREAD_PROCESS_SHARED属性），这些变量应该在该共享内存区中。

本章讲述读写锁的一种扩展类型，它可用于有亲缘关系或无亲缘关系的进程之间共享某个文件的读与写。被锁住的文件通过其描述符访问，执行上锁操作的函数是fcntl。这种类型的锁通常在内核中维护，其属主是由属主的进程ID标识的。这意味着这些锁用于不同进程间的上锁，而不是用于同一进程内不同线程间的上锁。

我们将在本章介绍序列号持续加1的例子。考虑来自Unix打印假脱机处理系统（BSD下使用lpr命令访问，System V下使用lp命令访问）的下述情形。把一个打印作业加到打印队列中（供另一个进程在以后某个时候打印）的进程必须给每个作业赋一个唯一的序列号。只是在该进程运行期间唯一的进程ID不能用作这个序列号，因为一个打印作业可能存在很长时间，期间早先把它加到打印队列中的进程的进程ID可能被重用。另外，一个给定进程可以往某个队列中加入多个打印作业，而每个作业都需要一个唯一的作业号。打印假脱机处理系统使用的技巧是：给每台打印机准备一个文件，它是只有一个单行的ASCII文本文件，其中含有待用的下一个序列号。需要给某个打印作业赋一个序列号的每个进程都得经历以下三个步骤。

193

(1) 读序列号文件。

(2) 使用其中的序列号。

(3) 给序列号加1并写回文件中。

问题是当某个进程在执行这三个步骤时，另一个进程可能在执行同样的三个步骤。这将导致混乱，如我们将在后面的一些例子中看到的那样。

> 我们刚刚叙述的是一个互斥问题。它可使用第7章讲述的互斥锁或第8章讲述的读写锁来解决。然而不同的是，我们假设各个进程彼此无亲缘关系，从而让使用这些技巧更为困难。我们可以让这些进程共享某个内存区（如本书第4部分所述），然后在该共享内存区中使用某种类型的同步变量，不过对于无亲缘关系的进程，fcntl记录上锁往往更易使用。另一个因素是，我们随行式打印机假脱机处理系统描述的问题，在互斥锁、条件变量和读写锁的可用之前许多年就存在。记录上锁是在20世纪80年代早期加到Unix中的，先于共享内存区和线程的开发。

我们所需的是：一个进程能够设置某个锁，以宣称没有其他进程能够访问相应的文件，直到第一个进程完成访问为止。图9-2给出了执行上述三个步骤的一个简单程序。函数my_lock和

my_unlock分别用于刚开始时给序列号文件上锁以及完成序列号更新时给该文件解锁。我们将给出这两个函数的多种实现。

20 每次循环输出序列号时同时输出正在运行的程序的名字（argv[0]），因为这个main函数与不同版本的上锁函数一块使用，而我们希望看到哪个版本在输出序列号。

输出进程ID需要把类型为pid_t的变量强制转换成long类型，然后使用%ld格式化串输出。其原因是，尽管pid_t是一个整数类型，但我们不知道它的大小（int或long），因此必须假设成最大的类型。要是我们假设它是int类型并使用%d格式化串，但是实际类型却为long，那么代码是错误的。

为展示不上锁的后果，图9-1提供了根本不上锁的两个“上锁”函数。

lock/locknone.c

```
 1 void
 2 my_lock(int fd)
 3 {
 4     return;
 5 }

 6 void
 7 my_unlock(int fd)
 8 {
 9     return;
10 }
```

lock/locknone.c

194

图9-1 不上锁的函数

如果序列号文件中的序列号初始化为1，而且该程序只有一个副本在运行，那么结果如下：

```
solaris % locknone
locknone: pid = 15491, seq# = 1
locknone: pid = 15491, seq# = 2
locknone: pid = 15491, seq# = 3
locknone: pid = 15491, seq# = 4
locknone: pid = 15491, seq# = 5
locknone: pid = 15491, seq# = 6
locknone: pid = 15491, seq# = 7
locknone: pid = 15491, seq# = 8
locknone: pid = 15491, seq# = 9
locknone: pid = 15491, seq# = 10
locknone: pid = 15491, seq# = 11
locknone: pid = 15491, seq# = 12
locknone: pid = 15491, seq# = 13
locknone: pid = 15491, seq# = 14
locknone: pid = 15491, seq# = 15
locknone: pid = 15491, seq# = 16
locknone: pid = 15491, seq# = 17
locknone: pid = 15491, seq# = 18
locknone: pid = 15491, seq# = 19
locknone: pid = 15491, seq# = 20
```

注意main函数（图9-2）是在一个名为lockmain.c的文件中，但是当我们将它与不执行上锁的“上锁”函数（图9-1）一同编译和链接时，称结果的可执行文件为locknone。这是因为我们将提供my_lock和my_unlock这两个函数的其他实现，它们使用不同的上锁技巧，因此我们根据所用的上锁类型命名可执行文件。

lock/lockmain.c

```
 1 #include    "unpipc.h"

 2 #define SEQFILE "seqno"        /* filename */

 3 void    my_lock(int), my_unlock(int);

 4 int
 5 main(int argc, char **argv)
 6 {
 7     int     fd;
 8     long    i, seqno;
 9     pid_t   pid;
10     ssize_t n;
11     char    line[MAXLINE + 1];

12     pid = getpid();
13     fd = Open(SEQFILE, O_RDWR, FILE_MODE);

14     for (i = 0; i < 20; i++) {
15         my_lock(fd);             /* lock the file */

16         Lseek(fd, 0L, SEEK_SET);  /* rewind before read */
17         n = Read(fd, line, MAXLINE);
18         line[n] = '\0';          /* null terminate for sscanf */

19         n = sscanf(line, "%ld\n", &seqno);
20         printf("%s: pid = %ld, seq# = %ld\n", argv[0], (long) pid, seqno);

21         seqno++;                  /* increment sequence number */

22         snprintf(line, sizeof(line), "%ld\n", seqno);
23         Lseek(fd, 0L, SEEK_SET);    /* rewind before write */
24         Write(fd, line, strlen(line));

25         my_unlock(fd);             /* unlock the file */
26     }
27     exit(0);
28 }
```

lock/lockmain.c

图9-2　文件上锁例子的main函数

把序列号重新初始化为1，然后在后台运行该程序两次，其结果如下：

```
solaris % locknone & locknone &
solaris % locknone: pid = 15498, seq# = 1
locknone: pid = 15498, seq# = 2
locknone: pid = 15498, seq# = 3
locknone: pid = 15498, seq# = 4
locknone: pid = 15498, seq# = 5
locknone: pid = 15498, seq# = 6
locknone: pid = 15498, seq# = 7
locknone: pid = 15498, seq# = 8
locknone: pid = 15498, seq# = 9
locknone: pid = 15498, seq# = 10
locknone: pid = 15498, seq# = 11
locknone: pid = 15498, seq# = 12
locknone: pid = 15498, seq# = 13
locknone: pid = 15498, seq# = 14
locknone: pid = 15498, seq# = 15
locknone: pid = 15498, seq# = 16
locknone: pid = 15498, seq# = 17
locknone: pid = 15498, seq# = 18
locknone: pid = 15498, seq# = 19
```

```
locknone: pid = 15498, seq# = 20        到本行为止一切正常
locknone: pid = 15499, seq# = 1         内核切换进程后开始出错
locknone: pid = 15499, seq# = 2
locknone: pid = 15499, seq# = 3
locknone: pid = 15499, seq# = 4
locknone: pid = 15499, seq# = 5
locknone: pid = 15499, seq# = 6
locknone: pid = 15499, seq# = 7
locknone: pid = 15499, seq# = 8
locknone: pid = 15499, seq# = 9
locknone: pid = 15499, seq# = 10
locknone: pid = 15499, seq# = 11
locknone: pid = 15499, seq# = 12
locknone: pid = 15499, seq# = 13
locknone: pid = 15499, seq# = 14
locknone: pid = 15499, seq# = 15
locknone: pid = 15499, seq# = 16
locknone: pid = 15499, seq# = 17
locknone: pid = 15499, seq# = 18
locknone: pid = 15499, seq# = 19
locknone: pid = 15499, seq# = 20
```

195~196

我们首先注意到shell提示符在程序输出第一行之前输出。这是正常的，而且在后台运行程序时经常见到。

前20行输出是正常的，它们由该程序的第一个实例（进程ID为15498）输出。但是该程序另一个实例（进程ID为15499）的第一行输出中却出现了问题：它输出一个值为1的序列号，表明它也许是由内核第一个启动，当它读完序列号文件（序列号值为1）后，内核切换另一个进程来运行。该进程直到另一个进程终止时才再次运行，它继续执行所用的值是在内核切换进程前已读出的值1。这不是我们所希望的。每个进程读出、加1然后写入序列号文件20次（从而恰好有40行输出），因此序列号的最终值应该是40。

我们需要某种方法以允许一个进程在执行前述三个步骤期间防止其他进程访问序列号文件。这就是说，考虑到其他进程，这三个步骤应作为一个原子操作（atomic operation）来执行。看这个问题的另一种方式是，图9-2中调用`my_lock`和调用`my_unlock`之间的几行代码构成一个临界区（critical region），如第7章中所述。

像刚才所示的那样在后台运行图9-2中程序的两个实例时，其输出是非确定的（nondeterministic）。每次运行该程序的两个实例时，不能保证得到同样的结果。如果早先所列的三个步骤因考虑到其他进程而原子地处理，从而产生40这个最终值，那么结果的不确定性不表示有错。但是如果这三个步骤不是原子地处理，往往会产生一个小于40的最终值，那就不正确了。举例来说，我们并不关心是第一个进程先把序列号从1递增到20，第二个进程接着从21递增到40，还是每个进程都运行刚好足够长时间，从而每次运行把序列号递增2（第一个进程输出1和2，然后第二个进程输出3和4，如此等等）。

非确定性并没有造成不正确。造成程序运行正确与否的是前述三个步骤是否原子地执行。然而非确定性往往使这些类型程序的调试更为困难。

9.2 对比记录上锁与文件上锁

Unix内核没有文件内的记录这一概念。任何关于记录的解释都是由读写文件的应用来进行的。然而Unix内核提供的上锁特性却用记录上锁（record locking）这一术语来描述。不过应用会指定文件中待上锁或解锁部分的字节范围（byte range）。这个字节范围是否跟同一文件内的

197 一个或多个逻辑记录有关联是应用的事。

Posix记录上锁定义了一个特殊的字节范围以指定整个文件，它的起始偏移为0（文件的开头），长度也为0。本章的讨论集中于记录上锁，文件上锁只是它的一个特例。

术语粒度（granularity）用于标记能被锁住的对象的大小。对于Posix记录上锁来说，粒度就是单个字节。通常情况下粒度越小，允许同时使用的用户数就越多。举例来说，假设有五个进程几乎同时访问一个给定的文件，其中三个是读出者，两个是写入者。再假设所有五个进程准备访问该文件中的不同记录，而且这五个请求中的每一个需花的时间几乎相同，譬如说1秒。如果上锁是在文件级别（可能的最粗粒度）上进行的，那么所有三个读出者可以同时访问它们各自的记录，但是那两个写入者必须等到所有读出者完成访问为止。然后其中一个写入者可以修改自己的记录，另一个写入者随后可以这么做。总的时间将大约是3秒。（当然我们在这些定时假设中忽略了许多细节。）但是如果上锁粒度是记录（可能的最细粒度），那么所有五个进程都能同时处理，因为它们各自访问的是不同的记录。于是总的时间只有1秒。

> 源自Berkeley的Unix实现支持给整个文件上锁或解锁的文件上锁（file locking），但没有给文件内的字节范围上锁或解锁的能力。文件上锁由`flock`函数提供。

历史

多年来Unix下的文件和记录上锁已应用了各种各样的技巧。诸如UUCP守护进程和行式打印机守护进程之类的早期程序所使用的各种技巧充分利用了文件系统实现上的特色。（我们将在9.8节讨论其中三个文件系统技巧。）然而这些技巧使用起来速度比较慢，因此20世纪80年代早期实现的数据库系统提出了使用更好技巧的要求。

第一个真正的文件和记录上锁是由John Bass于1980年加到Version 7中的，新增的一个系统调用名为`locking`。它提供强制性记录上锁，并为System III和Xenix的许多版本所沿用。（我们将在本章以后说明强制性上锁和劝告性上锁的区别，以及记录上锁和文件上锁的区别。）

4.2BSD于1983年通过`flock`函数提供了文件上锁（不是记录上锁）。1984年的`/usr/group`标准（X/Open的前身之一）定义了`lockf`函数，它只提供独占锁（即写入锁），而没有提供共享锁（即读出锁）。

System V Release 2（SVR2）于1984年通过`fcntl`函数提供了劝告性记录上锁。`lockf`函数也提供了，但它只是一个调用`fcntl`的库函数，而不是系统调用。（许多当前的系统仍然提供使用`fcntl`完成的`lockf`实现。）System V Release 3（SVR3）于1986年给`fcntl`增加了强制性记录上锁能力，它使用了文件的SGID权限位，我们将在9.5节中讨论。

1988年的Posix.1标准对`fcntl`函数的劝告性文件和记录上锁功能进行了标准化，这就是本章要讲述的内容。X/Open可移植性指南第3期（X/Open Portability Guide Issue 3，简称XPG3，1988

198 年）也指出记录上锁通过`fcntl`函数提供。

9.3 Posix `fcntl` 记录上锁

记录上锁的Posix接口是`fcntl`函数。

```
#include <fcntl.h>

int fcntl(int fd, int cmd, ... /* struct flock *arg */ );
```

返回：若成功则取决于*cmd*，若出错则为−1

用于记录上锁的*cmd*参数共有三个值。这三个命令要求第三个参数*arg*是指向某个flock结构的指针：

```
struct flock {
  short   l_type;      /* F_RDLCK, F_WRLCK, F_UNLCK */
  short   l_whence;    /* SEEK_SET, SEEK_CUR, SEEK_END */
  off_t   l_start;     /* relative starting offset in bytes */
  off_t   l_len:       /* #bytes; 0 means until end-of-file */
  pid_t   l_pid;       /* PID returned by F_GETLK */
};
```

这三个命令如下。

F_SETLK 获取（l_type成员为F_RDLCK或F_WRLCK）或释放（l_type成员为F_UNLCK）由*arg*指向的flock结构所描述的锁。

如果无法将该锁授予调用进程，该函数就立即返回一个EACCES或EAGAIN错误而不阻塞。

F_SETLKW 该命令与上一个命令类似，不过如果无法将所请求的锁授予调用进程，调用线程将阻塞到该锁能够授予为止。（该命令的名字中最后一个字母W意思是“等待”（wait）。）[①]

F_GETLK 检查由*arg*指向的锁以确定是否有某个已存在的锁会妨碍将新锁授予调用进程。如果当前没有这样的锁存在，由*arg*指向的flock结构的l_type成员就被置为F_UNLCK。否则，关于这个已存在锁的信息将在由*arg*指向的flock结构中返回（也就是说，该结构的内容由fcntl函数覆写），其中包括持有该锁的进程的进程ID。[②]

应清楚发出F_GETLK命令后紧接着发出F_SETLK命令不是一个原子操作。这就是说，如果我们发出F_GETLK命令，并且执行该命令的fcntl函数返回时置l_type成员为F_UNLCK，那么跟着立即发出F_SETLK命令不能保证其fcntl函数会成功返回。这两次调用之间可能有另外一个进程运行并获取了我们想要的锁。

提供F_GETLK命令的原因在于：当执行F_SETLK命令的fcntl函数返回一个错误时，导致该错误的某个锁的信息可由F_GETLK命令返回，从而允许我们确定是哪个进程锁住了所请求的文件区，以及上锁方式（读出锁或写入锁）。但是即使是这样的情形，F_GETLK命令也可能返回该文件区已解锁的信息，因为在F_SETLK和F_GETLK命令之间，该文件区可能被解锁。

flock结构描述锁的类型（读出锁或写入锁）以及待锁住的字节范围。跟lseek一样，起始 199

① 一个进程可以对某个文件的特定字节范围多次发出F_SETLK或F_SETLKW命令，每次成功与否取决于其他进程当时是否锁住该字节范围以及锁的类型，而与本进程先前是否锁住该字节范围无关。也就是说，后执行的F_SETLK或F_SETLKW命令覆盖先执行的针对同一字节范围的同样两个命令。另外，文件能否读写与相应的记录是否被其他进程锁住无关（前提是劝告性上锁），前者由文件访问权限完全决定。这就是说，一个进程有可能访问已被另一个进程独占地锁住的文件中的记录，不过彼此协作的进程应自觉地不去执行违反上锁要求的访问。——译者注

② 调用进程已持有的针对同一字节范围的锁不会妨碍它获取新锁，因为同一进程内，后执行的获取锁命令覆盖先执行的命令。举例来说，如果一个进程针对同一字节范围先后执行两个命令：F_SETLK（l_type成员为F_WRLCK）和F_GETLK（l_type成员为F_RDLCK），这两个命令之间无其他进程干扰，而且它们都执行成功，那么由F_GETLK返回的l_type成员是F_UNLCK而不是F_WRLCK。——译者注

字节偏移是作为一个相对偏移（l_start成员）伴随其解释（l_whence成员）指定的。l_whence成员有以下三个取值。

- SEEK_SET：l_start相对于文件的开头解释。
- SEEK_CUR：l_start相对于文件的当前字节偏移（即当前读写指针位置）解释。
- SEEK_END：l_start相对于文件的末尾解释。

l_len成员指定从该偏移开始的连续字节数。长度为0意思是"从起始偏移到文件偏移的最大可能值"。因此，锁住整个文件有两种方式。

(1) 指定l_whence成员为SEEK_SET，l_start成员为0，l_len成员为0。

(2) 使用lseek把读写指针定位到文件头，然后指定l_whence成员为SEEK_CUR，l_start成员为0，l_len成员为0。

第一种方式最常用，因为它只需一个函数调用（fcntl）而不是两个（另见习题9.10）。

fcntl记录上锁既可用于读也可用于写，对于一个文件的任意字节，最多只能存在一种类型的锁（读出锁或写入锁）。而且，一个给定字节可以有多个读出锁，但只能有一个写入锁。这跟我们在上一章讲述的读写锁是一致的。自然，当一个描述符不是打开来用于读时，如果我们对它请求一个读出锁，错误就会发生，同样，当一个描述符不是打开来用于写时，如果我们对它请求一个写入锁，错误也会发生。

对于一个打开着某个文件的给定进程来说，当它关闭该文件的所有描述符或它本身终止时，与该文件关联的所有锁都被删除。[①]锁不能通过fork由子进程继承。

> 在进程终止时由内核完成已有锁清理工作的特性只有fcntl记录上锁完全提供了，System V信号量则把它作为一个选项提供。我们讲述的其他同步技巧（互斥锁、条件变量、读写锁、Posix信号量）并不在进程终止时执行清理工作。我们已在7.7节末尾讨论过这一点。

记录上锁不应该同标准I/O函数库一块使用，因为该函数库会执行内部缓冲。当某个文件需上锁时，为避免问题，应对它使用read和write。

9.3.1　例子

现在回到图9-2中的例子，并把图9-1中的两个函数my_lock和my_unlock重新编写成使用Posix记录上锁。图9-3给出了这些函数。

200

注意，我们必须指定写入锁，以保证任何时刻只有一个进程更新序列号（见习题9.4）。在获取该锁时所指定的命令为F_SETLKW，因为如果该锁不可得，那么我们希望阻塞到它变为可得为止。

> 有了早先给出的flock结构的定义后，有人可能认为在my_lock中可以如下初始化我们的结构：
>
> ```
> static struct flock lock = { F_WRLCK, SEEK_SET, 0, 0, 0 };
> ```
>
> 然而这是错误的。Posix只定义在一个结构（例如flock）中的必需成员。各个实现可以以任意顺序排列这些成员，还可以增设特定于实现的成员。

① 确实如此，甚至于所关闭的描述符先前是在其文件已由本进程（通过该文件的另一个描述符）上锁后才打开也不例外。看来删除锁时关键的是进程ID，而不是引用同一文件的描述符数目及打开目的（只读、只写、读写）。既然锁跟进程ID紧密关联，它不能通过fork由子进程继承也就顺理成章，因为父子进程有不同的进程ID。
——译者注

lock/lockfcntl.c

```
 1 #include    "unpipc.h"

 2 void
 3 my_lock(int fd)
 4 {
 5     struct flock lock;

 6     lock.l_type = F_WRLCK;
 7     lock.l_whence = SEEK_SET;
 8     lock.l_start = 0;
 9     lock.l_len = 0;            /* write lock entire file */

10     Fcntl(fd, F_SETLKW, &lock);
11 }

12 void
13 my_unlock(int fd)
14 {
15     struct flock lock;

16     lock.l_type = F_UNLCK;
17     lock.l_whence = SEEK_SET;
18     lock.l_start = 0;
19     lock.l_len = 0;            /* unlock entire file */

20     Fcntl(fd, F_SETLK, &lock);
21 }
```

lock/lockfcntl.c

图9-3 Posix fcntl上锁

我们不给出结果输出，但它看来是正确的。需认识到运行像图9-2这样的简单程序不足以告诉我们程序是否正常工作。如果输出像我们先前看到的那样是错误的，那么可以断言程序不正确，但是如果只运行它的两个副本，每个副本只循环20次，那么测试是不充分的。内核可能运行一个程序更新序列号20次，再运行另一个程序更新序列号20次。如果这两个进程中途不发生切换，我们就可能永远发现不了错误。更好的测试是：使用另外一个main函数运行图9-3中的函数，这个main函数给序列号加1譬如说1万次，每次循环时不再输出值。如果我们把序列号初始化为1，然后同时运行该程序的20个副本，那么序列号文件的最终值应该是200 001。 201

9.3.2 例子：简化用的宏

图9-3中，请求或释放一个锁需6行代码。我们必须分配一个结构，填写这个结构，然后调用fcntl。通过定义来自APUE的12.3节的以下7个宏，可以简化我们的程序：

```
#define read_lock(fd, offset, whence, len) \
                lock_reg(fd, F_SETLK, F_RDLCK, offset, whence, len)
#define readw_lock(fd, offset, whence, len) \
                lock_reg(fd, F_SETLKW, F_RDLCK, offset, whence, len)
#define write_lock(fd, offset, whence, len) \
                lock_reg(fd, F_SETLK, F_WRLCK, offset, whence, len)
#define writew_lock(fd, offset, whence, len) \
                lock_reg(fd, F_SETLKW, F_WRLCK, offset, whence, len)
#define un_lock(fd, offset, whence, len) \
                lock_reg(fd, F_SETLK, F_UNLCK, offset, whence, len)

#define is_read_lockable(fd, offset, whence, len) \
                        !lock_test(fd, F_RDLCK, offset, whence, len)
#define is_write_lockable(fd, offset, whence, len) \
                        !lock_test(fd, F_WRLCK, offset, whence, len)
```

这些宏使用我们的lock_reg和lock_test函数，它们在图9-4和图9-5中给出。使用这些宏时，不必考虑flock结构和真正调用的函数。这些宏的前三个参数有意安排成跟lseek函数的前三个参数相同。

lib/lock_reg.c

```
 1 #include    "unpipc.h"

 2 int
 3 lock_reg(int fd, int cmd, int type, off_t offset, int whence, off_t len)
 4 {
 5     struct flock    lock;

 6     lock.l_type = type;        /* F_RDLCK, F_WRLCK, F_UNLCK */
 7     lock.l_start = offset;     /* byte offset, relative to l_whence */
 8     lock.l_whence = whence;    /* SEEK_SET, SEEK_CUR, SEEK_END */
 9     lock.l_len = len;          /* #bytes (0 means to EOF) */

10     return( fcntl(fd, cmd, &lock) );    /* -1 upon error */
11 }
```

lib/lock_reg.c

图9-4　调用fcntl获取或释放一个锁

lib/lock_test.c

```
 1 #include    "unpipc.h"

 2 pid_t
 3 lock_test(int fd, int type, off_t offset, int whence, off_t len)
 4 {
 5     struct flock  lock;

 6     lock.l_type = type;        /* F_RDLCK or F_WRLCK */
 7     lock.l_start = offset;     /* byte offset, relative to l_whence */
 8     lock.l_whence = whence;    /* SEEK_SET, SEEK_CUR, SEEK_END */
 9     lock.l_len = len;          /* #bytes (0 means to EOF) */

10     if (fcntl(fd, F_GETLK, &lock) == -1)
11         return(-1);            /* unexpected error */

12     if (lock.l_type == F_UNLCK)
13         return(0);             /* false, region not locked by another proc */
14     return(lock.l_pid);        /* true, return positive PID of lock owner */
15 }
```

lib/lock_test.c

图9-5　调用fcntl测试一个锁

我们还定义了两个包裹函数Lock_reg和Lock_test，它们在fcntl出错时输出一个错误并终止。另有7个同名但首字母大写的宏，它们调用这两个包裹函数。

使用这些宏，图9-3中的my_lock和my_unlock函数变为：

```
#define my_lock(fd)     (Writew_lock(fd, 0, SEEK_SET, 0))
#define my_unlock(fd)   (Un_lock(fd, 0, SEEK_SET, 0))
```

9.4　劝告性上锁

Posix记录上锁称为劝告性上锁（advisory locking）。共含义是内核维护着已由各个进程上锁的所有文件的正确信息，但是它不能防止一个进程写已由另一个进程读锁定的某个文件。类似地，它也不能防止一个进程读已由另一个进程写锁定的某个文件。一个进程能够无视一个劝告性锁而写一个读锁定文件，或者读一个写锁定文件，前提是该进程有读或写该文件的足够权限。

劝告性锁对于协作进程（cooperating processes）是足够了。网络编程中守护程序的编写是协作进程的一个例子：这些程序访问诸如序列号文件之类的共享资源，而且都在系统管理员的控制之下。只要含有序列号的真正文件不是任何进程都可写，那么在该文件被锁住期间，不理会劝告性锁的随意进程无法写它。

例子：非协作进程

通过运行我们的序列号程序的两个实例，就能展示Posix记录上锁是劝告性的，这两个实例是：使用图9-3中函数的lockfcntl，它在给序列号加1前先锁住文件，以及使用图9-1中函数的locknone，它不执行上锁。

202 ~ 203

```
solaris % lockfcntl & locknone &
lockfcntl: pid = 18816, seq# = 1
lockfcntl: pid = 18816, seq# = 2
lockfcntl: pid = 18816, seq# = 3
lockfcntl: pid = 18816, seq# = 4
lockfcntl: pid = 18816, seq# = 5
lockfcntl: pid = 18816, seq# = 6
lockfcntl: pid = 18816, seq# = 7
lockfcntl: pid = 18816, seq# = 8
lockfcntl: pid = 18816, seq# = 9
lockfcntl: pid = 18816, seq# = 10
lockfcntl: pid = 18816, seq# = 11
locknone: pid = 18817, seq# = 11            切换进程；出错
locknone: pid = 18817, seq# = 12
locknone: pid = 18817, seq# = 13
locknone: pid = 18817, seq# = 14
locknone: pid = 18817, seq# = 15
locknone: pid = 18817, seq# = 16
locknone: pid = 18817, seq# = 17
locknone: pid = 18817, seq# = 18
lockfcntl: pid = 18816, seq# = 12           切换进程；出错
lockfcntl: pid = 18816, seq# = 13
lockfcntl: pid = 18816, seq# = 14
lockfcntl: pid = 18816, seq# = 15
lockfcntl: pid = 18816, seq# = 16
lockfcntl: pid = 18816, seq# = 17
lockfcntl: pid = 18816, seq# = 18
lockfcntl: pid = 18816, seq# = 19
lockfcntl: pid = 18816, seq# = 20
locknone: pid = 18817, seq# = 19            切换进程；出错
locknone: pid = 18817, seq# = 20
locknone: pid = 18817, seq# = 21
locknone: pid = 18817, seq# = 22
locknone: pid = 18817, seq# = 23
locknone: pid = 18817, seq# = 24
locknone: pid = 18817, seq# = 25
locknone: pid = 18817, seq# = 26
locknone: pid = 18817, seq# = 27
locknone: pid = 18817, seq# = 28
locknone: pid = 18817, seq# = 29
locknone: pid = 18817, seq# = 30
```

lockfcntl程序首先运行，但是在它执行将序列号从11增加到12的三个步骤期间（此间它持有整个文件的锁），内核切换进程，并且locknone程序运行。该新程序读出的序列号值是lockfcntl程序写回序列号文件之前的11。由lockfcntl程序持有的劝告性记录锁对locknone程序没有影响。

9.5 强制性上锁

有些系统提供另一种类型的记录上锁，称为强制性上锁（mandatory locking）。使用强制性锁后，内核检查每个read和write请求，以验证其操作不会干扰由某个进程持有的某个锁。对于通常的阻塞式描述符，与某个强制性锁冲突的read或write将把调用进程置于休眠状态，直到该锁释放为止。对于非阻塞式描述符，与某个强制性锁冲突的read或write将导致它们返回一个EAGAIN错误。

204

> Posix.1和Unix 98只定义劝告性上锁。然而源自System V的许多实现却同时提供劝告性上锁和强制性上锁。强制性记录上锁是随System V Release 3引入的。

为对某个特定文件施行强制性上锁，应满足：

- 组成员执行位必须关掉；
- SGID位必须打开。

注意，打开某个文件的SUID位而不打开它的用户执行位是没有意义的，同样，打开SGID位而不打开组成员执行位也没有意义。因此，以这种方式加上的强制性锁不会影响任何现有的用户软件。强制性上锁不需要新的系统调用。

在支持强制性记录上锁的系统上，ls命令查找权限位的这种特殊组合，并输出l或L以指示相应文件的强制性上锁是否启用。类似地，chmod命令接受l这个指示符以给某个文件启用强制性上锁。

例子

初看起来，使用强制性上锁应该解决非协作进程的问题，因为非协作进程对被锁住文件的任何read或write调用都将阻塞进程本身，直到该文件的锁被释放为止。不幸的是，定时问题相当复杂，这一点我们很容易展示。

要把我们使用fcntl的例子转换成使用强制性上锁，所需做的是修改seqno文件的权限位。我们还改用另一个版本的main函数，它的for循环次数取自第一个命令行参数（而不是使用常值20），每次循环时不再调用printf。

```
solaris % cat > seqno                                首先把序列号值初始化为1
1
^D                                                   Ctrl+D是我们的终端文件结束符
solaris % ls -l seqno
-rw-r--r--    1 rstevens other1       2 Oct  7 11:24 seqno
solaris % chmod +l seqno                             启用强制性上锁
solaris % ls -l seqno
-rw-r-lr--    1 rstevens other1       2 Oct  7 11:24 seqno
```

现在在后台启动两个程序：loopfcntl使用fcntl上锁，loopnone不上锁。所指定的命令行参数为10 000，它是每个程序读出、加1再写入序列号的次数。

```
solaris % loopfcntl 10000 & loopnone 10000 &    在后台同时启动两个程序
solaris % wait                                  等待这两个后台作业的完成
solaris % cat seqno                             然后查看序列号
14378                                           出错：应该是20 001
```

205

每次运行这两个程序，最终的序列号通常在14 000和16 000之间。如果上锁像期望的那样工作的话，最终值应该总是为20 001。为查看错误发生位置，我们需要画出具体到每个步骤的时间线图，如图9-6所示。

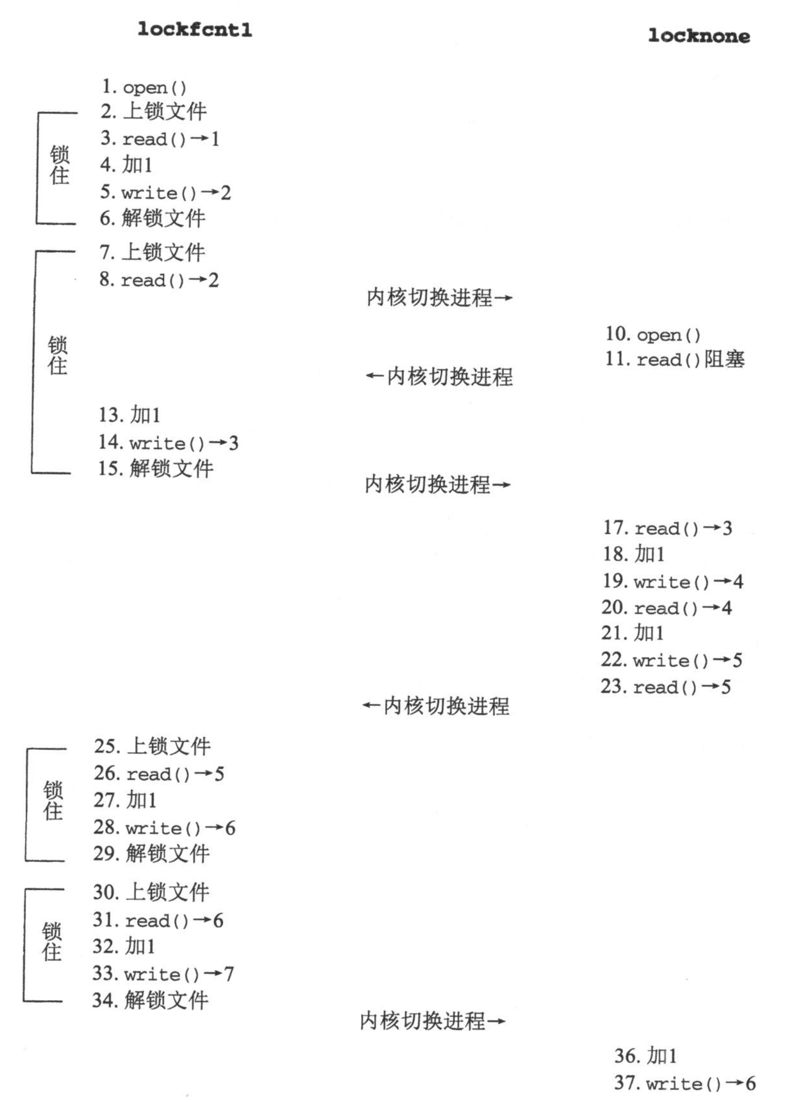

图9-6 loopfcntl和loopnone程序的时间线图

我们假设loopfcntl程序首先启动，执行图中所示前8个步骤。然后内核在loopfcntl持有序列号文件的一个记录锁期间切换进程。于是loopnone启动，但是它的第一个read阻塞了，因为它想从中读出序列号的文件有一个由另一个进程持有的未释放强制性锁。我们假设内核把进程切换回第一个程序，由它执行第13、14和15步。这是我们期待的行为：内核阻塞来自非协作进程的read，因为它试图读的文件由另一个进程锁着。 206

然后内核切换进程到locknone程序，由它执行第17~23步。这些步骤中的read和write是允许的，因为第一个程序已在第15步给序列号文件解锁。然而，当该程序在第23步read到值为5的序列号，接着内核切换到第一个进程时，问题就发生了。第一个进程接着给序列号值加1两次，然后在第二个进程运行第36步前存入一个值为7的序列号。但是第二个进程往序列号文件写入的值却为6，这是错误的。

我们从这个例子中看到的是，尽管强制性上锁阻止了非协作进程读一个已被锁住的文件（第11步），但是仍没有解决问题。问题出在当右边的进程处于更新序列号的三个步骤（第23、36和37步）期间时，左边的进程是允许更新序列号文件的（第25~34步）。如果有多个进程在更新一个文件，那么所有进程必须使用某种上锁形式协作。只要一个进程违规就可能引发大混乱。

9.6 读出者和写入者的优先级

在8.4节我们的读写锁实现中，优先考虑的是等待着的写入者而不是等待着的读出者。现在看看由`fcntl`记录上锁提供的解决读出者与写入者问题的办法的某些细节。我们想看到的是，当一个文件区已被锁住时，待处理的上锁请求是如何处理的，这是Posix未曾说明的。

9.6.1 例子：某个写入锁待处理期间的额外读出锁

我们问的第一个问题是：如果某个资源已经读锁定，并有一个写入锁请求在等待处理，那么是否允许有另一个读出锁？某些解决读出者与写入者问题的办法不允许在已有一个写入者等待着的情况下再增加一个读出者，因为要是不断允许新的读出请求的话，待处理的写入请求存在永远不被允许的可能性。

为测试`fcntl`记录上锁是如何处理这种情形的，我们编写一个测试程序，它获取某个完整文件的一个读出锁，然后`fork`两个子进程。第一个子进程首先尝试获取一个写入锁（它将阻塞，因为父进程已持有整个文件的一个读出锁），然后由第二个进程尝试获取一个读出锁。图9-7展示了这些请求的时间线图，图9-8给出了我们的测试程序。

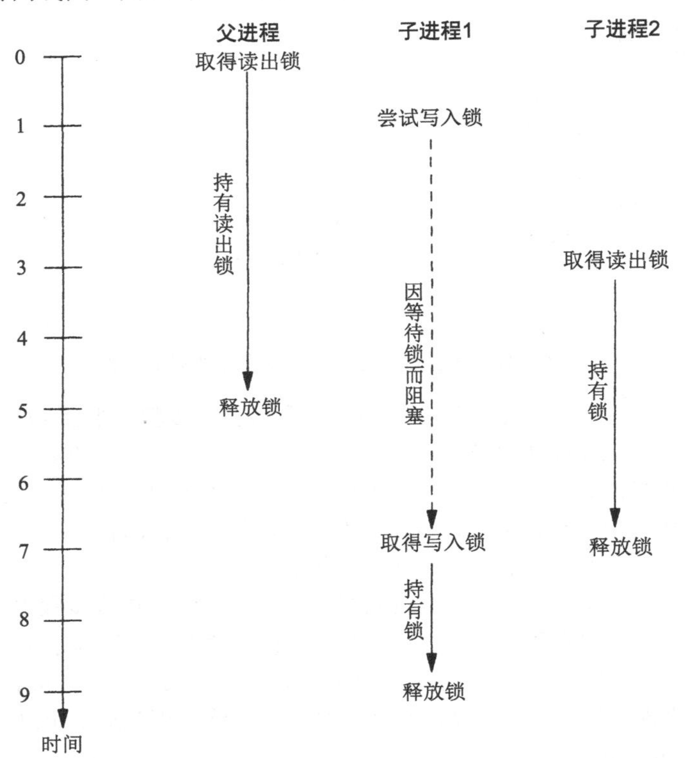

图9-7　确定有一个写入锁待处理期间是否允许有另一个读出锁

lock/test2.c

```
 1 #include    "unpipc.h"

 2 int
 3 main(int argc, char **argv)
 4 {
 5     int     fd;

 6     fd = Open("test1.data", O_RDWR | O_CREAT, FILE_MODE);

 7     Read_lock(fd, 0, SEEK_SET, 0);     /* parent read locks entire file */
 8     printf("%s: parent has read lock\n", Gf_time());

 9     if (Fork() == 0) {
10             /* first child */
11         sleep(1);
12         printf("%s: first child tries to obtain write lock\n", Gf_time());
13         Writew_lock(fd, 0, SEEK_SET, 0);    /* this should block */
14         printf("%s: first child obtains write lock\n", Gf_time());
15         sleep(2);
16         Un_lock(fd, 0, SEEK_SET, 0);
17         printf("%s: first child releases write lock\n", Gf_time());
18         exit(0);
19     }
20     if (Fork() == 0) {
21             /* second child */
22         sleep(3);
23         printf("%s: second child tries to obtain read lock\n", Gf_time());
24         Readw_lock(fd, 0, SEEK_SET, 0);
25         printf("%s: second child obtains read lock\n", Gf_time());
26         sleep(4);
27         Un_lock(fd, 0, SEEK_SET, 0);
28         printf("%s: second child releases read lock\n", Gf_time());
29         exit(0);
30     }
31         /* parent */
32     sleep(5);
33     Un_lock(fd, 0, SEEK_SET, 0);
34     printf("%s: parent releases read lock\n", Gf_time());
35     exit(0);
36 }
```

lock/test2.c

图9-8 确定在有一个写入锁待处理期间是否允许有另一个读出锁

父进程打开文件并获取读出锁

6~8 父进程打开文件，并获取整个文件的读出锁。注意，我们调用read_lock（它不阻塞，但当无法取得锁时会返回一个错误）而不是readw_lock（它可能等待），因为预期该锁会立即取得。当取得该锁时，输出带有当前时间的一个消息（使用UNPv1第404页的gf_time函数）。

fork第一个子进程

9~19 创建第一个子进程，它休眠1秒，然后阻塞，等待整个文件的一个写入锁。当取得该写入锁时，该进程持有它2秒后即释放它，然后终止。

fork第二个子进程

20~30 创建第二个子进程，它休眠3秒以允许第一个子进程的写入锁处于待处理状态，然后尝试获取整个文件的一个读出锁。到时候我们就能凭readw_lock返回时输出的消息判定，该读出锁是被排入请求队列了还是立即给予了。该锁持有4秒后被释放。

父进程持有读出锁5秒

31~35　父进程持有读出锁5秒后，释放该锁，然后终止。[①]

图9-7所示的时间线图是我们在Solaris 2.6、Digital Unix 4.0B和BSD/OS 3.1下看到的情形。也就是说，即使已有来自第一个子进程的一个待处理写入锁请求，第二个子进程请求的读出锁也是立即给予的。这么一来，只要连续不断地发出读出锁请求，写入者就可能因获取不了写入锁而“挨饿”。下面是程序的输出，我们在大的时间事件之间插入些空白行，以改善可读性：

207~209

```
alpha % test2
16:32:29.674453: parent has read lock

16:32:30.709197: first child tries to obtain write lock

16:32:32.725810: second child tries to obtain read lock
16:32:32.728739: second child obtain read lock

16:32:34.722282: parent releases read lock

16:32:36.729738: second child releases read lock
16:32:36.735597: first child obtains write lock

16:32:38.736938: first child releases write lock
```

9.6.2　例子：等待着的写入者是否比等待着的读出者优先

我们问的下一个问题是：等待着的写入者比等待着的读出者更优先吗？某些解决读出者与写入者问题的办法内置着这样的优先关系。

图9-9是我们的测试程序，图9-10是该测试程序的时间线图。

父进程创建文件并获取写入锁

6~8　父进程创建一个文件，并获取整个文件的一个写入锁。

fork第一个子进程

9~19　派生第一个子进程，它休眠1秒后请求整个文件的一个写入锁。我们知道这将阻塞，因为父进程已获取整个文件的一个写入锁并且持有它5秒，不过我们期待父进程持有的锁释放时，本请求已排入队。

fork第二个子进程

20~30　派生第二个子进程，它休眠3秒后请求整个文件的一个读出锁。当父进程释放持有的写入锁时，本请求也将排入队。

在Solaris 2.6和Digital Unix 4.0B下，我们看到第一个子进程的写入锁先于第二个子进程的读出锁取得，如图9-10所示。但是这不足以告诉我们写入锁比读出锁优先，因为其原因可能是内核以FIFO顺序准予上锁请求，而不管它们是读出锁还是写入锁。为验证之，我们创建另外一个与图9-9几乎相同的测试程序，不过读出锁请求是在第1秒发生，写入锁请求是在第3秒发生。前后两个测试程序表明，Solaris和Digital Unix是以FIFO顺序处理上锁请求的，而不管上锁请求的类型。这两个程序还表明，BSD/OS 3.1优先考虑读出请求。

210

① 为避免在子进程的输出中出现shell提示符，可以在第34行和第35行之间插入一行“wait(NULL); wait(NULL);”以等待两个子进程终止。图9-9、图12-10和图12-12中的程序也有类似情况。

lock/test3.c

```
 1 #include    "unpipc.h"

 2 int
 3 main(int argc, char **argv)
 4 {
 5     int     fd;

 6     fd = Open("test1.data", O_RDWR | O_CREAT, FILE_MODE);

 7     Write_lock(fd, 0, SEEK_SET, 0);         /* parent write locks entire file */
 8     printf("%s: parent has write lock\n", Gf_time());

 9     if (Fork() == 0) {
10             /* first child */
11         sleep(1);
12         printf("%s: first child tries to obtain write lock\n", Gf_time());
13         Writew_lock(fd, 0, SEEK_SET, 0);    /* this should block */
14         printf("%s: first child obtains write lock\n", Gf_time());
15         sleep(2);
16         Un_lock(fd, 0, SEEK_SET, 0);
17         printf("%s: first child releases write lock\n", Gf_time());
18         exit(0);
19     }
20     if (Fork() == 0) {
21             /* second child */
22         sleep(3);
23         printf("%s: second child tries to obtain read lock\n", Gf_time());
24         Readw_lock(fd, 0, SEEK_SET, 0);
25         printf("%s: second child obtains read lock\n", Gf_time());
26         sleep(4);
27         Un_lock(fd, 0, SEEK_SET, 0);
28         printf("%s: second child releases read lock\n", Gf_time());
29         exit(0);
30     }
31     /* parent */
32     sleep(5);
33     Un_lock(fd, 0, SEEK_SET, 0);
34     printf("%s: parent releases write lock\n", Gf_time());
35     exit(0);
36 }
```

lock/test3.c

211

图9-9 测试写入者是否比读出者优先

下面是图9-9中程序的输出，我们就是以此构造出图9-10所示的时间线图的。

```
alpha % test3
16:34:02.810285: parent has write lock

16:34:03.848166: first child tries to obtain write lock

16:34:05.861082: second child tries to obtain read lock

16:34:07.858393: parent releases write lock
16:34:07.865222: first child obtains write lock

16:34:09.865987: first child releases write lock
16:34:09.872823: second child obtains read lock

16:34:13.873822: secound child releases read lock
```

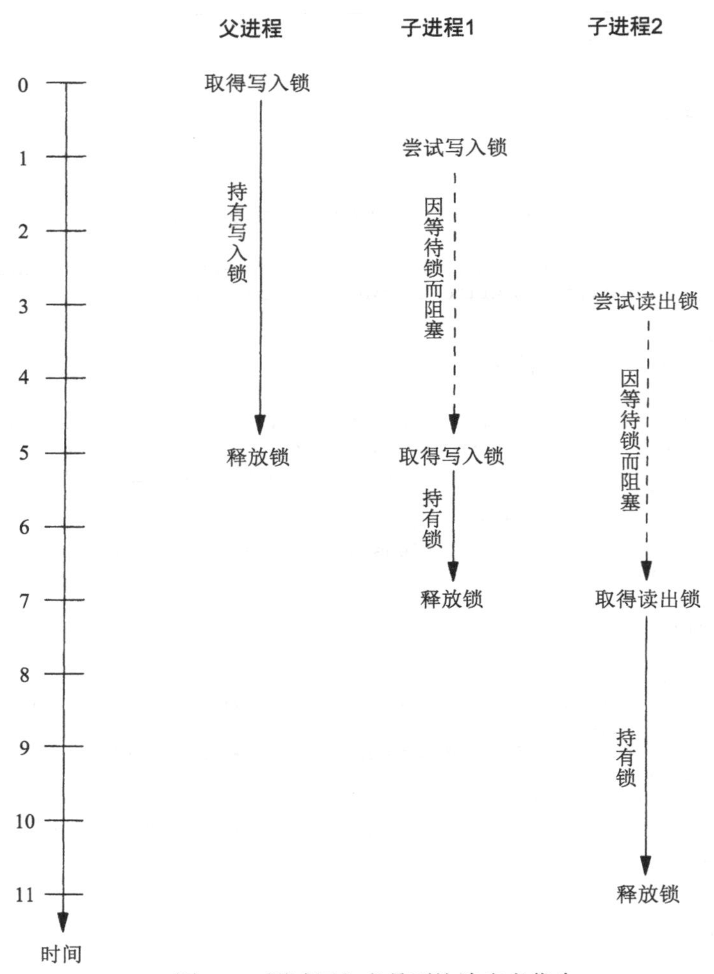

212

图9-10　测试写入者是否比读出者优先

9.7　启动一个守护进程的唯一副本

记录上锁的一个常见用途是确保某个程序（例如守护程序）在任何时刻只有一个副本在运行。图9-11给出了一个守护程序启动时将执行的代码片段。

打开一个文件并为其上锁

8~17　守护进程维护一个只有1行文本的文件，其中含有它的进程ID。它打开这个文件，必要的话创建之，然后请求整个文件的一个写入锁。如果没有取得该锁，我们就知道该程序有另一个副本在运行，于是输出一个出错消息并终止。

> 许多Unix系统让它们的守护进程把各自的进程ID写到一个文件中。Solaris 2.6在/etc目录下存放了其中一些文件。Digital Unix和BSD/OS则在/var/run目录下存放这些文件。

把本进程PID写入文件

18~21　把所打开的文件截为0，然后写入含有本进程PID的一行文本。截短该文件的原因是，该程序先前的副本（譬如说在系统重新自举前执行的副本）可能有一个值为23456的进程ID，而本副本的进程ID为123。要是光写入那一行而不预先截短，那么文件内容将会是123\n6\n。尽管第一行仍然含有本进程的进程ID，避免该文件中出现第二行的可能却更为清晰，更不易引起混淆。

lock/onedaemon.c

```
 1 #include    "unpipc.h"

 2 #define PATH_PIDFILE    "pidfile"

 3 int
 4 main(int argc, char **argv)
 5 {
 6     int     pidfd;
 7     char    line[MAXLINE];

 8         /* open the PID file, create if nonexistent */
 9     pidfd = Open(PATH_PIDFILE, O_RDWR | O_CREAT, FILE_MODE);

10         /* try to write lock the entire file */
11     if (write_lock(pidfd, 0, SEEK_SET, 0) < 0) {
12         if (errno == EACCES || errno == EAGAIN)
13             err_quit("unable to lock %s, is %s already running?",
14                      PATH_PIDFILE, argv[0]);
15         else
16             err_sys("unable to lock %s", PATH_PIDFILE);
17     }
18         /* write my PID, leave file open to hold the write lock */
19     snprintf(line, sizeof(line), "%ld\n", (long) getpid());
20     Ftruncate(pidfd, 0);
21     Write(pidfd, line, strlen(line));

22     /* then do whatever the daemon does ... */

23     pause();
24 }
```

lock/onedaemon.c

图9-11　确保某个程序只有一个副本在运行

下面是图9-11中程序的一个测试结果：

```
solaris % onedaemon &                    启动第一个副本
[1]     22388
solaris % cat pidfile                    检查写入文件中的PID
22388
solaris % onedaemon                      然后尝试启动第二个副本
unable to lock pidfile, is onedaemon already running?
```

一个守护进程还有其他方法防止自身另一个副本启动，譬如说可能使用信号量。本节所示的方法的优势在于，许多守护程序都编写成向某个文件写入本进程ID，而且如果某个守护进程过早崩溃了，那么内核会自动释放它的记录锁。

9.8 文件作锁用

Posix.1保证，如果以O_CREAT（若文件不存在则创建它）和O_EXCL（独占打开）标志调用open函数，那么一旦该文件已经存在，该函数就返回一个错误。而且考虑到其他进程的存在，检查该文件是否存在和创建该文件（如果它还不存在）必须是原子的。因此，我们可以把以这种技巧创建的文件作为锁使用。Posix.1保证任何时候只有一个进程能够创建这样的文件（也就是获取锁），释放这样的锁只需unlink该文件。

图9-12给出了使用这种技巧的上锁函数的一个版本。如果open成功，我们就持有与所创建文件对应的锁，于是my_lock函数可以返回。返回前还close该文件，因为我们并不需要它的描述符：该文件的存在本身代表锁，至于它是否打开则无关紧要。如果open返回一个EEXIST错误，那么该文件已经存在，于是我们再次尝试open。

lock/lockopen.c

```
 1 #include    "unpipc.h"

 2 #define LOCKFILE    "/tmp/seqno.lock"

 3 void
 4 my_lock(int fd)
 5 {
 6     int     tempfd;

 7     while ( (tempfd = open(LOCKFILE, O_RDWR|O_CREAT|O_EXCL, FILE_MODE)) < 0){
 8         if (errno != EEXIST)
 9             err_sys("open error for lock file");
10         /* someone else has the lock, loop around and try again */
11     }
12     Close(tempfd);              /* opened the file, we have the lock */
13 }

14 void
15 my_unlock(int fd)
16 {
17     Unlink(LOCKFILE);           /* release lock by removing file */
18 }
```

lock/lockopen.c

图9-12　使用指定O_CREAT和O_EXCL标志的open实现的锁函数

这种技巧存在以下三个问题。

(1) 如果当前持有该锁的进程没有释放它就终止，那么其文件名并未删除。对付这个问题有一些特别的技巧，例如检查该文件的最近访问时间，如果它有一段大于某个确定数量的时间未曾访问，那就假设它已被遗忘，不过这些技巧没有一个是完善的。另一个技巧是把持有该锁的进程的进程ID写入其锁文件中，这样其他进程可以读出该进程ID，并检查该进程是否仍在运行。这也是不完善的，因为进程ID在过一段时间后会被重用。

这种情形对fcntl记录上锁而言不成问题，因为当某个进程终止时，由它持有的任何记录锁都自动释放。

(2) 如果另外某个进程已打开了锁文件，那么当前进程只是在一个无限循环中一次又一次地调用open。这称为轮询，是对CPU时间的一种浪费。一种替换技巧是休眠1秒，然后再次尝试open。（我们在图7-5中看到了同样的问题。）

如果使用fcntl记录上锁，这就不成问题，前提是想要持有该锁的进程指定FSETLKW命令。内核将把该进程置于休眠状态，直到该锁可用，然后唤醒它。

(3) 调用open和unlink创建和删除一个额外的文件涉及文件系统的访问，这通常比调用fcntl两次（一次用于获取锁，一次用于释放锁）所花时间长得多。测量在我们的程序中给序列号加1共1000次的循环所花的执行时间，发现fcntl记录上锁比调用open和unlink快75倍。

Unix文件系统的另外两个技巧也用于提供特殊的上锁。第一个技巧是：如果新链接的名字已经存在，那么link函数将失败。为获取一个锁，首先创建一个唯一的临时文件，其路径名中含有调用进程的进程ID（如果不同进程中的线程间以及同一进程内的线程间都需要上锁，那么所含的是进程ID和线程ID的某种组合）。然后以待建立锁文件的众所周知路径名调用link函数创建这个临时文件的一个链接。如果创建成功，该临时路径名就可以unlink掉。当调用线程使用完该锁时，只需unlink其众所周知的路径名就可以解锁。如果link失败返回EEXIST错误，调用线程就得重新尝试（类似于图9-12中的做法）。这种技巧的要求之一是：临时文件路径名和锁文件众所周知的路径名必须都存在于同一文件系统中，因为多数版本的Unix不允许硬链接（link函数的结果）跨越不同的文件系统。

213 ~ 215

第二种技巧基于：如果待打开的文件已经存在，打开时指定了O_TRUNC标志，而且调用进程不具备写访问权限，那么open调用将返回一个错误。为获取一个锁，我们在指定O_CREAT|O_WRONLY|O_TRUNC标志并置mode参数为0（即新文件不打开任何权限位）的前提下调用open。如果调用成功，我们就拥有了该锁，以后使用完该锁后只需unlink其路径名。如果open调用失败返回EACCES错误，那么调用线程必须重新尝试（类似于图9-12中的做法）。需要注意的是，这种技巧在调用线程具备超级用户特权时不起作用。

从这些例子得出的教训是：应该使用fcntl记录上锁。然而你有可能碰到使用这些老式上锁技巧的代码，它们通常存在于fcntl上锁尚未广泛得以实现之前编写的程序中。

9.9 NFS上锁

NFS就是网络文件系统，它在TCPv1第29章中讨论。作为对NFS的一种扩展，NFS的大多数实现支持fcntl记录上锁。Unix系统通常以两个额外的守护进程支持NFS记录上锁，它们是lockd和statd。当某个进程调用fcntl以获取一个锁，而且内核检测出其描述符引用通过NFS安装的某个文件系统上的一个文件时，本地的lockd就向服务器的lockd发送这个请求。statd守护进程跟踪着持有锁的各个客户，它与lockd交互以提供NFS上锁的崩溃恢复功能。

我们可以预期NFS文件的记录上锁比本地文件的记录上锁花的时间长，因为获取与释放每一个锁都需要网络通信。为测试NFS记录上锁，我们只需修改图9-2中由SEQFILE指定的文件名。测量我们的程序使用fcntl记录上锁执行10 000次循环所需的时间，发现本地文件的记录上锁比NFS文件的记录上锁快了约80倍。还要留意的是，当序列号文件在某个通过NFS安装的文件系统上时，记录上锁和序列号的读写都涉及网络通信。

> 防止误解的说明：NFS记录上锁多年来一直是个问题，它差不多是由不理想的实现所导致的。尽管主要的Unix厂家已最终清理了它们各自的实现，通过NFS使用fcntl记录上锁对于许多实现来说仍然是一个严重的问题。我们不会在这个问题上偏袒一方而贬低另一方，只是指出fcntl记录上锁在NFS上也应该起作用，不过实际成功与否取决于实现的质量，客户端和服务器端都有质量要求。

9.10 小结

fcntl记录上锁提供了对一个文件的劝告性或强制性上锁功能，而我们是通过该文件打开着的描述符来访问它的。这些锁用于不同进程间的上锁，而不是同一进程内不同线程间的上锁。术语“记录”是个不确切的名字，因为Unix内核没有文件内记录的概念。更好的称谓是“范围上锁”（range locking），因为我们上锁或解锁的是文件内的一个字节范围。这类记录上锁几乎都

216

用作协作进程之间的劝告性锁，因为即使是强制性上锁也会导致不一致的数据，正如我们所示。

使用fcntl记录上锁时，等待着的读出者优先还是等待着的写入者优先没有保证，这也是我们在第8章中看到过的读写锁的情形。如果这对于某个应用来说很重要，那就编写并运行9.6节中开发的类似测试程序，或者给该应用提供满足所需优先关系的专用读写锁实现（如我们在8.4节所做的那样）。

习题

9.1 从图9-2和图9-1构造locknone程序，在自己的系统上运行多次。验证这个没有任何上锁能力的程序工作不正确，而且结果是非确定的。

9.2 把图9-2中的程序修改成不对标准输出进行缓冲。这样的修改有什么效果？

9.3 继续上一道习题，这次改为调用putchar逐个输出字符，而不是调用printf。这样的修改有什么效果？

9.4 把图9-3中my_lock函数使用的写入锁改为读出锁。会发生什么？

9.5 把loopmain.c程序中的open调用改为同时指定O_NONBLOCK标志。构造loopfcntlnonb程序，同时运行它的两个实例。结果有什么变化吗？为什么？

9.6 继续上一道习题，这次使用非阻塞版本的loopmain.c构造loopnonenonb程序（使用locknone.c文件，它不进行上锁操作）。启用seqno文件的强制性上锁。同时运行本程序的一个实例以及来自上一道习题的loopfcntlnonb程序的一个实例。会发生什么？

9.7 构造loopfcntl程序，从某个shell脚本在后台运行它10次。这10个实例的每一个应指定一个值为10 000的命令行参数。首先在使用劝告性上锁的前提下给这个shell脚本计时，然后把seqno文件的权限改为启用强制性上锁。强制性上锁对性能有什么影响？

9.8 在图9-8和图9-9中，我们为什么调用fork创建子进程，而不是调用pthread_create创建线程？

9.9 在图9-11中，我们调用ftruncate把文件的大小置为0字节。为什么不改为简单地给open指定O_TRUNC标志？

9.10 如果我们要编写一个使用fcntl记录上锁的线程化应用程序，那么在指定上锁的起始字节偏移量时，应使用SEEK_SET、SEEK_CUR还是SEEK_END呢？为什么？

217

第10章 Posix信号量

10.1 概述

信号量（semaphore）是一种用于提供不同进程间或一个给定进程的不同线程间同步手段的原语。本书讨论三种类型的信号量。

- Posix有名信号量：使用Posix IPC名字（2.2节）标识，可用于进程或线程间的同步。
- Posix基于内存的信号量：存放在共享内存区中，可用于进程或线程间的同步。
- System V信号量（第11章）：在内核中维护，可用于进程或线程间的同步。

我们暂时只考虑不同进程间的同步。首先考虑**二值信号量**（binary semaphore）：其值或为0或为1的信号量。图10-1展示了这种信号量。

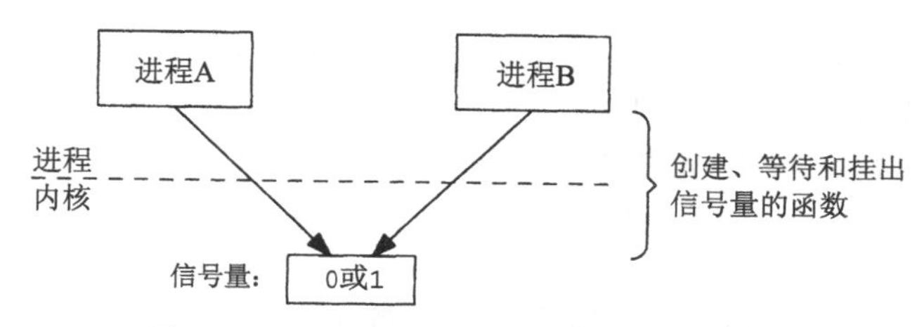

图10-1 由两个进程使用的一个二值信号量

图中画出该信号量是由内核来维护的（这对于System V信号量是正确的），其值可以是0或1。

Posix信号量不必在内核中维护。另外，Posix信号量是由可能与文件系统中的路径名对应的名字来标识的。因此，图10-2是Posix有名信号量的更为实际的图示。

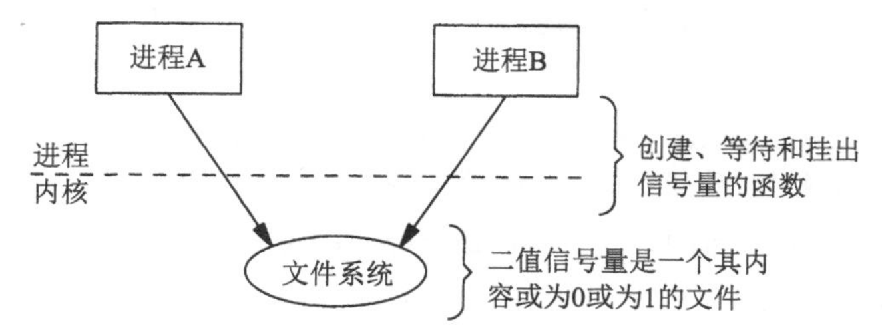

图10-2 由两个进程使用的一个Posix有名二值信号量

> 我们必须就图10-2作一个限定：尽管Posix有名信号量是由可能与文件系统中的路径对应的名字来标识的，但是并不要求它们真正存放在文件系统内的某个文件中。举例来说，嵌入式实时系统可能使用这样的名字来标识信号量，但是真正的信号量值却存放在内核中的某个地方。然而，如果信号量的实现用到了映射文件（我们将在10.15节展示这样的一个实现），那么信号量的真正值确实出现在某个文件中，而该文件是映射到所有让该信号量打开着的进程的地址空间的。

在图10-1和图10-2中，我们注出了一个进程可以在某个信号量上执行的三种操作。

(1) **创建**（create）一个信号量。这还要求调用者指定初始值，对于二值信号量来说，它通常是1，但也可以是0。

(2) **等待**（wait）一个信号量。该操作会测试会这个信号量的值，如果其值小于或等于0，那就等待（阻塞），一旦其值变为大于0就将它减1。这个过程可以用如下的伪代码来总结：

```
while (semaphore_value <= 0)
    ;     /* wait; i.e., block the thread or process */
semaphore_value--;
/* we have the semaphore */
```

这里的基本要求是：考虑到访问同一信号量的其他线程或进程，在while语句中测试该信号量的值和其后将它减1（如果该值大于0）这两个步骤必须作为一个原子操作完成。（这是20世纪80年代中期System V信号量在内核中实现的原因之一。这样一来信号量操作成为内核中的系统调用，于是保证相对其他进程的原子性变得容易起来。）

220

本操作还有其他常用名字：最初Edsger Dijkstra称它为P操作，代表荷兰语单词proberen（意思是尝试）。它也称为**递减**（down，因为信号量的值被减掉1）或**上锁**（lock），不过我们使用Posix术语**等待**（wait）。

(3) **挂出**（post）一个信号量。该操作将信号量的值加1，可以用如下的伪代码来总结：

```
semaphore_value++;
```

如果有一些进程阻塞着等待该信号量的值变为大于0，其中一个进程现在就可能被唤醒。与刚刚给出的等待伪代码一样，考虑到访问同一信号量的其他进程，挂出操作也必须是原子的。

本操作还有其他常用名字：最初称为V操作，代表荷兰语单词verhogen（意思是增加）。它也称为**递增**（up，因为信号量的值被加上1）、**解锁**（unlock）或**发信号**（signal）。我们使用Posix术语**挂出**（post）。

显而易见，真正的信号量代码比我们给出的等待和挂出操作的伪代码有更多的细节，也就是如何将等待某个给定信号量的所有进程排队，然后如何唤醒一个（可能是很多进程中的一个）正在等待某个给定信号量被挂出的进程。所幸的是这些细节是由实现来处理的。

注意，上面给出的伪代码并没有假定使用其值仅为0或1的二值信号量。它们适用于其值初始化为任意非负值的信号量。这样的信号量称为**计数信号量**（counting semaphore）。计数信号量通常初始化为某个值N，指示可用的资源（譬如说缓冲区）数。本章我们将同时展示二值信号量和计数信号量的例子。

> 我们往往在二值信号量和计数信号量之间进行区分，这样做是为了我们自己的教导目的。在实现信号量的代码中，这两者间并没有差别。

二值信号量可用于互斥目的，就像互斥锁一样。图10-3给出了一个例子。

初始化互斥锁;	初始化信号量为1;

pthread_mutex_lock(&mutex);
临界区
pthread_mutex_unlock(&mutex);
	sem_wait(&sem);
	临界区
	sem_post(&sem);

图10-3　比较解决互斥问题的互斥锁和信号量

我们把信号量初始化为1，sem_wait调用等待其值变为大于0，然后将它减1，sem_post调用则将其值加1（从0变为1），然后唤醒阻塞在sem_wait调用中等待该信号量的任何线程。

221

除可以像互斥锁那样使用外，信号量还有一个互斥锁没有提供的特性：互斥锁必须总是由锁住它的线程解锁，信号量的挂出却不必由执行过它的等待操作的同一线程执行。我们可以使用两个二值信号量和第7章中生产者-消费者问题的一个简化版本提供展示这种特性的一个例子。图10-4展示了往某个共享缓冲区中放置一个条目的一个生产者以及取走该条目的一个消费者。为简单起见，假设该缓冲区只容纳一个条目。

图10-4 使用一个共享缓冲区的简单生产者-消费者问题

图10-5给出了生产者和消费者程序的伪代码。

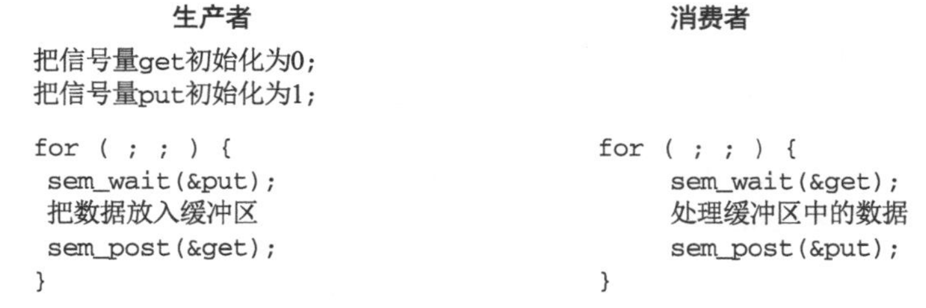

图10-5 简单的生产者-消费者程序的伪代码

信号量put控制生产者是否可以往共享缓冲区中放置一个条目，信号量get控制消费者是否可以从共享缓冲区中取走一个条目。按时间顺序发生的步骤如下所述。

(1) 生产者初始化缓冲区和两个信号量。

(2) 假设消费者接着运行。它阻塞在sem_wait调用中，因为get的值为0。

(3) 一段时间后生产者接着运行。当它调用sem_wait后，put的值由1减为0，于是生产者往缓冲区中放置一个条目，然后它调用sem_post，把get的值由0增为1。既然有一个线程（即消费者）阻塞在该信号量上等待其值变为正数，该线程将被标记成准备好运行（ready_to_run）。但是假设生产者继续运行，生产者随后会阻塞在for循环顶部的sem_wait调用中，因为put的值为0。生产者必须等待到消费者腾空缓冲区。

(4) 消费者从sem_wait调用中返回，它将get信号量的值由1减为0。接着它会处理缓冲区中的数据，然后调用sem_post，把put的值由0增为1。既然有一个线程（生产者）阻塞在该信号量上等待其值变为正数，该线程将被标记成准备好运行。但是假设消费者继续运行，消费者随后会阻塞在for循环顶部的sem_wait调用中，因为get的值为0。

222

(5) 生产者从sem_wait调用中返回，于是把数据放入缓冲区中，上述情形循环继续。

我们假设每次调用sem_post时，即使当时有一个进程正在等待并随后被标记成准备好运行，调用者也继续运行。是调用者继续运行还是刚变成准备好状态的线程运行无关紧要（你应该假设对立的情形，并说服自己接受这个事实）。

下面列出信号量、互斥锁和条件变量之间的三个差异。

(1) 互斥锁必须总是由给它上锁的线程解锁，信号量的挂出却不必由执行过它的等待操作的同一线程执行。这是我们的例子刚展示过的。

(2) 互斥锁要么被锁住，要么被解开（二值状态，类似于二值信号量）。

(3) 既然信号量有一个与之关联的状态（它的计数值），那么信号量挂出操作总是被记住。然而当向一个条件变量发送信号时，如果没有线程等待在该条件变量上，那么该信号将丢失。作为这种特性的一个例子，考虑图10-5，不过假设第一次通过生产者的循环时，消费者还没有调用sem_wait。生产者仍可以往缓冲区放置数据条目，然后在get信号量上调用sem_post（把它的值由0增为1），接着阻塞在put信号量上的sem_wait调用中。一段时间以后，消费者可能进入它的for循环，在get信号量上调用sem_wait，其结果是将该信号量的值减1（由1减为0），于是消费者接着处理缓冲区。

> Posix.1基本原理一文声称，有了互斥锁和条件变量还提供信号量的原因是：“本标准提供信号量的主要目的是提供一种进程间同步方式。这些进程可能共享也可能不共享内存区。互斥锁和条件变量是作为线程间的同步机制说明的，这些线程总是共享（某个）内存区。这两者都是已广泛使用了多年的同步范式。每组原语都特别适合于特定的问题。”我们将在10.15节看到，使用互斥锁和条件变量实现具有随内核持续性的计数信号量需要约300行C代码，应用程序不应该各自从头编写这300行C代码。尽管信号量的意图在于进程间同步，互斥锁和条件变量的意图则在于线程间同步，但是信号量也可用于线程间，互斥锁和条件变量也可用于进程间。我们应该使用适合具体应用的那组原语。

我们提到过Posix提供两类信号量：有名（named）信号量和基于内存的（memory-based）的信号量，后者也称为无名（unnamed）信号量。图10-6比较了这两类信号量使用的函数。

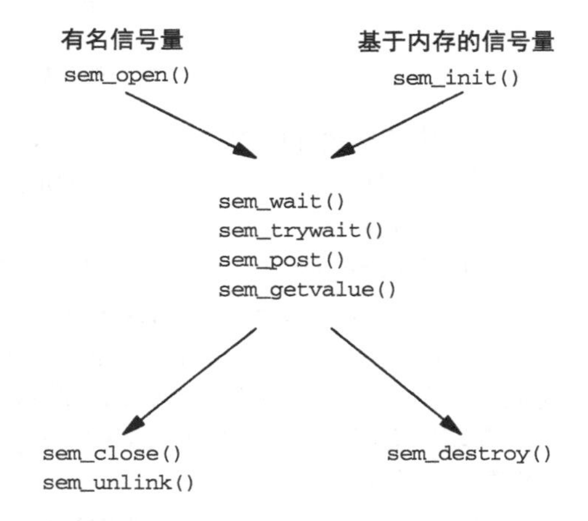

图10-6　用于Posix信号量的函数调用

图10-2展示了一个Posix有名信号量。图10-7则展示了某个进程内由两个线程共享的一个Posix基于内存的信号量。

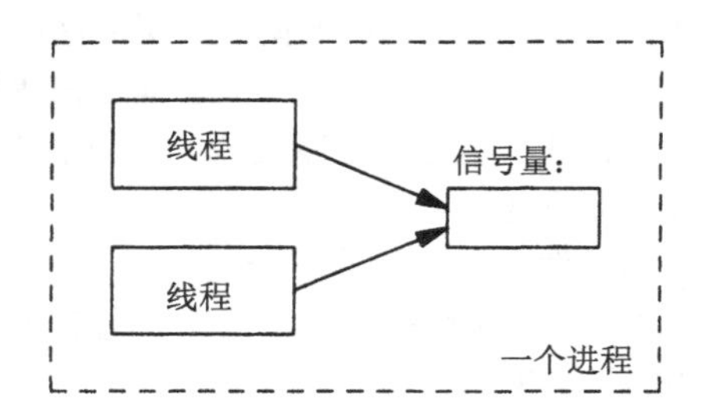

图10-7　由一个进程内的两个线程共享的基于内存的信号量

图10-8展示了某个共享内存区（第四部分）中由两个进程共享的一个Posix基于内存的信号量。图中画出该共享内存区同时属于这两个进程的地址空间。

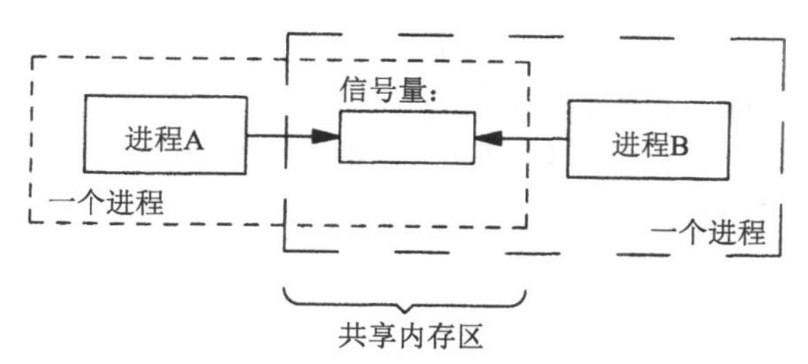

图10-8 由两个进程共享、处于共享内存区中的基于内存的信号量

223 ~ 224

本章中我们首先讲述Posix有名信号量，然后讲述Posix基于内存的信号量。我们回到7.3节中的生产者-消费者问题，将它扩展成允许多个生产者和一个消费者，最后是多个生产者和多个消费者。我们然后指出，多个缓冲区的常用I/O技巧只是生产者-消费者问题的一个特例。

我们给出Posix有名信号量的三种实现：第一种实现使用FIFO，第二种实现使用内存映射I/O以及互斥锁和条件变量，第三种实现使用System V信号量。

10.2 sem_open、sem_close和sem_unlink函数

函数sem_open创建一个新的有名信号量或打开一个已存在的有名信号量。有名信号量总是既可用于线程间的同步，又可用于进程间的同步。

```
#include <semaphore.h>

sem_t *sem_open(const char *name, int oflag, ...
            /* mode_t mode, unsigned int value */ );
```

返回：若成功则为指向信号量的指针，若出错则为SEM_FAILED

我们已在2.2节中描述过有关*name*参数的规则。

*oflag*参数可以是0、O_CREAT或O_CREAT|O_EXCL，如2.3节所述。如果指定了O_CREAT标志，那么第三个和第四个参数是需要的：其中*mode*参数指定权限位（图2-4），*value*参数指定信号量的初始值。该初始值不能超过SEM_VALUE_MAX（这个常值必须至少为32767）。二值信号量的初始值通常为1，计数信号量的初始值则往往大于1。

如果指定了O_CREAT（而没有指定O_EXCL），那么只有当所需的信号量尚未存在时才初始化它。不过所需信号量已存在条件下指定O_CREAT并不是一个错误。该标志的意思仅仅是“如果所需信号量尚未存在，那就创建并初始化它”。但是所需信号量已存在条件下指定O_CREAT | O_EXCL却是一个错误。

sem_open的返回值是指向某个sem_t数据类型的指针。该指针随后用作sem_close、sem_wait、sem_trywait、sem_post以及sem_getvalue的参数。

> 用SEM_FAILED这个返回值来指示错误比较奇怪。使用空指针也许更为合理。后来形成Posix标准的那些早期草案指定使用-1这个返回值来指示出错，许多实现于是定义
>
> ```
> #define SEM_FAILED ((sem_t *)(-1))
> ```
>
> 当使用sem_open创建或打开某个信号量时，Posix.1未就与该信号量关联的权限位做过多少说明。实际上从图2-3和前面的讨论可注意到，当打开一个有名信号量时，我们甚至没有在*oflag*参数中指定O_RDONLY、O_WRONLY或O_RDWR标志。本书中的例子所用的两个系统（Digital Unix 4.0B和Solaris 2.6）都要求对某个已存在的信号量具有读访问和写访问权限，这

样对它的sem_open才能成功。其原因也许是信号量的挂出与等待操作都需要读出并修改信号量的值。这两种实现上，不具备读访问或写访问某个已存在信号量的权限都将导致sem_open函数返回一个EACCES错误（“Permission denied”（访问权限不符））。

225

使用sem_open打开的有名信号量，使用sem_close将其关闭。

```
#include <semaphore.h>

int sem_close(sem_t *sem);
```

返回：若成功则为0，若出错则为-1

一个进程终止时，内核还对其上仍然打开着的所有有名信号量自动执行这样的信号量关闭操作。不论该进程是自愿终止的（通过调用exit或_exit）还是非自愿地终止的（通过向它发送一个Unix信号），这种自动关闭都会发生。

关闭一个信号量并没有将它从系统中删除。这就是说，Posix有名信号量至少是随内核持续的：即使当前没有进程打开着某个信号量，它的值仍然保持。

有名信号量使用sem_unlink从系统中删除。

```
#include <semaphore.h>

int sem_unlink(const char *name);
```

返回：若成功则为0，若出错则为-1

每个信号量有一个引用计数器记录当前的打开次数（就像文件一样），sem_unlink类似于文件I/O的unlink函数：当引用计数还是大于0时，*name*就能从文件系统中删除，然而其信号量的析构（不同于将它的名字从文件系统中删除）却要等到最后一个sem_close发生时为止。

10.3　sem_wait和sem_trywait函数

sem_wait函数测试所指定信号量的值，如果该值大于0，那就将它减1并立即返回。如果该值等于0，调用线程就被置于休眠状态中，直到该值变为大于0，这时再将它减1，函数随后返回。我们以前提到过，考虑到访问同一信号量的其他线程，“测试并减1”操作必须是原子的。

```
#include <semaphore.h>

int sem_wait(sem_t *sem);

int sem_trywait(sem_t *sem);
```

均返回：若成功则为0，若出错则为-1

226

sem_wait和sem_trywait的差别是：当所指定信号量的值已经是0时，后者并不将调用线程置于休眠状态。相反，它返回一个EAGAIN错误。

如果被某个信号中断，sem_wait就可能过早地返回，所返回的错误为EINTR。

10.4　sem_post和sem_getvalue函数

当一个线程使用完某个信号量时，它应该调用sem_post。就像10.1节中讨论过的那样，本函数把所指定信号量的值加1，然后唤醒正在等待该信号量值变为正数的任意线程。

```
#include <semaphore.h>

int sem_post(sem_t *sem);

int sem_getvalue(sem_t *sem, int *valp);
```

均返回：若成功则为0，若出错则为-1

sem_getvalue在由*valp*指向的整数中返回所指定信号量的当前值。如果该信号量当前已上锁，那么返回值或为0，或为某个负数，其绝对值就是等待该信号量解锁的线程数。

我们现在看到了互斥锁、条件变量和信号量之间的更多差别。首先，互斥锁必须总是由给它上锁的线程解锁。信号量没有这种限制：一个线程可以等待某个给定信号量（譬如说将该信号量的值由1减为0，这跟给该信号量上锁一样），而另一个线程可以挂出该信号量（譬如说将该信号量的值由0增为1，这跟给该信号量解锁一样）。

其次，既然每个信号量有一个与之关联的值，它由挂出操作加1，由等待操作减1，那么任何线程都可以挂出一个信号（譬如说将它的值由0增为1），即使当时没有线程在等待该信号量值变为正数也没有关系。然而，如果某个线程调用了pthread_cond_signal，不过当时没有任何线程阻塞在pthread_cond_wait调用中，那么发往相应条件变量的信号将丢失。

最后，在各种各样的同步技巧（互斥锁、条件变量、读写锁、信号量）中，能够从信号处理程序中安全调用的唯一函数是sem_post。

> 这三个差异点不应该被解释成作者对于信号量的偏袒。我们已看过的所有同步原语（互斥锁、条件变量、读写锁、信号量以及记录上锁）都有它们各自的位置。对于一个给定应用我们已有很多选择，因而需要了解各种原语之间的差别。还要从刚刚列出的比较中意识到的是，互斥锁是为上锁而优化的，条件变量是为等待而优化的，信号量既可用于上锁，也可用于等待，因而可能导致更多的开销和更高的复杂性。

227

10.5 简单的程序

我们现在提供一些在Posix有名信号量上操作的简单程序，目的是更多地了解它们的功能与实现。由于Posix有名信号量至少具有随内核的持续性，因此我们可以跨多个程序操纵它们。

10.5.1 semcreate 程序

图10-9中的程序创建一个有名信号量，允许的命令行选项有指定独占创建的-e和指定一个初始值（默认值1以外的值）的-i。

pxsem/semcreate.c

```
1 #include     "unpipc.h"

2 int
3 main(int argc, char **argv)
4 {
5     int     c, flags;
6     sem_t   *sem;
7     unsigned int value;

8     flags = O_RDWR | O_CREAT;
9     value = 1;
```

图10-9 创建一个有名信号量

```
10      while ( (c = Getopt(argc, argv, "ei:")) != -1) {
11          switch (c) {
12          case 'e':
13              flags |= O_EXCL;
14              break;

15          case 'i':
16              value = atoi(optarg);
17              break;
18          }
19      }
20      if (optind != argc - 1)
21          err_quit("usage: semcreate [ -e ] [ -i initalvalue ] <name>");

22      sem = Sem_open(argv[optind], flags, FILE_MODE, value);

23      Sem_close(sem);
24      exit(0);
25 }
```
pxsem/semcreate.c

图10-9（续）

创建信号量

22 既然总是指定O_CREAT标志，我们调用sem_open时必须提供四个参数。不过最后两个参数只有所需信号量尚未存在时才由sem_open使用。

关闭信号量

23 我们调用sem_close，不过要是省掉了这个调用，当相应进程终止时，所创建的信号量也被关闭（所占用的系统资源随之释放）。

228

10.5.2 semunlink 程序

图10-10中的程序删除一个有名信号量的名字。

pxsem/semunlink.c
```
1 #include    "unpipc.h"

2 int
3 main(int argc, char **argv)
4 {
5     if (argc != 2)
6         err_quit("usage: semunlink <name>");

7     Sem_unlink(argv[1]);

8     exit(0);
9 }
```
pxsem/semunlink.c

图10-10 删除一个有名信号量的名字

10.5.3 semgetvalue 程序

图10-11中的简单程序打开一个有名信号量，取得它的当前值，然后输出该值。

打开信号量

9 当我们去打开一个一定存在的信号量时，sem_open的第二个参数为0，因为我们不指定O_CREAT，也没有其他O_*xxx*常值需指定。

pxsem/semgetvalue.c

```
 1 #include    "unpipc.h"

 2 int
 3 main(int argc, char **argv)
 4 {
 5     sem_t   *sem;
 6     int     val;

 7     if (argc != 2)
 8         err_quit("usage: semgetvalue <name>");

 9     sem = Sem_open(argv[1], 0);
10     Sem_getvalue(sem, &val);
11     printf("value = %d\n", val);

12     exit(0);
13 }
```

pxsem/semgetvalue.c

图10-11 取得并输出一个信号量的值

10.5.4 **semwait** 程序

图10-12中的程序打开一个有名信号量，调用sem_wait（如果该信号量的当前值小于或等于0，该调用就阻塞，结束阻塞后该调用将信号量的值减1），取得并输出该信号量的当前值，然后永远阻塞在一个pause调用中。

pxsem/semwait.c

```
 1 #include    "unpipc.h"

 2 int
 3 main(int argc, char **argv)
 4 {
 5     sem_t   *sem;
 6     int     val;

 7     if (argc != 2)
 8         err_quit("usage: semwait <name>");

 9     sem = Sem_open(argv[1], 0);
10     Sem_wait(sem);
11     Sem_getvalue(sem, &val);
12     printf("pid %ld has semaphore, value = %d\n", (long) getpid(), val);

13     pause();                    /* blocks until killed */
14     exit(0);
15 }
```

pxsem/semwait.c

图10-12 等待一个信号量并输出它的值

10.5.5 **sempost** 程序

图10-13中的程序挂出一个有名信号量（即把它的值加1），然后取得并输出该信号量的值。

pxsem/sempost.c

```
 1 #include    "unpipc.h"

 2 int
 3 main(int argc, char **argv)
 4 {
 5     sem_t   *sem;
 6     int     val;

 7     if (argc != 2)
 8         err_quit("usage: sempost <name>");

 9     sem = Sem_open(argv[1], 0);
10     Sem_post(sem);
11     Sem_getvalue(sem, &val);
12     printf("value = %d\n", val);

13     exit(0);
14 }
```

pxsem/sempost.c

229
~
230

图10-13　挂出一个信号量

10.5.6　例子

我们首先在Digital Unix 4.0B下创建一个有名信号量，然后输出它的（默认）值。

```
alpha % semcreate /tmp/test1
alpha % ls -l /tmp/test1
-rw-r--r--    1 rstevens system      264 Nov 13 08:51 /tmp/test1
alpha % semgetvalue /tmp/test1
value = 1
```

跟Posix消息队列一样，本系统创建一个位于文件系统中的文件，它对应于我们给所创建的有名信号量指定的名字。

现在等待该信号量，然后中止持有该信号量锁的程序。

```
alpha % semwait /tmp/test1
pid 9702 has semaphore, value = 0          sem_wait返回后的值
^?                                         键入中断键以中止程序
alpha % semgetvalue /tmp/test1
value = 0                                  值仍然为0
```

本例子展示了我们早先提到过的两个特性。首先，信号量的值是随内核持续的。这就是说，从上一个例子创建该信号量到本例子，尽管期间没有程序打开着该信号量，其值（等于1）却由内核维持着。其次，当我们中止持有信号量锁的semwait程序时，该信号量的值并不改变。这就是说，当持有某个信号量锁的进程没有释放它就终止时，内核并不给该信号量解锁。这跟记录锁不一样，我们在第9章中说过，当持有某个记录锁的进程没有释放它就终止时，内核自动释放它。

我们接着展示Digital Unix的信号量实现使用负的信号量值指示等待该信号量解锁的进程数。

```
alpha % semgetvalue /tmp/test1
value = 0                                  值仍然是来自上一个例子的0

alpha % semwait /tmp/test1 &               在后台启动一个semwait程序
[1]     9718                               它阻塞，等待信号量

alpha % semgetvalue /tmp/test1
value = -1                                 有一个进程在等待信号量

alpha % semwait /tmp/test1 &               在后台启动另一个semwait程序
```

```
[2]      9727                                     它也阻塞，等待信号量

alpha % semgetvalue /tmp/test1
value = -2                                        有两个进程在等待信号量

alpha % sempost /tmp/test1                        现在挂出信号量
value = -1                                        sem_post返回后的值
pid 9718 has semaphore, value = -1                来自第一个semwait程序的输出

alpha % sempost /tmp/test1                        再次挂出信号量
value = 0
pid 9727 has semaphore, value = 0                 来自第二个semwait程序的输出
```

231

当信号量值为-2时，我们执行sempost程序，于是该值经加1后变为-1，同时有一个原本阻塞在sem_wait调用中的进程返回。

现在改为在Solaris 2.6下执行同样的例子，目的是查看它们在信号量实现上的差异。

```
solaris % semcreate /test2
solaris % ls -l /tmp/.*test2*
-rw-r--r--   1 rstevens other1    48 Nov 13 09:11 /tmp/.SEMDtest2
-rw-rw-rw-   1 rstevens other1     0 Nov 13 09:11 /tmp/.SEMLtest2
solaris % semgetvalue / test2
value = 1
```

跟Posix消息队列一样，Solaris系统在/tmp目录下创建若干文件，作为文件名后缀的是所指定信号量的名字。我们看到第一个文件的权限与我们调用sem_open时指定的权限相对应，至于第二个文件，我们猜想其用于上锁。

下面验证当持有某个信号量锁的进程没有释放该锁就终止时，内核没有自动挂出该信号量。

```
solaris % semwait /test2
pid 4133 has semaphore, value = 0
^?                                                键入中断键
solaris % semgetvalue /test2
value = 0                                         值仍然为0
```

接着展示Solaris的信号量实现在有进程等待着某个信号量的时候如何处理该信号量的值。

```
solaris % semgetvalue /test2
value = 0                                         值仍然是来自上一个例子的0

solaris % semwait /test2 &                        在后台启动一个semwait程序
[1]      4257                                     它阻塞，等待信号量

solaris % semgetvalue /test2
value = 0                                         本实现不使用负值

solaris % semwait /test2 &                        在后台启动另一个semwait程序
[2]      4263

solaris % semgetvalue /test2
value = 0                                         值仍然为0，不过有两个进程在等着

solaris % sempost /test2                          现在挂出信号量
pid 4257 has semaphore, value = 0                 来自第一个semwait程序的输出
value = 0

solaris % sempost /test2
pid 4263 has semaphore, value = 0                 来自第二个semwait程序的输出
value = 0
```

与前面在Digital Unix下的输出相比，这个输出中的一个差别是在挂出信号量的时机：看起来等待着的进程优于挂出信号量的进程运行。

232

10.6 生产者-消费者问题

我们在7.3节中讲述了生产者-消费者问题，并展示了一些解决方案，具体解决多个生产者线程填写由单个消费者线程处理的一个数组时的同步问题。

(1) 在第一个方案中（7.3节），消费者是在生产者完成后启动的，因此使用单个互斥锁（来同步各个生产者）就能解决同步问题。

(2) 在下一个方案中（7.5节），消费者在生产者完成之前启动，因此解决同步问题需要一个互斥锁（来同步各个生产者）加上一个条件变量及其互斥锁（来同步生产者和消费者）。

现在对生产者-消费者问题进行扩展，把共享缓冲区用作一个环绕缓冲区：生产者填写最后一项（buff[NBUFF-1]）后，回过头来填写第一项（buff[0]），消费者也同样这么做。这么一来增加了又一个同步问题，即生产者不能走到消费者的前面。我们仍然假设生产者和消费者都是线程，不过它们也可以是进程，前提是存在某种在进程间共享缓冲区的方法（例如我们将在第四部分介绍的共享内存区）。

当共享缓冲区作为一个环绕缓冲区考虑时，必须由代码来维持以下三个条件。

(1) 当缓冲区为空时，消费者不能试图从其中去除一个条目。

(2) 当缓冲区填满时，生产者不能试图往其中放置一个条目。

(3) 共享变量可能描述缓冲区的当前状态（下标、计数和链表指针等），因此生产者和消费者的所有缓冲区操纵都必须保护起来，以避免竞争状态。

接下来我们给出的使用信号量的方案展示了三种不同类型的信号量。

(1) 名为mutex的二值信号量保护两个临界区：一个是往共享缓冲区中插入一个数据条目（由生产者执行），另一个是从共享缓冲区中移走一个数据条目（由消费者执行）。用作互斥锁的二值信号量初始化为1。（显然，我们可以使用真正的互斥锁代替这样的二值信号量。见习题10.10。）

(2) 名为nempty的计数信号量统计共享缓冲区中的空槽位数。该信号量初始化为缓冲区中的槽位数（NBUFF）。

(3) 名为nstored的计数信号量统计共享缓冲区中已填写的槽位数。该信号量初始化为0，因为缓冲区一开始是空的。

233

图10-14展示了程序完成初始化时我们的缓冲区及两个计数信号量的状态。我们给未用的数组元素标以阴影。

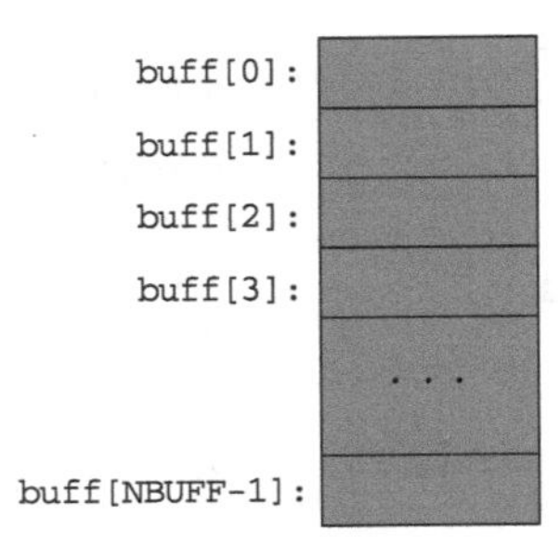

图10-14 初始化后的缓冲区和两个计数信号量

在我们的例子中，生产者只是把0~(NLOOP-1)存放到共享缓冲区中（buff[0] = 0，buff[1] = 1，等等），并把该缓冲区用作一个环绕缓冲区。消费者从该缓冲区取出这些整数，并验证它们是正确的，若有错误则输出到标准输出上。

图10-15展示了在生产者往共享缓冲区放置了3个条目之后，但在消息者从该缓冲区取走其中任何条目之前该缓冲区和两个计数信号量的状态。

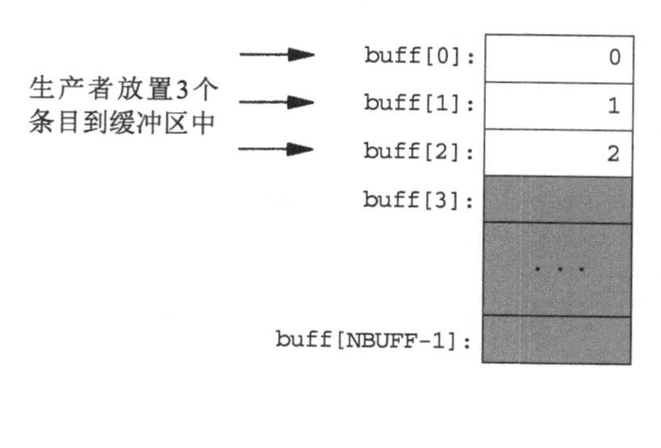

图10-15 生产者放置3个条目到缓冲区后的缓冲区和计数信号量

234

我们接着假设消费者从共享缓冲区中移走一个条目，图10-16展示这时的状态。

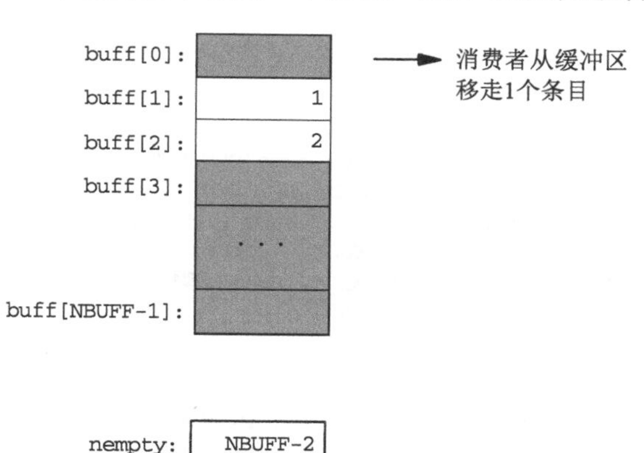

图10-16 消费者从缓冲区移走第一个条目后的缓冲区和计数信号量

图10-17中的main函数创建前述三个信号量，创建两个线程，等待这两个线程的完成，然后删除这些信号量。

全局变量

6~10 可存放NBUFF个条目的缓冲区以及三个信号量指针是生产者线程和消费者线程共享的全局变量。正如第7章中所述，我们把它们收集到一个结构中，以强调这些信号量是用于同步对共享缓冲区的访问的。

创建信号量

19~25 创建三个信号量，它们的名字首先传递给我们的px_ipc_name函数。指定O_EXCL标志，因为每个信号量都需要初始化为正确的值。如果这三个信号量因先前本程序运行中止而没有全部删除，那么我们可以在创建之前给每个信号量调用sem_unlink，并忽略任何错误。另一种方法是，检查指定了O_EXCL标志的sem_open是否返回一个EEXIST错误，若是则调用sem_unlink，然后再调用一次sem_open，不过这么一来就更复杂了。如果我们需要验证本程序只有一个副本在运行（这一步可在尝试创建任何信号量之前完成），那么可以如9.7节中所述的那样去做。

pxsem/prodcons1.c

```
 1 #include    "unpipc.h"

 2 #define NBUFF    10
 3 #define SEM_MUTEX   "mutex"       /* these are args to px_ipc_name() */
 4 #define SEM_NEMPTY  "nempty"
 5 #define SEM_NSTORED "nstored"

 6 int     nitems;                   /* read-only by producer and consumer */
 7 struct {                          /* data shared by producer and consumer */
 8   int    buff[NBUFF];
 9   sem_t *mutex, *nempty, *nstored;
10 } shared;

11 void    *produce(void *), *consume(void *);

12 int
13 main(int argc, char **argv)
14 {
15     pthread_t   tid_produce, tid_consume;

16     if (argc != 2)
17         err_quit("usage: prodcons1 <#items>");
18     nitems = atoi(argv[1]);

19         /* create three semaphores */
20     shared.mutex = Sem_open(Px_ipc_name(SEM_MUTEX), O_CREAT | O_EXCL,
21                             FILE_MODE, 1);
22     shared.nempty = Sem_open(Px_ipc_name(SEM_NEMPTY), O_CREAT | O_EXCL,
23                              FILE_MODE, NBUFF);
24     shared.nstored = Sem_open(Px_ipc_name(SEM_NSTORED), O_CREAT | O_EXCL,
25                               FILE_MODE, 0);

26         /* create one producer thread and one consumer thread */
27     Set_concurrency(2);
28     Pthread_create(&tid_produce, NULL, produce, NULL);
29     Pthread_create(&tid_consume, NULL, consume, NULL);

30         /* wait for the two threads */
31     Pthread_join(tid_produce, NULL);
32     Pthread_join(tid_consume, NULL);

33         /* remove the semaphores */
34     Sem_unlink(Px_ipc_name(SEM_MUTEX));
35     Sem_unlink(Px_ipc_name(SEM_NEMPTY));
36     Sem_unlink(Px_ipc_name(SEM_NSTORED));
37     exit(0);
38 }
```

pxsem/prodcons1.c

图10-17　生产者-消费者问题信号量解决方案的main函数

创建两个线程

26~29　创建两个线程，一个作为生产者，一个作为消费者。不给这两个线程传递任何参数。

30~36 主线程然后等待这两个线程的终止，接着删除一开始创建的三个信号量。

我们还可以给每个线程调用sem_close，不过进程终止时这会自动发生。然而删除一个有名信号量的名字却必须显式地完成。

图10-18给出了produce和comsume函数。

pxsem/prodcons1.c

```
39 void *
40 produce(void *arg)
41 {
42     int     i;

43     for (i = 0; i < nitems; i++) {
44         Sem_wait(shared.nempty);      /* wait for at least 1 empty slot */
45         Sem_wait(shared.mutex);
46         shared.buff[i % NBUFF] = i;     /* store i into circular buffer */
47         Sem_post(shared.mutex);
48         Sem_post(shared.nstored);     /* 1 more stored item */
49     }
50     return(NULL);
51 }

52 void *
53 consume(void *arg)
54 {
55     int     i;

56     for (i = 0; i < nitems; i++) {
57         Sem_wait(shared.nstored);        /* wait for at least 1 stored item */
58         Sem_wait(shared.mutex);
59         if (shared.buff[i % NBUFF] != i)
60             printf("buff[%d] = %d\n", i, shared.buff[i % NBUFF]);
61         Sem_post(shared.mutex);
62         Sem_post(shared.nempty);         /* 1 more empty slot */
63     }
64     return(NULL);
65 }
```

pxsem/prodcons1.c

图10-18 produce和consume函数

生产者等待到缓冲区中有一个条目的空间

44 生产者在nempty信号量上调用sem_wait，等待缓冲区中有存放另一个条目的可用空间为止。首次执行本行语句时，该信号量的值将从NBUFF变为NBUFF-1。

生产者在缓冲区中存放条目

45~48 在往缓冲区中存放新条目之前，生产者必须获取mutex信号量。在我们的例子中，生产者只是往下标为i % NBUFF的数组元素中存放一个值，因此不需要描述缓冲区状态的共享变量（也就是说我们不使用每次往缓冲区中放置一个条目就得更新状态的链表）。这样的话，获取和释放mutex信号量实际上没有必要。不过我们还是给出了，因为这种类型的问题（更新由多个线程共享的一个缓冲区）通常需要这么做。

往缓冲区中存放当前条目后，释放mutex信号量（其值由0变为1），并挂出nstored信号量。第一次执行这个语句时，nstored的值将从初始值0变为1。

消费者等待nstored信号量

57~62 当nstored信号量的值大于0时，缓冲区中已有那么多的条目待处理。消费者从缓冲区

235
~
237

中取出一个条目并验证它的值是正确的，不过这样的缓冲区访问是用mutex信号量保护起来的。之后消费者挂出nempty信号量，告诉生产者又有一个空槽位可用了。

死锁

如果我们错误地对换了消费者函数（图10-18）中两个Sem_wait调用的顺序，那会发生什么呢？假设生产者首先启动（跟习题10.1的解答中所假设的一样），那么它将往缓冲区中存放NBUFF个条目，从而把nempty信号量的值从NBUFF递减为0，把nstored信号量的值从0递增为NBUFF。至此，生产者阻塞在Sem_wait(shared.nempty)调用中，因为缓冲区满，其上没有存放另一个条目的空槽位可用。

消费者启动，验证缓冲区中第一批NBUFF个条目的正确性。这个过程把nstored信号量的值从NBUFF递减为0，把nempty信号量的值从0递增为NBUFF。消费者接着在调用Sem_wait(shared.mutex)之后阻塞在Sem_wait(shared.nstored)调用中。生产者可以恢复执行了，因为nempty的值现已大于0，然而生产者接着调用的是Sem_wait(shared.mutex)，于是阻塞。

这种现象就是死锁（dead lock）。生产者在等待mutex信号量，但是消费者却持有该信号量并在等待nstored信号量。然而生产者只有获取了mutex信号量才能挂出nstored信号量。这就是使用信号量的问题之一：要是编写代码时出了差错，程序就不能正确工作。

> Posix允许sem_wait检测死锁并返回EDEADLK错误，但是运行本例子所用的系统（Solaris 2.6和Digital Unix 4.0B）都不能检测这种错误。

10.7　文件上锁

现在回到第9章中的序列号问题，我们提供了使用Posix有名信号量实现的my_lock和my_unlock函数。图10-19给出了这两个函数。

lock/lockpxsem.c

```
 1 #include    "unpipc.h"

 2 #define LOCK_PATH   "pxsemlock"

 3 sem_t       *locksem;
 4 int         initflag;

 5 void
 6 my_lock(int fd)
 7 {
 8     if (initflag == 0) {
 9         locksem = Sem_open(Px_ipc_name(LOCK_PATH), O_CREAT, FILE_MODE, 1);
10         initflag = 1;
11     }
12     Sem_wait(locksem);
13 }

14 void
15 my_unlock(int fd)
16 {
17     Sem_post(locksem);
18 }
```

lock/lockpxsem.c

图10-19　使用Posix有名信号量的文件上锁

这两个函数采用一个作为劝告性文件锁使用的信号量，当首先调用my_lock函数时，该信号量的值被初始化为1。为获取该文件锁，我们调用sem_wait；为释放该锁，我们调用sem_post。

10.8 sem_init 和 sem_destroy 函数

本章此前的内容处理的是Posix有名信号量。这些信号量由一个*name*参数标识，它通常指代文件系统中的某个文件。然而Posix也提供基于内存的信号量，它们由应用程序分配信号量的内存空间（也就是分配一个sem_t数据类型的内存空间），然后由系统初始化它们的值。

```
#include <semaphore.h>

int sem_init(sem_t *sem, int shared, unsigned int value);
                                        返回：若出错则为-1

int sem_destroy(sem_t *sem);
                              返回：若成功则为0，若出错则为-1
```

基于内存的信号量是由sem_init初始化的。*sem*参数指向应用程序必须分配的sem_t变量。如果*shared*为0，那么待初始化的信号量是在同一进程的各个线程间共享的，否则该信号量是在进程间共享的。当*shared*为非零时，该信号量必须存放在某种类型的共享内存区中，而即将使用它的所有进程都要能访问该共享内存区。跟sem_open一样，*value*参数是该信号量的初始值。

使用完一个基于内存的信号量后，我们调用sem_destroy摧毁它。

> sem_open不需要类似于*shared*的参数或类似于PTHREAD_PROCESS_SHARED的属性（第7章中讲述的互斥锁和条件变量可使用该属性），因为有名信号量总是可以在不同进程间共享的。
>
> 注意，基于内存的信号量不使用任何类似于O_CREAT标志的东西，也就是说，sem_init总是初始化信号量的值。因此，对于一个给定的信号量，我们必须小心保证只调用sem_init一次。（习题10.2展示了对于有名信号量的这个差别。）对一个已初始化过的信号量调用sem_init，其结果是未定义的。
>
> 你得确保理解sem_open和sem_init之间的下述基本差异。前者返回一个指向某个sem_t变量的指针，该变量由（sem_open）函数本身分配并初始化。后者的第一个参数是一个指向某个sem_t变量的指针，该变量由调用者分配，然后由（sem_init）函数初始化。
>
> Posix.1警告说，对于一个基于内存的信号量，只有sem_init的*sem*参数指向的位置可用于访问该信号量，使用它的sem_t数据类型副本访问时结果未定义。
>
> sem_init出错时返回-1，但成功时并不返回0。这确实有些奇怪，Posix.1基本原理一文中有一个注解说，将来的某个修订版可能指定调用成功时返回0。

238 ~ 239

当不需要使用与有名信号量关联的名字时，可改用基于内存的信号量。彼此无亲缘关系的不同进程需使用信号量时，通常使用有名信号量。其名字就是各个进程标识信号量的手段。

我们在图1-3中说过，基于内存的信号量至少具有随进程的持续性，然而它们真正的持续性却取决于存放信号量的内存区的类型。只要含有某个基于内存信号量的内存区保持有效，该信号量就一直存在。

- 如果某个基于内存的信号量是由单个进程内的各个线程共享的（sem_init的*shared*的参数为0），那么该信号量具有随进程的持续性，当该进程终止时它也消失。
- 如果某个基于内存的信号量是在不同进程间共享的（sem_init的*shared*参数为1），那么该信号量必须存放在共享内存区中，因而只要该共享内存区仍然存在，该信号量也就继续存在。从图1-3可以看出，Posix共享内存区和System V共享内存区都具有随内核的持续性。这意味着服务器可以创建一个共享内存区，在该共享内存区中初始化一个Posix基于内存的信号量，然后终止。一段时间后，一个或多个客户可打开该共享内存区，访问存放在其中的基于内存的信号量。

小心，下面的代码并不像预期的那样工作。

```
sem_t  mysem;

    Sem_init(&mysem, 1, 0);       /* 2nd arg of 1 -> shared between processes */

    if (Fork() == 0) {            /* child */
        . . .
        Sem_post(&mysem);
    }
    Sem_wait(&mysem);             /* parent; wait for child */
```

问题在于信号量mysem不在共享内存区中，正确的代码见10.12节。fork出来的子进程通常不共享父进程的内存空间。子进程是在父进程内存空间的副本上启动的，它跟共享内存区不是一回事。我们将在本书第四部分详细讨论共享内存区。

240

例子

作为一个例子，我们把图10-17和图10-18中的生产者-消费者例子程序转换成使用基于内存的信号量。图10-20给出了这个程序。

pxsem/prodcons2.c

```
 1 #include    "unpipc.h"

 2 #define NBUFF    10

 3 int     nitems;                    /* read-only by producer and consumer */
 4 struct {                           /* data shared by producer and consumer */
 5     int     buff[NBUFF];
 6     sem_t   mutex, nempty, nstored;        /* semaphores, not pointers */
 7 } shared;

 8 void    *produce(void *), *consume(void *);

 9 int
10 main(int argc, char **argv)
11 {
12     pthread_t   tid_produce, tid_consume;

13     if (argc != 2)
14         err_quit("usage: prodcons2 <#items>");
15     nitems = atoi(argv[1]);

16         /* initialize three semaphores */
17     Sem_init(&shared.mutex, 0, 1);
18     Sem_init(&shared.nempty, 0, NBUFF);
19     Sem_init(&shared.nstored, 0, 0);

20     Set_concurrency(2);
21     Pthread_create(&tid_produce, NULL, produce, NULL);
22     Pthread_create(&tid_consume, NULL, consume, NULL);

23     Pthread_join(tid_produce, NULL);
24     Pthread_join(tid_consume, NULL);
```

图10-20　使用基于内存信号量的生产者-消费者程序

```
25         Sem_destroy(&shared.mutex);
26         Sem_destroy(&shared.nempty);
27         Sem_destroy(&shared.nstored);
28         exit(0);
29 }

30 void *
31 produce(void *arg)
32 {
33         int     i;

34         for (i = 0; i < nitems; i++) {
35             Sem_wait(&shared.nempty);       /* wait for at least 1 empty slot */
36             Sem_wait(&shared.mutex);
37             shared.buff[i % NBUFF] = i;     /* store i into circular buffer */
38             Sem_post(&shared.mutex);
39             Sem_post(&shared.nstored);      /* 1 more stored item */
40         }
41         return(NULL);
42 }

43 void *
44 consume(void *arg)
45 {
46         int     i;

47         for (i = 0; i < nitems; i++) {
48             Sem_wait(&shared.nstored);      /* wait for at least 1 stored item */
49             Sem_wait(&shared.mutex);
50             if (shared.buff[i % NBUFF] != i)
51                 printf("buff[%d] = %d\n", i, shared.buff[i % NBUFF]);
52             Sem_post(&shared.mutex);
53             Sem_post(&shared.nempty);       /* 1 more empty slot */
54         }
55         return(NULL);
56 }
```
pxsem/prodcons2.c

241

图10-20（续）

分配信号量

6　本程序所用的三个信号量现在声明为三个sem_t数据类型的变量，而不是以前的三个sem_t数据类型指针。

调用sem_init

16~27　把原来的sem_open调用改为sem_init，sem_unlink调用改为sem_destroy。这几个sem_destroy调用实际上没有必要，因为程序马上就结束了。

其余变动是在所有的sem_wait和sem_post调用中传递指向三个信号量变量的指针。

10.9　多个生产者，单个消费者

10.6节中的生产者-消费者方案解决的是经典的单个生产者单个消费者问题。对它作修改后允许有多个生产者和单个消费者。我们从图10-20使用基于内存信号量的方案着手。图10-21给出了全局变量和main函数。

pxsem/prodcons3.c

```
 1 #include    "unpipc.h"

 2 #define NBUFF        10
 3 #define MAXNTHREADS 100

 4 int     nitems, nproducers;           /* read-only by producer and consumer */

 5 struct {                              /* data shared by producers and consumer */
 6     int     buff[NBUFF];
 7     int     nput;
 8     int     nputval;
 9     sem_t   mutex, nempty, nstored;       /* semaphores, not pointers */
10 } shared;

11 void    *produce(void *), *consume(void *);

12 int
13 main(int argc, char **argv)
14 {
15     int     i, count[MAXNTHREADS];
16     pthread_t tid_produce[MAXNTHREADS], tid_consume;

17     if (argc != 3)
18         err_quit("usage: prodcons3 <#items> <#producers>");
19     nitems = atoi(argv[1]);
20     nproducers = min(atoi(argv[2]), MAXNTHREADS);

21         /* initialize three semaphores */
22     Sem_init(&shared.mutex, 0, 1);
23     Sem_init(&shared.nempty, 0, NBUFF);
24     Sem_init(&shared.nstored, 0, 0);

25         /* create all producers and one consumer */
26     Set_concurrency(nproducers + 1);
27     for (i = 0; i < nproducers; i++) {
28         count[i] = 0;
29         Pthread_create(&tid_produce[i], NULL, produce, &count[i]);
30     }
31     Pthread_create(&tid_consume, NULL, consume, NULL);

32         /* wait for all producers and the consumer */
33     for (i = 0; i < nproducers; i++) {
34         Pthread_join(tid_produce[i], NULL);
35         printf("count[%d] = %d\n", i, count[i]);
36     }
37     Pthread_join(tid_consume, NULL);

38     Sem_destroy(&shared.mutex);
39     Sem_destroy(&shared.nempty);
40     Sem_destroy(&shared.nstored);
41     exit(0);
42 }
```

pxsem/prodcons3.c

图10-21 创建多个生产者线程的main函数

全局变量

4 全局变量nitems是所有生产者生产的总条目数，nproducers是生产者线程的总数。它们都是根据命令行参数设置的。

共享的结构

5~10 在shared结构中定义了两个新变量：nput和nputval。nput是下一个待存入值的缓冲区项的下标（按NBUFF求模），nputval则是下一个待存入缓冲区的值。这两个变量来自图7-2和图7-3中的解决方案。它们用于同步多个生产者线程。

242
~
243

新的命令行参数

17~20 两个新的命令行参数分别指定待存入缓冲区的总条目数以及待创建生产者线程的总数。

创建所有线程

21~41 初始化各个信号量，创建所有的生产者线程和唯一的消费者线程。然后等待所有线程终止。这段代码与图7-2几乎相同。

图10-22给出了由每个生产者线程执行的produce函数。

pxsem/prodcons3.c

```
43 void *
44 produce(void *arg)
45 {
46     for ( ; ; ) {
47         Sem_wait(&shared.nempty);      /* wait for at least 1 empty slot */
48         Sem_wait(&shared.mutex);

49         if (shared.nput >= nitems) {
50             Sem_post(&shared.nempty);
51             Sem_post(&shared.mutex);
52             return(NULL);       /* all done */
53         }

54         shared.buff[shared.nput % NBUFF] = shared.nputval;
55         shared.nput++;
56         shared.nputval++;

57         Sem_post(&shared.mutex);
58         Sem_post(&shared.nstored);     /* 1 more stored item */
59         *((int *) arg) += 1;
60     }
61 }
```

pxsem/prodcons3.c

图10-22 所有生产者线程都执行的函数

生产者线程间的互斥

49~53 与图10-18相比的改变是，当所有线程总共往缓冲区中放置了nitems个值后，循环即终止。注意，能同时获取nempty信号量的生产者线程可能有多个，但每个时刻只有一个生产者线程能获取mutex信号量。这么一来，变量nput和nputval就不会同时受不止一个生产者线程的修改。

生产者线程的终止

50~51 我们必须仔细处理生产者线程的终止。最后一个条目生产出来后，每个生产者线程都执行循环顶端的如下一行语句：

```
Sem_wait(&shared.nempty);   /* wait for at least 1 empty slot */
```

它将nempty信号量减1。然而每个生产者线程在终止前必须给该信号量加1，因为它在最后一次走过循环时并没有往缓冲区中存入一个条目。即将终止的生产者线程还得释放mutex信号量，以允许其他生产者线程继续运行。要是线程终止时我们没有给nempty信号量加1，而且生产者线程数大于缓冲区槽位数（譬如说14个生产者线程和10个缓冲区槽位），那么多余的线程（4个）将永远阻塞，等待nempty信号量，从而永

244

远终止不了。[①]

图10-23中的consume函数只是验证缓冲区中每个项都是正确的，如果检测到错误就输出一个消息。

pxsem/prodcons3.c
```
62 void *
63 consume(void *arg)
64 {
65     int     i;

66     for (i = 0; i < nitems; i++) {
67         Sem_wait(&shared.nstored);      /* wait for at least 1 stored item */
68         Sem_wait(&shared.mutex);

69         if (shared.buff[i % NBUFF] != i)
70             printf("error: buff[%d] = %d\n", i, shared.buff[i % NBUFF]);

71         Sem_post(&shared.mutex);
72         Sem_post(&shared.nempty);       /* 1 more empty slot */
73     }
74     return(NULL);
75 }
```
pxsem/prodcons3.c

图10-23　唯一的消费者线程执行的函数

这个唯一的消费者线程的终止条件非常简单——它只需统计已消费的条目数。

10.10　多个生产者，多个消费者

对于生产者-消费者问题的进一步修改是允许多个生产者和多个消费者。具有多个消费者是否有意义取决于具体应用。作者看到过使用这种技巧的两个应用程序。

(1) 一个把IP地址转换成对应主机名的程序。每个消费者取一个IP地址，调用gethostbyaddr（UNPv1的9.6节），然后往某个文件中添加得出的主机名。由于每次调用gethostbyaddr所花时间可能不一样，因此缓冲区中IP地址的顺序通常与各个消费者线程存入结果的文件中的主机名顺序不一致。这种情形的优势在于多个gethostbyaddr调用（每个调用可能得花数秒）可以并行地发生：每个消费者线程一个调用。

> 这里假设gethostbyaddr是一个可重入版本的函数，然而不是所有实现都具备这个属性。要是可重入版本的gethostbyaddr函数不可用，候选方法之一就是将缓冲区存放在共享内存区中，并改用多个进程代替多个线程。

245

(2) 一个读出UDP数据报，对它们进行操作后把结果写入某个数据库的程序。每个数据报由一个消费者线程处理，为重叠可能很花时间的每个数据报的处理，需要有多个消费者线程。尽管由消费者线程们写入数据库中的数据报顺序通常不同于原来的数据报顺序，数据库中的记录排序功能却能处理顺序问题。

图10-24给出了全局变量。

---

① 试想，消费者消费掉生产者产生的所有数据时，nempty和nstore的值肯定恢复成生产-消费过程尚未开始时的值（分别为NBUFF和0）。也就是说生产-消费过程的结束状态与开始状态是一致的。此后所有生产者线程都执行第47行的Sem_wait，其中有nempty个线程返回，其余线程则阻塞。未阻塞的线程要是不执行第50行的Sem_post，已阻塞的线程将永远阻塞下去。永远阻塞的线程数于是为生产-消费过程结束时的nempty=nproducers-NBUFF。
——译者注

pxsem/prodcons4.c

```
 1 #include       "unpipc.h"

 2 #define NBUFF          10
 3 #define MAXNTHREADS 100

 4 int     nitems, nproducers, nconsumers;        /* read-only */

 5 struct {                         /* data shared by producers and consumers */
 6     int     buff[NBUFF];
 7     int     nput;                /* item number: 0, 1, 2, ... */
 8     int     nputval;             /* value to store in buff[] */
 9     int     nget;                /* item number: 0, 1, 2, ... */
10     int     ngetval;             /* value fetched from buff[] */
11   sem_t     mutex, nempty, nstored;        /* semaphores, not pointers */
12 } shared;

13 void    *produce(void *), *consume(void *);
```

pxsem/prodcons4.c

图10-24 全局变量

全局变量和共享的结构

4~12 消费者线程数现在是一个全局变量，它是根据一个命令行参数设置的。我们还往shared结构中加了另外两个变量：nget和ngetval。nget是任意一个消费者线程待取出的下一个条目的编号，ngetval则存放相应的值。

图10-25给出的main函数已修改成创建多个消费者线程。

pxsem/prodcons4.c

```
14 int
15 main(int argc, char **argv)
16 {
17     int     i, prodcount[MAXNTHREADS], conscount[MAXNTHREADS];
18     pthread_t tid_produce[MAXNTHREADS], tid_consume[MAXNTHREADS];

19     if (argc != 4)
20         err_quit("usage: prodcons4 <#items> <#producers> <#consumers>");
21     nitems = atoi(argv[1]);
22     nproducers = min(atoi(argv[2]), MAXNTHREADS);
23     nconsumers = min(atoi(argv[3]), MAXNTHREADS);

24         /* initialize three semaphores */
25     Sem_init(&shared.mutex, 0, 1);
26     Sem_init(&shared.nempty, 0, NBUFF);
27     Sem_init(&shared.nstored, 0, 0);

28         /* create all producers and all consumers */
29     Set_concurrency(nproducers + nconsumers);
30     for (i = 0; i < nproducers; i++) {
31         prodcount[i] = 0;
32         Pthread_create(&tid_produce[i], NULL, produce, &prodcount[i]);
33     }
34     for (i = 0; i < nconsumers; i++) {
35         conscount[i] = 0;
36         Pthread_create(&tid_consume[i], NULL, consume, &conscount[i]);
37     }

38         /* wait for all producers and all consumers */
39     for (i = 0; i < nproducers; i++) {
40         Pthread_join(tid_produce[i], NULL);
41         printf("producer count[%d] = %d\n", i, prodcount[i]);
42     }
43     for (i = 0; i < nconsumers; i++) {
```

图10-25 创建多个生产者和多个消费者的main函数

```
44          Pthread_join(tid_consume[i], NULL);
45          printf("consumer count[%d] = %d\n", i, conscount[i]);
46      }
47      Sem_destroy(&shared.mutex);
48      Sem_destroy(&shared.nempty);
49      Sem_destroy(&shared.nstored);
50      exit(0);
51 }
```
pxsem/prodcons4.c

图10-25（续）

19~23　增设一个新的命令行选项，由它指定待创建消费者线程的总数。我们必须分配一个数组（tid_consume）以保存所有消费者的线程ID，再分配一个数组（conscount）以保存每个消费者线程处理的条目数，作为诊断计数。

24~50　创建多个生产者线程和多个消费者线程，然后等待它们的完成。

246~247

我们的生产者函数含有图10-22中没有的一个新行。当所有的生产者线程完成生产工作时，前面标以加号的那一行是新加的：

```
   if (shared.nput >= nitems) {
+      Sem_post(&shared.nstored);     /* let consumers terminate */
       Sem_post(&shared.nempty);
       Sem_post(&shared.mutex);
       return(NULL);               /* all done */
   }
```

在处理生产者线程和消费者线程的终止时，我们仍得小心。缓冲区中所有条目都被消费掉之后，每个消费者线程将阻塞在如下调用中：

```
Sem_wait(&shared.nstored);         /* wait for at least 1 stored item */
```

我们让每个生产者线程给nstored信号量加1以给各个消费者线程解阻塞，以此让消费者们看到生产者们已完成生产工作。

图10-26给出了我们的消费者函数。

pxsem/prodcons4.c
```
72 void *
73 consume(void *arg)
74 {
75     int     i;
76     for ( ; ; ) {
77         Sem_wait(&shared.nstored);     /* wait for at least 1 stored item */
78         Sem_wait(&shared.mutex);
79         if (shared.nget >= nitems) {
80             Sem_post(&shared.nstored);
81             Sem_post(&shared.mutex);
82             return(NULL);         /* all done */
83         }
84         i = shared.nget % NBUFF;
85         if (shared.buff[i] != shared.ngetval)
86             printf("error: buff[%d] = %d\n", i, shared.buff[i]);
87         shared.nget++;
88         shared.ngetval++;
89         Sem_post(&shared.mutex);
90         Sem_post(&shared.nempty);      /* 1 more empty slot */
91         *((int *) arg) += 1;
92     }
93 }
```
pxsem/prodcons4.c

图10-26　所有消费者线程都执行的函数

消费者线程的终止

79~83　新的消费者函数必须比较nget和nitems，以确定所有消费者线程完成消费工作的时刻（类似于生产者函数）。缓冲区中最后一个条目被消费掉之后，各个消费者线程阻塞，等待nstored信号量变为大于0。这么一来，每个生产者线程终止时，应给nstored加1以让一个消费者线程终止。①

248

10.11　多个缓冲区

在处理一些数据的典型程序中，我们可以找到一个如下形式的循环：

```
while ( (n = read(fdin, buff, BUFFSIZE)) > 0) {

    /* process the data */

    write(fdout, buff, n);
}
```

举例来说，处理文本文件的许多程序读入一行输入，对它进行处理，然后写出一行输出。对于文本文件，read和write调用往往被替换成对标准I/O函数fgets和fputs的调用。

图10-27展示了实现这种操作的一种方法，其中名为reader的函数从输入文件读入数据，名为writer的函数往输出文件写出数据。总共使用一个缓冲区。

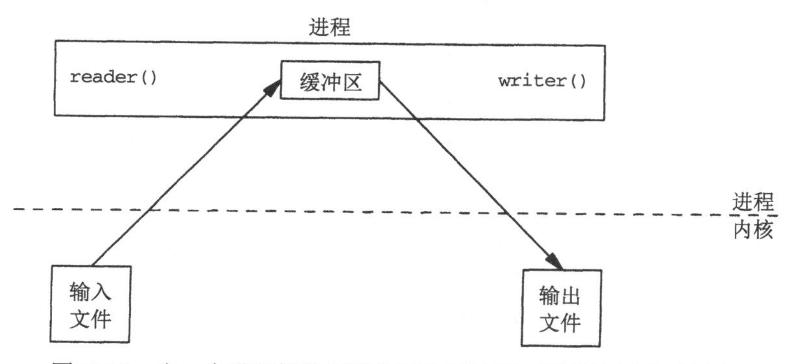

图10-27　由一个进程把数据读入某个缓冲区，再从该缓冲区写出

图10-28给出了整个操作的时间线图。我们在时间线的左边按从上到下的时间增长顺序标出了数值，时间单位则是某个任意值。我们假设一个读操作花5个单位时间，一个写操作花7个单位时间，读和写之间的处理花2个单位时间。

我们可以把这个应用修改成在两个线程间分割读写操作，如图10-29所示。这儿我们使用两个线程，因为各个线程自动共享同一个全局缓冲区。我们也可以把复制操作分割到两个进程中，不过那将需要使用还没有讨论的共享内存区。

① 生产-消费过程刚结束时，nempty和nstored恢复为生产-消费过程尚未开始时的值（分别为NBUFF和0）。生产者函数produce中新增的Sem_post行使得只要有一个生产者线程终止，nstored的值就大于0（当所有生产者线程都终止时，nstored的值将变为nproducers）。由于消费者函数consume中第77行的Sem_wait和第80行的Sem_post匹配成对，因此只要nstored大于0，不论有多少个消费者线程，都能一个也不阻塞地全部终止。所有消费者线程都终止时，所有生产者线程不一定都已终止，但至少有一个已终止。——译者注

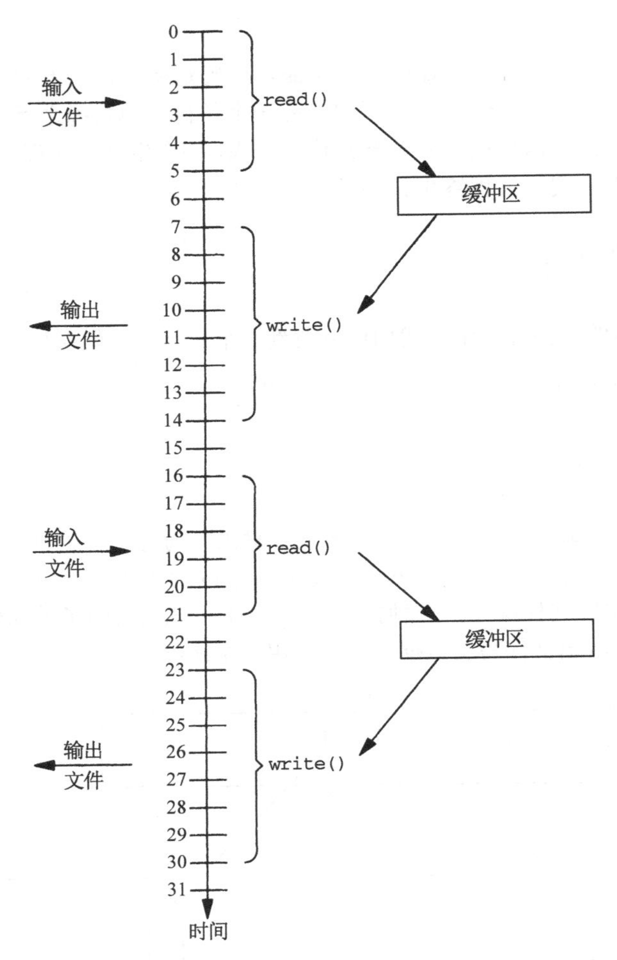

图10-28　由一个进程把数据读入某个缓冲区，再从该缓冲区写出

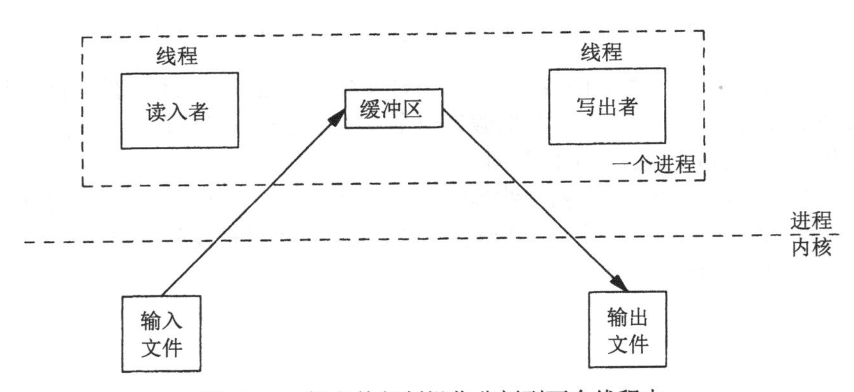

图10-29　把文件复制操作分割到两个线程中

把读写操作分割到两个线程（或两个进程）中还需要线程（或进程）间某种形式的通知。当缓冲区准备好写出时，读入者线程必须通知写出者线程；同样，当缓冲区准备好重新读入时，写出者线程必须通知读入者线程。图10-30给出了这种操作的时间线图。

249
~
250

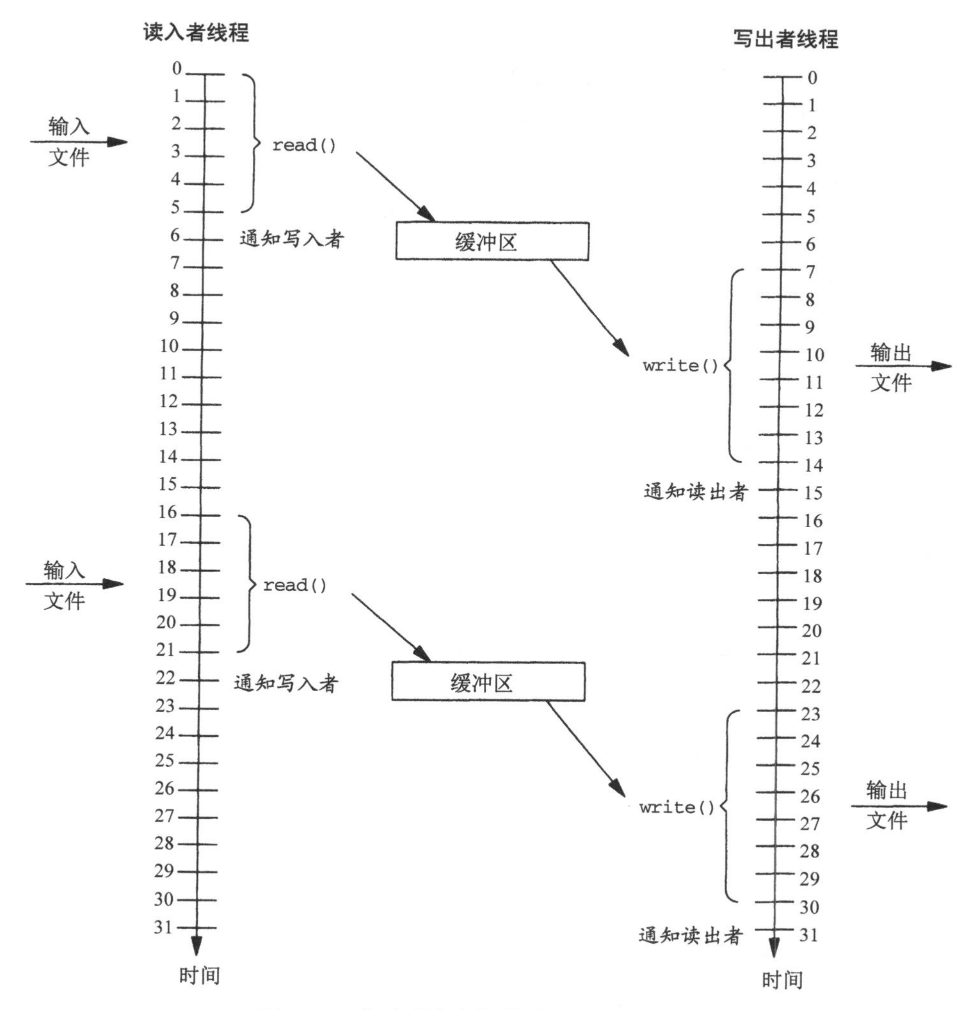

图10-30 把文件复制操作分割到两个线程中

我们假设处理缓冲区中数据以及通知对方线程花两个单位时间。需特别注意的是，把读和写分割到两个线程中并不影响完成整个操作所需时间。我们没有得到任何速度上的优势，只是把整个操作分割到两个线程（或进程）中。

我们在这些时间线图中忽略了许多细微点。例如，大多数Unix内核检测出对一个文件的顺序读后就为读进程执行对下一个磁盘块的异步超前读（read ahead）。这可以改善执行这种类型操作所花的称为“时钟时间”（clock time）的实际时间量。我们还忽略了其他进程对于我们的读入者线程和写出者线程的影响以及内核调度算法的效果。

接下去我们可以把文件复制应用修改成使用两个线程（或进程）和两个缓冲区。这就是经典的**双缓冲**（double buffering）方案，如图10-31所示。

251

图中画出读入者线程正在往第一个缓冲区中读入数据，写出者线程正在从第二个缓冲区中写出数据。这两个缓冲区随后就在这两个线程间来回切换。

图10-32展示了双缓冲方案的时间线图。读入者首先读入缓冲区1，然后通知写出者缓冲区1准备好处理。读入者随后开始读入缓冲区2，其间写出者在从缓冲区1中写出数据。

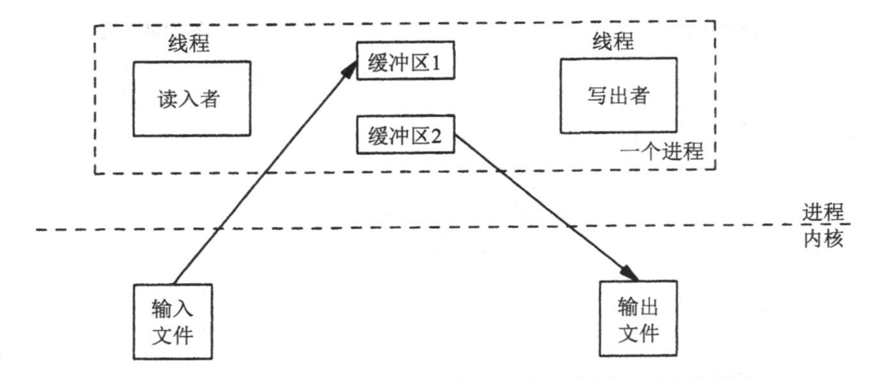

图10-31　使用两个缓冲区把文件复制操作分割到两个线程中

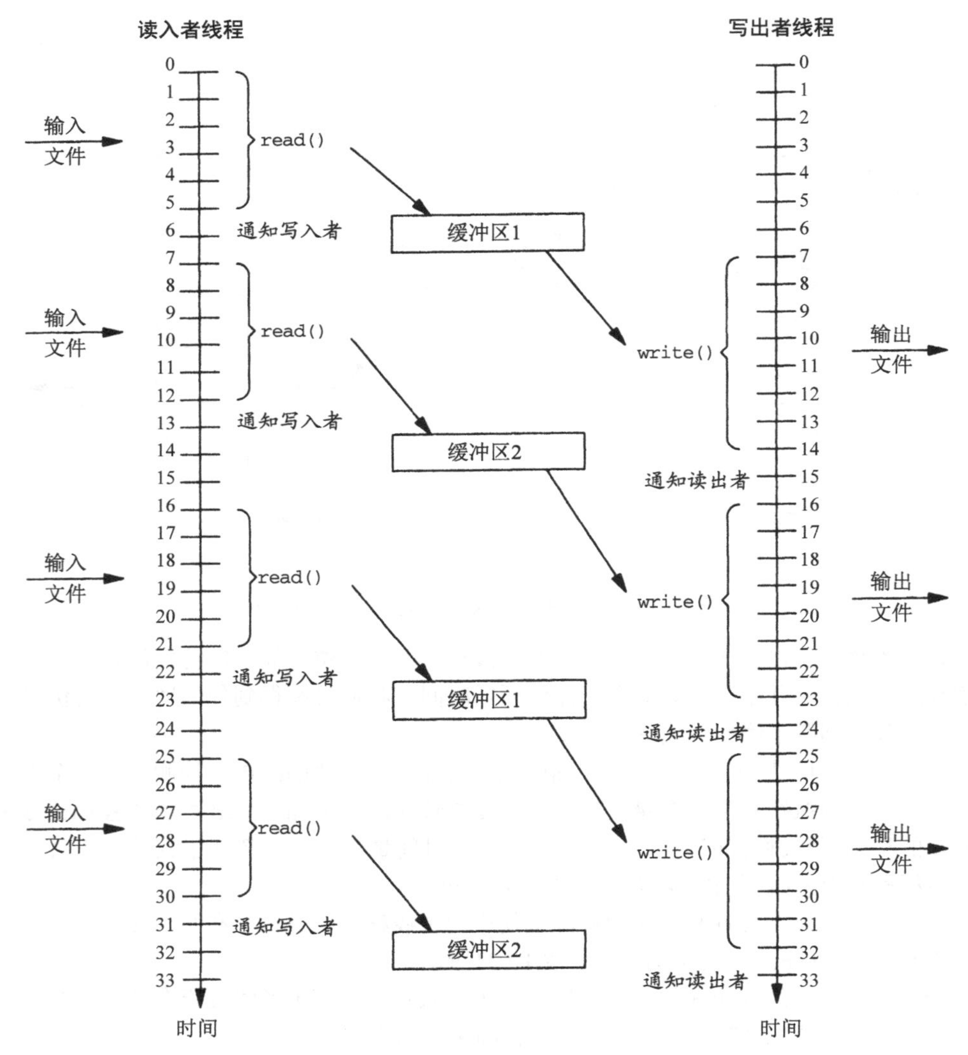

图10-32　双缓冲方案的时间线图

注意，我们不能走得快于最慢的操作，在本例子中就是写操作。服务器完成前两个读操作后，不得不额外等待2个单位时间：写操作所花时间（7）与读操作所花时间（5）之差。然而对于我们这个假想的例子来说，双缓冲方案所花的总时钟时间几乎只有单缓冲方案的一半。

还要注意，写出操作现在是在尽可能快地发生着，每两个写操作间仅有2个单位时间作为分隔，而图10-28和图10-30中却有9个单位时间作为分隔。这种状况有助于某些像磁带驱动器这样的设备，这些设备在尽可能快地往它们写入数据的条件下会动作得更快（这称为鱼贯（streaming）模式）。

有关双缓冲问题需注意的有趣之事是，它仅仅是生产者-消费者问题的一个特例。

现在开始把以前的生产者-消费者程序修改为处理多个缓冲区。我们从图10-20中使用基于内存信号量的方案入手。新方案能处理任意数量的缓冲区（由NBUFF定义），而不只是个双缓冲方案。图10-33给出了全局变量和main函数。

pxsem/mycat2.c

```
 1 #include    "unpipc.h"

 2 #define NBUFF   8

 3 struct {                        /* data shared by producer and consumer */
 4     struct {
 5         char    data[BUFFSIZE]; /* a buffer */
 6         ssize_t n;              /* count of #bytes in the buffer */
 7     } buff[NBUFF];              /* NBUFF of these buffers/counts */
 8     sem_t   mutex, nempty, nstored;      /* semaphores, not pointers */
 9 } shared;

10 int     fd;                     /* input file to copy to stdout */
11 void    *produce(void *), *consume(void *);

12 int
13 main(int argc, char **argv)
14 {
15     pthread_t   tid_produce, tid_consume;

16     if (argc != 2)
17         err_quit("usage: mycat2 <pathname>");

18     fd = Open(argv[1], O_RDONLY);

19         /* initialize three semaphores */
20     Sem_init(&shared.mutex, 0, 1);
21     Sem_init(&shared.nempty, 0, NBUFF);
22     Sem_init(&shared.nstored, 0, 0);

23         /* one producer thread, one consumer thread */
24     Set_concurrency(2);
25     Pthread_create(&tid_produce, NULL, produce, NULL);   /* reader thread */
26     Pthread_create(&tid_consume, NULL, consume, NULL);   /* writer thread */

27     Pthread_join(tid_produce, NULL);
28     Pthread_join(tid_consume, NULL);

29     Sem_destroy(&shared.mutex);
30     Sem_destroy(&shared.nempty);
31     Sem_destroy(&shared.nstored);
32     exit(0);
33 }
```

pxsem/mycat2.c

图10-33　全局变量和main函数

声明NBUFF个缓冲区

2~9　新的shared结构含有另一个名为buff的结构的数组，而这个新结构含有一个缓冲区和它的当前字节计数。

打开输入文件

18　命令行参数是我们将把其内容复制到标准输出的文件的路径名。

图10-34给出了produce和consume函数。

pxsem/mycat2.c

```
34 void *
35 produce(void *arg)
36 {
37     int     i;

38     for (i = 0; ; ) {
39         Sem_wait(&shared.nempty);       /* wait for at least 1 empty slot */

40         Sem_wait(&shared.mutex);
41             /* critical region */
42         Sem_post(&shared.mutex);

43         shared.buff[i].n = Read(fd, shared.buff[i].data, BUFFSIZE);
44         if (shared.buff[i].n == 0) {
45             Sem_post(&shared.nstored);  /* 1 more stored item */
46             return(NULL);
47         }
48         if (++i >= NBUFF)
49             i = 0;                  /* circular buffer */

50         Sem_post(&shared.nstored);      /* 1 more stored item */
51     }
52 }

53 void *
54 consume(void *arg)
55 {
56     int     i;

57     for (i = 0; ; ) {
58         Sem_wait(&shared.nstored);      /* wait for at least 1 stored item */

59         Sem_wait(&shared.mutex);
60             /* critical region */
61         Sem_post(&shared.mutex);

62         if (shared.buff[i].n == 0)
63             return(NULL);
64         Write(STDOUT_FILENO, shared.buff[i].data, shared.buff[i].n);
65         if (++i >= NBUFF)
66             i = 0;                  /* circular buffer */

67         Sem_post(&shared.nempty);       /* 1 more empty slot */
68     }
69 }
```

pxsem/mycat2.c

图10-34　produce和consume函数

空临界区

40~42　本例子中由mutex锁住的临界区是空的。要是数据缓冲区是在一个链表上维护的，那么这儿就是我们从该链表中移出某个缓冲区的地方，把该操作放在临界区中是为了避免与消费者对该链表的操纵发生冲突。然而在我们的例子中，生产者只是使用下一个缓冲区，而且生产者线程只有一个，因此没有什么东西需保护以避免消费者干扰。我们仍然给出了mutex的上锁和解锁，目的是强调本代码的其他修改版本中也许需要这些。

读入数据并给nstored信号量加1

43~49 生产者每获得一个空闲缓冲区就调用read。read返回后生产者将nstored信号量加1，告诉消费者该缓冲区准备好写出。如果read返回0（文件结束符），生产者就在给nstored信号量加1后返回。

消费者线程

57~68 消费者线程取出缓冲区中数据并把它们的内容写到标准输出。碰到长度为0的一个缓冲区表示已到达文件尾。跟生产者函数一样，由mutex保护着的临界区也是空的。

我们在UNPv1的22.3节中开发了一个使用多个缓冲区的例子。在那个例子中，生产者是SIGIO信号处理程序，消费者是主处理循环（do_echo函数）。在生产者和消费者之间共享的变量是nqueue计数器。消费者每次检查或修改该计数器时都阻塞SIGIO信号以防止它产生。

252 ~ 255

10.12 进程间共享信号量

进程间共享基于内存信号量的规则很简单：信号量本身（其地址作为sem_init第一个参数的sem_t数据类型变量）必须驻留在由所有希望共享它的进程所共享的内存区中，而且sem_init的第二个参数必须为1。

这些规则与进程间共享互斥锁、条件变量或读写锁的规则类似：同步对象本身（pthread_mutex_t变量、pthread_cond_t变量或pthread_rwlock_t变量）必须驻留在由所有希望共享它的进程所共享的内存区中，而且该对象必须以PTHREAD_PROCESS_SHARED属性初始化。

至于有名信号量，不同进程（不论彼此间有无亲缘关系）总是能够访问同一个有名信号量，只要它们在调用sem_open时指定相同的名字就行。即使对于某个给定名字的sem_open调用在每个调用进程中可能返回不同的指针，使用该指针的信号量函数（例如sem_post和sem_wait）所引用的仍然是同一个有名信号量。

如果我们在调用sem_open返回指向某个sem_t数据类型变量的指针后接着调用fork，情况又会怎么样呢？Posix.1中有关fork函数的描述这么说：“在父进程中打开的任何信号量仍应在子进程中打开。”这意味着如下形式的代码是正确的：

```
sem_t  *mutex;      /* global pointer that is copied across the fork() */

        ...
            /* parent creates named semaphore */
        mutex = Sem_open(Px_ipc_name(NAME), O_CREAT | O_EXCL, FILE_MODE, 0);

        if ( (childpid = Fork()) == 0) {
                /* child */
            ...
            Sem_wait(mutex);
            ...
        }
            /* parent */
        ...
        Sem_post(mutex);
        ...
```

256

> 我们必须仔细搞清什么时候可以或者不可以在不同进程间共享某个信号量的原因：一个信号量的状态可能包含在它本身的sem_t数据类型中，但它还可能使用其他信息（例如文件描述符）。我们将在下一章看到，一个进程用于描述一个System V信号量的唯一句柄是由semget返回的它的整数标识符。知道这个标识符的任何进程都可以访问该信号量。System V信号量的所有状态都包含在内核中，它们的整数标识符只是告诉内核具体引用哪个信号量。

10.13　信号量限制

Posix定义了两个信号量限制：

SEM_NSEMS_MAX　一个进程可同时打开着的最大信号量数（Posix要求至少为256）；

SEM_VALUE_MAX　一个信号量的最大值（Posix要求至少为32767）。

这两个常值通常定义在<unistd.h>头文件中，也可在运行时通过调用sysconf函数获取，如下面的例子所示。

例子：semsysconf 程序

图10-35中的程序调用sysconf输出信号量的两个由实现定义的限制值。

pxsem/semsysconf.c

```
1 #include    "unpipc.h"

2 int
3 main(int argc, char **argv)
4 {
5     printf("SEM_NSEMS_MAX = %ld, SEM_VALUE_MAX = %ld\n",
6            Sysconf(_SC_SEM_NSEMS_MAX), Sysconf(_SC_SEM_VALUE_MAX));
7     exit(0);
8 }
```

pxsem/semsysconf.c

图10-35　调用sysconf获取信号量限制值

在我们的两个系统上执行该程序的结果如下：

```
solaris % semsysconf
SEM_NSEMS_MAX = 2147483647, SEM_VALUE_MAX = 2147483647

alpha % semsysconf
SEM_NSEMS_MAX = 256, SEM_VALUE_MAX = 32767
```

10.14　使用 FIFO 实现信号量

257

现在提供一个使用FIFO完成的Posix有名信号量的实现。每个有名信号量作为一个使用同一名字的FIFO来实现，该FIFO中的非负字节数代表该信号量的当前值。sem_post函数往该FIFO中写入1字节，sem_wait函数则从该FIFO中读出1字节（我们希望如果该FIFO为空，那就阻塞调用线程）。sem_open函数在指定了O_CREAT标志的前提下创建待打开的FIFO，然后（不论是否指定了O_CREAT）打开该FIFO两次（一次用于只读，一次用于只写），如果该FIFO是新创建的，那就往其中写入作为信号量初始值指定的那个数目的字节。

> 本节和本章其余各节含有你第一次阅读时可能希望暂时跳过的高级主题内容。

我们首先在图10-36中给出semaphore.h头文件，它定义了基本的sem_t数据类型。

my_pxsem_fifo/semaphore.h

```
 1     /* the fundamental datatype */
 2 typedef struct {
 3     int     sem_fd[2];        /* two fds: [0] for reading, [1] for writing */
 4     int     sem_magic;        /* magic number if open */
 5 } sem_t;

 6 #define SEM_MAGIC   0x89674523

 7 #ifdef  SEM_FAILED
 8 #undef  SEM_FAILED
 9 #define SEM_FAILED  ((sem_t *)(-1))    /* avoid compiler warnings */
10 #endif
```

my_pxsem_fifo/semaphore.h

图10-36 semaphore.h头文件

sem_t数据类型

1~5 我们的信号量数据结构包含两个描述符，一个用于从实现它的FIFO中读，一个用于往实现它的FIFO中写。为与管道保持一致，我们将这两个描述符存放在某个仅有两个元素的数组中，第一个元素存放读描述符，第二个元素存放写描述符。

一旦该结构初始化，sem_magic成员将含有常值SEM_MAGIC。接受一个sem_t指针作为参数的每个函数都检查该值，从而判定该指针确实指向一个已初始化的信号量结构。当关闭一个信号量时，其sem_t数据结构中的这个成员将被置为0。这种技巧尽管不大完善，却有助于检查一些编程错误。

10.14.1 sem_open函数

图10-37给出了我们的sem_open函数，它创建一个新的信号量或打开一个已存在的信号量。

创建一个新的信号量

13~17 如果调用者指定了O_CREAT标志，我们就知道需要的是四个而不是两个参数。我们调用va_start初始化ap变量，让它指向最后一个命名过的参数（oflag）。然后使用ap和系统实现提供的va_arg函数获取第三和第四个参数的值。我们已随图5-21描述过可变参数表和我们的va_mode_t数据类型。

创建新的FIFO

18~23 创建一个新的FIFO，其名字为调用者指定给信号量的名字。跟4.6节中讨论过的一样，如果该FIFO已经存在，mkfifo函数将返回一个EEXIST错误。如果sem_open的调用者没有指定O_EXCL标志，那么这种错误无关紧要，不过我们不想以后在本函数中再次初始化该FIFO，于是关掉O_CREAT标志。

分配sem_t数据类型，打开FIFO分别用于读和写

25~37 为一个sem_t数据类型分配空间，它将含有两个描述符。打开新创建或已存在的FIFO两次，一次用于只读，一次用于只写。我们不想阻塞在这两个open调用的任何一个之中，因此在打开该FIFO只读时指定了O_NONBLOCK标志（回想图4-21）。当打开FIFO只写时，我们也指定O_NONBLOCK标志，不过是为了将来检测溢出（例如试图往该管道中写入多于PIPE_BUF字节）。打开该FIFO两次之后，关掉只读描述符上的非阻塞标志。

初始化新创建信号量的值

38~42 如果创建了一个新的信号量，我们就通过向实现它的FIFO逐个写入总共value字节来初始化它的值。如果这个初始值超过了系统实现给定的PIPE_BUF限制，那么该FIFO填满后再次调用的write将返回一个EAGAIN错误。

my_pxsem_fifo/sem_open.c

```
 1 #include    "unpipc.h"
 2 #include    "semaphore.h"

 3 #include    <stdarg.h>        /* for variable arg lists */

 4 sem_t   *
 5 sem_open(const char *pathname, int oflag, ... )
 6 {
 7     int     i, flags, save_errno;
 8     char    c;
 9     mode_t  mode;
10     va_list ap;
11     sem_t   *sem;
12     unsigned int  value;

13     if (oflag & O_CREAT) {
14         va_start(ap, oflag);      /* init ap to final named argument */
15         mode = va_arg(ap, va_mode_t);
16         value = va_arg(ap, unsigned int);
17         va_end(ap);

18         if (mkfifo(pathname, mode) < 0) {
19             if (errno == EEXIST && (oflag & O_EXCL) == 0)
20                 oflag &= ~O_CREAT; /* already exists, OK */
21             else
22                 return(SEM_FAILED);
23         }
24     }
25     if ( (sem = malloc(sizeof(sem_t))) == NULL)
26         return(SEM_FAILED);
27     sem->sem_fd[0] = sem->sem_fd[1] = -1;

28     if ( (sem->sem_fd[0] = open(pathname, O_RDONLY | O_NONBLOCK)) < 0)
29         goto error;
30     if ( (sem->sem_fd[1] = open(pathname, O_WRONLY | O_NONBLOCK)) < 0)
31         goto error;

32         /* turn off nonblocking for sem_fd[0] */
33     if ( (flags = fcntl(sem->sem_fd[0], F_GETFL, 0)) < 0)
34         goto error;
35     flags &= ~O_NONBLOCK;
36     if (fcntl(sem->sem_fd[0], F_SETFL, flags) < 0)
37         goto error;

38     if (oflag & O_CREAT) {         /* initialize semaphore */
39         for (i = 0; i < value; i++)
40             if (write(sem->sem_fd[1], &c, 1) != 1)
41                 goto error;
42     }
43     sem->sem_magic = SEM_MAGIC;
44     return(sem);

45   error:
46     save_errno = errno;
47     if (oflag & O_CREAT)
48         unlink(pathname);          /* if we created FIFO */
49     close(sem->sem_fd[0]);         /* ignore error */
50     close(sem->sem_fd[1]);         /* ignore error */
51     free(sem);
52     errno = save_errno;
53     return(SEM_FAILED);
54 }
```

my_pxsem_fifo/sem_open.c

图10-37　sem_open函数

10.14.2　sem_close 函数

图10-38给出了我们的sem_close函数。

my_pxsem_fifo/sem_close.c

```
 1 #include    "unpipc.h"
 2 #include    "semaphore.h"

 3 int
 4 sem_close(sem_t *sem)
 5 {
 6     if (sem->sem_magic != SEM_MAGIC) {
 7         errno = EINVAL;
 8         return(-1);
 9     }
10     sem->sem_magic = 0;          /* in case caller tries to use it later */
11     if (close(sem->sem_fd[0]) == -1 || close(sem->sem_fd[1]) == -1) {
12         free(sem);
13         return(-1);
14     }
15     free(sem);
16     return(0);
17 }
```

my_pxsem_fifo/sem_close.c

图10-38　sem_close函数

11~15　close由调用者指定的信号量结构中的两个FIFO描述符，free分配给这个sem_t数据类型的空间。

10.14.3　sem_unlink 函数

图10-39给出了我们的sem_unlink函数，由它删除与某个信号量关联的名字。它只是调用Unix的unlink函数。

my_pxsem_fifo/sem_unlink.c

```
1 #include    "unpipc.h"
2 #include    "semaphore.h"

3 int
4 sem_unlink(const char *pathname)
5 {
6     return(unlink(pathname));
7 }
```

my_pxsem_fifo/sem_unlink.c

图10-39　sem_unlink函数

10.14.4　sem_post 函数

图10-40给出了我们的sem_post函数，由它将某个信号量的值加1。

11~12　往与由调用者指定的信号量相关联的FIFO中写入一个任意字节。如果该FIFO先前是空的，那么这个写入操作将唤醒阻塞在该FIFO上的read调用中等待一个数据字节的任意进程。

my_pxsem_fifo/sem_post.c

```
 1 #include    "unpipc.h"
 2 #include    "semaphore.h"

 3 int
 4 sem_post(sem_t *sem)
 5 {
 6     char    c;

 7     if (sem->sem_magic != SEM_MAGIC) {
 8         errno = EINVAL;
 9         return(-1);
10     }
11     if (write(sem->sem_fd[1], &c, 1) == 1)
12         return(0);
13     return(-1);
14 }
```

my_pxsem_fifo/sem_post.c

258~261

图10-40　sem_post函数

10.14.5 sem_wait函数

图10-41给出了我们的最后一个函数sem_wait。

my_pxsem_fifo/sem_wait.c

```
 1 #include    "unpipc.h"
 2 #include    "semaphore.h"

 3 int
 4 sem_wait(sem_t *sem)
 5 {
 6     char    c;

 7     if (sem->sem_magic != SEM_MAGIC) {
 8         errno = EINVAL;
 9         return(-1);
10     }
11     if (read(sem->sem_fd[0], &c, 1) == 1)
12         return(0);
13     return(-1);
14 }
```

my_pxsem_fifo/sem_wait.c

图10-41　sem_wait函数

11~12　从与由调用者指定的信号量相关联的FIFO中读出1字节，如果该FIFO已为空，那就阻塞。

我们没有实现sem_trywait函数，但是通过启用与其信号量关联的FIFO的非阻塞标志后再调用read，就能做到。我们也没有实现sem_getvalue函数。当调用stat或fstat函数时，某些实现会返回当前在某个管道或FIFO中的字节数，它是作为所返回stat结构的st_size成员给出的。然而Posix并不保证这一点，因而是不可移植的。下一节中将给出这两个Posix信号量函数的实现。

10.15 使用内存映射I/O实现信号量

我们现在提供一个使用内存映射I/O以及Posix互斥锁和条件变量完成的Posix有名信号量的

实现。[IEEE 1996]的B.11.3节（基本原理部分）中也提供了一个类似的实现。

> 我们将在第12章和第13章中讨论内存映射I/O。你可能希望跳过本节，到阅读完那两章后再返回来。

我们首先在图10-42中给出自己的semaphore.h头文件，它定义了基本的sem_t数据类型。

my_pxsem_mmap/semaphore.h

```
 1          /* the fundamental datatype */
 2 typedef struct {
 3     pthread_mutex_t sem_mutex;          /* lock to test and set semaphore value */
 4     pthread_cond_t  sem_cond;           /* for transition from 0 to nonzero */
 5     unsigned int sem_count;             /* the actual semaphore value */
 6     int      sem_magic;                 /* magic number if open */
 7 } sem_t;

 8 #define SEM_MAGIC    0x67458923

 9 #ifdef  SEM_FAILED
10 #undef  SEM_FAILED
11 #define SEM_FAILED  ((sem_t *)(-1))    /* avoid compiler warnings */
12 #endif
```

my_pxsem_mmap/semaphore.h

图10-42 semaphore.h头文件

sem_t数据类型

1~7 我们的信号量数据结构含有一个互斥锁、一个条件变量和包含本信号量当前值的一个无符号整数。正如随图10-36讨论的那样，一旦该结构已被初始化，其sem_magic成员将含有SEM_MAGIC值。

10.15.1 sem_open函数

图10-43给出了我们的sem_open函数的前半部分，它会创建一个新的信号量或打开一个已存在的信号量。

my_pxsem_mmap/sem_open.c

```
 1 #include    "unpipc.h"
 2 #include    "semaphore.h"

 3 #include    <stdarg.h>          /* for variable arg lists */
 4 #define     MAX_TRIES   10      /* for waiting for initialization */

 5 sem_t *
 6 sem_open(const char *pathname, int oflag, ... )
 7 {
 8     int     fd, i, created, save_errno;
 9     mode_t  mode;
10     va_list ap;
11     sem_t   *sem, seminit;
12     struct stat statbuff;
13     unsigned int value;
14     pthread_mutexattr_t mattr;
15     pthread_condattr_t  cattr;

16     created = 0;
17     sem = MAP_FAILED;               /* [sic] */
18 again:
```

图10-43 sem_open函数：前半部分

```
19      if (oflag & O_CREAT) {
20          va_start(ap, oflag);        /* init ap to final named argument */
21          mode = va_arg(ap, va_mode_t) & ~S_IXUSR;
22          value = va_arg(ap, unsigned int);
23          va_end(ap);

24              /* open and specify O_EXCL and user-execute */
25          fd = open(pathname, oflag | O_EXCL | O_RDWR, mode | S_IXUSR);
26          if (fd < 0) {
27              if (errno == EEXIST && (oflag & O_EXCL) == 0)
28                  goto exists;        /* already exists, OK */
29              else
30                  return(SEM_FAILED);
31          }
32          created = 1;
33              /* first one to create the file initializes it */
34              /* set the file size */
35          bzero(&seminit, sizeof(seminit));
36          if (write(fd, &seminit, sizeof(seminit)) != sizeof(seminit))
37              goto err;

38              /* memory map the file */
39          sem = mmap(NULL, sizeof(sem_t), PROT_READ | PROT_WRITE,
40                     MAP_SHARED, fd, 0);
41          if (sem == MAP_FAILED)
42              goto err;

43              /* initialize mutex, condition variable, and value */
44          if ( (i = pthread_mutexattr_init(&mattr)) != 0)
45              goto pthreaderr;
46          pthread_mutexattr_setpshared(&mattr, PTHREAD_PROCESS_SHARED);
47          i = pthread_mutex_init(&sem->sem_mutex, &mattr);
48          pthread_mutexattr_destroy(&mattr);  /* be sure to destroy */
49          if (i != 0)
50              goto pthreaderr;

51          if ( (i = pthread_condattr_init(&cattr)) != 0)
52              goto pthreaderr;
53          pthread_condattr_setpshared(&cattr, PTHREAD_PROCESS_SHARED);
54          i = pthread_cond_init(&sem->sem_cond, &cattr);
55          pthread_condattr_destroy(&cattr);   /* be sure to destroy */
56          if (i != 0)
57              goto pthreaderr;

58          if ( (sem->sem_count = value) > sysconf(_SC_SEM_VALUE_MAX)) {
59              errno = EINVAL;
60              goto err;
61          }
62              /* initialization complete, turn off user-execute bit */
63          if (fchmod(fd, mode) == -1)
64              goto err;
65          close(fd);
66          sem->sem_magic = SEM_MAGIC;
67          return(sem);
68      }
                                                    my_pxsem_mmap/sem_open.c
```

图10-43（续）

处理可变参数表

14~23 如果调用者指定了O_CREAT标志，我们就知道需要的是四个而不是两个参数，我们已随图5-21讲述过可变参数表和我们的va_mode_t数据类型。接着关掉mode变量中的用户执行位（S_IXUSR），其原因稍后讲述。

创建一个新的信号量，并处理潜在的竞争状态

24~32 创建一个新文件，其名字为调用者命名信号量所用的名字，同时打开它的用户执行位。在调用者指定了O_CREAT标志的前提下，如果我们只是打开该文件，内存映射其内容，然后初始化sem_t结构的三个成员，那就会碰到一个竞争状态。我们已随图5-21描述过该竞争状态，这儿所用的处理技巧跟那儿给出的一样。在图10-52中我们还会碰到一个类似的竞争状态。

设置文件大小

33~37 通过往其中写入一个用0填充的结构来设置新创建文件的大小。既然知道刚创建的文件的大小为0，于是我们调用write而不是ftruncate来设置文件大小，因为正如我们在13.3节中所注，当一个普通文件的大小有待增长时，Posix并不保证ftruncate能够工作。

内存映射文件

38~42 调用mmap对新创建的文件进行内存映射。该文件将含有所创建信号量sem_t数据结构的当前值，不过既然已内存映射了该文件，我们就只通过由mmap返回的指针来访问它，而从不调用read或write。

初始化sem_t数据结构

3~57 初始化内存映射文件中的sem_t数据结构的三个成员：互斥锁、条件变量、信号量的值。既然Posix有名信号量可由知道其名字并有足够权限的任意进程共享，因此在初始化互斥锁和条件变量成员时，我们必须指定PTHREAD_PROCESS_SHARED属性。对于互斥锁成员的做法是：首先调用pthread_mutexattr_init初始化它的属性，然后调用pthread_mutexattr_setpshared在该属性结构中设置进程间共享属性，最后调用pthread_mutex_init初始化该互斥锁。对于条件变量成员也有几乎相同的做法。我们小心地保证在出错情况下摧毁这些属性对象。

初始化信号量值

58~61 最后存入信号量的初始值，我们还把该值与通过调用sysconf（10.13节）获取的最大允许值作比较。

关掉用户执行位

62~67 完成信号量的初始化后，关掉用户执行位。它指示信号量已初始化完毕的状态。接着close已内存映射了的文件，因为已没有保持它继续打开着的必要了。

图10-44给出了我们的sem_open函数的后半部分。在这里处理前面提到过的竞争状态的技巧与图5-23中所用的技巧相同。

打开已存在的信号量

69~78 我们是在调用者没有指定O_CREAT标志或者尽管指定了但所需信号量已存在的条件下到达这儿的。无论哪种情况下，我们都要打开一个已存在的信号量。我们open含有所需sem_t数据类型的文件用于读和写，并把该文件内存映射到当前进程的地址空间中（使用mmap）。

262~265

my_pxsem_mmap/sem_open.c

```
69  exists:
70      if ( (fd = open(pathname, O_RDWR)) < 0) {
71          if (errno == ENOENT && (oflag & O_CREAT))
72              goto again;
73          goto err;
74      }
75      sem = mmap(NULL, sizeof(sem_t), PROT_READ | PROT_WRITE,
76                 MAP_SHARED, fd, 0);
77      if (sem == MAP_FAILED)
78          goto err;

79          /* make certain initialization is complete */
80      for (i = 0; i < MAX_TRIES; i++) {
81          if (stat(pathname, &statbuff) == -1) {
82              if (errno == ENOENT && (oflag & O_CREAT)) {
83                  close(fd);
84                  goto again;
85              }
86              goto err;
87          }
88          if ((statbuff.st_mode & S_IXUSR) == 0) {
89              close(fd);
90              sem->sem_magic = SEM_MAGIC;
91              return(sem);
92          }
93          sleep(1);
94      }
95      errno = ETIMEDOUT;
96      goto err;

97  pthreaderr:
98      errno = i;
99  err:
100         /* don't let munmap() or close() change errno */
101     save_errno = errno;
102     if (created)
103         unlink(pathname);
104     if (sem != MAP_FAILED)
105         munmap(sem, sizeof(sem_t));
106     close(fd);
107     errno = save_errno;
108     return(SEM_FAILED);
109 }
```

my_pxsem_mmap/sem_open.c

图10-44 sem_open函数：后半部分

现在可以看出为什么Posix.1声称："访问信号量的副本将产生未定义的结果"。当使用内存映射I/O来实现有名信号量时，信号量（即sem_t数据类型）会内存映射到让它打开着的所有进程的地址空间中。这是由打开该有名信号量的每个进程调用sem_open来完成的。任意一个进程对该信号量所做的变动（例如改变它的计数值）由所有其他进程通过内存映射当场看到。要是我们去制造某个sem_t数据结构的私用副本，那么该副本将不再为所有进程所共享。即使我们可能认为它在工作（针对它的信号量函数也许不会给出错误，至少在调用sem_close之前有这种可能，而sem_close是要撤销映射的，因此关闭私用副本肯定失败），本进程与其他进程间也不会发生同步。然而从图1-6可注意到，父进程中的内存映射区穿越fork后继续在子进程中存留，因此由内核完成的从父进程到子进程穿越fork进行的信号量复制是可行的。

266

确保信号量已初始化

79~96 我们必须等待刚才打开的信号量完成初始化（以防多个线程几乎同时尝试创建同一个信号量）。为此，我们调用stat查看内存映射文件的权限（stat结构的st_mode成员）。如果它的用户执行位已关掉，那么该信号量已完成初始化。

出错返回

97~108 当出错时，我们小心地保证不改变errno的值。

10.15.2 sem_close 函数

图10-45给出了我们的sem_close函数，它只是对先前映射的内存区调用munmap。要是调用者继续使用由以前的sem_open调用返回并作为参数传递给本函数的指针，那么它将收到一个SIGSEGV信号。

my_pxsem_mmap/sem_close.c

```
 1 #include    "unpipc.h"
 2 #include    "semaphore.h"

 3 int
 4 sem_close(sem_t *sem)
 5 {
 6     if (sem->sem_magic != SEM_MAGIC) {
 7         errno = EINVAL;
 8         return(-1);
 9     }
10     if (munmap(sem, sizeof(sem_t)) == -1)
11         return(-1);

12     return(0);
13 }
```

my_pxsem_mmap/sem_close.c

图10-45 sem_close函数

10.15.3 sem_unlink 函数

图10-46给出了我们的sem_unlink函数，由它删除与某个信号量关联的名字。它仅仅调用Unix的unlink函数。

my_pxsem_mmap/sem_unlink.c

```
 1 #include    "unpipc.h"
 2 #include    "semaphore.h"

 3 int
 4 sem_unlink(const char *pathname)
 5 {
 6     if (unlink(pathname) == -1)
 7         return(-1);
 8     return(0);
 9 }
```

my_pxsem_mmap/sem_unlink.c

图10-46 sem_unlink函数

10.15.4 sem_post 函数

图10-47给出了我们的sem_post函数，它会给某个信号量的值加1，如果此前该信号量的值为0，那就唤醒因等待该信号量而阻塞的任意线程。

my_pxsem_mmap/sem_post.c

```
 1 #include    "unpipc.h"
 2 #include    "semaphore.h"

 3 int
 4 sem_post(sem_t *sem)
 5 {
 6     int     n;

 7     if (sem->sem_magic != SEM_MAGIC) {
 8         errno = EINVAL;
 9         return(-1);
10     }
11     if ( (n = pthread_mutex_lock(&sem->sem_mutex)) != 0) {
12         errno = n;
13         return(-1);
14     }
15     if (sem->sem_count == 0)
16         pthread_cond_signal(&sem->sem_cond);
17     sem->sem_count++;
18     pthread_mutex_unlock(&sem->sem_mutex);
19     return(0);
20 }
```

my_pxsem_mmap/sem_post.c

图10-47　sem_post函数

11~18　在修改由调用者指定的信号量的值之前，首先得获取它的互斥锁。如果该信号量的值将从0增为1，那就调用pthread_cond_signal唤醒等待它的任意一个线程。

267~268

10.15.5　sem_wait 函数

图10-48给出了我们的sem_wait函数，它等待某个信号量的值超过0。

my_pxsem_mmap/sem_waitt.c

```
 1 #include    "unpipc.h"
 2 #include    "semaphore.h"

 3 int
 4 sem_wait(sem_t *sem)
 5 {
 6     int     n;

 7     if (sem->sem_magic != SEM_MAGIC) {
 8         errno = EINVAL;
 9         return(-1);
10     }
11     if ( (n = pthread_mutex_lock(&sem->sem_mutex)) != 0) {
12         errno = n;
13         return(-1);
14     }
15     while (sem->sem_count == 0)
16         pthread_cond_wait(&sem->sem_cond, &sem->sem_mutex);
17     sem->sem_count--;
18     pthread_mutex_unlock(&sem->sem_mutex);
19     return(0);
20 }
```

my_pxsem_mmap/sem_wait.c

图10-48　sem_wait函数

11~18　在修改由调用者指定的信号量的值之前，首先得获取它的互斥锁。如果该信号量的值为0，那就让调用线程休眠在一个pthread_cond_wait调用中，等待另外某个线程为该信号量的条件变量调用pthread_cond_signal，到那时该信号量的值将由那个线程从0增为1。该值一旦大于0，本函数就将它减1，然后释放关联的互斥锁。

10.15.6　sem_trywait 函数

图10-49给出了我们的sem_trywait函数，它是sem_wait函数的非阻塞版本。

my_pxsem_mmap/sem_trywait.c

```
 1 #include    "unpipc.h"
 2 #include    "semaphore.h"

 3 int
 4 sem_trywait(sem_t *sem)
 5 {
 6     int     n, rc;

 7     if (sem->sem_magic != SEM_MAGIC) {
 8         errno = EINVAL;
 9         return(-1);
10     }
11     if ( (n = pthread_mutex_lock(&sem->sem_mutex)) != 0) {
12         errno = n;
13         return(-1);
14     }
15     if (sem->sem_count > 0) {
16         sem->sem_count--;
17         rc = 0;
18     } else {
19         rc = -1;
20         errno = EAGAIN;
21     }
22     pthread_mutex_unlock(&sem->sem_mutex);
23     return(rc);
24 }
```

my_pxsem_mmap/sem_trywait.c

图10-49　sem_trywait函数

11~22　获取由调用者指定的信号量的互斥锁后检查它的值。如果该值大于0，那就将它减1并返回0。否则返回值为-1，同时置errno为EAGAIN。

10.15.7　sem_getvalue 函数

图10-50给出了我们的最后一个函数sem_getvalue，它会返回某个信号量的当前值。

my_pxsem_mmap/sem_getvalue.c

```
 1 #include    "unpipc.h"
 2 #include    "semaphore.h"

 3 int
 4 sem_getvalue(sem_t *sem, int *pvalue)
 5 {
 6     int     n;

 7     if (sem->sem_magic != SEM_MAGIC) {
 8         errno = EINVAL;
 9         return(-1);
```

图10-50　sem_getvalue函数

```
10      }
11      if ( (n = pthread_mutex_lock(&sem->sem_mutex)) != 0) {
12          errno = n;
13          return(-1);
14      }
15      *pvalue = sem->sem_count;
16      pthread_mutex_unlock(&sem->sem_mutex);
17      return(0);
18 }
```
my_pxsem_mmap/sem_getvalue.c

269~270

图10-50（续）

11~16　获取由调用者指定的信号量的互斥锁后返回它的值。

从本节提供的实现可以看出，使用信号量比使用互斥锁和条件变量要简单。

10.16　使用System V信号量实现Posix信号量

我们现在提供使用System V信号量完成的Posix有名信号量的又一个实现。既然较早的System V信号量实现与较新的Posix信号量实现相比更为普遍，那么本实现允许应用程序在操作系统还不支持Posix信号量的情况下就开始使用它们。

> 我们将在第11章中讨论System V信号量。你可能希望暂时跳过本节，到阅读完那一章之后再返回来。

我们首先在图10-51中给出semaphore.h头文件，它定义了基本的sem_t数据类型。

my_pxsem_svsem/semaphore.h
```
 1         /* the fundamental datatype */
 2 typedef struct {
 3     int      sem_semid;        /* the System V semaphore ID */
 4     int      sem_magic;        /* magic number if open */
 5 } sem_t;

 6 #define SEM_MAGIC   0x45678923

 7 #ifdef  SEM_FAILED
 8 #undef  SEM_FAILED
 9 #define SEM_FAILED  ((sem_t *)(-1))    /* avoid compiler warnings */
10 #endif

11 #ifndef SEMVMX
12 #define SEMVMX  32767              /* historical System V max value for sem */
13 #endif
```
my_pxsem_svsem/semaphore.h

图10-51　semaphore.h头文件

sem_t数据类型

1~5　我们使用仅由一个成员构成的System V信号量集来实现Posix有名信号量。这个信号量数据结构包含对应的System V信号量ID和一个魔数（我们已随图10-36讨论过魔数的用途）。

10.16.1　sem_open函数

图10-52给出了我们的sem_open函数的前半部分，该函数创建一个新的信号量或打开一个

已存在的信号量。

my_pxsem_svsem/sem_open.c

```
 1 #include    "unpipc.h"
 2 #include    "semaphore.h"

 3 #include    <stdarg.h>        /* for variable arg lists */
 4 #define     MAX_TRIES   10    /* for waiting for initialization */

 5 sem_t *
 6 sem_open(const char *pathname, int oflag, ... )
 7 {
 8     int     i, fd, semflag, semid, save_errno;
 9     key_t   key;
10     mode_t  mode;
11     va_list ap;
12     sem_t   *sem;
13     union semun arg;
14     unsigned int value;
15     struct semid_ds seminfo;
16     struct sembuf   initop;

17         /* no mode for sem_open() w/out O_CREAT; guess */
18     semflag = SVSEM_MODE;
19     semid = -1;

20     if (oflag & O_CREAT) {
21         va_start(ap, oflag);       /* init ap to final named argument */
22         mode = va_arg(ap, va_mode_t);
23         value = va_arg(ap, unsigned int);
24         va_end(ap);

25             /* convert to key that will identify System V semaphore */
26         if ( (fd = open(pathname, oflag, mode)) == -1)
27             return(SEM_FAILED);
28         close(fd);
29         if ( (key = ftok(pathname, 0)) == (key_t) -1)
30             return(SEM_FAILED);

31         semflag = IPC_CREAT | (mode & 0777);
32         if (oflag & O_EXCL)
33             semflag |= IPC_EXCL;

34             /* create the System V semaphore with IPC_EXCL */
35         if ( (semid = semget(key, 1, semflag | IPC_EXCL)) >= 0) {
36                 /* success, we're the first so initialize to 0 */
37             arg.val = 0;
38             if (semctl(semid, 0, SETVAL, arg) == -1)
39                 goto err;
40                 /* then increment by value to set sem_otime nonzero */
41             if (value > SEMVMX) {
42                 errno = EINVAL;
43                 goto err;
44             }
45             initop.sem_num = 0;
46             initop.sem_op  = value;
47             initop.sem_flg = 0;
48             if (semop(semid, &initop, 1) == -1)
49                 goto err;
50             goto finish;

51         } else if (errno != EEXIST || (semflag & IPC_EXCL) != 0)
52             goto err;
53         /* else fall through */
54     }
```

my_pxsem_svsem/sem_open.c

图10-52 sem_open函数：前半部分

271
272

创建一个新的信号量，处理可变长度参数表

20~24 如果调用者指定了O_CREAT标志，我们就知道需要的是四个而不是两个参数。我们已随图5-21描述过可变长度参数表的处理和我们的va_mode_t数据类型。

创建辅助文件，将其路径名映射成System V IPC键

25~30 创建一个普通文件，其路径名为调用者命名Posix信号量所用的名字。创建该文件的目的只是为了有一个路径名可供ftok用来标识该信号量。调用者给该信号量指定的*oflag*参数可以是O_CREAT或O_CREAT | O_EXCL，它用在打开辅助文件的open调用中。这样，如果该文件尚未存在，那就创建它；如果该文件已存在而且调用者指定了O_EXCL标志，那就返回一个错误。接着关闭该文件的描述符，因为该文件的唯一用途是作为ftok的参数，由ftok将其路径名转换成一个System V IPC键（3.2节）。

创建仅有一个成员的System V信号量集

31~33 把O_CREAT和O_EXCL这两个常值转换成对应的System V IPC_*xxx*常值后，调用semget创建一个仅由单个成员构成的System V信号量集。我们总是指定IPC_EXCL标志，目的是为了确定该System V信号量是否存在。

初始化信号量

34~50 11.2节将叙述初始化System V信号量时存在的一个基本问题，11.6节将给出避免其中潜在的竞争状态的代码。这儿使用类似的技巧。尝试创建那个System V信号量的第一个线程（回想一下，我们调用semget时总是指定IPC_EXCL）将使用semctl的SETVAL命令将它初始化为0，然后调用semop把它设置成由调用者指定的初始值。该信号量的sem_otime值保证由semget初始化为0，然后由创建者的semop调用设置成某个非零值。这样一来，发现该信号量已经存在的任何其他线程一旦看到该信号量的sem_otime值不为0，就可以肯定它已完成初始化。

检查初始值

40~44 我们检查由调用者指定的初始值，因为System V信号量通常作为unsigned short整数存放（见11.1节中的sem结构），有一个32767的最大值（11.7节），Posix信号量则通常作为普通整数存放，允许的值可能更大（10.13节）。有些System V实现把常值SEMVMX定义成最大的信号量值，如果系统没有定义该常值，我们就在图10-51中把它定义为32767。

51~53 如果所需的System V信号量已经存在，而且调用者没有指定O_EXCL，那就不算出错。这种情形下，代码将落入用于打开（而不是创建）已存在信号量的那部分。

273

图10-53给出了我们的sem_open函数的后半部分。

打开已存在的信号量

55~63 对于已存在的待打开Posix信号量（调用者未指定O_CREAT标志或者尽管指定了该标志，但所需信号量已存在），我们使用semget打开与之对应的System V信号量。注意，当O_CREAT标志未指定时，sem_open并没有*mode*参数，然而即使待打开的是一个已存在的信号量，semget也需要一个与*mode*参数等价的参数。在本函数的开始处，我们给变量semflag赋了个默认值（来自我们的unpipc.h头文件的SVSEM_MODE常值），它在调用者未指定O_CREAT标志时传递给semget。

等待信号量完成初始化

64~72 接着通过以IPC_STAT命令循环调用semctl，等待该信号量的sem_otime值变为非零来验证它已初始化完毕。

my_pxsem_svsem/sem_open.c

```
55      /*
56       * (O_CREAT not secified) or
57       * (O_CREAT without O_EXCL and semaphore already exists).
58       * Must open semaphore and make certain it has been initialized.
59       */
60      if ( (key = ftok(pathname, 0)) == (key_t) -1)
61          goto err;
62      if ( (semid = semget(key, 0, semflag)) == -1)
63          goto err;

64      arg.buf = &seminfo;
65      for (i = 0; i < MAX_TRIES; i++) {
66          if (semctl(semid, 0, IPC_STAT, arg) == -1)
67              goto err;
68          if (arg.buf->sem_otime != 0)
69              goto finish;
70          sleep(1);
71      }
72      errno = ETIMEDOUT;
73 err:
74      save_errno = errno;         /* don't let semctl() change errno */
75      if (semid != -1)
76          semctl(semid, 0, IPC_RMID);
77      errno = save_errno;
78      return(SEM_FAILED);

79 finish:
80      if ( (sem = malloc(sizeof(sem_t))) == NULL)
81          goto err;

82      sem->sem_semid = semid;
83      sem->sem_magic = SEM_MAGIC;
84      return(sem);
85 }
```

my_pxsem_svsem/sem_open.c

图10-53 sem_open函数：后半部分

出错返回

73~78 发生错误时，我们小心地保证不改变errno的值。

274

分配sem_t数据类型

79~84 为一个sem_t数据类型分配空间，把所创建或打开的System V信号量的ID存放到该结构中。本函数的返回值就是指向该sem_t数据类型的指针。

10.16.2 sem_close 函数

图10-54给出了我们的sem_close函数，它仅仅调用free释放早先为sem_t数据类型动态分配的内存空间。

my_pxsem_svsem/sem_close.c

```
1 #include    "unpipc.h"
2 #include    "semaphore.h"

3 int
4 sem_close(sem_t *sem)
5 {
6     if (sem->sem_magic != SEM_MAGIC) {
```

图10-54 sem_close函数

```
 7         errno = EINVAL;
 8         return(-1);
 9     }
10     sem->sem_magic = 0;          /* just in case */

11     free(sem);
12     return(0);
13 }
```
my_pxsem_svsem/sem_close.c

图10-54（续）

10.16.3 sem_unlink 函数

图10-55给出了我们的sem_unlink函数，它删除与我们的某个Posix信号量关联的辅助文件和System V信号量。

my_pxsem_svsem/sem_unlink.c

```
 1 #include    "unpipc.h"
 2 #include    "semaphore.h"

 3 int
 4 sem_unlink(const char *pathname)
 5 {
 6     int     semid;
 7     key_t   key;

 8     if ( (key = ftok(pathname, 1)) == (key_t) -1)
 9         return(-1);
10     if (unlink(pathname) == -1)
11         return(-1);
12     if ( (semid = semget(key, 1, SVSEM_MODE)) == -1)
13         return(-1);
14     if (semctl(semid, 0, IPC_RMID) == -1)
15         return(-1);
16     return(0);
17 }
```
my_pxsem_svsem/sem_unlink.c

图10-55　sem_unlink函数

获取与路径名关联的System V键

8~16　ftok把调用者指定的路径名转换成一个System V IPC键。unlink函数删除与该路径名同名的辅助文件。（我们现在就删除该文件，这样可避免另外某个函数返回一个错误。[①]）semget打开关联的System V信号量，接着由semctl的IPC_RMID命令删除该信号量。

10.16.4 sem_post 函数

图10-56给出了我们的sem_post函数，它会给某个信号量的值加1。

11~16　以单一操作调用semop，把由调用者指定的信号量的值加1。

① 在调用线程执行本函数期间，系统可能切换针对同一信号量调用sem_open函数的另一个线程来运行。要是把本函数改为先删除关联的System V信号量，再删除辅助文件，那么一旦线程切换发生在这两个删除操作之间，执行sem_open的线程将发现所需的Posix信号量已存在（因为其辅助文件尚未删除），但是与之关联的System V信号量却打不开（因为已被删除了），于是出错。——译者注

my_pxsem_svsem/sem_post.c

```
 1 #include    "unpipc.h"
 2 #include    "semaphore.h"

 3 int
 4 sem_post(sem_t *sem)
 5 {
 6     struct sembuf op;

 7     if (sem->sem_magic != SEM_MAGIC) {
 8         errno = EINVAL;
 9         return(-1);
10     }
11     op.sem_num = 0;
12     op.sem_op = 1;
13     op.sem_flg = 0;
14     if (semop(sem->sem_semid, &op, 1) < 0)
15         return(-1);
16     return(0);
17 }
```

my_pxsem_svsem/sem_post.c

图10-56 sem_post函数

10.16.5 **sem_wait 函数**

图10-57给出了我们的sem_wait函数，它等待某个信号量的值超过0。

my_pxsem_svsem/sem_wait.c

```
 1 #include    "unpipc.h"
 2 #include    "semaphore.h"

 3 int
 4 sem_wait(sem_t *sem)
 5 {
 6     struct sembuf op;

 7     if (sem->sem_magic != SEM_MAGIC) {
 8         errno = EINVAL;
 9         return(-1);
10     }
11     op.sem_num = 0;
12     op.sem_op = -1;
13     op.sem_flg = 0;
14     if (semop(sem->sem_semid, &op, 1) < 0)
15         return(-1);
16     return(0);
17 }
```

my_pxsem_svsem/sem_wait.c

图10-57 sem_wait函数

11~16 以单一操作调用semop，把由调用者指定的信号量的值减1。

10.16.6 **sem_trywait 函数**

图10-58给出了我们的sem_trywait函数，它是sem_wait函数的非阻塞版本。

13 与图10-57中sem_wait函数的唯一差别是把sem_ftg成员指定为IPC_NOWAIT。如果不阻塞调用线程就完成不了所指定的操作，那么semop的返回值将是EAGAIN错误，这也是sem_trywait非得阻塞才能完成等待操作时必须返回的错误。

my_pxsem_svsem/sem_trywait.c

```
 1 #include    "unpipc.h"
 2 #include    "semaphore.h"

 3 int
 4 sem_trywait(sem_t *sem)
 5 {
 6     struct sembuf   op;

 7     if (sem->sem_magic != SEM_MAGIC) {
 8         errno = EINVAL;
 9         return(-1);
10     }
11     op.sem_num = 0;
12     op.sem_op = -1;
13     op.sem_flg = IPC_NOWAIT;
14     if (semop(sem->sem_semid, &op, 1) < 0)
15         return(-1);
16     return(0);
17 }
```

my_pxsem_svsem/sem_trywait.c

图10-58 sem_trywait函数

10.16.7 sem_getvalue 函数

图10-59给出了我们的最后一个函数sem_getvalue，它返回某个信号量的当前值。

my_pxsem_svsem/sem_getvalue.c

```
 1 #include    "unpipc.h"
 2 #include    "semaphore.h"

 3 int
 4 sem_getvalue(sem_t *sem, int *pvalue)
 5 {
 6     int     val;

 7     if (sem->sem_magic != SEM_MAGIC) {
 8         errno = EINVAL;
 9         return(-1);
10     }
11     if ( (val = semctl(sem->sem_semid, 0, GETVAL)) < 0)
12         return(-1);
13     *pvalue = val;
14     return(0);
15 }
```

my_pxsem_svsem/sem_getvalue.c

图10-59 sem_getvalue函数

11~14 由调用者指定的信号量的当前值使用semctl的GETVAL命令获取。

10.17 小结

Posix信号量是计数信号量，它提供以下三种基本操作：

(1) 创建一个信号量；

(2) 等待一个信号量的值变为大于0，然后将它的值减1；

(3) 给一个信号量的值加1，并唤醒等待该信号量的任意线程，以此挂出该信号量。

Posix信号量可以是有名的，也可以是基于内存的。有名信号量总是能够在不同进程间共享，基于内存的信号量则必须在创建时指定成是否在进程间共享。这两类信号量的持续性也有差别：有名信号量至少有随内核的持续性，基于内存的信号量则具有随进程的持续性。

生产者-消费者问题是演示信号量的经典例子。本章中，解决这个问题的第一个方案只有一个生产者线程和一个消费者线程，下一个方案允许多个生产者线程和单个消费者线程，最后一个方案则允许多个消费者线程。我们接着指出，双缓冲这个经典问题仅仅是生产者-消费者问题的一个特例，该问题涉及的生产者和消费者都是单个的。

本章最后提供了Posix信号量的三种示例实现。使用FIFO完成的第一种实现是最简单的，因为内核提供的read和write函数处理了不少同步需求。第二种实现使用内存映射I/O完成，这与5.8节中提供的Posix消费队列的实现类似，其中的同步使用互斥锁和条件变量进行。最后一种实现使用System V信号量完成，它同时提供了访问System V信号量的一个更简单的接口。

275 ~ 278

习题

10.1　如下修改10.6节中的produce和consume函数。首先，对换消费者程序中两个Sem_wait的顺序以引发死锁（正如10.6节中讨论的那样）。其次，在每个Sem_wait调用之前加一个printf调用，以指出哪个线程（生产者或消费者）在等待哪个信号量。在这些Sem_wait调用之后再加一个printf调用，以指出取得了相应信号量的线程。把缓冲区的数目减少到2，然后构造并运行该程序，以验证它会导致死锁。

10.2　假设启动图9-2中的程序的4个副本，而该程序调用的my_lock函数来自图10-19：

```
% lockpxsem & lockpxsem & lockpxsem & lockpxsem &
```

这4个进程都以值为0的initflag启动，因此每个进程调用sem_open时都指定了O_CREAT标志。这样可行吗？

10.3　上一道习题中，要是有一个进程在调用my_lock之后但在调用my_unlock之前终止，那么会发生什么？

10.4　在图10-37中，要是我们没有把那两个描述符都初始化为-1，那么会发生什么？

10.5　在图10-37中，我们为什么先保存errno的值，稍后再恢复，而不是把那两个close调用改为：

```
if (sem->fd[0] >= 0)
    close(sem->fd[0]);
if (sem->fd[1] >= 0)
    close(sem->fd[1]);
```

10.6　如果有两个进程几乎同时调用我们的sem_open的FIFO实现版本（图10-37），而且都指定O_CREAT标志和初始值5，那么会发生什么？相应的FIFO有可能被（不正确地）初始化为10吗？

10.7　对于图10-43和图10-44，我们描述过当有两个进程几乎同时尝试创建一个信号量时可能存在的一种竞争状态。然而在上一道习题的解答中，我们说图10-37不存在竞争状态。请解释。

10.8　Posix.1规定了sem_wait的一个可选功能：检测自己已被一个捕获的信号中断并返回EINTR错误。编写一个测试程序，判定你的系统上的实现是否进行这种检测。

再针对我们的几种实现运行你的测试程序，它们有使用FIFO的（10.14节）、使用内存映射I/O的（10.15节）和使用System V信号量的（10.16节）。

10.9　我们的3种sem_post实现中，哪种是异步信号安全的（图5-10）？

10.10　修改10.6节中使用的生产者-消费者解决方案，将mutex变量改为使用pthread_mutex_t数据类型，而不是使用信号量。在性能上发生了可测量到的变化了吗？

10.11　比较有名信号量（图10-17和图10-18）和基于内存的信号量（图10-20）的定时结果。

279

第11章 System V 信号量

11.1 概述

我们在第10章中讲述信号量的概念时，首先讨论的是

- 二值信号量（binary semaphore）：其值或为0或为1的信号量。这与互斥锁（第7章）类似，若资源被锁住则信号量值为0，若资源可用则信号量值为1。

接着把这种信号量扩展为

- 计数信号量（counting semaphore）：其值在0和某个限制值（对于Posix信号量，该值必须至少为32767）之间的信号量。我们使用这些信号量在生产者-消费者问题中统计资源，信号量的值就是可用资源数。

这两种类型的信号量中，等待（wait）操作都等待信号量的值变为大于0，然后将它减1。挂出（post）操作则只是将信号量的值加1，从而唤醒正在等待该信号量值变为大于0的任意线程。

System V信号量通过定义如下概念给信号量增加了另外一级复杂度。

- 计数信号量集（set of counting semaphores）：一个或多个信号量（构成一个集合），其中每个都是计数信号量。每个集合的信号量数存在一个限制，一般在25个的数量级上（11.7节）。当我们谈论"System V信号量"时，所指的是计数信号量集。当我们谈论"Posix信号量"时，所指的是单个计数信号量。

281

对于系统中的每个信号量集，内核维护一个如下的信息结构，它定义在<sys/sem.h>头文件中。

```
struct semid_ds {
  struct ipc_perm   sem_perm;    /* operation permission struct */
  struct sem       *sem_base;    /* ptr to array of semaphores in set */
  ushort            sem_nsems;   /* # of semaphores in set */
  time_t            sem_otime;   /* time of last semop() */
  time_t            sem_ctime;   /* time of creation or last IPC_SET */
};
```

其中的ipc_perm结构已在3.3节描述过，它含有当前这个特定信号量的访问权限。

sem结构是内核用于维护某个给定信号量的一组值的内部数据结构。一个信号量集的每个成员由如下这个结构描述：

```
struct sem {
  ushort_t semval;     /* semaphore value, nonnegative */
  short    sempid;     /* PID of last successful semop(), SETVAL, SETALL */
  ushort_t semncnt;    /* # awaiting semval > current value */
  ushort_t semzcnt;    /* # awaiting semval = 0 */
};
```

注意，sem_base含有指向某个sem结构数组的指针：当前信号量集中的每个信号量对应其中一个数组元素。

除维护一个信号量集内每个信号量的实际值之外，内核还给该集合中每个信号量维护另外三个信息：对其值执行最后一次操作的进程的进程ID、等待其值增长的进程数计数以及等待其值变为0的进程数计数。

> Unix 98声称上述这个结构是匿名的。我们给出的名字sem来自历史上的System V实现。

我们可以把内核中的某个特定信号量图解成指向一个sem结构数组的一个semid_ds结构。如果该信号量在其集合中有两个成员，那么我们将有图11-1所示的图解。该图中变量sem_nsems的值为2，另外该集合的两个成员分别用下标[0]和[1]标记。

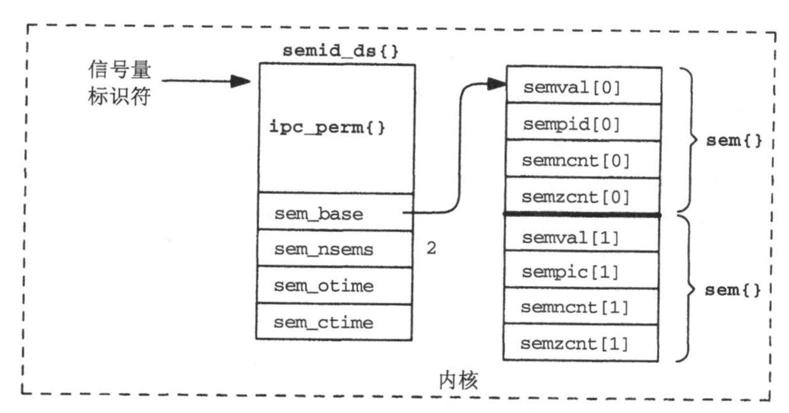

图11-1 由两组值构成的某个信号量集的内核数据结构

11.2 semget 函数

semget函数创建一个信号量集或访问一个已存在的信号量集。

```
#include <sys/sem.h>

int semget(key_t key, int nsems, int oflag);

                          返回：若成功则为非负标识符，若出错则为-1
```

返回值是一个称为信号量标识符（semaphore identifier）的整数，semop和semctl函数将使用它。

*nsems*参数指定集合中的信号量数。如果我们不创建一个新的信号量集，而只是访问一个已存在的集合，那就可以把该参数指定为0。一旦创建完一个信号量集，我们就不能改变其中的信号量数。

*oflag*值是图3-6中给出的SEM_R和SEM_A常值的组合。其中R代表“读”（read），A代表“改”（alter）。它们还可以与IPC_CREAT或IPC_CREAT | IPC_EXCL按位或，如随图3-4所作的讨论。

当实际操作为创建一个新的信号量集时，相应的semid_ds结构的以下成员将被初始化。

- sem_perm结构的uid和cuid成员被置为调用进程的有效用户ID，gid和cgid成员被置为调用进程的有效组ID。
- oflag参数中的读写权限位存入sem_perm.mode。
- sem_otime被置为0，sem_ctime则被置为当前时间。

- sem_nsems被置为*nsems*参数的值。
- 与该集合中每个信号量关联的各个sem结构并不初始化。这些结构是在以SET_VAL或SETALL命令调用semctl时初始化的。

信号量值的初始化

282～283

出现在本书1990年版所含源代码中的注释不正确地声称，当实际操作为创建一个新的信号量集时，semget会将该集合中各个信号量的值初始化为0。尽管有些系统确实把新的信号量集内各个信号量的值初始化为0，这一点却不能保证做到。实际上早期的System V实现根本不对信号量值进行初始化，存放新创建信号量集的那部分内存空间最近一次使用时的值就是各个信号量的初始值。

semget的大多数手册页面根本不就实际操作为创建一个新的信号量集时各个信号量的初始值应为多少说些什么。X/Open XPG3可移植性指南（1989年）和Unix 98纠正了这个忽略行为，明确地陈述semget并不初始化各个信号量的值，这个初始化必须通过以SET_VAL命令（设置集合中一个值）或SETALL命令（设置集合中所有值）调用semctl（我们稍后描述）来完成。

System V信号量的设计中，创建一个信号量集（semget）并将它初始化（semctl）需两次函数调用是一个致命的缺陷。一个不完备的解决方案是：在调用semget时指定IPC_CREAT | IPC_EXCL标志，这样只有一个进程（首先调用semget的那个进程）创建所需信号量，该进程随后初始化该信号量，其他进程会收到来自semget的一个EEXIST错误，于是再次调用semget，不过这次调用既不指定IPC_CREAT标志，也不指定IPC_EXCL标志。

然而竞争状态依然存在。假设有两个进程几乎同时尝试创建并初始化一个只有单个成员的信号量集，两者都执行如下几行标了号的代码：

```
1    oflag = IPC_CREAT | IPC_EXCL | SVSEM_MODE;
2    if ( (semid = semget(key, 1, oflag)) >= 0) {
             /* success, we are the first, so initialize */
3        arg.val = 1;
4        Semctl(semid, 0, SETVAL, arg);

5    } else if (errno == EEXIST) {
             /* already exists, just open */
6        semid = Semget(key, 1, SVSEM_MODE);

7    } else
8        err_sys("semget error");

9    Semop(semid, ...);      /* decrement the semaphore by 1 */
```

那么可能发生如下情形：

(1) 第一个进程执行第1~3行，然后被内核阻止执行；

(2) 内核启动第二个进程，它执行第1、2、5、6、9行。

尽管成功创建该信号量的第一个进程将是初始化该信号量的唯一进程，但是由于它完成创建和初始化操作需花两个步骤，因此内核有可能在这两个步骤之间把上下文切换到另一个进程。这个新切换来运行的进程随后可以使用该信号量（上述代码片段的第9行），但是该信号量的值尚未由第一个进程初始化。当第二个进程执行第9行时，该信号量的值是不确定的。

幸运的是存在绕过这个竞争状态的方法。当semget创建一个新的信号量集时，其semid_ds结构的sem_otime成员保证被置为0。（System V手册已陈述这个事实很长时间，XPG3和Unix 98标准也这么说。）该成员只是在semop调用成功时才被设置为当前值。因此，上面例子中的第二

284

个进程再次成功地调用semget（上述代码片段的第6行）后，必须以IPC_STAT命令调用semctl。它然后等待sem_otime变为非零值，到时就可断定该信号量已被初始化，而且对它进行初始化的那个进程已成功地调用semop。这意味着创建该信号量的那个进程必须初始化它的值，而且必须在任何其他进程可以使用该信号量之前调用semop。我们在图10-52和图11-7中展示了使用这种技巧的例子。

> Posix有名信号量通过让单个函数（sem_open）创建并初始化信号量来避免上述问题。而且即使指定O_CREAT标志，信号量也只是在尚未存在的前提下才被初始化。
>
> 这个潜在的竞争状态是否构成问题还取决于应用程序。有些应用程序（例如图10-21中的生产者-消费者程序）由单个进程创建并初始化信号量。这种情形下不会存在竞争状态。但是在其他应用程序（例如图10-19中的文件上锁例子程序）中，创建并初始化信号量的并不是单个进程：第一个打开信号量的进程必须创建并初始化它，而且必须避免竞争状态。

11.3 semop 函数

使用semget打开一个信号量集后，对其中一个或多个信号量的操作就使用semop函数来执行。

```
#include <sys/sem.h>

int semop(int semid, struct sembuf *opsptr, size_t nops);
```

返回：若成功则为0，若出错则为-1

其中*opsptr*指向一个如下结构的数组：

```
struct sembuf {
  short   sem_num;     /* semaphore number: 0, 1, ..., nsems-1 */
  short   sem_op;      /* semaphore operation: <0, 0, >0 */
  short   sem_flg;     /* operation flags: 0, IPC_NOWAIT, SEM_UNDO */
};
```

*nops*参数指出由*opsptr*指向的sembuf结构数组中元素的数目。该数组中的每个元素给目标信号量集内某个特定的信号量指定一个操作。这个特定的信号量由sem_num指定，0代表第一个元素，1代表第二个元素，依次类推，直到nsems-1，其中nsems是目标信号量集内成员信号量的数目（也就是创建该集合时传递给semget的第二个参数）。

> 我们仅仅保证sembuf结构含有所给出的三个成员。它还可能含有其他成员，而且各成员并不保证以我们给出的顺序排序。这意味着我们绝不能静态地初始化这种结构，例如：
>
> ```
> struct sembuf   ops[2] = {
>   0, 0, 0,          /* wait for [0] to be 0 */
>   0, 1, SEM_UNDO    /* then increment [0] by 1 */
> };
> ```
>
> 而是必须使用运行时初始化方法，例如：
>
> ```
> struct sembuf   ops[2];
>
> ops[0].sem_num = 0;        /* wait for [0] to be 0 */
> ops[0].sem_op = 0;
> ops[0].sem_flg = 0;
> ops[1].sem_num = 0;        /* then increment [0] by 1 */
> ops[1].sem_op = 1;
> ops[1].sem_flg = SEM_UNDO;
> ```

285

由内核保证传递给semop函数的操作数组（opsptr）被原子地执行。内核或者完成所有指定的操作，或者什么操作都不做。我们将在11.5节中给出这个特性的一个例子。

每个特定的操作是由sem_op的值确定的，它可以是负数、0或正数。在稍后给出的讨论中，我们将使用如下术语。

- semval：信号量的当前值（图11-1）。
- semncnt：等待semval变为大于其当前值的线程数（图11-1）。
- semzcnt：等待semval变为0的线程数（图11-1）。
- semadj：所指定信号量针对调用进程的调整值。只有在对应本操作的sembuf结构的sem_flg成员中指定SEM_UNDO标志后，semadj才会更新。这是一个概念性的变量，它由内核为在其某个信号量操作中指定了SEM_UNDO标志的各个进程维护，不必存在名为semadj的结构成员。[①]
- 使得一个给定信号量操作非阻塞的方法是，在对应的sembuf结构的sem_flg成员中指定IPC_NOWAIT标志。在指定了该标志，并且如果不把调用线程置于休眠状态就完成不了这个给定操作的情况下，semop将返回一个EAGAIN错误。
- 当一个线程被置于休眠状态以等待某个信号量操作完成之时（我们将看到该线程既可等待这个信号量的值变为0，也可等待它变为大于0），如果它捕获了一个信号，那么其信号处理程序的返回将中断引起休眠的semop函数，该函数于是返回一个EINTR错误。按照UNPv1第124页的术语定义，semop是需被所捕获的信号中断的**慢系统调用**（slow system call）。
- 当一个线程被置于休眠状态以等待某个信号量操作完成之时，如果该信号量被另外某个线程或进程从系统中删除，那么引起休眠的semop函数将返回一个EIDRM错误，表示“identifier removed”（标识符已删除）。

现在我们基于每个具体指定的sem_op操作的三类可能值——正数、0或负数——来描述semop的操作。

286

(1) 如果sem_op是正数，其值就加到semval上。这对应于释放由某个信号量控制的资源。

如果指定了SEM_UNDO标志，那就从相应信号量的semadj值中减掉sem_op的值。

(2) 如果sem_op是0，那么调用者希望等待到semval变为0。如果semval已经是0，那就立即返回。

如果semval不为0，相应信号量的semzcnt值就加1，调用线程则被阻塞到semval变为0（到那时，相应信号量的semzcnt值再减1）。前面已经提到，如果指定了IPC_NOWAIT标志，调用线程就不会被置于休眠状态。如果某个被捕获的信号中断了引起休眠的semop函数，或者相应的信号量被删除了，那么该函数将过早地返回一个错误。

(3) 如果sem_op是负数，那么调用者希望等待semval变为大于或等于sem_op的绝对值。这对应于分配资源。

如果semval大于或等于sem_op的绝对值，那就从semval中减掉sem_op的绝对值。如果指定了SEM_UNDO标志，那么sem_op的绝对值就加到相应信号量的semadj值上。

如果semval小于sem_op的绝对值，相应信号量的semncnt值就加1，调用线程则被阻塞到

---

① 调用进程终止时，semadj加到相应信号量的semval之上。要是调用进程对某个信号量的全部操作都指定SEM_UNDO标志，那么该进程终止后，该信号量的值就会变得像根本没有运行过该进程一样，这就是复旧（undo）的本意。——译者注

semval变为大于或等于sem_op的绝对值。到那时该线程将被解阻塞，还将从semval中减掉sem_op的绝对值，相应信号量的semncnt值将减1。如果指定了SEM_UNDO标志，那么sem_op的绝对值将加到相应信号量的semadj值上。前面已经提到，如果指定了IPC_NOWAIT标志，调用线程就不会被置于休眠状态。另外，如果某个被捕获的信号中断了引起休眠的sem_op函数，或者相应的信号量被删除了，那么该函数将过早地返回一个错误。

> 比较一下这些操作和Posix信号量允许的操作，可看到Posix信号量只允许-1（sem_wait）和+1（sem_post）这两个操作。System V信号量允许信号量的值增长或减少不光是1，而且允许等待信号量的值变为0。与较为简单的Posix信号量相比，这些更为一般化的操作以及System V信号量可以有一组值的事实造成了System V信号量的复杂性。

11.4 semctl 函数

semctl函数对一个信号量执行各种控制操作。

```
#include <sys/sem.h>

int semctl(int semid, int semnum, int cmd, ... /* union semun arg */ );
```

返回：若成功则为非负值（见正文），若出错则为-1

287

第一个参数*semid*标识其操作待控制的信号量集，第二个参数*semnum*标识该信号量集内的某个成员（0、1等，直到*nsems*−1）。*semnum*值仅仅用于GETVAL、SETVAL、GETNCNT、GETZCNT和GETPID命令。

第四个参数是可选的，取决于第三个参数*cmd*（参见下面给出的联合中的注释）。

```
union semun {
  int              val;    /* used for SETVAL only */
  struct semid_ds *buf;    /* used for IPC_SET and IPC_STAT */
  ushort          *array; /* used for GETALL and SETALL */
};
```

这个联合并没有出现在任何系统头文件中，因而必须由应用程序声明。（我们在图C.1中给出的unpipc.h头文件中定义了它。）它是按值传递的，而不是按引用传递的。也就是说作为参数的是这个联合的真正值，而不是指向它的指针。

> 不幸的是，有些系统（FreeBSD和Linux）在<sys/sem.h>头文件中定义了这个联合，从而使编写可移植代码变得困难。尽管由这个系统头文件来声明semun联合确实有理由，Unix 98还是声称它必须由应用程序显式声明。

System V支持下列*cmd*值。除非另外声明，否则返回值为0表示成功，返回值为-1表示出错。

GETVAL　把semval的当前值作为函数返回值返回。既然信号量决不会是负数（semval被声明成一个unsigned short整数），那么成功的返回值总是非负数。

SETVAL　把semval值设置为*arg.val*。如果操作成功，那么相应信号量在所有进程中的信号量调整值（semadj）将被置为0。

GETPID　把sempid的当前值作为函数返回值返回。

GETNCNT　把semncnt的当前值作为函数返回值返回。

GETZCNT　把semzcnt的当前值作为函数返回值返回。

GETALL 返回所指定信号量集内每个成员的semval值。这些值通过*arg.array*指针返回，函数本身的返回值则为0。注意，调用者必须分配一个unsigned short整数数组，该数组要足够容纳所指定信号量集内所有成员的semval值的，然后把*arg.array*设置成指向这个数组。

SETALL 设置所指定信号量集中每个成员的semval值。这些值是通过*arg.array*指针指定的。

IPC_RMID 把由*semid*指定的信号量集从系统中删除掉。

IPC_SET 设置所指定信号量集的semid_ds结构中的以下三个成员：sem_perm.uid、sem_perm.gid和sem_perm.mode，这些值来自由*arg.buf*参数指向的结构中的相应成员。semid_ds结构中的sem_ctime成员也被设置成当前时间。

288

IPC_STAT （通过*arg.buf*参数）返回所指定信号量集当前的semid_ds结构。注意，调用者必须首先分配一个semid_ds结构，并把*arg.buf*设置成指向这个结构。

11.5 简单的程序

既然System V信号量具有随内核的持续性，于是我们可以通过编写一组操纵它们的程序并查看这些程序的运行结果来展示它们的用法。信号量的值将由内核从我们的某个程序维持到下一个程序。

11.5.1 semcreate 程序

图11-2给出了我们的第一个程序，它只是创建一个System V信号量集。-e命令行选项指定IPC_EXCL标志，该集合中信号量的数目必须由最后一个命令行参数指定。

svsem/semcreate.c

```
 1 #include    "unpipc.h"

 2 int
 3 main(int argc, char **argv)
 4 {
 5     int     c, oflag, semid, nsems;

 6     oflag = SVSEM_MODE | IPC_CREAT;
 7     while ( (c = Getopt(argc, argv, "e")) != -1) {
 8         switch (c) {
 9         case 'e':
10             oflag |= IPC_EXCL;
11             break;
12         }
13     }
14     if (optind != argc - 2)
15         err_quit("usage: semcreate [ -e ] <pathname> <nsems>");
16     nsems = atoi(argv[optind + 1]);

17     semid = Semget(Ftok(argv[optind], 0), nsems, oflag);
18     exit(0);
19 }
```

svsem/semcreate.c

图11-2 semcreate程序

11.5.2 **semrmid** 程序

图11-3给出的下一个程序会从系统中删除一个信号量集。删除该集合通过调用semctl函数执行IPC_RMID命令完成。

289

svsem/semrmid.c

```
 1 #include    "unpipc.h"

 2 int
 3 main(int argc, char **argv)
 4 {
 5     int     semid;

 6     if (argc != 2)
 7         err_quit("usage: semrmid <pathname>");

 8     semid = Semget(Ftok(argv[1], 0), 0, 0);
 9     Semctl(semid, 0, IPC_RMID);

10     exit(0);
11 }
```

svsem/semrmid.c

图11-3 semrmid函数

11.5.3 **semsetvalues** 程序

图11-4给出的semsetvalues程序设置某个信号量集中的所有值。

svsem/semsetvalues.c

```
 1 #include    "unpipc.h"

 2 int
 3 main(int argc, char **argv)
 4 {
 5     int     semid, nsems, i;
 6     struct semid_ds seminfo;
 7     unsigned short  *ptr;
 8     union semun arg;

 9     if (argc < 2)
10         err_quit("usage: semsetvalues <pathname> [ values ... ]");

11         /* first get the number of semaphores in the set */
12     semid = Semget(Ftok(argv[1], 0), 0, 0);
13     arg.buf = &seminfo;
14     Semctl(semid, 0, IPC_STAT, arg);
15     nsems = arg.buf->sem_nsems;

16         /* now get the values from the command line */
17     if (argc != nsems + 2)
18         err_quit("%d semaphores in set, %d values specified", nsems, argc-2);

19         /* allocate memory to hold all the values in the set, and store */
20     ptr = Calloc(nsems, sizeof(unsigned short));
21     arg.array = ptr;
22     for (i = 0; i < nsems; i++)
23         ptr[i] = atoi(argv[i + 2]);
24     Semctl(semid, 0, SETALL, arg);

25     exit(0);
26 }
```

svsem/semsetvalues.c

图11-4 semsetvalues函数

取得集合中信号量的数目

11~15　使用semget获取所指定信号量集的信号量ID之后，发出一个semctl的IPC_STAT命令取得该信号量的semid_ds结构。其中sem_nsems成员就是该集合中信号量的数目。

设置所有的值

19~24　分配一个unsigned short整数数组的内存空间，每个集合成员对应一个数组元素，然后把它们的值从命令行复制到数组中。接着由一个semctl的SETALL命令设置该信号量集内所有成员信号量的值。

11.5.4　semgetvalues 程序

图11-5给出的semgetvalues程序取得并输出某个信号量集中的所有值。

svsem/semgetvalues.c

```
 1 #include    "unpipc.h"

 2 int
 3 main(int argc, char **argv)
 4 {
 5     int     semid, nsems, i;
 6     struct semid_ds seminfo;
 7     unsigned short  *ptr;
 8     union semun arg;

 9     if (argc != 2)
10         err_quit("usage: semgetvalues <pathname>");

11         /* first get the number of semaphores in the set */
12     semid = Semget(Ftok(argv[1], 0), 0, 0);
13     arg.buf = &seminfo;
14     Semctl(semid, 0, IPC_STAT, arg);
15     nsems = arg.buf->sem_nsems;

16         /* allocate memory to hold all the values in the set */
17     ptr = Calloc(nsems, sizeof(unsigned short));
18     arg.array = ptr;

19         /* fetch the values and print */
20     Semctl(semid, 0, GETALL, arg);
21     for (i = 0; i < nsems; i++)
22         printf("semval[%d] = %d\n", i, ptr[i]);

23     exit(0);
24 }
```

svsem/semgetvalues.c

图11-5　semgetvalues程序

取得集合中信号量的数目

11~15　使用semget获取所指定信号量集的信号量ID之后，发出一个semctl的IPC_STAT命令取得该信号量的semid_ds结构。其中sem_nsems成员就是该集合中信号量的数目。

取得所有的值

16~22　分配一个unsigned short整数数组的内存空间，每个集合成员对应一个数组元素，然后发出一个semctl的GETALL命令获取该信号量集内所有成员信号量的值。接着输出所有的值。

11.5.5 semops 程序

图11-6给出的semops程序对某个信号量集执行一数组的操作。

svsem/semops.c

```
 1 #include    "unpipc.h"

 2 int
 3 main(int argc, char **argv)
 4 {
 5     int     c, i, flag, semid, nops;
 6     struct sembuf   *ptr;

 7     flag = 0;
 8     while ( (c = Getopt(argc, argv, "nu")) != -1) {
 9         switch (c) {
10         case 'n':
11             flag |= IPC_NOWAIT;         /* for each operation */
12             break;

13         case 'u':
14             flag |= SEM_UNDO;           /* for each operation */
15             break;
16         }
17     }
18     if (argc - optind < 2)              /* argc - optind = #args remaining */
19         err_quit("usage: semops [ -n ] [ -u ] <pathname> operation ...");

20     semid = Semget(Ftok(argv[optind], 0), 0, 0);
21     optind++;
22     nops = argc - optind;

23         /* allocate memory to hold operations, store, and perform */
24     ptr = Calloc(nops, sizeof(struct sembuf));
25     for (i = 0; i < nops; i++) {
26         ptr[i].sem_num = i;
27         ptr[i].sem_op = atoi(argv[optind + i]);     /* <0, 0, or >0 */
28         ptr[i].sem_flg = flag;
29     }
30     Semop(semid, ptr, nops);

31     exit(0);
32 }
```

svsem/semops.c

图11-6 semops程序

命令行选项

7~19 -n选项给每个操作指定IPC_NOWAIT标志，-u选项给每个操作指定SEM_UNDO标志。注意，semop函数允许我们给sembuf结构的每个成员（也就是针对信号量集内每个成员的操作）指定一组不同的标志，但是为了简单起见，我们让这些命令行选项给所有成员信号量各自的指定操作统一指定相应标志。

给各个操作分配内存空间

20~29 使用semget打开所指定的信号量集后，分配一个sembuf结构数组，命令行中指定的每个操作对应一个数组元素。与前两个程序不同，本程序允许用户指定少于相应信号量集内成员数目的操作个数。

执行各个操作

30 semop在所指定信号量集上执行刚才创建的操作数组。

11.5.6 例子

现在演示刚刚给出的5个程序，以查看System V信号量的某些特性。

```
solaris % touch /tmp/rich
solaris % semcreate -e /tmp/rich 3
solaris % semsetvalues /tmp/rich 1 2 3
solaris % semgetvalues /tmp/rich
semval[0] = 1
semval[1] = 2
semval[2] = 3
```

我们首先创建一个名为/tmp/rich的文件，它将（通过ftok）用于标识本例子所用的信号量集。semcreate创建一个共有三个成员的信号量集。semsetvalues把它们的值分别设置为1、2和3，这些值随后由semgetvalues输出。

我们接着演示在一个信号量集上执行一组操作的原子性。

```
solaris % semops -n /tmp/rich -1 -2 -4
semctl error: Resource temporarily unavailable
solaris % semgetvalues /tmp/rich
semval[0] = 1
semval[1] = 2
semval[2] = 3
```

我们指定了非阻塞标志（-n）和三个操作，每个操作分别减少刚创建信号量集内的某个值。第一个操作可以执行（我们可以从该集合值为1的第一个成员中减掉1），第二个操作也可以执行（我们可以从该集合值为2的第二个成员中减掉2），但是第三个操作却无法执行（我们不能从该集合值为3的第三个成员中减掉4）。既然最后一个操作不能执行，而且指定了非阻塞标志，那么将返回一个EAGAIN错误。（要是未曾指定非阻塞标志，我们的程序就只是阻塞。）我们接着验证该集合中没有值变动过。尽管前两个操作可以执行，但是由于最后一个操作不能执行，因此这三个操作都不执行。semop的原子性意味着要么所有操作都执行，要么一个操作都不执行。

290
～
293

下面演示System V信号量的SEM_UNDO属性。

```
solaris % semsetvalues /tmp/rich 1 2 3          设置成已知值
solaris % semops -u /tmp/rich -1 -2 -3          给每个操作指定SEM_UNDO标志
solaris % semgetvalues /tmp/rich
semval[0] = 1                                   当semops终止时所有变动都被取消
semval[1] = 2
semval[2] = 3
solaris % semops /tmp/rich -1 -2 -3             不指定SEM_UNDO标志
solaris % semgetvalues /tmp/rich
semval[0] = 0                                   变动未被取消
semval[1] = 0
semval[2] = 0
```

我们首先使用semsetvalues把三个信号量值重新置为1、2和3，然后使用semops指定-1、-2和-3三个操作。这导致所有三个值都变为0，但是既然我们给semops程序指定了-u选项，那么所有三个操作都被指定了SEM_UNDO标志。这么一来，这三个成员信号量的semadj值就分别被置为1、2和3。后来当semops程序终止时，这三个semadj值就分别加到三个成员信号量的当前值（全为0）上，导致它们的最终值分别变为1、2和3，这一点我们用semgetvalues程序验证了。我们接着再次执行semops程序，不过这次不指定-u选项，其结果是当semops程序终止时，所有三个成员信号量的值都保持为0，而不回复到开始执行semops程序时的值。

11.6 文件上锁

我们可以提供图10-19中my_lock和my_unlock函数的另一个版本，它们使用System V信号量实现。图11-7给出了这个版本。

lock/locksvsem.c

```
 1 #include    "unpipc.h"

 2 #define LOCK_PATH   "/tmp/svsemlock"
 3 #define MAX_TRIES   10

 4 int     semid, initflag;
 5 struct sembuf   postop, waitop;

 6 void
 7 my_lock(int fd)
 8 {
 9     int     oflag, i;
10     union semun arg;
11     struct semid_ds seminfo;

12     if (initflag == 0) {
13         oflag = IPC_CREAT | IPC_EXCL | SVSEM_MODE;
14         if ( (semid = semget(Ftok(LOCK_PATH, 0), 1, oflag)) >= 0) {
15                 /* success, we're the first so initialize */
16             arg.val = 1;
17             Semctl(semid, 0, SETVAL, arg);

18         } else if (errno == EEXIST) {
19                 /* someone else has created; make sure it's initialized */
20             semid = Semget(Ftok(LOCK_PATH, 0), 1, SVSEM_MODE);
21             arg.buf = &seminfo;
22             for (i = 0; i < MAX_TRIES; i++) {
23                 Semctl(semid, 0, IPC_STAT, arg);
24                 if (arg.buf->sem_otime != 0)
25                     goto init;
26                 sleep(1);
27             }
28             err_quit("semget OK, but semaphore not initialized");

29         } else
30             err_sys("semget error");
31   init:
32         initflag = 1;
33         postop.sem_num = 0;        /* and init the two semop() structures */
34         postop.sem_op  = 1;
35         postop.sem_flg = SEM_UNDO;
36         waitop.sem_num = 0;
37         waitop.sem_op  = -1;
38         waitop.sem_flg = SEM_UNDO;
39     }
40     Semop(semid, &waitop, 1);      /* down by 1 */
41 }

42 void
43 my_unlock(int fd)
44 {
45     Semop(semid, &postop, 1);      /* up by 1 */
46 }
```

lock/locksvsem.c

图11-7　使用System V信号量实现的文件上锁

首先尝试独占创建

13~17　我们必须保证只有单个进程初始化文件上锁信号量，因此给semget指定了IPC_CREAT

|IPC_EXCL标志。如果创建成功，当前进程就调用semctl将该信号量的值初始化为1。如果有多个进程几乎同时调用我们的my_lock函数，那么只有一个进程会创建出文件上锁信号量（假设它尚未存在），接着初始化该信号量的也是这个进程。

信号量已存在，那就打开它

18~20　对于其他进程来说，第一个semget调用将返回一个EEXIST错误，它们于是再次调用semget，不过这次不指定IPC_CREAT|IPC_EXCL标志。

等待信号量被初始化

21~28　我们遇到了11.2节中讲解System V信号量的初始化时讨论过的同一竞争状态。为避免该竞争状态，发现文件上锁信号量已存在的任何进程都必须以IPC_STAT命令调用semctl，以查看该信号量的sem_otime值。如果该值不为0，我们就知道创建该信号量的进程已对它初始化，并已调用semop（semop调用在本函数末尾）。如果该信号量的sem_otime值仍为0（这种情况应该非常罕见），我们就休眠1秒再尝试。我们限制了尝试次数，避免发生永久休眠。

初始化sembuf结构

33~38　我们早先提及，sembuf结构中各成员的排列顺序没有保证，因此不能静态地初始化它们。当一个进程首次调用my_lock时，我们分配两个这样的结构，并在运行时填写它们。我们指定了SEM_UNDO标志，这样的话如果某个进程在持有锁期间终止了，内核会释放该锁（见习题10.3）。

在首次使用时创建一个信号量很容易（每个进程尝试创建它，但是如果它已经存在，那就忽略所产生的错误），然而在所有进程都完成后将它删除要困难得多。在使用序列号文件分配作业号的打印机守护进程例子中，信号量将一直存在下去。但是其他应用程序可能希望一旦需要上锁的文件被删除，其信号量也被删除。对于这种情况，使用记录锁也许比使用信号量更好。

11.7　信号量限制

跟System V消息队列一样，System V信号量也有特定的系统限制，其中大部分源自最初的System V实现（3.8节）。图11-8展示了这些限制。第一栏是含有相应限制值的内核变量的传统System V名字。

名　字	说　明	DUnix 4.0B	Solaris 2.6
semmni	系统范围最大信号量集数	16	10
semmsl	每个信号量集最大信号量数	25	25
semmns	系统范围最大信号量数	400	60
semopm	每个semop调用最大操作数	10	10
semmnu	系统范围最大复旧结构数[①]		30
semume	每个复旧结构最大复旧项数	10	10
semvmx	任何信号量的最大值	32767	32767
semaem	最大退出时调整（adjust-on-exit）值	16384	16384

图11-8　System V信号量的典型限制值

①每个复旧（undo）结构对应一个进程。——译者注

Digital Unix显然不存在semmnu限制。

294 ≀ 296

例子

图11-9中的程序确定图11-8中给出的各个限制值。

svsem/limits.c

```
 1 #include    "unpipc.h"

 2         /* following are upper limits of values to try */
 3 #define MAX_NIDS        4096           /* max # semaphore IDs */
 4 #define MAX_VALUE       1024*1024      /* max semaphore value */
 5 #define MAX_MEMBERS     4096           /* max # semaphores per semaphore set */
 6 #define MAX_NOPS        4096           /* max # operations per semop() */
 7 #define MAX_NPROC       Sysconf(_SC_CHILD_MAX)

 8 int
 9 main(int argc, char **argv)
10 {
11     int     i, j, semid, sid[MAX_NIDS], pipefd[2];
12     int     semmni, semvmx, semmsl, semmns, semopn, semaem, semume, semmnu;
13     pid_t   *child;
14     union semun arg;
15     struct sembuf   ops[MAX_NOPS];

16         /* see how many sets with one member we can create */
17     for (i = 0; i <= MAX_NIDS; i++) {
18         sid[i] = semget(IPC_PRIVATE, 1, SVSEM_MODE | IPC_CREAT);
19         if (sid[i] == -1) {
20             semmni = i;
21             printf("%d identifiers open at once\n", semmni);
22             break;
23         }
24     }
25         /* before deleting, find maximum value using sid[0] */
26     for (j = 7; j < MAX_VALUE; j += 8) {
27         arg.val = j;
28         if (semctl(sid[0], 0, SETVAL, arg) == -1) {
29             semvmx = j - 8;
30             printf("max semaphore value = %d\n", semvmx);
31             break;
32         }
33     }
34     for (j = 0; j < i; j++)
35         Semctl(sid[j], 0, IPC_RMID);

36         /* determine max # semaphores per semaphore set */
37     for (i = 1; i <= MAX_MEMBERS; i++) {
38         semid = semget(IPC_PRIVATE, i, SVSEM_MODE | IPC_CREAT);
39         if (semid == -1) {
40             semmsl = i - 1;
41             printf("max of %d members per set\n", semmsl);
42             break;
43         }
44         Semctl(semid, 0, IPC_RMID);
45     }

46         /* find max of total # of semaphores we can create */
47     semmns = 0;
```

图11-9 确定System V信号量上的系统限制值

297

```
48      for (i = 0; i < semmni; i++) {
49          sid[i] = semget(IPC_PRIVATE, semmsl, SVSEM_MODE | IPC_CREAT);
50          if (sid[i] == -1) {
51              /*
52               * Up to this point each set has been created with semmsl
53               * members.  But this just failed, so try recreating this
54               * final set with one fewer member per set, until it works.
55               */
56              for (j = semmsl - 1; j > 0; j--) {
57                  sid[i] = semget(IPC_PRIVATE, j, SVSEM_MODE | IPC_CREAT);
58                  if (sid[i] != -1) {
59                      semmns += j;
60                      printf("max of %d semaphores\n", semmns);
61                      Semctl(sid[i], 0, IPC_RMID);
62                      goto done;
63                  }
64              }
65              err_quit("j reached 0, semmns = %d", semmns);
66          }
67          semmns += semmsl;
68      }
69      printf("max of %d semaphores\n", semmns);
70    done:
71      for (j = 0; j < i; j++)
72          Semctl(sid[j], 0, IPC_RMID);
73          /* see how many operations per semop() */
74      semid = Semget(IPC_PRIVATE, semmsl, SVSEM_MODE | IPC_CREAT);
75      for (i = 1; i <= MAX_NOPS; i++) {
76          ops[i - 1].sem_num = i - 1;
77          ops[i - 1].sem_op = 1;
78          ops[i - 1].sem_flg = 0;
79          if (semop(semid, ops, i)  == -1) {
80              if (errno != E2BIG)
81                  err_sys("expected E2BIG from semop");
82              semopn = i-1;
83              printf("max of %d operations per semop()\n", semopn);
84              break;
85          }
86      }
87      Semctl(semid, 0, IPC_RMID);
88          /* determine the max value of semadj */
89          /* create one set with one semaphore */
90      semid = Semget(IPC_PRIVATE, 1, SVSEM_MODE | IPC_CREAT);
91      arg.val = semvmx;
92      Semctl(semid, 0, SETVAL, arg);      /* set value to max */
93      for (i = semvmx - 1; i > 0; i--) {
94          ops[0].sem_num = 0;
95          ops[0].sem_op = -i;
96          ops[0].sem_flg = SEM_UNDO;
97          if (semop(semid, ops, 1)  != -1) {
98              semaem = i;
99              printf("max value of adjust-on-exit = %d\n", semaem);
100             break;
101         }
```

图11-9（续）

298

```
102     }
103     Semctl(semid, 0, IPC_RMID);

104         /* determine max # undo structures */
105         /* create one set with one semaphore; init to 0 */
106     semid = Semget(IPC_PRIVATE, 1, SVSEM_MODE | IPC_CREAT);
107     arg.val = 0;
108     Semctl(semid, 0, SETVAL, arg);     /* set semaphore value to 0 */
109     Pipe(pipefd);
110     child = Malloc(MAX_NPROC * sizeof(pid_t));
111     for (i = 0; i < MAX_NPROC; i++) {
112         if ( (child[i] = fork()) == -1) {
113             semmnu = i - 1;
114             printf("fork failed, semmnu at least %d\n", semmnu);
115             break;
116         } else if (child[i] == 0) {
117             ops[0].sem_num = 0;    /* child does the semop() */
118             ops[0].sem_op = 1;
119             ops[0].sem_flg = SEM_UNDO;
120             j = semop(semid, ops, 1);  /* 0 if OK, -1 if error */
121             Write(pipefd[1], &j, sizeof(j));
122             sleep(30);             /* wait to be killed by parent */
123             exit(0);               /* just in case */
124         }
125         /* parent reads result of semop() */
126         Read(pipefd[0], &j, sizeof(j));
127         if (j == -1) {
128             semmnu = i;
129             printf("max # undo structures = %d\n", semmnu);
130             break;
131         }
132     }
133     Semctl(semid, 0, IPC_RMID);
134     for (j = 0; j <= i && child[j] > 0; j++)
135         Kill(child[j], SIGINT);

136         /* determine max # adjust entries per process */
137         /* create one set with max # of semaphores */
138     semid = Semget(IPC_PRIVATE, semmsl, SVSEM_MODE | IPC_CREAT);
139     for (i = 0; i < semmsl; i++) {
140         arg.val = 0;
141         Semctl(semid, i, SETVAL, arg);     /* set semaphore value to 0 */

142         ops[i].sem_num = i;
143         ops[i].sem_op = 1;          /* add 1 to the value */
144         ops[i].sem_flg = SEM_UNDO;
145         if (semop(semid, ops, i + 1) == -1) {
146             semume = i;
147             printf("max # undo entries per process = %d\n", semume);
148             break;
149         }
150     }
151     Semctl(semid, 0, IPC_RMID);

152     exit(0);
153 }
```

svsem/limits.c

299

图11-9（续）

11.8　小结

从Posix信号量到System V信号量发生了如下变动。

(1) System V信号量由一组值构成。当指定应用到某个信号量集的一组信号量操作时，要么所有操作都执行，要么一个操作都不执行。

(2) 可应用到一个信号量集的每个成员的操作有三种：测试其值是否为0、往其值加一个整数以及从其值中减掉一个整数（假设结果值仍然非负）。Posix信号量所允许的操作只是将其值加1或减1（假设结果值仍然非负）。

(3) 创建一个System V信号量集需要技巧，因为创建该集合并随后初始化其各个值需要两个操作，从而可能导致竞争状态。

(4) System V信号量提供“复旧”特性，该特性保证在进程终止时逆转某个信号量操作。

习题

11.1　图6-8是对图6-6的修改，它接受用于指定消息队列的标识符而不是路径名。从中看出访问一个System V消息队列只需知道其标识符（前提是有足够的权限）。对图11-6进行类似的修改，以展示同样的特性也适用于System V信号量。

300

11.2　如果LOCK_PATH文件不存在，那么图11-7中的函数会发生什么？

第四部分

共享内存区

第12章

共享内存区介绍

12.1 概述

共享内存区是可用IPC形式中最快的。一旦这样的内存区映射到共享它的进程的地址空间，这些进程间数据的传递就不再涉及内核。然而往该共享内存区存放信息或从中取走信息的进程间通常需要某种形式的同步。我们在第三部分中已经讨论了各种形式的同步：互斥锁、条件变量、读写锁、记录锁、信号量。

这里说的“不再涉及内核”的含义是：进程不再通过执行任何进入内核的系统调用来彼此传递数据。显然，内核必须建立允许各个进程共享该内存区的内存映射关系，然后一直管理该内存区（处理页面故障等）。

考虑用来传递各种类型消息的一个示例客户-服务器文件复制程序中涉及的通常步骤。

- 服务器从输入文件读。该文件的数据由内核读入自己的内存空间，然后从内核复制到服务器进程。
- 服务器往一个管道、FIFO或消息队列以一条消息的形式写入这些数据。这些IPC形式通常需要把这些数据从进程复制到内核。

303

这里使用限定词“通常”是因为Posix消息队列可使用内存映射I/O（本章将描述的mmap函数）实现，如5.8节和习题12.2的解答中所示。在图12-1中，我们假设Posix消息队列是在内核中实现的，这是另外一种可能实现。然而管道、FIFO和System V消息队列的write或msgsnd都涉及从进程到内核的数据复制，它们的read或msgrcv都涉及从内核到进程的数据复制。

- 客户从该IPC通道读出这些数据，这通常需要把这些数据从内核复制到进程。
- 最后，将这些数据从由write函数的第二个参数指定的客户缓冲区复制到输出文件。

这里通常需要总共四次数据复制。而且这四次复制是在内核和某个进程间进行的，往往开销很大（比纯粹在内核中或单个进程内复制数据的开销大）。图12-1展示了客户与服务器之间通过内核桥接的数据转移。

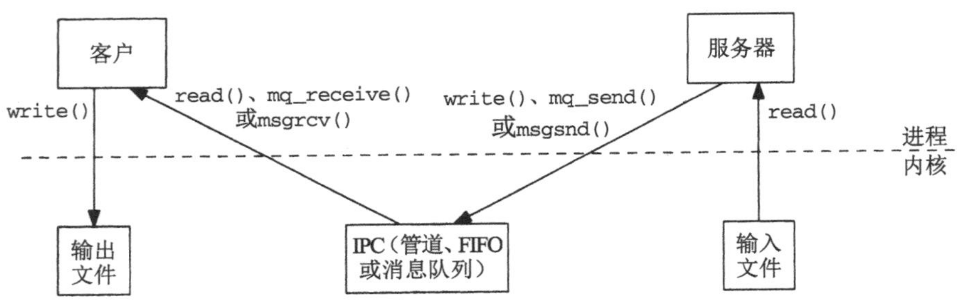

图12-1　从服务器到客户的文件数据流

这些IPC形式（管道、FIFO和消息队列）的问题在于，两个进程要交换信息时，这些信息必须经由内核传递。

通过让两个或多个进程共享一个内存区，共享内存区这种IPC形式提供了绕过上述问题的办法。当然，这些进程必须协调或同步对该共享内存区的使用。（共享一个公共的内存区跟共享一个硬盘文件类似，例如本书所有文件上锁例子中都使用的那个序列号文件。）第三部分讲述的任何技巧都可用于这样的同步目的。

前面的客户-服务器例子现在涉及的步骤如下。

- 服务器使用（譬如说）一个信号量取得访问某个共享内存区对象的权力。
- 服务器将数据从输入文件读入到该共享内存区对象。read函数的第二个参数所指定的数据缓冲区地址指向这个共享内存区对象。
- 服务器读入完毕时，使用一个信号量通知客户。
- 客户将这些数据从该共享内存区对象写出到输出文件中。

304

图12-2展示了这个情形。

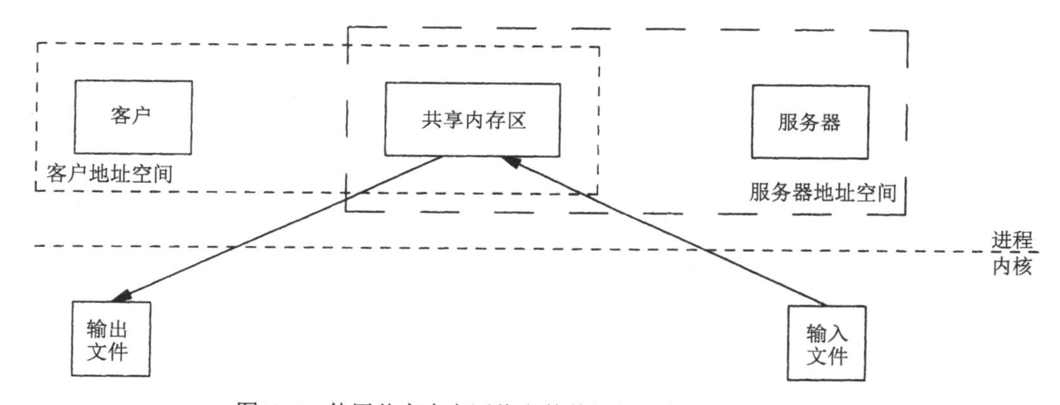

图12-2 使用共享内存区将文件数据从服务器复制到客户

本图中数据只复制两次：一次从输入文件到共享内存区，另一次从共享内存区到输出文件。我们画了一个包围客户和该共享内存区对象的虚框，又画了另一个包围服务器和该共享内存区对象的虚框，目的是强调该共享内存区对象同时出现在客户和服务器的地址空间中。

使用共享内存区所涉及的概念对于Posix接口和System V接口都类似。我们将在第13章中讲述前者，在第14章中讲述后者。

本章中我们返回到第9章中开始介绍的序列号加1的例子。不过我们现在把序列号存放在内存中而不是某个文件里。

我们首先再次强调，默认情况下通过fork派生的子进程并不与其父进程共享内存区。图12-3中的程序让父子进程都给一个名为count的全局整数加1。

创建并初始化信号量

12~14 创建并初始化一个信号量，它保护我们认为其为一个共享变量的对象（全局变量count）。由于这样的假设不正确，该信号量实际上并非必要。注意，我们通过调用sem_unlink从系统中删除了该信号量的名字，但是尽管这么一来删除了它的路径名，对于已经打开的信号量却没有影响。这样做后即使本程序中止了，该路径名也已从系统中删除。

shm/incr1.c

```
 1 #include     "unpipc.h"

 2 #define SEM_NAME     "mysem"

 3 int     count = 0;

 4 int
 5 main(int argc, char **argv)
 6 {
 7     int     i, nloop;
 8     sem_t   *mutex;

 9     if (argc != 2)
10         err_quit("usage: incr1 <#loops>");
11     nloop = atoi(argv[1]);

12         /* create, initialize, and unlink semaphore */
13     mutex = Sem_open(Px_ipc_name(SEM_NAME), O_CREAT | O_EXCL, FILE_MODE, 1);
14     Sem_unlink(Px_ipc_name(SEM_NAME));

15     setbuf(stdout, NULL);        /* stdout is unbuffered */
16     if (Fork() == 0) {           /* child */
17         for (i = 0; i < nloop; i++) {
18             Sem_wait(mutex);
19             printf("child: %d\n", count++);
20             Sem_post(mutex);
21         }
22         exit(0);
23     }
24         /* parent */
25     for (i = 0; i < nloop; i++) {
26         Sem_wait(mutex);
27         printf("parent: %d\n", count++);
28         Sem_post(mutex);
29     }
30     exit(0);
31 }
```

shm/incr1.c

图12-3　父子进程都给同一个全局变量加1

把标准输出设置为非缓冲，然后fork

15　把标准输出设置为非缓冲模式，因为父子进程都要往它写出结果。这样可以防止这两个进程的输出不恰当地交叉。①

16~29　父子进程都执行一个循环，该循环对计数器执行指定次数的加1，并小心地保证只在持有保护它的信号量时才给该变量加1。

运行该程序，只查看系统在父子进程间切换时的输出，我们得到如下结果：

```
child: 0                    子进程首先运行，计数器从0开始计数
child: 1
...
child: 678
child: 679
parent: 0                   子进程被阻止，父进程运行，计数器从0开始计数
parent: 1
...
```

① 确切地说，从观察程序运行的用户来看，缓冲模式的标准输出妨碍了父子进程动态输出的及时反映。
——译者注

```
parent: 1220
parent: 1221
child: 680                    父进程被阻止，子进程接着运行
child: 681
...
child: 2078
child: 2079
parent: 1222                  子进程被阻止，父进程接着运行
parent: 1223
                              如此等等
```

305～306

可以看出这两个进程都有各自的全局变量count的副本。每个进程都从该变量为0的初始值开始，而且每次加1的对象是各自的变量的副本。图12-4展示了调用fork之前的父进程。

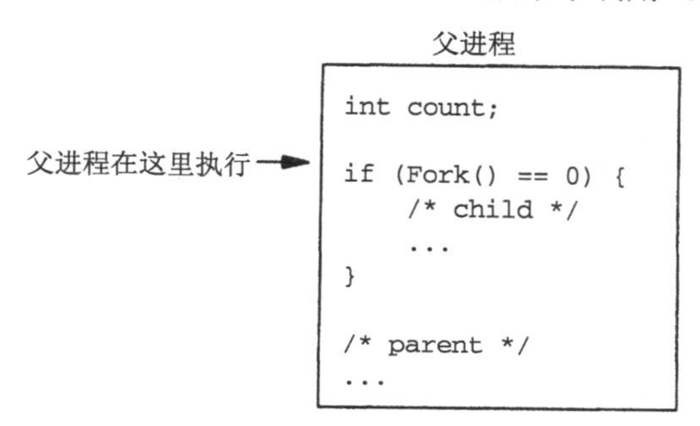

图12-4 调用fork之前的父过程

调用fork后，子进程从其父进程数据空间的映射副本开始运行。图12-5展示了fork返回后的两个进程。

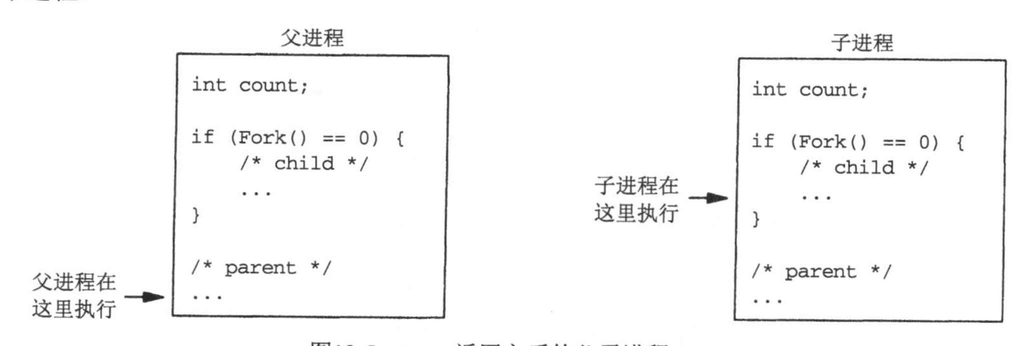

图12-5 fork返回之后的父子进程

我们看到父子进程都有各自的变量count的副本。

12.2 mmap、munmap和msync函数

mmap函数把一个文件或一个Posix共享内存区对象映射到调用进程的地址空间。使用该函数有三个目的：

307

(1) 使用普通文件以提供内存映射I/O（12.3节）；

(2) 使用特殊文件以提供匿名内存映射（12.4节和12.5节）；

(3) 使用shm_open以提供无亲缘关系进程间的Posix共享内存区（第13章）。

```
#include <sys/mman.h>

void *mmap(void *addr, size_t len, int prot, int flags, int fd, off_t offset);
```

返回：若成功则为被映射区的起始地址，若出错则为MAP_FAILED

其中*addr*可以指定描述符*fd*应被映射到的进程内空间的起始地址。它通常被指定为一个空指针，这样告诉内核自己去选择起始地址。无论哪种情况下，该函数的返回值都是描述符*fd*所映射到内存区的起始地址。

*len*是映射到调用进程地址空间中的字节数，它从被映射文件开头起第*offset*个字节处开始算。*offset*通常设置为0。图12-6展示了这个映射关系。

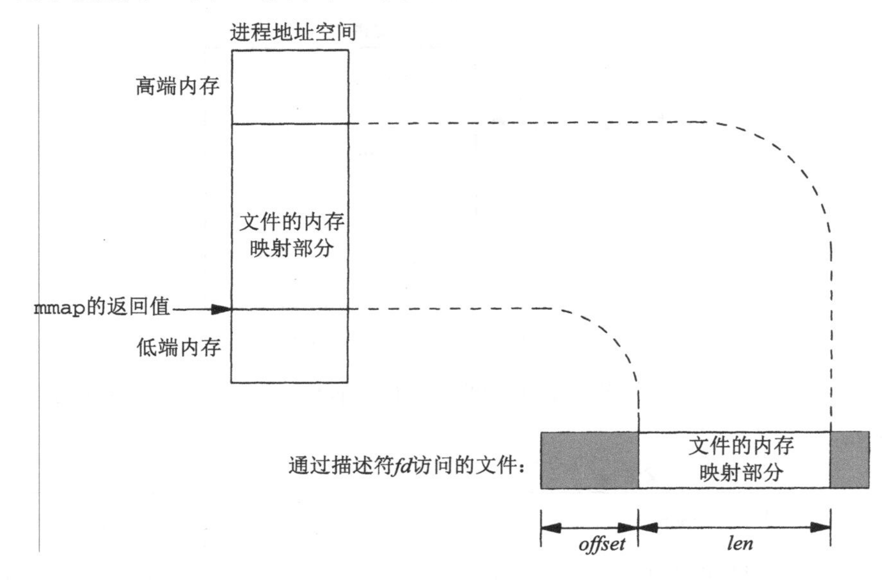

图12-6　内存映射文件的例子

内存映射区的保护由*prot*参数指定，它使用图12-7中的常值。该参数的常见值是代表读写访问的PROT_READ | PROT_WRITE。

308

prot	说　明
PROT_READ	数据可读
PROT_WRITE	数据可写
PROT_EXEC	数据可执行
PROT_NONE	数据不可访问

图12-7　mmap的*prot*参数

*flags*使用图12-8中的常值指定。MAP_SHARED或MAP_PRIVATE这两个标志必须指定一个，并可有选择地或上MAP_FIXED。如果指定了MAP_PRIVATE，那么调用进程对被映射数据所做的修改只对该进程可见，而不改变其底层支撑对象（或者是一个文件对象，或者是一个共享内存区对象）。如果指定了MAP_SHARED，那么调用进程对被映射数据所做的修改对于共享该对象的所有进程都可见，而且确实改变了其底层支撑对象。

Flags	说明
MAP_SHARED	变动是共享的
MAP_PRIVATE	变动是私自的
MAP_FIXED	准确地解释*addr*参数

图12-8 mmap的*flags*参数

从移植性上考虑，MAP_FIXED不应该指定。如果没有指定该标志，但是*addr*不是一个空指针，那么*addr*如何处置取决于实现。不为空的*addr*值通常被当作有关该内存区应如何具体定位的线索。可移植的代码应把*addr*指定成一个空指针，并且不指定MAP_FIXED。

父子进程之间共享内存区的方法之一是，父进程在调用fork前先指定MAP_SHARED调用mmap。Posix.1保证父进程中的内存映射关系存留到子进程中。而且父进程所做的修改子进程能看到，反过来也一样。我们稍后将给出这样的一个例子。

mmap成功返回后，*fd*参数可以关闭。该操作对于由mmap建立的映射关系没有影响。

为从某个进程的地址空间删除一个映射关系，我们调用munmap。

```
#include <sys/mman.h>

int munmap(void *addr, size_t len);
```

返回：若成功则为0，若出错则为-1

其中*addr*参数是由mmap返回的地址，*len*是映射区的大小。再次访问这些地址将导致向调用进程产生一个SIGSEGV信号（当然这里假设以后的mmap调用并不重用这部分地址空间）。

309

如果被映射区是使用MAP_PRIVATE标志映射的，那么调用进程对它所做的变动都会被丢弃掉。

在图12-6中，内核的虚拟内存算法保持内存映射文件（一般在硬盘上）与内存映射区（在内存中）的同步，前提是它是一个MAP_SHARED内存区。这就是说，如果我们修改了处于内存映射到某个文件的内存区中某个位置的内容，那么内核将在稍后某个时刻相应地更新文件。然而有时候我们希望确信硬盘上的文件内容与内存映射区中的内容一致，于是调用msync来执行这种同步。

```
#include <sys/mman.h>

int msync(void *addr, size_t len, int flags);
```

返回：若成功则为0，若出错则为-1

其中*addr*和*len*参数通常指代内存中的整个内存映射区，不过也可以指定该内存区的一个子集。*flags*参数是图12-9中所示各常值的组合。

常值	说明
MS_ASYNC	执行异步写
MS_SYNC	执行同步写
MS_INVALIDATE	使高速缓存的数据失效

图12-9 msync函数的*flags*参数

MS_ASYNC和MS_SYNC这两个常值中必须指定一个，但不能都指定。它们的差别是，一旦写操作已由内核排入队列，MS_ASYNC即返回，而MS_SYNC则要等到写操作完成后才返回。如果还指定了MS_INVALIDATE，那么与其最终副本不一致的文件数据的所有内存中副本都失效。后续的引用将从文件中取得数据。

为何使用mmap

到此为止就mmap的描述间接说明了内存映射文件：我们open它之后调用mmap把它映射到调用进程地址空间的某个文件。使用内存映射文件所得到的奇妙特性是，所有的I/O都在内核的掩盖下完成，我们只需编写存取内存映射区中各个值的代码。[①]我们决不调用read、write或lseek。这么一来往往可以简化我们的代码。

> 回想使用mmap完成的Posix消息队列的实现，其中图5-30有往内存映射区中某个msg_hdr结构存入值的代码，图5-32有从内存映射区中某个msg_hdr结构取出值的代码。

310

然而需要了解以防误解的说明是，不是所有文件都能进行内存映射。例如，试图把一个访问终端或套接字的描述符映射到内存将导致mmap返回一个错误。这些类型的描述符必须使用read和write（或者它们的变体）来访问。

mmap的另一个用途是在无亲缘关系的进程间提供共享的内存区。这种情形下，所映射文件的实际内容成了被共享内存区的初始内容，而且这些进程对该共享内存区所做的任何变动都复制回所映射的文件（以提供随文件系统的持续性）。这里假设指定了MAP_SHARED标志，它是进程间共享内存所需求的。

> 有关mmap的实现以及它与内核虚拟内存算法之间的关系具体参见［McKusick et al.1996］（适用于4.4BSD）以及［Vahalia 1996］和［Goodheart and Cox 1994］（适用于SVR4）。

12.3　在内存映射文件中给计数器持续加1

现在对（不工作的）图12-3进行修改，以使父子进程共享存放着计数器的一个内存区。为此目的，我们使用一个内存映射文件：我们open它之后调用mmap把它映射到调用进程地址空间的某个文件。图12-10给出了这个新程序。

新的命令行参数

11~14　新增的命令行参数是有待内存映射的一个文件的名字。我们打开该文件用于读和写，若不存在则创建之，然后写一个值为0的整数到该文件中。

mmap后关闭描述符

15~16　调用mmap把刚才打开的文件映射到本进程的内存空间。第一个参数是一个空指针，因而由系统来选择起始地址。长度参数是一个int的大小，保护模式参数指定读写访问。通过把第四个参数指定为MAP_SHARED，父进程所做的任何变动子进程都能看到，反过来也一样。函数返回值是待共享内存区的起始地址，我们把它保存在ptr中。

fork

20~34　把标准输出设置成非缓冲模式后调用fork。父子进程都要对由ptr指向的整数计数器执行加1操作。

---

① 意思是不像调用read和write执行I/O时那样由内核直接参与I/O的完成，而是由内核在背后通过操纵页表等方法间接参与，这样就用户进程看来，I/O不再涉及系统调用。——译者注

shm/incr2.c

```
 1 #include     "unpipc.h"

 2 #define  SEM_NAME    "mysem"

 3 int
 4 main(int argc, char **argv)
 5 {
 6     int     fd, i, nloop, zero = 0;
 7     int     *ptr;
 8     sem_t   *mutex;

 9     if (argc != 3)
10         err_quit("usage: incr2 <pathname> <#loops>");
11     nloop = atoi(argv[2]);

12         /* open file, initialize to 0, map into memory */
13     fd = Open(argv[1], O_RDWR | O_CREAT, FILE_MODE);
14     Write(fd, &zero, sizeof(int));
15     ptr = Mmap(NULL, sizeof(int), PROT_READ | PROT_WRITE, MAP_SHARED, fd, 0);
16     Close(fd);

17         /* create, initialize, and unlink semaphore */
18     mutex = Sem_open(Px_ipc_name(SEM_NAME), O_CREAT | O_EXCL, FILE_MODE, 1);
19     Sem_unlink(Px_ipc_name(SEM_NAME));

20     setbuf(stdout, NULL);         /* stdout is unbuffered */
21     if (Fork() == 0) {            /* child */
22         for (i = 0; i < nloop; i++) {
23             Sem_wait(mutex);
24             printf("child: %d\n", (*ptr)++);
25             Sem_post(mutex);
26         }
27         exit(0);
28     }
29         /* parent */
30     for (i = 0; i < nloop; i++) {
31         Sem_wait(mutex);
32         printf("parent: %d\n", (*ptr)++);
33         Sem_post(mutex);
34     }
35     exit(0);
36 }
```

shm/incr2.c

图12-10 父子进程给共享内存区中的一个计数器加1

fork对内存映射文件进行特殊处理，也就是父进程在调用fork之前创建的内存映射关系由子进程共享。因此，我们刚才在打开文件后以MAP_SHARED标志调用mmap的操作实际上提供了一个由父子进程共享的内存区。而且，既然该共享内存区是一个内存映射文件，因而对它（由ptr指向的大小为sizeof(int)的内存区）所做的任何变动还会反映到真正的文件中（该文件的名字由命令行参数指定）。

执行这个程序，我们发现由ptr指向的内存区确实在父子进程间共享。下面只给出内核在这两个进程间来回切换上下文时输出的值。

```
solaris % incr2 /tmp/temp.1 10000
child: 0                         子进程首先运行
child: 1
. . .
child: 128
```

311 ~ 312

```
child: 129
parent: 130                      子进程被阻止，父进程启动
parent: 131
. . .
parent: 636
parent: 637
child: 638                       父进程被阻止，子进程接着运行
child: 639
. . .
child: 1517
child: 1518
parent: 1519                     子进程被阻止，父进程接着运行
parent: 1520
. . .
parent: 19999                    最后一行输出
solaris % od -D /tmp/temp.1
0000000 0000020000
0000004
```

既然文件/tmp/temp.1已被内存映射，incr2程序运行终止后我们可以用od程序查看该文件的内容，发现其中确实存放着计数器的最终值（20000）。

图12-11是对图12-5的修改，它画出了共享内存区，并表示出信号量也是共享的。这里的信号量画成是在内核中，然而正如我们讲述Posix信号量时提到的那样，这并不是必须的。不论使用什么来实现，信号量必须至少具有随内核的持续性。如10.15节所展示的那样，该信号量也可作为另一个内存映射文件存放。

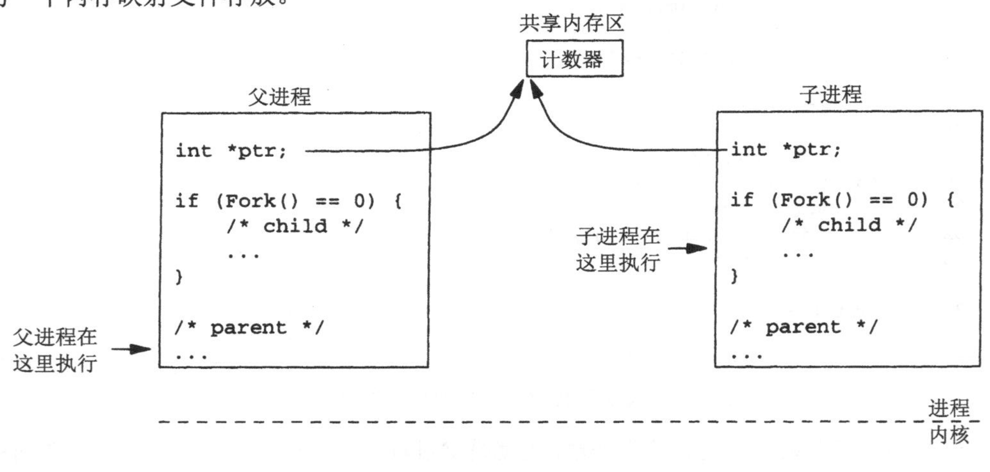

图12-11　共享一个内存区和一个信号量的父子进程

图中画出父子进程都各自有属于自己的指针ptr的副本，但是每个副本都指向共享内存区中的同一个整数：这两个进程都对它执行加1操作的计数器。

313

现在把图12-10中的程序改为使用一个Posix基于内存的信号量，而不是一个Posix有名信号量，并把该信号量存放在共享内存区中。图12-12给出了这个新程序。

定义将存放在共享内存区中的结构

2~5　定义一个结构，其中含有整数计数器以及保护它的信号量。该结构将存放到共享内存区对象中。

shm/incr3.c

```
 1 #include    "unpipc.h"

 2 struct shared {
 3   sem_t mutex;                /* the mutex: a Posix memory-based semaphore */
 4   int   count;                /* and the counter */
 5 } shared;

 6 int
 7 main(int argc, char **argv)
 8 {
 9     int     fd, i, nloop;
10     struct shared   *ptr;

11     if (argc != 3)
12         err_quit("usage: incr3 <pathname> <#loops>");
13     nloop = atoi(argv[2]);

14         /* open file, initialize to 0, map into memory */
15     fd = Open(argv[1], O_RDWR | O_CREAT, FILE_MODE);
16     Write(fd, &shared, sizeof(struct shared));
17     ptr = Mmap(NULL, sizeof(struct shared), PROT_READ | PROT_WRITE,
18                MAP_SHARED, fd, 0);
19     Close(fd);

20         /* initialize semaphore that is shared between processes */
21     Sem_init(&ptr->mutex, 1, 1);

22     setbuf(stdout, NULL);       /* stdout is unbuffered */
23     if (Fork() == 0) {          /* child */
24         for (i = 0; i < nloop; i++) {
25             Sem_wait(&ptr->mutex);
26             printf("child: %d\n", ptr->count++);
27             Sem_post(&ptr->mutex);
28         }
29         exit(0);
30     }
31         /* parent */
32     for (i = 0; i < nloop; i++) {
33         Sem_wait(&ptr->mutex);
34         printf("parent: %d\n", ptr->count++);
35         Sem_post(&ptr->mutex);
36     }
37     exit(0);
38 }
```

shm/incr3.c

图12-12 计数器和信号量都在共享内存区中

314

映射到内存

14~19 创建一个将被映射到内存的文件，将一个值为0的上述结构写到该文件中。我们所做的只是初始化其中的计数器，因为信号量的值是通过调用sem_init初始化的。然而把整个结构写成0要比试图只写一个值为0的整数容易。

初始化信号量

20~21 现在是用一个基于内存的信号量代替一个有名信号量，因此我们调用sem_init把它的值初始化为1。第二个参数必须不为0，以指示该信号量将在进程间共享。

图12-13是对图12-11的修改，注意其中的信号量已从内核挪到了共享内存区中。

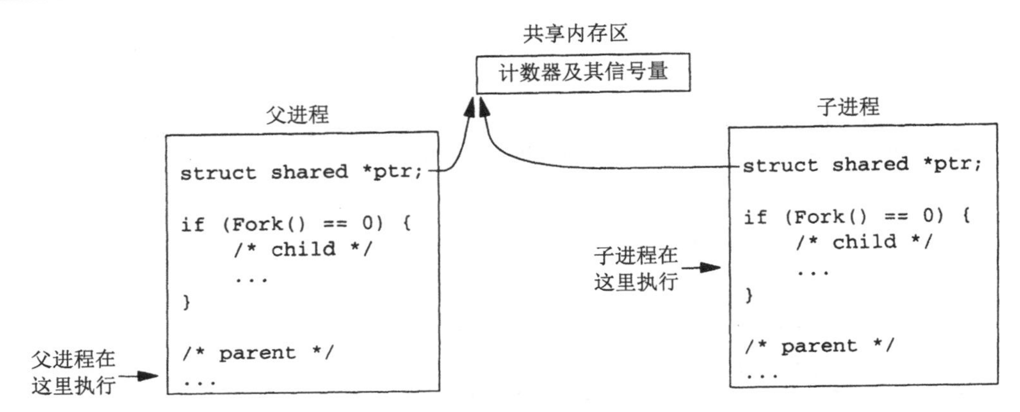

图12-13 现在计数器和信号量都在共享内存区中

12.4 4.4BSD匿名内存映射

图12-10和图12-12中的例子程序工作正确，然而我们不得不在文件系统中创建一个文件（其名字由命令行参数给出），调用open，然后往该文件中write一些0以初始化它。如果调用mmap的目的是提供一个将穿越fork由父子进程共享的映射内存区，那么我们可以简化上述情形，具体方法取决于实现。

(1) 4.4BSD提供匿名内存映射（anonymous memory mapping），它彻底避免了文件的创建和打开。其办法是把mmap的*flags*参数指定成MAP_SHARED | MAP_ANON，把*fd*参数指定为−1。*offset*参数则被忽略。这样的内存区初始化为0。我们将在图12-14中给出这种内存映射的一个例子。

(2) SVR4提供/dev/zero设备文件，我们open它之后可在mmap调用中使用得到的描述符。从该设备读时返回的字节全为0，写往该设备的任何字节则被丢弃。我们将在图12-15中给出使用该设备进行内存映射的一个例子。（许多源自Berkeley的实现也支持/dev/zero，例如SunOS 4.1.x和BSD/OS 3.1。）

315

图12-14给出了改用4.4BSD匿名内存映射后，与图12-10中程序相比唯一有变动的部分。

shm/incr_map_anon.c

```
 3 int
 4 main(int argc, char **argv)
 5 {
 6     int      i, nloop;
 7     int      *ptr;
 8     sem_t    *mutex;

 9     if (argc != 2)
10         err_quit("usage: incr_map_anon <#loops>");
11     nloop = atoi(argv[1]);

12         /* map into memory */
13     ptr = Mmap(NULL, sizeof(int), PROT_READ | PROT_WRITE,
14                MAP_SHARED | MAP_ANON, -1, 0);
```

shm/incr_map_anon.c

图12-14 4.4BSD匿名内存映射

6~11 自动变量fd和zero，以及指定待创建路径名的命令行参数都被去掉了。

12~14 我们不再open一个文件。在调用mmap时指定了MAP_ANON标志，并置第五个参数（描述符）为−1。

12.5 SVR4 /dev/zero 内存映射

图12-15给出了改为映射/dev/zero后与图12-10中程序相比唯一有变动部分。

shm/incr_dev_zero.c

```
 3 int
 4 main(int argc, char **argv)
 5 {
 6     int     fd, i, nloop;
 7     int     *ptr;
 8     sem_t   *mutex;

 9     if (argc != 2)
10         err_quit("usage: incr_dev_zero <#loops>");
11     nloop = atoi(argv[1]);

12         /* open /dev/zero, map into memory */
13     fd = Open("/dev/zero", O_RDWR);
14     ptr = Mmap(NULL, sizeof(int), PROT_READ | PROT_WRITE, MAP_SHARED, fd, 0);
15     Close(fd);
```

shm/incr_dev_zero.c

图12-15 SVR4 /dev/zero内存映射

316

6~11 自动变量zero以及指定待创建路径名的命令行参数都被去掉了。

12~15 open文件/dev/zero后把得到的描述符用于mmap调用中。这样的映射保证内存映射区被初始化为0。

12.6 访问内存映射的对象

内存映射一个普通文件时，内存中映射区的大小（mmap的第二个参数）通常等于该文件的大小。例如图12-12中，文件大小由write设置成我们的shared结构的大小，它同时也是内存映射区的大小。然而文件大小和内存映射区大小可以不同。

我们将使用图12-16给出的程序更为细致地探讨mmap函数。

命令行参数

8~11 命令行参数有三个，分别指定即将创建并映射到内存的文件的路径名、该文件将被设置成的大小以及内存映射区的大小。

创建、打开并截短文件；设置文件大小

12~15 待打开的文件若不存在则创建之，若已存在则把它的大小截短成0。接着把该文件的大小设置成由命令行参数指定的大小，办法是把文件读写指针移动到这个大小减去1的字节位置，然后写入1字节。

内存映射文件

16~17 使用作为最后一个命令行参数指定的大小对该文件进行内存映射。其描述符随后被关闭。

输出页面大小

18~19 使用sysconf获取系统实现的页面大小并将其输出。

读出和存入内存映射区

20~26 读出内存映射区中每个页面的首字节和尾字节，并输出它们的值。我们预期这些值全为0。同时把每个页面的这两个字节设置为1。我们预期某个引用会最终引发一个信号，它将终止程序。当for循环结束时，我们输出下一页的首字节，并预期这会失败（假设此前程序还没有失败）。

shm/test1.c

```
 1 #include    "unpipc.h"

 2 int
 3 main(int argc, char **argv)
 4 {
 5     int     fd, i;
 6     char    *ptr;
 7     size_t  filesize, mmapsize, pagesize;

 8     if (argc != 4)
 9         err_quit("usage: test1 <pathname> <filesize> <mmapsize>");
10     filesize = atoi(argv[2]);
11     mmapsize = atoi(argv[3]);

12         /* open file: create or truncate; set file size */
13     fd = Open(argv[1], O_RDWR | O_CREAT | O_TRUNC, FILE_MODE);
14     Lseek(fd, filesize-1, SEEK_SET);
15     Write(fd, "", 1);

16     ptr = Mmap(NULL, mmapsize, PROT_READ | PROT_WRITE, MAP_SHARED, fd, 0);
17     Close(fd);

18     pagesize = Sysconf(_SC_PAGESIZE);
19     printf("PAGESIZE = %ld\n", (long) pagesize);

20     for (i = 0; i < max(filesize, mmapsize); i += pagesize) {
21         printf("ptr[%d] = %d\n", i, ptr[i]);
22         ptr[i] = 1;
23         printf("ptr[%d] = %d\n", i + pagesize - 1, ptr[i + pagesize - 1]);
24         ptr[i + pagesize - 1] = 1;
25     }
26     printf("ptr[%d] = %d\n", i, ptr[i]);

27     exit(0);
28 }
```

shm/test1.c

图12-16　访问其大小可能不同于文件大小的内存映射区

我们要展示的第一种情形的前提是：文件大小等于内存映射区大小，但这个大小不是页面大小的倍数。

```
solaris % ls -l foo
foo: No such file or directory
solaris % test1 foo 5000 5000
PAGESIZE = 4096
ptr[0] = 0
ptr[4095] = 0
ptr[4096] = 0
ptr[8191] = 0
Segmentation Fault(coredump)
solaris % ls -l foo
-rw-r--r--   1 rstevens other1     5000 Mar 20 17:18 foo
solaris % od -b -A d foo
0000000 001 000 000 000 000 000 000 000 000 000 000 000 000 000 000 000
0000016 000 000 000 000 000 000 000 000 000 000 000 000 000 000 000 000
*
0004080 000 000 000 000 000 000 000 000 000 000 000 000 000 000 000 001
0004096 001 000 000 000 000 000 000 000 000 000 000 000 000 000 000 000
```

```
0004112 000 000 000 000 000 000 000 000 000 000 000 000 000 000 000 000
*
0005000
```

317~318

页面大小为4096字节，我们能够读完整的第2页（下标为4096~8191），但是访问第3页时（下标为8192）引发SIGSEGV信号，shell将它输出成“Segmentation Fault”（分段故障）。尽管我们把ptr[8191]设置成1，它也不写到foo文件中，因而该文件的大小仍然是5000。内核允许我们读写最后一页中映射区以远部分（内核的内存保护是以页面为单位的）。但是我们写向这部分扩展区的任何内容都不会写到foo文件中。设置成1的其他3个字节（下标分别为0、4905和4906）复制回foo文件，这一点可使用od命令来验证。（-b选项指定以八进制数输出各个字节，-A d选项指定以十进制数输出地址。）图12-17展示了这个例子。

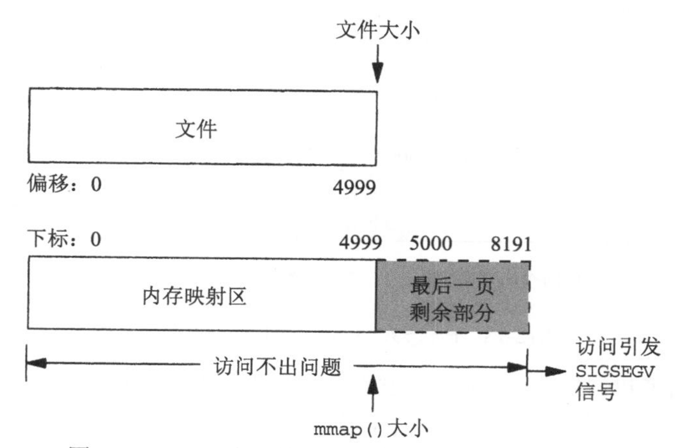

图12-17 mmap大小等于文件大小时的内存映射

在Digital Unix下运行同样的例子，得到的结果类似，不过页面大小现在是8192字节。

```
alpha % ls -l foo
foo not found
alpha % test1 foo 5000 5000
PAGESIZE = 8192
ptr[0] = 0
ptr[8191] = 0
Memory fault(coredump)
alpha % ls -l foo
-rw-r--r--    1 rstevens operator     5000 Mar 21 08:40 foo
```

我们仍然能访问内存映射区以远部分，不过只能在边界所在的那个内存页面内（下标为5000~8191）。访问ptr[8192]将引发SIGSEGV信号，这是我们预期的。

在执行图12-16所示程序的下一个例子中，我们把内存映射区大小（15000字节）指定成大于文件大小（5000字节）。

319

```
solaris % rm foo
solaris % test1 foo 5000 15000
PAGESIZE = 4096
ptr[0] = 0
ptr[4095] = 0
ptr[4096] = 0
ptr[8191] = 0
Bus Error(coredump)
solaris % ls -l foo
-rw-r--r--    1 rstevens other1     5000 Mar 20 17:37 foo
```

其结果与先前那个文件大小等于内存映射区大小（都是5000字节）的例子类似。本例子引发SIGBUS信号（其shell输出为“Bus Error”（总线出错）），前一个例子则引发SIGSEGV信号。两者的差别是，SIGBUS意味着我们是在内存映射区内访问，但是已超出了底层支撑对象的大小。上一个例子中的SIGSEGV则意味着我们已在内存映射区以远访问。可以看出，内核知道被映射的底层支撑对象（本例子中为文件foo）的大小，即使该对象的描述符已经关闭也一样。内核允许我们给mmap指定一个大于该对象大小的大小参数，但是我们访问不了该对象以远的部分（最后一页上该对象以远的那些字节除外，它们的下标为5000~8191）。图12-18展示了这个例子。

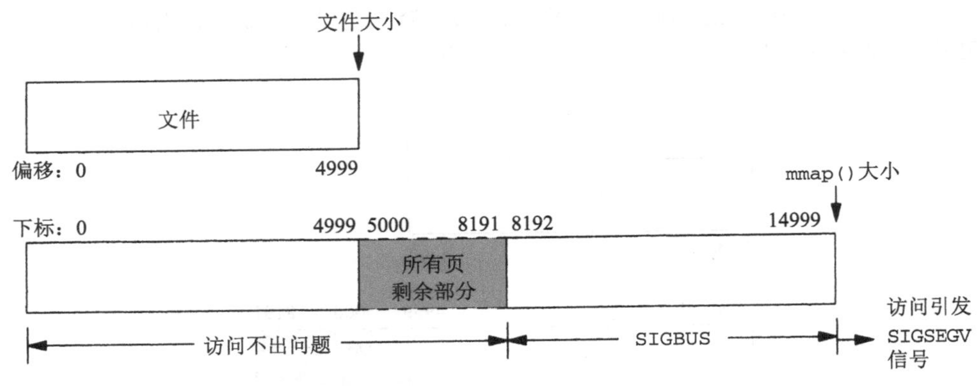

图12-18　mmap大小超过文件大小时的内存映射

图12-19给出了我们的下一个程序。它展示了处理一个持续增长的文件的一种常用技巧：指定一个大于该文件大小的内存映射区大小，跟踪该文件的当前大小（以确保不访问当前文件尾以远的部分），然后就让该文件的大小随着往其中每次写入数据而增长。

shm/test2.c

```
 1 #include    "unpipc.h"

 2 #define FILE    "test.data"
 3 #define SIZE    32768

 4 int
 5 main(int argc, char **argv)
 6 {
 7     int     fd, i;
 8     char    *ptr;

 9         /* open: create or truncate; then mmap file */
10     fd = Open(FILE, O_RDWR | O_CREAT | O_TRUNC, FILE_MODE);
11     ptr = Mmap(NULL, SIZE, PROT_READ | PROT_WRITE, MAP_SHARED, fd, 0);

12     for (i = 4096; i <= SIZE; i += 4096) {
13         printf("setting file size to %d\n", i);
14         Ftruncate(fd, i);
15         printf("ptr[%d] = %d\n", i-1, ptr[i-1]);
16     }

17     exit(0);
18 }
```

shm/test2.c

图12-19　允许文件大小增长的内存映射区例子

打开文件

9~11　打开一个文件，若不存在则创建之，若已存在则把它截短成大小为0。以32768字节的大小对该文件进行内存映射，尽管它当前的大小为0。

增长文件大小

12~16 通过调用ftruncate（13.3节）把该文件的大小每次增长4096字节，然后取出现在是该文件最后一个字节的那个字节。

现在运行这个程序，我们看到随着文件大小的增长，我们能通过所建立的内存映射区访问新的数据。

```
alpha % ls -l test.data
test.data: No such file or directory
alpha % test2
setting file size to 4096
ptr[4095] = 0
setting file size to 8192
ptr[8191] = 0
setting file size to 12288
ptr[12287] = 0
setting file size to 16384
ptr[16383] = 0
setting file size to 20480
ptr[20479] = 0
setting file size to 24576
ptr[24575] = 0
setting file size to 28672
ptr[28671] = 0
setting file size to 32768
ptr[32767] = 0
alpha % ls -l test.data
-rw-r--r--   1 rstevens other1     32768 Mar 20 17:53 test.data
```

320~321

本例子表明，内核跟踪着被内存映射的底层支撑对象（本例子中为文件test.data）的大小，而且我们总是能访问在当前文件大小以内又在内存映射区以内的那些字节。在Sloaris 2.6下我们取得了同样的结果。

本节处理的是内存映射文件和mmap。习题13.1中我们要求把这两个程序改为处理Posix共享内存区，将看到相同的结果。

12.7 小结

共享内存区是可用IPC形式中最快的，因为共享内存区中的单个数据副本对于共享该内存区的所有线程或进程都是可用的。然而为协调共享该内存区的各个线程或进程，通常需要某种形式的同步。

本章集中于mmap函数以及普通文件的内存映射，因为这是有亲缘关系的进程间共享内存空间的一种方法。一旦内存映射了一个文件，我们就不再使用read、write和lseek来访问该文件，而只是存取已由mmap映射到该文件的内存位置。把显式的文件I/O操作变换成存取内存单元往往能够简化我们的程序，有时候还能改善性能。

如果设置共享内存区的目的是为了穿越某个后续的fork在父子进程间共享它，那么通过使用匿名内存映射可简化其步骤，这样就不需要创建一个待映射的普通文件。这里或者涉及MAP_ANON这个新标志（适用于源自Berkeley的内核），或者涉及/dev/zero设备文件的映射（适用于源自SVR4的内核）。

我们如此详尽地讨论mmap的理由有两个：一是文件的内存映射是一种很有用的技巧，二是

Posix共享内存区也使用mmap，它是下一章的主题。

Posix还定义了（我们没有讨论过的）处理内存管理的4个额外函数。

- mlockall会使调用进程的整个内存空间常驻内存。munlockall则撤销这种锁定。
- mlock会使调用进程地址空间的某个指定范围常驻内存，该函数的参数指定了这个范围的起始地址以及从该地址算起的字节数。munlock则撤销某个指定内存区的锁定。

习题

12.1 在图12-19中，如果多执行一次for循环内的那段代码，那么会发生什么？

12.2 假设有两个进程，一个是发送者，一个是接收者，前者只是向后者发送消息。再假设它们采用System V消息队列发送消息，请画出消息从发送者去往接收者的示意图。现在假设这两个进程采用我们在5.8节提供的Posix消息队列的实现来发送消息，请画出新的消息传递示意图。

322

12.3 在讨论mmap的MAP_SHARED标志时，我们说过内核虚拟内存算法将把对内存映像的任何变动更新到实际的文件中。查看/dev/zero的手册页面，判定在内核把对内存映像的变动写回该文件时，发生了什么。

12.4 把图12-10改为指定MAP_PRIVATE标志而不是MAP_SHARED标志，并验证其结果与图12-3的类似。被映射到内存的文件的内容是什么？

12.5 在6.9节中我们提到过，对System V消息队列select读写条件的方法之一是：创建一个匿名共享内存区，派生一个子进程，让该子进程阻塞在msgrcv调用中，以将消息读入到该匿名共享内存区中。父进程还创建两个管道，其中一个管道由子进程用来向父进程通知已在共享内存区中准备好一个消息，另一个管道则由父进程用来向子进程通知共享内存区已可用。这就允许父进程对前一个管道的读出端select可读条件，同时对它想要选择的其他描述符select读写条件。请把上述办法编写成代码。其中匿名共享内存对象的分配调用我们的my_shm函数（图A-46）完成。创建消息队列使用我们在6.6节提供的msgcreate和msgsnd程序，然后把记录放到该队列中。父进程应该只输出由子进程读入的每个消息的大小和类型。

323

第13章 Posix共享内存区

13.1 概述

上一章较为笼统地讨论了共享内存区以及mmap函数，并给出了使用mmap提供父子进程间的共享内存区的例子：

- 使用内存映射文件（图12-10）；
- 使用4.4BSD匿名内存映射（图12-14）；
- 使用/dev/zero匿名内存映射（图12-15）。

我们现在把共享内存区的概念扩展到将无亲缘关系进程间共享的内存区包括在内。Posix.1提供了两种在无亲缘关系进程间共享内存区的方法。

(1) *内存映射文件*（memory-mapped file）：由open函数打开，由mmap函数把得到的描述符映射到当前进程地址空间中的一个文件。我们在第12章中讲述了这种技术，并给出了它在父子进程间共享内存区时的用法。内存映射文件也可以在无亲缘关系的进程间共享。

(2) *共享内存区对象*（shared-memory object）：由shm_open打开一个Posix.1 IPC名字（也许是在文件系统中的一个路径名），所返回的描述符由mmap函数映射到当前进程的地址空间。我们将在本章讲述这种技术。

这两种技术都需要调用mmap，差别在于作为mmap的参数之一的描述符的获取手段：通过open或通过shm_open。图13-1展示了这个差别。Posix把两者合称为*内存区对象*（memory object）。

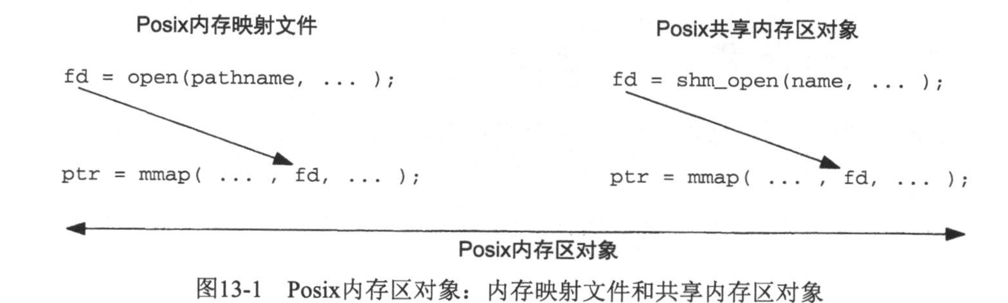

图13-1　Posix内存区对象：内存映射文件和共享内存区对象

13.2 shm_open和shm_unlink函数

Posix共享内存区涉及以下两个步骤要求。

(1) 指定一个名字参数调用shm_open，以创建一个新的共享内存区对象或打开一个已存在的共享内存区对象。

(2) 调用mmap把这个共享内存区映射到调用进程的地址空间。

传递给shm_open的名字参数随后由希望共享该内存区的任何其他进程使用。

> Posix共享内存区采用这样的两步过程，而不是只用单个步骤，即取得一个名字后直接返回调用进程内存空间中的某个地址，其原因在于当Posix发明自己的共享内存区形式时，mmap已经存在。显然，单个函数完全可以做那两步工作。shm_open返回一个描述符（回想一下，mq_open返回一个mqd_t值，sem_open返回一个指向某个sem_t值的指针）的原因是：mmap用于把一个内存区对象映射到调用进程地址空间的是该对象的一个已打开描述符。

```
#include <sys/mman.h>

int shm_open(const char *name, int oflag, mode_t mode);
```
返回：若成功则为非负描述符，若出错则为-1

```
int shm_unlink(const char *name);
```
返回：若成功则为0，若出错则为-1

326

我们已在2.2节描述过有关*name*参数的规则。

*oflag*参数必须或者含有O_RDONLY（只读）标志，或者含有O_RDWR（读写）标志，还可以指定如下标志：O_CREAT、O_EXCL或O_TRUNC。O_CREAT和O_EXCL标志已在2.3节描述过。如果随O_RDWR指定O_TRUNC标志，而且所需的共享内存区对象已经存在，那么它将被截短成0长度。

*mode*参数指定权限位（图2-4），它在指定了O_CREAT标志的前提下使用。注意，与mq_open和sem_open函数不同，shm_open的*mode*参数总是必须指定。如果没有指定O_CREAT标志，那么该参数可以指定为0。

shm_open的返回值是一个整数描述符，它随后用作mmap的第五个参数。

shm_unlink函数删除一个共享内存区对象的名字。跟所有其他unlink函数（删除文件系统中一个路径名的unlink，删除一个Posix消息队列的mq_unlink，以及删除一个Posix有名信号量的sem_unlink）一样，删除一个名字不会影响对于其底层支撑对象的现有引用，直到对于该对象的引用全部关闭为止。删除一个名字仅仅防止后续的open、mq_open或sem_open调用取得成功。

13.3　ftruncate和fstat函数

处理mmap的时候，普通文件或共享内存区对象的大小都可以通过调用ftruncate修改。

```
#include <unistd.h>

int ftruncate(int fd, off_t length);
```
返回：若成功则为0，若出错则为-1

Posix就该函数对普通文件和共享内存区对象的处理的定义稍有不同。

- 对于一个普通文件：如果该文件的大小大于*length*参数，额外的数据就被丢弃掉。如果该文件的大小小于*length*，那么该文件是否修改以及其大小是否增长是未加说明的。实际上对于一个普通文件，把它的大小扩展到*length*字节的可移植方法是：先lseek到偏移为*length*–1处，然后写入1字节的数据。所幸的是，几乎所有Unix实现都支持使用ftruncate扩展一个文件。
- 对于一个共享内存区对象：ftruncate把该对象的大小设置成*length*字节。

我们调用ftruncate来指定新创建的共享内存区对象的大小，或者修改已存在的对象的大小。当打开一个已存在的共享内存区对象时，我们可调用fstat来获取有关该对象的信息。

327

```
#include <sys/types.h>
#include <sys/stat.h>

int fstat(int fd, struct stat *buf);
```

返回：若成功则为0，若出错则为-1

stat结构有12个或以上的成员（APUE第4章详细讨论它的所有成员），然而当*fd*指代一个共享内存区对象时，只有四个成员含有信息。

```
struct stat {
  ...
  mode_t   st_mode;    /* mode: S_I{RW}{USR,GRP,OTH} */
  uid_t    st_uid;     /* user ID of owner */
  gid_t    st_gid;     /* group ID of owner */
  off_t    st_size;    /* size in bytes */
  ...
};
```

我们将在下一节给出使用这两个函数的例子。

> 不幸的是，Posix.1并没有指定一个新创建的共享内存区对象的初始内容。关于shm_open函数的说明只说："（新创建的）共享内存区对象的大小应该为0"。关于ftruncate函数的说明指定，对于一个普通文件（不是共享内存区），"如果其大小被扩展，那么扩展部分应显得好像已用0填写过"。然而同样在关于ftruncate的说明中，却没有任何有关被扩展了的一个共享内存区对象新内容的陈述。Posix.1基本原理声称："如果一个内存区对象被扩展，那么扩展部分内容全为0。"然而这只是基本原理，而不是正式标准。当作者在comp.std.unix新闻组上就此细节提出疑问时，得到的观点是有些厂家反对初始化为0的要求，因为这么做的开销很大。如果一个新扩展的共享内存区未被初始化为某个值（也就是说其内容在扩展前后没有改动），那么有可能成为一个安全漏洞。

13.4　简单的程序

现在开发一些简单的程序来操作Posix共享内存区。

13.4.1　shmcreate 程序

图13-2给出的shmcreate程序以某个指定的名字和长度创建一个共享内存区对象。

pxshm/shmcreate.c

```
1 #include     "unpipc.h"

2 int
3 main(int argc, char **argv)
4 {
5     int     c, fd, flags;
6     char    *ptr;
7     off_t   length;

8     flags = O_RDWR | O_CREAT;
```

图13-2　创建一个具有所指定大小的Posix共享内存区对象

```
 9     while ( (c = Getopt(argc, argv, "e")) != -1) {
10         switch (c) {
11         case 'e':
12             flags |= O_EXCL;
13             break;
14         }
15     }
16     if (optind != argc - 2)
17         err_quit("usage: shmcreate [ -e ] <name> <length>");
18     length = atoi(argv[optind + 1]);

19     fd = Shm_open(argv[optind], flags, FILE_MODE);
20     Ftruncate(fd, length);

21     ptr = Mmap(NULL, length, PROT_READ | PROT_WRITE, MAP_SHARED, fd, 0);

22     exit(0);
23 }
```
pxshm/shmcreate.c

图13-2（续）

19~22　shm_create创建所指定的共享内存区对象。如果指定了-e选项，那么若该对象已经存在则将出错。ftruncate设置该对象的长度，mmap则把它映射到调用进程的地址空间。本程序随后终止。既然Posix共享内存区至少具有随内核的持续性，因此本程序的终止不会删除该共享内存区对象。

13.4.2 shmunlink程序

图13-3给出的简单程序只是调用shm_unlink从系统中删除一个共享内存区对象的名字。

pxshm/shmunlink.c
```
1 #include    "unpipc.h"

2 int
3 main(int argc, char **argv)
4 {
5     if (argc != 2)
6         err_quit("usage: shmunlink <name>");

7     Shm_unlink(argv[1]);

8     exit(0);
9 }
```
pxshm/shmunlink.c

328~329

图13-3　删除一个共享内存区对象的名字

13.4.3 shmwrite程序

图13-4给出了shmwrite程序，它往一个共享内存区对象中写入一个模式：0，1，2，…，254，255，0，1，…。

10~15　shmopen打开所指定的共享内存区对象，fstat获取其大小信息。使用mmap映射它之后close它的描述符。

16~18　把模式写入该共享内存区。

pxshm/shmwrite.c

```
 1 #include    "unpipc.h"

 2 int
 3 main(int argc, char **argv)
 4 {
 5     int     i, fd;
 6     struct stat stat;
 7     unsigned char   *ptr;

 8     if (argc != 2)
 9         err_quit("usage: shmwrite <name>");

10         /* open, get size, map */
11     fd = Shm_open(argv[1], O_RDWR, FILE_MODE);
12     Fstat(fd, &stat);
13     ptr = Mmap(NULL, stat.st_size, PROT_READ | PROT_WRITE,
14                MAP_SHARED, fd, 0);
15     Close(fd);

16         /* set: ptr[0] = 0, ptr[1] = 1, etc. */
17     for (i = 0; i < stat.st_size; i++)
18         *ptr++ = i % 256;

19     exit(0);
20 }
```

pxshm/shmwrite.c

图13-4 打开一个共享内存区对象，填写一个数据模式

13.4.4 shmread 程序

图13-5给出的shmread程序验证由shmwrite写入的模式。

pxshm/shmread.c

```
 1 #include    "unpipc.h"

 2 int
 3 main(int argc, char **argv)
 4 {
 5     int     i, fd;
 6     struct stat stat;
 7     unsigned char c, *ptr;

 8     if (argc != 2)
 9         err_quit("usage: shmread <name>");

10         /* open, get size, map */
11     fd = Shm_open(argv[1], O_RDONLY, FILE_MODE);
12     Fstat(fd, &stat);
13     ptr = Mmap(NULL, stat.st_size, PROT_READ,
14                MAP_SHARED, fd, 0);
15     Close(fd);

16         /* check that ptr[0] = 0, ptr[1] = 1, etc. */
17     for (i = 0; i < stat.st_size; i++)
18         if ( (c = *ptr++) != (i % 256))
19             err_ret("ptr[%d] = %d", i, c);

20     exit(0);
21 }
```

330

pxshm/shmread.c

图13-5 打开一个共享内存区对象，验证其数据模式

10~15　打开所指定的共享内存区对象用于只读，使用fstat获取其大小信息，使用mmap把它映射到内存（用于只读目的），随后关闭其描述符。

16~19　验证由shmwrite写入的模式。

13.4.5　例子

在Digital Unix 4.0B下创建一个长度为123 456字节、名为/tmp/myshm的共享内存区对象。

```
alpha % shmcreate /tmp/myshm 123456
alpha % ls -l /tmp/myshm
-rw-r--r--   1 rstevens system     123456 Dec 10 14:33 /tmp/myshm
alpha % od -c /tmp/myshm
0000000   \0  \0  \0  \0  \0  \0  \0  \0  \0  \0  \0  \0  \0  \0  \0  \0
*
0361100
```

我们看到在文件系统中创建了一个同名文件。使用od程序可验证该对象的初始内容为0。（刚刚超过该文件最后一个字节位置的八进制字节偏移0361100，等于十进制的123 456。）

接着运行我们的shmwrite程序，然后使用od验证初始内容与预期的一致。

```
alpha % shmwrite /tmp/myshm
alpha % od -x /tmp/myshm | head -4
0000000  0100 0302 0504 0706 0908 0b0a 0d0c 0f0e
0000020  1110 1312 1514 1716 1918 1b1a 1d1c 1f1e
0000040  2120 2322 2524 2726 2928 2b2a 2d2c 2f2e
0000060  3130 3332 3534 3736 3938 3b3a 3d3c 3f3e
alpha % shmread /tmp/myshm
alpha % shmunlink /tmp/myshm
```

我们使用shmread验证该共享内存区对象的内容后删除其名字。

如果在Solaris 2.6下运行我们的shmcreate程序，我们看到在/tmp目录下创建了一个具有所指定大小的文件。

331

```
solaris % shmcreate -e /testshm 123
solaris % ls -l/tmp /.*testshm*
-rw-r-r--   1  rstevens other1   123 Dec 10 14:40   /tmp/.SHMtestshm
```

13.4.6　例子

我们现在在图13-6中提供一个简单的例子程序，以展示同一共享内存区对象内存映射到不同进程的地址空间时，起始地址可以不一样。

10~14　创建一个其名字为命令行参数的共享内存区，把它的大小设置为一个整数的大小，然后打开文件/etc/motd。

15~30　fork后父子进程都调用mmap两次，但顺序不一样。父子进程分别输出每个内存映射区的起始地址。子进程接着休眠5秒，父进程则在共享内存区中写入值777，子进程醒来后输出该值。

运行这个程序，我们发现所指定的共享内存区对象在父子进程中被内存映射到不同的起始地址。

```
solaris % test3 test3.data
parent: shm ptr = eee30000, motd ptr = eee20000
child: shm ptr = eee20000, motd ptr = eee30000
shared memory integer = 777
```

父进程把值777存入0xeee30000位置，子进程却从0xeee20000位置读出该值。父子进程中指针ptr1都指向同一共享内存区，即使每个指针在各自进程内有不同的值也不受影响。

pxshm/test3.c

```
 1 #include     "unpipc.h"

 2 int
 3 main(int argc, char **argv)
 4 {
 5     int     fd1, fd2, *ptr1, *ptr2;
 6     pid_t   childpid;
 7     struct stat stat;

 8     if (argc != 2)
 9         err_quit("usage: test3 <name>");

10     shm_unlink(Px_ipc_name(argv[1]));
11     fd1 = Shm_open(Px_ipc_name(argv[1]), O_RDWR | O_CREAT | O_EXCL, FILE_MODE);
12     Ftruncate(fd1, sizeof(int));
13     fd2 = Open("/etc/motd", O_RDONLY);
14     Fstat(fd2, &stat);

15     if ( (childpid = Fork()) == 0) {
16             /* child */
17         ptr2 = Mmap(NULL, stat.st_size, PROT_READ, MAP_SHARED, fd2, 0);
18         ptr1 = Mmap(NULL, sizeof(int), PROT_READ | PROT_WRITE,
19                     MAP_SHARED, fd1, 0);
20         printf("child: shm ptr = %p, motd ptr = %p\n", ptr1, ptr2);

21         sleep(5);
22         printf("shared memory integer = %d\n", *ptr1);
23         exit(0);
24     }
25         /* parent: mmap in reverse order from child */
26     ptr1 = Mmap(NULL, sizeof(int), PROT_READ | PROT_WRITE, MAP_SHARED, fd1, 0);
27     ptr2 = Mmap(NULL, stat.st_size, PROT_READ, MAP_SHARED, fd2, 0);
28     printf("parent: shm ptr = %p, motd ptr = %p\n", ptr1, ptr2);
29     *ptr1 = 777;
30     Waitpid(childpid, NULL, 0);

31     exit(0);
32 }
```

pxshm/test3.c

图13-6 共享内存区在不同进程中可以出现在不同的地址

13.5 给一个共享的计数器持续加 1

现在开发一个类似于12.3节中给出的例子，它由多个进程给存放在共享内存区中的某个计数器持续加1。我们把该计数器存放在一个共享内存区中，并用一个有名信号量来同步，不过不再需要父子进程关系了。既然Posix共享内存区对象和Posix有名信号量都是以名字来访问的，因此将给共享的计数器持续加1的各个进程间可以没有亲缘关系，不过它们都得知道该共享内存区和该信号量的IPC名字，并有访问这两个IPC对象的足够权限。

图13-7给出的服务器程序创建所指定的共享内存区对象，创建并初始化所指定的信号量，然后终止。

创建共享内存区对象

13~19 我们调用shm_unlink以提防所需共享内存区对象已经存在的情况，然后调用shm_open创建该对象。ftruncate将该对象的大小设置成我们的shmstruct结构的大小，该对象本身则随后由mmap映射到调用进程的地址空间。接着关闭该对象的描述符。

pxshm/server1.c

```
 1 #include     "unpipc.h"

 2 struct shmstruct {            /* struct stored in shared memory */
 3     int     count;
 4 };
 5 sem_t   *mutex;               /* pointer to named semaphore */

 6 int
 7 main(int argc, char **argv)
 8 {
 9     int     fd;
10     struct shmstruct*ptr;

11     if (argc != 3)
12         err_quit("usage: server1 <shmname> <semname>");

13     shm_unlink(Px_ipc_name(argv[1]));       /* OK if this fails */
14         /* create shm, set its size, map it, close descriptor */
15     fd = Shm_open(Px_ipc_name(argv[1]), O_RDWR | O_CREAT | O_EXCL, FILE_MODE);
16     Ftruncate(fd, sizeof(struct shmstruct));
17     ptr = Mmap(NULL, sizeof(struct shmstruct), PROT_READ | PROT_WRITE,
18                MAP_SHARED, fd, 0);
19     Close(fd);

20     sem_unlink(Px_ipc_name(argv[2]));       /* OK if this fails */
21     mutex = Sem_open(Px_ipc_name(argv[2]), O_CREAT | O_EXCL, FILE_MODE, 1);
22     Sem_close(mutex);

23     exit(0);
24 }
```

pxshm/server1.c

图13-7　创建并初始化共享内存区和信号量的程序

创建并初始化信号量

20~22　我们调用sem_unlink以提防所需信号量已经存在的情况，然后调用sem_open创建该有名信号量，并把它初始化为1。将给存放在所创建的共享内存区对象中的计数器加1的任何进程都会把该信号量用作一个互斥锁。接着关闭该信号量。

终止

23　进程终止。既然Posix共享内存区至少具有随内核的持续性，因此所创建的该对象将继续存在，直到它的所有打开着的引用都关闭（当本进程终止时，该对象不再有打开着的引用）并且该对象被显式地删除为止。

我们的程序必须给共享内存区和信号量使用不同的名字。操作系统并不保证给IPC名字加上点什么以区分消息队列、信号量和共享内存区。我们已看到Solaris给这三种IPC类型的名字分别加上.MQ、.SEM和.SHM的前缀，但是Digital Unix却没有这样做。

图13-8给出了我们的客户程序，它对存放在共享内存区中的计数器执行一定次数的加1操作，每次给该计数器加1时都事先获取保护它的信号量。

打开共享内存区

15~18　shm_open打开所指定的共享内存区对象，该对象必须存在（因为没有指定O_CREAT标志）。使用mmap把该内存区映射到调用进程的地址空间，然后关闭它的描述符。

打开信号量

19　打开所指定的有名信号量。

pxshm/client1.c

```
 1 #include    "unpipc.h"

 2 struct shmstruct {              /* struct stored in shared memory */
 3     int     count;
 4 };
 5 sem_t   *mutex;                 /* pointer to named semaphore */

 6 int
 7 main(int argc, char **argv)
 8 {
 9     int     fd, i, nloop;
10     pid_t   pid;
11     struct shmstruct*ptr;

12     if (argc != 4)
13         err_quit("usage: client1 <shmname> <semname> <#loops>");
14     nloop = atoi(argv[3]);

15     fd = Shm_open(Px_ipc_name(argv[1]), O_RDWR, FILE_MODE);
16     ptr = Mmap(NULL, sizeof(struct shmstruct), PROT_READ | PROT_WRITE,
17                MAP_SHARED, fd, 0);
18     Close(fd);

19     mutex = Sem_open(Px_ipc_name(argv[2]), 0);

20     pid = getpid();
21     for (i = 0; i < nloop; i++) {
22         Sem_wait(mutex);
23         printf("pid %ld: %d\n", (long) pid, ptr->count++);
24         Sem_post(mutex);
25     }
26     exit(0);
27 }
```

pxshm/client1.c

图13-8 给存放在共享内存区中的一个计数器加1的程序

获取信号量并给计数器持续加1

20~26 给存放在所打开共享内存区中的计数器执行由命令行参数指定次数的加1操作。每次加1前输出该计数器原来的值以及当前的进程ID，输出进程ID是因为我们将同时运行本程序的多个副本。

我们首先启动服务器，然后在后台运行客户程序的三个副本。

```
solaris % server1 shm1 sem1                 创建并初始化共享内存区和信号量
solaris % client1 shm1 sem1 10000 &  client1 shm1 sem1 10000 & \
client1 shm1 sem1 10000 &
[2] 17976                                   由shell输出的各个进程ID
[3] 17977
[4] 17978
pid 17977: 0                                进程17977首先运行
pid 17977: 1
. . .                                       进程17977继续运行
pid 17977: 32
pid 17976: 33                               内核切换上下文到进程17976
. . .                                       进程17976继续运行
pid 17976: 707
pid 17978: 708                              内核切换上下文到进程17978
. . .                                       进程17978继续运行
pid 17978: 852
pid 17977: 853                              内核切换上下文到进程17977
```

332~335

```
...                                     如此等等
pid 17977: 29998
pid 17977: 29999                        最终值输出，它是正确的
```

13.6 向一个服务器发送消息

现在对我们的生产者-消费者例子作如下修改。服务器启动后创建一个共享内存区对象，各个客户进程就在其中放置消息。我们的服务器只是输出这些消息，不过可以一般化为做类似于syslog守护进程所做之事，该守护进程在UNPv1第13章中讲述。我们把其他进程称为客户，因为它们相对于我们的服务器呈现为客户，但是它们也可以是某种处理其他客户的服务器。举例来说，Telnet服务器在向syslog守护进程发送登记消息时就是后者的一个客户。

我们没有使用第二部分中讲述的某种消息传递技术，而是使用共享内存区来容纳消息。当然，这使得我们有必要在存入消息的各个客户和取走并输出消息的服务器之间采取某种形式的同步。图13-9展示了总体设计。

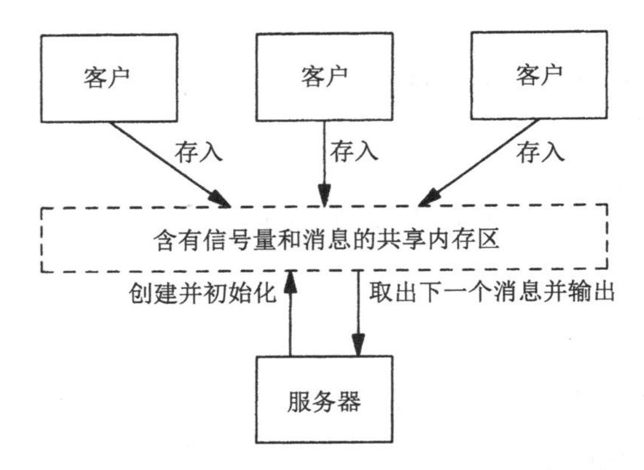

图13-9　多个客户通过共享内存区向一个服务器发送消息

这儿有多个生产者（客户）和单个消费者（服务器）。共享内存区既出现在服务器的地址空间，也出现在各个客户的地址空间。

图13-10是我们的cliserv2.h头文件，它定义了一个给出共享内存区对象布局的结构。

pxshm/cliserv2.h

```
 1 #include    "unpipc.h"

 2 #define MESGSIZE    256        /* max #bytes per message, incl. null at end */
 3 #define NMESG        16        /* max #messages */

 4 struct shmstruct {             /* struct stored in shared memory */
 5     sem_t   mutex;             /* three Posix memory-based semaphores */
 6     sem_t   nempty;
 7     sem_t   nstored;
 8     int     nput;              /* index into msgoff[] for next put */
 9     long    noverflow;         /* #overflows by senders */
10     sem_t   noverflowmutex;    /* mutex for noverflow counter */
11     long    msgoff[NMESG];     /* offset in shared memory of each message */
12     char    msgdata[NMESG * MESGSIZE];     /* the actual messages */
13 };
```

pxshm/cliserv2.h

图13-10　定义共享内存区布局的头文件

基本的信号量和变量

5~8 mutex、nempty和nstored这三个Posix基于内存的信号量与10.6节里生产者-消费者例子中的同名信号量作用相同。变量nput是用于存放一个消息的下一个位置的下标（0、1、…、NMESG-1）。既然我们有多个生产者，该变量就必须存放在共享内存区中，并且只能在持有mutex期间访问。

溢出计数器

9~10 某个客户想发送一个消息，但是所有的消息槽位都被占用了，发生这种情况的可能性是存在的。但是如果该客户实际上同时又是某种类型的一个服务器（譬如说是一个FTP服务器或HTTP服务器），那么它可能不愿意等待服务器释放出一个槽位。因此，我们将把客户程序编写成发生这种情况时并不阻塞，而是给noverflow计数器加1。由于该溢出计数器也是在所有客户和服务器之间共享的，因此它也需要一个互斥锁，以免其值遭受破坏。

消息偏移和数据

11~12 数组msgoff含有针对msgdata数组的各个偏移，指出了每个消息的起始位置。这就是说，msgoff[0]为0，msgoff[1]为256（MESGSIZE的值），msgoff[2]为512，等等。必须搞清楚在处理共享内存区时，我们只能使用像这样子的偏移（offset），因为共享内存区对象可映射到映射它的各个进程的不同物理地址。也就是说，对于同一个共享内存区对象，调用mmap的每个进程所得到的mmap返回值可能不同。由于这个原因，我们不能在共享内存区对象中使用指针（pointer），因为它们含有存放在这些对象内各变量的实际地址。

图13-11是我们的服务器程序，它等待某个客户往所指定的共享内存区中放置一个消息，然后输出这个消息。

创建共享内存区对象

10~16 首先调用shm_unlink删除可能仍然存在的共享内存区对象。接着使用shm_open创建这个对象，再使用mmap把它映射到调用进程的地址空间。然后关闭它的描述符。

初始化偏移量数组

17~19 把偏移量数组msgoff初始化为含有每个消息的位置偏移。

336~337

初始化信号量

20~24 初始化存放在共享内存区对象中的四个基于内存的信号量。每个sem_init调用的第二个参数都不为0，因为这些信号量将在进程间共享。

等待消息，然后输出

25~36 for循环的前半部分是标准的消费者算法：等待nstored变为大于0，等待mutex，处理数据，释放mutex，然后给nempty加1。

处理溢出

37~43 每次经由这个循环，我们还检查是否溢出。我们测试计数器noverflows的值是否不同于上一次的值，若是则输出并保存这个新值。注意，我们是在持有noverflowmutex信号量期间获取该计数器的值的，但在比较并输出它之前先释放了这个信号量。这么一来展示了如下的一般规则：我们应该把持有某个互斥锁期间执行的代码编写得操作总数尽量地少。

pxshm/server2.c

```
 1 #include    "cliserv2.h"

 2 int
 3 main(int argc, char **argv)
 4 {
 5     int     fd, index, lastnoverflow, temp;
 6     long    offset;
 7     struct shmstruct*ptr;

 8     if (argc != 2)
 9         err_quit("usage: server2 <name>");

10         /* create shm, set its size, map it, close descriptor */
11     shm_unlink(Px_ipc_name(argv[1]));        /* OK if this fails */
12     fd = Shm_open(Px_ipc_name(argv[1]), O_RDWR | O_CREAT | O_EXCL, FILE_MODE);
13     ptr = Mmap(NULL, sizeof(struct shmstruct), PROT_READ | PROT_WRITE,
14                MAP_SHARED, fd, 0);
15     Ftruncate(fd, sizeof(struct shmstruct));
16     Close(fd);

17         /* initialize the array of offsets */
18     for (index = 0; index < NMESG; index++)
19         ptr->msgoff[index] = index * MESGSIZE;

20         /* initialize the semaphores in shared memory */
21     Sem_init(&ptr->mutex, 1, 1);
22     Sem_init(&ptr->nempty, 1, NMESG);
23     Sem_init(&ptr->nstored, 1, 0);
24     Sem_init(&ptr->noverflowmutex, 1, 1);

25         /* this program is the consumer */
26     index = 0;
27     lastnoverflow = 0;
28     for ( ; ; ) {
29         Sem_wait(&ptr->nstored);
30         Sem_wait(&ptr->mutex);
31         offset = ptr->msgoff[index];
32         printf("index = %d: %s\n", index, &ptr->msgdata[offset]);
33         if (++index >= NMESG)
34             index = 0;             /* circular buffer */
35         Sem_post(&ptr->mutex);
36         Sem_post(&ptr->nempty);

37         Sem_wait(&ptr->noverflowmutex);
38         temp = ptr->noverflow;          /* don't printf while mutex held */
39         Sem_post(&ptr->noverflowmutex);
40         if (temp != lastnoverflow) {
41             printf("noverflow = %d\n", temp);
42             lastnoverflow = temp;
43         }
44     }

45     exit(0);
46 }
```

pxshm/server2.c

图13-11　从共享内存区中取得并输出消息的服务器程序

图13-12给出了我们的客户程序。

pxshm/client2.c

```
 1 #include    "cliserv2.h"

 2 int
 3 main(int argc, char **argv)
 4 {
 5     int     fd, i, nloop, nusec;
 6     pid_t   pid;
 7     char    mesg[MESGSIZE];
 8     long    offset;
 9     struct shmstruct*ptr;

10     if (argc != 4)
11         err_quit("usage: client2 <name> <#loops> <#usec>");
12     nloop = atoi(argv[2]);
13     nusec = atoi(argv[3]);

14         /* open and map shared memory that server must create */
15     fd = Shm_open(Px_ipc_name(argv[1]), O_RDWR, FILE_MODE);
16     ptr = Mmap(NULL, sizeof(struct shmstruct), PROT_READ | PROT_WRITE,
17                MAP_SHARED, fd, 0);
18     Close(fd);

19     pid = getpid();
20     for (i = 0; i < nloop; i++) {
21         sleep_us(nusec);
22         snprintf(mesg, MESGSIZE, "pid %ld: message %d", (long) pid, i);

23         if (sem_trywait(&ptr->nempty) == -1) {
24             if (errno == EAGAIN) {
25                 Sem_wait(&ptr->noverflowmutex);
26                 ptr->noverflow++;
27                 Sem_post(&ptr->noverflowmutex);
28                 continue;
29             } else
30                 err_sys("sem_trywait error");
31         }
32         Sem_wait(&ptr->mutex);
33         offset = ptr->msgoff[ptr->nput];
34         if (++(ptr->nput) >= NMESG)
35             ptr->nput = 0;        /* circular buffer */
36         Sem_post(&ptr->mutex);
37         strcpy(&ptr->msgdata[offset], mesg);
38         Sem_post(&ptr->nstored);
39     }
40     exit(0);
41 }
```

pxshm/client2.c

图13-12 在共享内存区中给服务器存放消息的客户程序

命令行参数

10~13 第一个命令行参数是共享内存区对象的名字，下一个是给服务器存放的消息数，最后一个是每次存放消息之间停顿的微秒数。通过启动本客户程序的多个副本并指定一个较小的停顿值，我们可以强行造成溢出，然后验证服务器能正确地处理它。

打开并映射共享内存区

14~18 在假设所指定的共享内存区对象已经存在的前提下，我们打开该对象，然后把它映射到当前进程的地址空间。随后关闭它的描述符。

存放消息

19~31　客户程序接着依循基本的生产者算法工作，不过我们把缓冲区中没有存放新消息的空间时生产者阻塞在其中的sem_wait(nempty)调用换成了不会阻塞的sem_trywait调用。如果nempty信号量的值为0，该函数就返回一个EAGAIN错误。我们检测出该错误后给溢出计数器加1。

sleep_us是来自APUE图C.9和图C.10的一个函数。它休眠指定数目的微秒数，是通过调用select和poll来实现的。

32~37　我们在持有mutex信号量期间取得offset的值并给nput加1，但在接下去把新消息复制到共享内存区之前却释放了mutex。在持有该信号量期间，我们只应该执行那些必须被保护起来的操作。

我们首先在后台启动服务器，然后运行一个客户，给它指定50个待存放消息，每个消息的存放没有彼此间的停顿。

```
solaris % server2 serv2 &
[2]        27223
solaris % client2 serv2 50 0
index = 0: pid 27224: message 0
index = 1: pid 27224: message 1
index = 2: pid 27224: message 2
. . .                                         如此继续
index = 15: pid 27224: message 47
index = 0: pid 27224: message 48
index = 1: pid 27224: message 49              没有消息丢失
```

但是当我们再次运行一个客户时，却看到了一些溢出现象：

```
solaris %  client2 serv2 50 0
index = 2: pid 27228: message 0
index = 3: pid 27228: message 1
. . .                                         仍然正常
index = 10: pid 27228: message 8
index = 11: pid 27228: message 9
noverflow = 25                                服务器检测到有25个消息丢失
index = 12: pid 27228: message 10
index = 13: pid 27228: message 11
. . .                                         消息12~22仍然正常
index = 9: pid 27228: message 23
index = 10: pid 27228: message 24
```

这一次该客户呈现为存放了消息0~9，它们由服务器取走并输出。该客户继续运行，准备存放消息10~49，但是共享内存区中只有存放其中前15个消息的空间，于是剩余的25个消息（编号为25~49）因溢出而未被存放。

很明显，在本例子中通过让客户尽可能快地产生消息，而且每次存放消息之间没有停顿来达到溢出效果，不过这并不是一种典型的现实情形。然而本例子的目的只是展示客户产生的消息没有存放空间可用，但是客户又不想为此而阻塞的情况应如何处理。这种情况并不是只有共享内存区才有的，消息队列、管道和FIFO都可能发生同样情况。

不断提供数据，造成接收者忙不过来的情形并非只有本例子出现。UNPv1的8.13节就UDP数据报和UDP套接字接收缓冲区讨论了同样情形。TCPv3的18.2节讲述了接收者的缓冲区发生溢出时，Unix域数据报套接字是如何向发送者返回一个ENOBUFS错误的。在图13-12中，我们的客户（发送者）知道什么时候服务器的缓冲区溢出了，因此要是把这段代码放到某个供其他程序调用的通用函数中，那么当服务器的缓冲区溢出时，该函数有可能向调用者返回一个错误。

338~341

13.7 小结

Posix共享内存区构筑在上一章讲述的mmap函数之上。我们首先指定待打开共享内存区的Posix IPC名字来调用shm_open，取得一个描述符后使用mmap把它映射到内存。其结果类似于内存映射文件，不过共享内存区对象不必作为一个文件来实现。

既然共享内存区对象是由描述符来表示的，它们的大小就使用ftruncate来设置，有关某个已存在对象的信息（保护位、用户ID、组ID及大小）由fstat返回。

在讨论Posix消息队列和Posix信号量时，我们分别在5.8节和10.15节提供了它们基于内存映射I/O的实现。我们不对Posix共享内存区提供这样的实现，因为实在太简单。如果愿意以内存映射一个文件的方式（这在Solaris和Digital Unix上都有实现）来实现Posix共享内存区这种IPC形式，那么shm_open是通过调用open实现的，shm_unlink是通过调用unlink实现的。

习题

13.1 把图12-16和图12-19修改成访问Posix共享内存区而不是内存映射文件，并验证它们的运行结果与原来访问内存映射文件的程序相同。

13.2 在图13-4和图13-5的for循环中，用于步进访问数组元素的C表达式为*ptr++。改用ptr[i]更为可取吗？

342

第 14 章

System V 共享内存区

14.1 概述

System V共享内存区在概念上类似于Posix共享内存区。代之以调用shm_open后调用mmap的是，先调用shmget，再调用shmat。

对于每个共享内存区，内核维护如下的信息结构，它定义在<sys/shm.h>头文件中：

```
struct shmid_ds {
  struct ipc_perm  shm_perm;     /* operation permission struct */
  size_t           shm_segsz;    /* segment size */
  pid_t            shm_lpid;     /* pid of last operation */
  pid_t            shm_cpid;     /* creator pid */
  shmatt_t         shm_nattch;   /* current # attached */
  shmat_t          shm_cnattch;  /* in-core # attached */
  time_t           shm_atime;    /* last attach time */
  time_t           shm_dtime;    /* last detach time */
  time_t           shm_ctime;    /* last change time of this structure */
};
```

我们已在3.3节描述过其中的ipc_perm结构，它含有本共享内存区的访问权限。

14.2 shmget 函数

343

shmget函数创建一个新的共享内存区，或者访问一个已存在的共享内存区。

```
#include <sys/shm.h>

int shmget(key_t key, size_t size, int oflag);
```

返回：若成功则为共享内存区对象，若出错则为-1

返回值是一个称为共享内存区标识符（shared memory identifier）的整数，其他三个shm*XXX*函数就用它来指代这个内存区。

*key*既可以是ftok的返回值，也可以是IPC_PRIVATE，我们已在3.2节讨论过。

*size*以字节为单位指定内存区的大小。当实际操作为创建一个新的共享内存区时，必须指定一个不为0的*size*值。如果实际操作为访问一个已存在的共享内存区，那么*size*应为0。

*oflag*是图3-6中所示读写权限值的组合。它还可以与IPC_CREAT或IPC_CREAT | IPC_EXCL按位或，如随图3-4所作的讨论。

当实际操作为创建一个新的共享内存区时，该内存区被初始化为*size*字节的0。

注意，shmget创建或打开一个共享内存区，但并没有给调用进程提供访问该内存区的手段。这是shmat函数的目的，我们将接下去讲述它。

14.3 shmat 函数

由shmget创建或打开一个共享内存区后，通过调用shmat把它附接到调用进程的地址空间。

```
#include <sys/shm.h>

void *shmat(int shmid, const void *shmaddr, int flag);
```

返回：若成功则为映射区的起始地址，若出错则为-1

其中*shmid*是由shmget返回的标识符。shmat的返回值是所指定的共享内存区在调用进程内的起始地址。确定这个地址的规则如下。

- 如果*shmaddr*是一个空指针，那么系统替调用者选择地址。这是推荐的（也是可移植性最好的）方法。
- 如果*shmaddr*一是一个非空指针，那么返回地址取决于调用者是否给*flag*参数指定了SHM_RND值：
  - 如果没有指定SHM_RND，那么相应的共享内存区附接到由*shmaddr*参数指定的地址；
  - 如果指定了SHM_RND，那么相应的共享内存区附接到由*shmaddr*参数指定的地址向下舍入一个SHMLBA常值。LBA代表“低端边界地址”（lower boundary address）。

344

默认情况下，只要调用进程具有某个共享内存区的读写权限，它附接该内存区后就能够同时读写该内存区。*flag*参数中也可以指定SHM_RDONLY值，它限定只读访问。

14.4 shmdt 函数

当一个进程完成某个共享内存区的使用时，它可调用shmdt断接这个内存区。

```
#include <sys/shm.h>

int shmdt(const void *shmaddr);
```

返回：若成功则为0，若出错则为-1

当一个进程终止时，它当前附接着的所有共享内存区都自动断接掉。

注意本函数调用并不删除所指定的共享内存区。这个删除工作通过以IPC_RMID命令调用shmctl完成，我们将在下一节讲述它。

14.5 shmctl 函数

shmctl提供了对一个共享内存区的多种操作。

```
#include <sys/shm.h>

int shmctl(int shmid, int cmd, struct shmid_ds *buff);
```

返回：若成功则为0，若出错则为-1

该函数提供了三个命令。

IPC_RMID　从系统中删除由*shmid*标识的共享内存区并拆除它。[①]

IPC_SET　给所指定的共享内存区设置其shmid_ds结构的以下三个成员：shm_perm.uid、shm_perm.gid和shm_perm.mode，它们的值来自*buff*参数指向的结构中的相应成员。shm_ctime的值也用当前时间替换。

345

IPC_STAT　（通过*buff*参数）向调用者返回所指定共享内存区当前的shmid_ds结构。

14.6 简单的程序

我们现在开发一些对System V共享内存区进行操作的简单程序。

14.6.1 shmget 程序

图14-1给出的shmget程序使用指定的路径名和长度创建一个共享内存区。

svshm/shmget.c

```
 1 #include    "unpipc.h"

 2 int
 3 main(int argc, char **argv)
 4 {
 5     int     c, id, oflag;
 6     char    *ptr;
 7     size_t  length;

 8     oflag = SVSHM_MODE | IPC_CREAT;
 9     while ( (c = Getopt(argc, argv, "e")) != -1) {
10         switch (c) {
11         case 'e':
12             oflag |= IPC_EXCL;
13             break;
14         }
15     }
16     if (optind != argc - 2)
17         err_quit("usage: shmget [ -e ] <pathname> <length>");
18     length = atoi(argv[optind + 1]);

19     id = Shmget(Ftok(argv[optind], 0), length, oflag);
20     ptr = Shmat(id, NULL, 0);

21     exit(0);
22 }
```

svshm/shmget.c

图14-1　创建一个指定大小的System V共享内存区

19　shmget创建由用户指定其名字和大小的共享内存区。作为命令行参数传递进来的路径名由ftok映射成一个System V IPC键。如果指定了-e选项，那么一旦该内存区已存在就会出错。如果我们知道该内存区已存在，那么在命令行上的长度参数必须指定为0。

20　shmat把该内存区附接到当前进程的地址空间。本程序然后终止，不过既然System V共享内存区至少具有随内核的持续性，那么这不会删除该共享内存区。

① 删除一个共享内存区指的是使其标识符失效，这样以后针对该标识符的shmat、shmdt和shmctl函数调用必定失败。拆除一个共享内存区指的是释放或回收与它对应的数据结构，包括删除存放在其上的数据。拆除操作要到该共享内存区的引用计数变为0时才进行。另外，当某个shmdt调用发现所指定的共享内存区的引用计数变为0时也顺便拆除它，这就是shmctl的IPC_RMID命令先于最后一个shmdt调用发出时会发生的情形。——译者注

14.6.2 shmrmid 程序

图14-2给出的简单程序只是以一个IPC_RMID命令调用shmctl，以便从系统中删除一个共享内存区。

346

svshm/shmrmid.c

```
 1 #include    "unpipc.h"

 2 int
 3 main(int argc, char **argv)
 4 {
 5     int     id;

 6     if (argc != 2)
 7         err_quit("usage: shmrmid <pathname>");

 8     id = Shmget(Ftok(argv[1], 0), 0, SVSHM_MODE);
 9     Shmctl(id, IPC_RMID, NULL);

10     exit(0);
11 }
```

svshm/shmrmid.c

图14-2 删除一个System V共享内存区

14.6.3 shmwrite 程序

图14-3给出了shmwrite程序，它往一个共享内存区中写入一个模式：0，1，2，…，254，255，0，1，…。

svshm/shmwrite.c

```
 1 #include    "unpipc.h"

 2 int
 3 main(int argc, char **argv)
 4 {
 5     int     i, id;
 6     struct shmid_ds buff;
 7     unsigned char *ptr;

 8     if (argc != 2)
 9         err_quit("usage: shmwrite <pathname>");

10     id = Shmget(Ftok(argv[1], 0), 0, SVSHM_MODE);
11     ptr = Shmat(id, NULL, 0);
12     Shmctl(id, IPC_STAT, &buff);

13         /* set: ptr[0] = 0, ptr[1] = 1, etc. */
14     for (i = 0; i < buff.shm_segsz; i++)
15         *ptr++ = i % 256;

16     exit(0);
17 }
```

svshm/shmwrite.c

图14-3 打开一个共享内存区，填入一个数据模式

10~12 使用shmget打开所指定的共享内存区后由shmat把它附接到当前进程的地址空间。其大小通过以一个IPC_STAT命令调用shmctl取得。

13~15 往该共享内存区中写入给定的模式。

347

14.6.4 shmread程序

图14-4给出的shmread程序会验证由shmwrite写入的模式。

svshm/shmread.c

```
 1 #include    "unpipc.h"

 2 int
 3 main(int argc, char **argv)
 4 {
 5     int     i, id;
 6     struct shmid_ds buff;
 7     unsigned char   c, *ptr;

 8     if (argc != 2)
 9         err_quit("usage: shmread <pathname>");

10     id = Shmget(Ftok(argv[1], 0), 0, SVSHM_MODE);
11     ptr = Shmat(id, NULL, 0);
12     Shmctl(id, IPC_STAT, &buff);

13         /* check that ptr[0] = 0, ptr[1] = 1, etc. */
14     for (i = 0; i < buff.shm_segsz; i++)
15         if ( (c = *ptr++) != (i % 256))
16             err_ret("ptr[%d] = %d", i, c);

17     exit(0);
18 }
```

svshm/shmread.c

图14-4　打开一个共享内存区，验证其数据模式

10~12　打开并附接所指定的共享内存区。其大小通过以一个IPC_STAT命令调用shmctl获取。

13~16　验证由shmwrite写入的模式。

14.6.5 例子

在Solaris 2.6下创建一个大小为1234字节的共享内存区。用于标识该内存区的路径名（也就是传递给ftok的路径名）是我们的shmget可执行文件的路径名。对于一个给定的应用，使用服务器的可执行文件路径名往往能够提供一个唯一的标识符。

```
solaris % shmget shmget 1234
solaris % ipcs -bmo
IPC status from <running system> as of Thu Jan  8 13:17:06 1998
T         ID      KEY          MODE          OWNER     GROUP NATTCH       SEGSZ
Shared Memory:
m          1    0x0000f12a --rw-r--r-- rstevens    other1       0       1234
```

我们运行ipcs程序以验证相应的共享内存区已经创建出来。注意它的附接数（存放在该内存区的shmid_ds结构的shm_nattch成员中）为0，跟我们预期的一致。

348

接着运行我们的shmwrite程序，以把该共享内存区的内容设置成给定的模式。然后用shmread验证该共享内存区的内容，并删除其标识符。

```
solaris % shmwrite shmget
solaris % shmread shmget
solaris % shmrmid shmget
solaris % ipcs -bmo
IPC status from <running system> as of Thu Jan  8 13:17:06 1998
T         ID      KEY          MODE          OWNER     GROUP NATTCH       SEGSZ
Shared Memory:
```

我们运行ipcs来验证该共享内存区确实已被删除。

> 当把服务器可执行文件的名字用作ftok的参数来标识某种形式的System V IPC时，通常应使用绝对路径名（例如/usr/bin/myserverd），而不是像本例子那样使用一个相对路径名（shmget）。我们能在本节的例子中使用相对路径名的原因是，所有程序都是从含有服务器可执行文件的目录中运行的。我们知道ftok使用文件的索引节点来构成IPC标识符（见图3-2），而一个给定文件是使用一个绝对路径名还是一个相对路径名来引用对于其索引节点并没有影响。

14.7 共享内存区限制

跟System V消息队列和System V信号量一样，System V共享内存区也存在特定的系统限制（3.8节）。图14-5给出了本书所用两种不同实现的这些限制值。其中第一栏是含有当前限制值的内核变量的传统System V名字。

名　字	说　明	DUnix 4.0B	Solaris 2.6
shmmax	一个共享内存区的最大字节数	4 194 304	1 048 576
shmmnb	一个共享内存区的最小字节数	1	1
shmmni	系统范围最大共享内存区标识符数	128	100
shmseg	每个进程附接的最大共享内存区数	32	6

图14-5 System V共享内存区的典型系统限制

例子

图14-6中的程序可确定图14-5中给出的四个限制值。

svshm/limits.c

349

```
 1 #include      "unpipc.h"

 2 #define MAX_NIDS      4096

 3 int
 4 main(int argc, char **argv)
 5 {
 6     int      i, j, shmid[MAX_NIDS];
 7     void    *addr[MAX_NIDS];
 8     unsigned long size;

 9         /* see how many identifiers we can "open" */
10     for (i = 0; i <= MAX_NIDS; i++) {
11         shmid[i] = shmget(IPC_PRIVATE, 1024, SVSHM_MODE | IPC_CREAT);
12         if (shmid[i] == -1) {
13             printf("%d identifiers open at once\n", i);
14             break;
15         }
16     }
17     for (j = 0; j < i; j++)
18         Shmctl(shmid[j], IPC_RMID, NULL);

19         /* now see how many we can "attach" */
20     for (i = 0; i <= MAX_NIDS; i++) {
```

图14-6 确定共享内存区的系统限制

```
21          shmid[i] = Shmget(IPC_PRIVATE, 1024, SVSHM_MODE | IPC_CREAT);
22          addr[i] = shmat(shmid[i], NULL, 0);
23          if (addr[i] == (void *) -1) {
24              printf("%d shared memory segments attached at once\n", i);
25              Shmctl(shmid[i], IPC_RMID, NULL);   /* the one that failed */
26              break;
27          }
28      }
29      for (j = 0; j < i; j++) {
30          Shmdt(addr[j]);
31          Shmctl(shmid[j], IPC_RMID, NULL);
32      }

33          /* see how small a shared memory segment we can create */
34      for (size = 1; ; size++) {
35          shmid[0] = shmget(IPC_PRIVATE, size, SVSHM_MODE | IPC_CREAT);
36          if (shmid[0] != -1) {      /* stop on first success */
37              printf("minimum size of shared memory segment = %lu\n", size);
38              Shmctl(shmid[0], IPC_RMID, NULL);
39              break;
40          }
41      }

42          /* see how large a shared memory segment we can create */
43      for (size = 65536; ; size += 4096) {
44          shmid[0] = shmget(IPC_PRIVATE, size, SVSHM_MODE | IPC_CREAT);
45          if (shmid[0] == -1) {      /* stop on first failure */
46              printf("maximum size of shared memory segment = %lu\n", size-4096);
47              break;
48          }
49          Shmctl(shmid[0], IPC_RMID, NULL);
50      }

51      exit(0);
52  }
```

svshm/limits.c

350

图14-6（续）

在Digital Unix 4.0B下运行这个程序的结果为：

```
alpha % limits
127 identifiers open at once
32 shared memory segments attached at once
minimum size of shared memory segment = 1
maximum size of shared memory segment = 4194304
```

图14-5指出128个标识符的限制，但我们的程序只能创建127个，其原因在于有一个系统守护进程早已创建了一个共享内存区。

14.8　小结

System V共享内存区在概念上与Posix共享内存区类似。最常用的函数调用有以下几个。

- shmget：获取一个标识符。
- shmat：把一个共享内存区附接到调用进程的地址空间。
- 以一个IPC_STAT命令调用shmctl：获取一个已存在共享内存区的大小。
- 以一个IPC_RMID命令调用shmctl：删除一个共享内存区对象。

两者的差别之一是，Posix共享内存区对象的大小可在任何时刻通过调用`ftruncate`修改（如习题13.1中所展示的那样），而System V共享内存区对象的大小是在调用`shmget`创建时固定下来的。

习题

14.1 图6-8是对图6-6的修改，它接受的用于指定队列的是标识符而不是路径名。我们已展示有了这种标识符，就足以访问一个System V消息队列（假设我们有足够权限）。对图14-4做类似的修改，以展示同样的特性也适用于System V共享内存区。

351

第五部分

远程过程调用

第15章 门

15.1 概述

当讨论客户-服务器情形和过程调用时，存在着三种不同类型的过程调用，如图15-1所示。

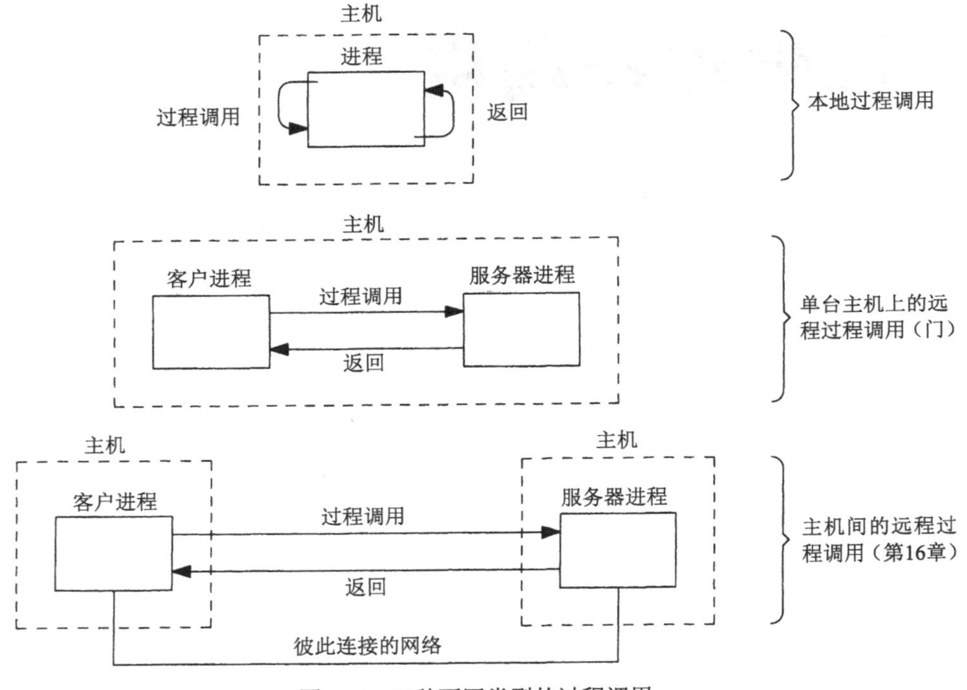

图15-1　三种不同类型的过程调用

(1) 本地过程调用（local procedure call）：这是我们从日常的C编程中早就熟知的过程调用，也就是被调用的过程（函数）与调用过程处于同一个进程中。典型情况是，调用者通过执行某条机器指令把控制传给新过程，被调用过程保存机器寄存器的值，并在栈顶分配存放其本地变量的空间。

(2) 远程过程调用（remote procedure call，RPC）：被调用过程和调用过程处于不同的进程中。我们通常称调用者为客户，称被调用的过程为服务器。在图15-1中间的情形中，我们展示客户和服务器是在同一台主机上执行的。它是该图底部的情形经常会发生的一种特殊情况，也是门（door）所提供的能力：一个进程调用同一台主机上另一个进程中的某个过程（函数）。通过给本进程内的某个过程创建一个门，一个进程（服务器）就使得该过程能为其他进程（客户）所调用。我们也可以认为门是一种特殊类型的IPC，因为客户和服务器之间以函数参数和返回值形式交换信息。

(3) RPC通常允许一台主机上的某个客户调用另一台主机上的某个服务器过程，只要这两台主机以某种形式的网络连接着（图15-1底部的情形）。我们将在第16章讲述这样的RPC。

> 从历史上说，门是为Spring分布式操作系统开发的，具体细节可以从http://www.sun.com/tech/projects/spring上得到。[Hamilton and Kougiouris 1993]中有关于该操作系统中门IPC机制的一个说明。
>
> 后来门添加到了Solaris 2.5中，不过有关它的唯一手册页面中只含有一个警告，说门是仅由某些Sun应用程序使用的一个试验性接口。到了Solaris 2.6后，该接口的文档出现在8个手册页面中，不过这些手册页面把该接口的稳定性列为“evolving”（进展中）。预期我们在本章讲述的API可能会随Solaris将来版本的出现而发生变化。Linux上门接口的初级版本也在开发中可访问http://www.rampant.org/doors/。
>
> Solaris 2.6中门的实现涉及一个函数库（它含有我们将在本章中描述的door_*XXX*函数）和一个内核文件系统（/kernel/sys/doorfs），用户的应用程序需链接这个函数库（使用-ldoor命令行选项链接程序）。
>
> 尽管门是一个Solaris特有的特性，我们还是详细地讲述它，因为它们提供了很不错的远程过程调用的入门知识，又不必对付任何连网支持细节。我们还将在附录A中看到，与所有其他形式的消息传递机制相比较，门不是更快也至少一样快。

本地过程调用是同步的：调用者直到被调用过程返回后才重新获得控制。线程可认为是提供了某种形式的异步过程调用：有一个函数被调用（pthread_create的第三个参数），该函数和调用者看起来在同时执行。调用者可通过调用pthread_join等待这个新线程的完成。远程过程调用可能是同步的，也可能是异步的，不过我们将看到门调用是同步的。

355 ~ 356

在进程（客户或服务器）内部，门是用描述符标识的。在进程以外，门可能是用文件系统中的路径名标识的。一个服务器通过调用door_create创建一个门，传递给该函数的参数是将与该门关联的过程的一个指针，该函数的返回值是新创建的门的一个描述符。该服务器然后通过调用fattach给这个门描述符关联一个路径名。一个客户通过调用open来打开一个门，传递给该函数的参数是该门的服务器关联在其上的路径名，该函数的返回值是本客户访问该门的描述符。该客户然后通过调用door_call调用服务器过程。自然，某个门的服务器可以是另一个门的客户。

我们说过门调用是同步的：当客户调用door_call时，该函数直到服务器过程返回（或发生某个错误）时才返回。Solaris的门实现还跟线程相联系。每当有一个客户调用某个服务器过程时，服务器进程中的一个线程就处理该客户的调用。线程管理通常是由门函数库自动进行的，该函数库根据需要创建新的线程，然而我们将看到，如果需要服务器进程亲自管理这些线程的话，它应该怎么去做。这还意味着一个给定的服务器可以同时为多个客户调用同一个服务器过程提供服务，每个客户一个线程。这是一个**并发**（concurrent）服务器。既然一个给定服务器过程可能有多个实例在同时执行（每个实例作为一个线程），因此服务器过程必须是线程安全的。

调用一个服务器过程时，可以同时从客户向服务器传递数据和描述符。也可以同时从服务器向客户传递回数据和描述符。描述符传递对于门来说是内在的。而且，既然门是用描述符标识的，因此描述符传递允许一个进程把一个门传递给另外某个进程。我们将在15.8节详细讨论描述符传递。

例子

我们以一个简单的例子开始关于门的讨论：客户向服务器传递一个长整数，服务器以长整数结果返回该值的平方。图15-2给出了客户程序。（我们在本例子中掩盖了许多细节，它们在本章以后再讨论。）

doors/client1.c

```
 1 #include    "unpipc.h"

 2 int
 3 main(int argc, char **argv)
 4 {
 5     int     fd;
 6     long    ival, oval;
 7     door_arg_t  arg;

 8     if (argc != 3)
 9         err_quit("usage: client1 <server-pathname> <integer-value>");

10     fd = Open(argv[1], O_RDWR);    /* open the door */

11         /* set up the arguments and pointer to result */
12     ival = atol(argv[2]);
13     arg.data_ptr = (char *) &ival;      /* data arguments */
14     arg.data_size = sizeof(long);       /* size of data arguments */
15     arg.desc_ptr = NULL;
16     arg.desc_num = 0;
17     arg.rbuf = (char *) &oval;     /* data results */
18     arg.rsize = sizeof(long);      /* size of data results */

19         /* call server procedure and print result */
20     Door_call(fd, &arg);
21     printf("result: %ld\n", oval);

22     exit(0);
23 }
```

doors/client1.c

图15-2 向服务器发送一个长整数以求取其平方值的客户

打开门

8~10 调用open打开由命令行上的路径名指定的门。所返回的描述符称为门描述符（door descriptor），不过我们有时候就称它为门（door）。

设置参数和指向结果的指针

11~18 arg参数含有一个指向参数的指针和一个指向结果的指针。data_ptr指向参数的第一个字节，data_size指定参数的字节数。desc_ptr和desc_num处理描述符的传递，我们将在15.8节中讲述。rbuf指向结果缓冲区的第一个字节，rsize是它的大小。

调用服务器过程并输出结果

19~21 通过调用door_call来调用服务器过程，作为参数指定的是所打开的门描述符和指向所设置参数结构的指针。调用返回后输出结果。

图15-3给出了服务器程序。它由一个名为servproc的服务器过程和一个main函数构成。

服务器过程

2~10 调用服务器过程需有5个参数，但是我们真正使用的是dataptr，它指向参数的第一个字节。通过该指针取出长整数参数后求它的平方。然后控制随结果由door_return传递回客户。该函数的第一个参数是指向结果的指针，第二个参数是结果的大小，其余两个参数处理描述符的返回。

doors/server1.c

```
 1 #include     "unpipc.h"

 2 void
 3 servproc(void *cookie, char *dataptr, size_t datasize,
 4          door_desc_t *descptr, size_t ndesc)
 5 {
 6     long    arg, result;

 7     arg = *((long *) dataptr);
 8     result = arg * arg;
 9     Door_return((char *) &result, sizeof(result), NULL, 0);
10 }

11 int
12 main(int argc, char **argv)
13 {
14     int     fd;

15     if (argc != 2)
16         err_quit("usage: server1 <server-pathname>");

17         /* create a door descriptor and attach to pathname */
18     fd = Door_create(servproc, NULL, 0);

19     unlink(argv[1]);
20     Close(Open(argv[1], O_CREAT | O_RDWR, FILE_MODE));
21     Fattach(fd, argv[1]);

22         /* servproc() handles all client requests */
23     for ( ; ; )
24         pause();
25 }
```

doors/server1.c

图15-3 返回一个长整数的平方值的服务器程序

创建一个门描述符并附接到路径名

17~21 调用door_create创建一个门描述符。该函数的第一个参数是指向与该门关联的服务器函数（servproc）的指针。取得门描述符后，必须将它与文件系统中的一个路径名关联，因为该路径名是客户标识这个门的手段。这种关联通过在文件系统中创建一个普通文件（我们首先调用unlink以防该文件已存在，同时忽略它的任何出错返回）后调用fattach完成，其中fattach是把一个描述符与一个路径名相关联的SVR4函数。

主服务器线程不干活

22~24 主服务器线程然后阻塞在一个pause调用中。所有工作全由servproc函数去做，每次有一个客户请求到达时，该函数就作为服务器进程中的另一个线程来执行。

为运行这个客户和服务器程序，我们首先在一个窗口中启动服务器：

```
solaris % server1 /tmp/server1
```

然后在另一个窗口中启动客户，所指定的路径名参数与我们传递给服务器的相同：

```
solaris % client1 /tmp/server1 9
result: 81
solaris % ls -l /tmp/server1
Drw-r--r--   1 rstevens other1        0 Apr  9 10:09 /tmp/server1
```

357~359

结果与预期的一致，当执行ls时，我们看到其输出中第一个字符为D，表明路径名/tmp/server1是某个门的路径名。

图15-4展示了本例子表现的行为过程。它看起来是door_call调用了服务器过程，服务器过程然后返回。

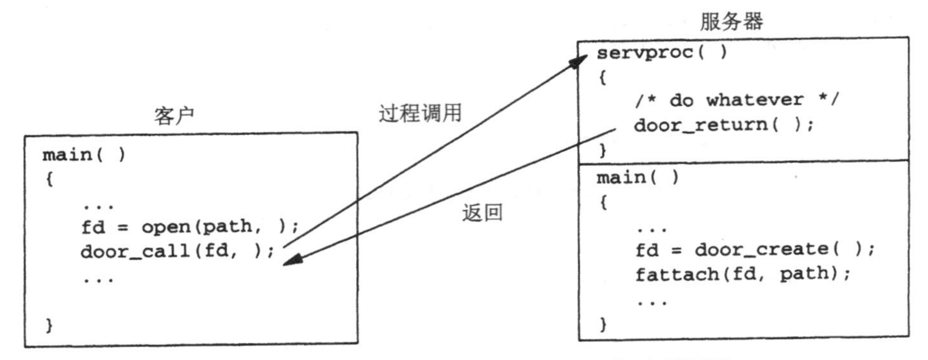

图15-4 从一个进程到另一个进程的表象过程调用

图15-5展示了调用同一台主机上另一个进程中的某个过程时真正发生的行为。

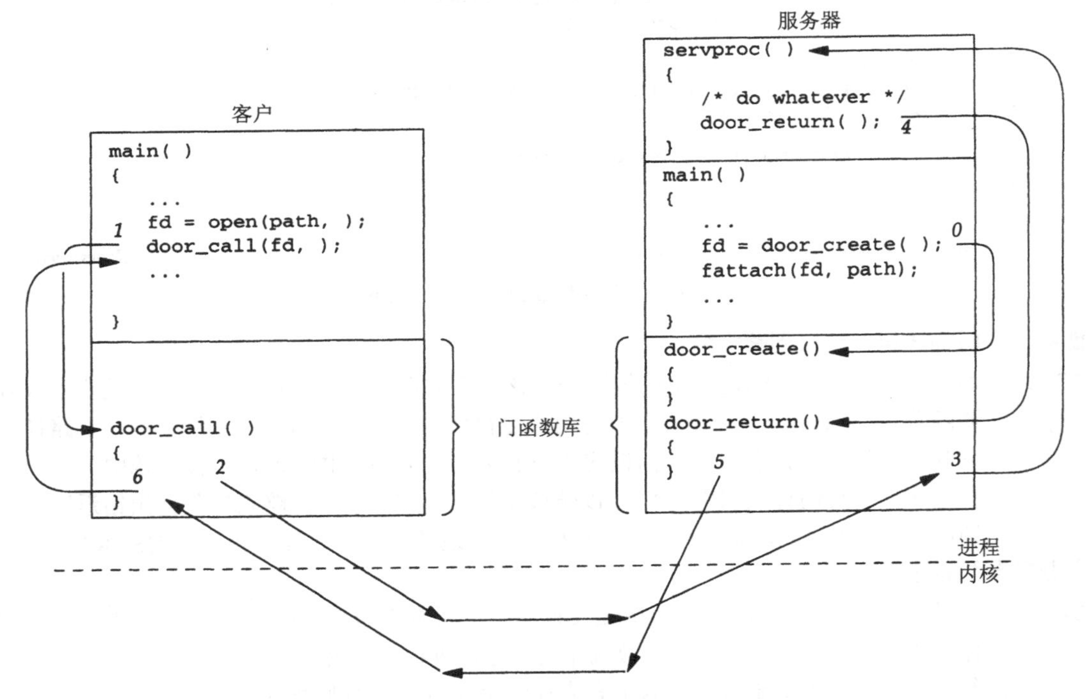

360

图15-5 从一个进程到另一个进程的过程调用的真正控制流

图15-5中发生了以下几个编了号的步骤。

(0) 服务器进程首先启动，它调用door_create创建一个指代函数servproc的门描述符，然后把该描述符附接到文件系统中的某个路径名。

(1) 客户进程启动，它调用door_call。这实际上是门函数库中的一个函数。

(2) door_call库函数执行一个进入内核的系统调用。标识出目标过程后，控制被传递到目标进程中的某个门库函数。

(3) 真正的服务器过程（本例子中名为servproc）被调用。

(4) 服务器过程执行处理客户请求所需的任意操作，执行完后调用door_return。

(5) door_return实际上是门函数库中的一个函数，它执行一个进入内核的系统调用。

(6) 标识出客户后把控制传递回该客户。

本章其余各节更为详尽地讲述门API，同时查看许多例子。在附录A中我们将看到，就延迟而言，门提供了最快的IPC形式。

15.2 door_call 函数

door_call函数由客户调用，它会调用在服务器进程的地址空间中执行的一个服务器过程。

```
#include <door.h>

int door_call(int fd, door_arg_t *argp);
```

返回：若成功则为0，若出错则为-1

其中描述符*fd*通常是由open返回的（例如图15-2）。由客户打开并将所返回的描述符作为第一个参数传递给door_call的路径名标识了该函数所调用的服务器过程。

第二个参数*argp*指向一个结构，该结构描述了调用参数和用于容纳返回值的缓冲区。

361

```
typedef struct door_arg {
  char          *data_ptr;      /* call: ptr to data arguments;
                                   return: ptr to data results */
  size_t         data_size;     /* call: #bytes of data arguments;
                                   return: actual #bytes of data results */
  door_desc_t   *desc_ptr;      /* call: ptr to descriptor arguments;
                                   return: ptr to descriptor results */
  size_t         desc_num;      /* call: number of descriptor arguments;
                                   return: number of descriptor results */
  char          *rbuf;          /* ptr to result buffer */
  size_t         rsize;         /* #bytes of result buffer */
} door_arg_t;
```

返回时也由该结构描述返回值。该结构的所有6个成员在返回时都可能有变化，我们马上就讲到。

> 给其中的两个指针成员使用char*数据类型有些奇怪，为避免出现编译警告，我们不得不在代码中显式地对它们进行类型强制转换。我们倒希望它们是void*数据类型的指针。door_return的第一个参数也同样使用了char*。Solaris 2.7也许会把desc_num的数据类型改为unsigned int，door_return的最后一个参数也将相应地作修改。

无论是参数还是结果都存在两种数据类型：数据和描述符。

- 数据参数（data arguments）是由data_ptr指向的一系列总共data_size字节。客户和服务器必须以某种方式“知道”这些参数（以及结果）的格式。举例来说，无法通过特殊的编码告诉服务器参数的数据类型。在图15-2和图15-3中，客户程序和服务器程序编写成知道参数是一个长整数，结果也是一个长整数。封装数据类型信息的办法之一是（为了若干年后有人仍能读懂代码）：把所有的参数放进一个结构中，把所有的结果放进另一个结构中，把这两个结构都定义在一个头文件中，客户程序和服务器程序都包括进这个头文件。我们将随图15-11和图15-12给出一个这样的例子。如果没有数据参数，我们就把data_ptr指定成一个空指针，把data_size指定为0。

> 由于客户和服务器处理的是封装到一个参数缓冲区和一个结果缓冲区中的二进制参数和结果，因而隐含着客户程序和服务器程序必须以同样的编译器编译的要求。有时候在同样的系统上，不同的编译器也会以不同的方式封装结构。

- 描述符参数（descriptor arguments）是一个door_desc_t结构的数组，每个元素含有一个从客户往服务器过程传递的描述符。所传递的door_desc_t结构数为desc_num。（我们将在15.8节描述这个结构以及“传递描述符”的含义。）如果没有描述符参数，我们就把desc_ptr指定成一个空指针，把desc_num指定为0。
- 返回时data_ptr指向数据结果（data results），data_size则指定这些结果的大小。如果没有数据结果，data_size就为0，这时我们应该忽略data_ptr。
- 返回时也可能有描述符结果（descriptor results）：desc_ptr指向一个door_desc_t结构的数组，每个元素含有一个由服务器过程传递回客户的描述符。所返回的door_desc_t结构数存放在desc_num中。如果没有描述符结果，desc_num就为0，这时我们应该忽略desc_ptr。

给参数和结果使用同样的缓冲区是可行的。这就是说调用door_call时，data_ptr和desc_ptr都可指向由rbuf指定的缓冲区中。

在调用door_call前，客户把rbuf设置成指向存放结果的缓冲区，把rsize设置成该缓冲区的大小。返回时data_ptr和desc_ptr通常都指向这个结果缓冲区中。如果该缓冲区太小而容纳不了服务器的结果，门函数库就会在调用者的地址空间中使用mmap（12.2节）自动分配一个新的缓冲区，然后相应地更新rbuf和rsize。data_ptr和desc_ptr将指向这个新分配的缓冲区中。留意rbuf的变化并在以后某个时刻以rbuf和rsize为参数调用munmap把门函数库分配的缓冲区返还给系统，这些是调用者的责任。我们将随图15-7给出这样的一个例子。

15.3　door_create函数

服务器进程通过调用door_create建立一个服务器过程。

```
#include <door.h>

typedef void Door_server_proc(void *cookie, char *dataptr, size_t datasize,
                              door_desc_t *descptr, size_t ndesc);

int door_create(Door_server_proc *proc, void *cookie, u_int attr);
```

返回：若成功则为非负描述符，若出错则为–1

在上述的声明中，我们加上了自己的typedef，这样简化了服务器过程的函数原型。这个typedef语句说，门服务器过程（例如图15-3中的servproc）是以5个参数调用的，不返回任何值。

当一个服务器调用door_create时，传递给该函数的第一个参数*proc*是一个服务器过程的地址，该服务器过程将与由该函数返回的门描述符相关联。当调用这个服务器过程时，它的第一个参数*cookie*是作为door_create的第二个参数传递进去的值。这么一来给服务器提供了向服务器过程传递某个指针的一种方式，该指针在每次有一个客户调用该过程时传递。服务器过程的以后4个参数（*dataptr*、*datasize*、*descptr*、*ndesc*）描述来自服务器的数据参数和描述符参数，也就是上一节中描述的door_arg_t结构的前4个成员所描述的信息。

door_create的最后一个参数*attr*描述所创建服务器过程的特殊属性，它或为0，或为以下两个常值的按位或。

362 ~ 363

DOOR_PRIVATE 随着客户请求的到达，门函数库在服务器进程中自动创建必要的新线程以调用服务器过程。按照默认设置，这些线程放在进程范围的线程池中，可用于给服务器进程中的任何门提供客户请求的服务。

指定DOOR_PRIVATE属性就是告诉门函数库该门得有自己的服务器线程池，与进程范围的池分开。

DOOR_UNREF 当指代该门的描述符数从2降为1时，将第二个参数（*dataptr*）指定为DOOR_UNREF_DATA再次调用该服务器过程。这次调用的*descptr*参数是一个空指针，datasize和ndesc则均为0。我们将从图15-16的讨论开始给出这个属性的一些例子。

服务器过程的返回值声明为void，因为它们从不通过调用return或掉出函数尾返回。它们会调用我们将在下一节描述的door_return。

我们从图15-3中已看到，调用door_create获取一个门描述符之后，服务器通常调用fattach给该描述符关联以一个文件系统中的路径名。客户open该路径名就获得了调用door_call所需的门描述符。

> fattach不是一个Posix.1函数，但是Unix 98却需要它。另外，有一个名为fdetach的函数撤销这种关联，名为fdetach的命令则简单地激活该同名函数。

由door_create创建的门描述符在其文件描述符标志中设置了FD_CLOEXEC位。这意味着创建一个门描述符的进程如果调用了任意一个exec函数，该描述符就被内核关闭。至于fork，尽管父进程中已打开的所有描述符随后为子进程所共享，却只有父进程会收到来自客户的门激活请求，这些请求不会递交给子进程，即使由door_create返回的描述符在子进程中也是打开的。

> 如果我们把一个门考虑成是由一个进程ID和待调用的相应服务器过程的地址标识的（我们将从在15.6节介绍的door_info_t结构中看到这两个标识信息），那么关于fork和exec的这两条规则就有意义了。子进程永远得不到门激活请求是因为与该门关联的进程ID是调用door_create的父进程的进程ID。遇到exec调用时门描述符必须关闭的原因则在于，即使进程ID没有改变，与该门关联的服务器过程的地址在exec之后新激活的程序中已失去意义。

15.4 door_return 函数

服务器过程完成工作时通过调用door_return返回。这会使客户中相关联的door_call调用返回。

364

```
#include <door.h>

int door_return(char *dataptr, size_t datasize, door_desc_t *descptr, size_t *ndesc);
```

返回：若成功则不返回到调用者，若出错则为-1

数据结果由*dataptr*和*datasize*指定，描述符结果由*descptr*和*ndesc*指定。

15.5 door_cred函数

门有一个很不错的特性：服务器过程能够获取每个调用对应的客户凭证。这是由door_cred函数完成的。

```
#include <door.h>

int door_cred(door_cred_t *cred);
```

返回：若成功则为0，若出错则为-1

其中由*cred*指向的door_cred_t结构将在返回时填入客户的凭证。

```
typedef struct door_cred {
  uid_tdc_euid;     /* effective user ID of client */
  gid_tdc_egid;     /* effective group ID of client */
  uid_tdc_ruid;     /* real user ID of client */
  gid_tdc_rgid;     /* real group ID of client */
  pid_tdc_pid;      /* process ID of client */
} door _cred_t;
```

APUE的4.4节讨论了有效ID和实际ID之间的差别，我们将随图15-8给出体现这种差异的一个例子。

注意本函数中没有描述符参数。本函数返回发起当前门激活请求的客户的有关信息，因而必须在服务器过程或由该过程调用的某个函数中调用它。

15.6 door_info函数

我们刚才描述的door_cred函数给服务器提供关于客户的信息。客户也可通过调用door_info函数找出有关服务器的信息。

```
#include <door.h>

int door_info(int fd, door_info_t *info);
```

返回：若成功则为0，若出错则为-1

365

其中*fd*指定一个已打开的门。由*info*指向的door_info_t结构将在返回时填入关于服务器的信息。

```
typedef struct door_info {
  pid_t         di_target;        /* server process ID */
  door_ptr_t    di_proc;          /* server procedure */
  door_ptr_t    di_data;          /* cookie for server procedure */
  door_attr_t   di_attributes;    /* attributes associated with door */
  door_id_t     di_uniquifier;    /* unique number */
} door_info_t;
```

其中di_target是服务器的进程ID，di_proc是所指定的服务器过程在服务器进程中的地址（对于客户来说，这个地址信息也许没什么用）。作为第一个参数传递给该服务器过程的cookie指针由di_data返回。

该门的当前属性存放在di_attributes中，我们已在15.3节中描述过两个属性：DOOR_PRIVATE和DOOR_UNREF。两个新属性是DOOR_LOCAL（该过程局部于本进程）和DOOR_REVOKE（服务器已通过调用door_revoke函数撤销了与该门关联的过程）。

每个门刚被创建时都被赋予一个系统范围内唯一的数值，它作为di_uniquifier返回。

本函数通常由客户调用，以获取关于服务器的信息。然而它也可以由一个服务器过程调用，这时第一个参数指定为DOOR_QUERY，所返回的信息是关于调用线程的。这种情形下，服务器过程的地址（di_proc）和cookie（di_data）也许有用。

15.7 例子

现在给出使用之前所述五个函数的一些例子。

15.7.1 door_info 函数

图15-6给出的程序打开一个门，调用door_info，然后输出关于该门的信息。

doors/doorinfo.c

```
 1 #include    "unpipc.h"

 2 int
 3 main(int argc, char **argv)
 4 {
 5     int     fd;
 6     struct stat stat;
 7     struct door_infoinfo;

 8     if (argc != 2)
 9         err_quit("usage: doorinfo <pathname>");

10     fd = Open(argv[1], O_RDONLY);
11     Fstat(fd, &stat);
12     if (S_ISDOOR(stat.st_mode) == 0)
13         err_quit("pathname is not a door");

14     Door_info(fd, &info);
15     printf("server PID = %ld, uniquifier = %ld",
16            (long) info.di_target, (long) info.di_uniquifier);
17     if (info.di_attributes & DOOR_LOCAL)
18         printf(", DOOR_LOCAL");
19     if (info.di_attributes & DOOR_PRIVATE)
20         printf(", DOOR_PRIVATE");
21     if (info.di_attributes & DOOR_REVOKED)
22         printf(", DOOR_REVOKED");
23     if (info.di_attributes & DOOR_UNREF)
24         printf(", DOOR_UNREF");
25     printf("\n");

26     exit(0);
27 }
```

doors/doorinfo.c

366

图15-6 输出关于一个门的信息

我们open所指定的路径名并首先验证它是一个门。对应一个门的stat结构的st_mode成员含有一个值，该值使得S_ISDOOR宏求值为真。我们接着调用door_info。

我们首先指定一个不是门的路径名运行该程序，然后针对Solaris 2.6所用的两个门运行它。

```
solaris % doorinfo /etc/passwd
pathname is not a door

solaris % doorinfo /etc/.name_service_door
server PID = 308, uniquifier = 18, DOOR_UNREF
```

```
solaris % doorinfo /etc/.syslog_door
server PID = 282, uniquifier = 1635

solaris % ps -f -p 308
    root   308      1  0   Apr 01 ?        0:34 /usr/sbin/nscd
solaris % ps -f -p 282
    root   282      1  0   Apr 01 ?        0:10 /usr/sbin/syslogd -n -z 14
```

我们使用ps命令来查看以由door_info返回的进程ID运行的是什么程序。

15.7.2 结果缓冲区大小

在描述door_call函数时我们提到过，如果结果缓冲区太小而容纳不了服务器的结果，门函数库就会自动分配一个新的缓冲区。我们现在给出展示这一特性的一个例子。图15-7给出了新的客户程序，它是对图15-2的简单修改。

doors/client2.c

```
 1 #include     "unpipc.h"

 2 int
 3 main(int argc, char **argv)
 4 {
 5     int     fd;
 6     long    ival, oval;
 7     door_arg_t  arg;

 8     if (argc != 3)
 9         err_quit("usage: client2 <server-pathname> <integer-value>");

10     fd = Open(argv[1], O_RDWR);     /* open the door */

11         /* set up the arguments and pointer to result */
12     ival = atol(argv[2]);
13     arg.data_ptr = (char *) &ival; /* data arguments */
14     arg.data_size = sizeof(long); /* size of data arguments */
15     arg.desc_ptr = NULL;
16     arg.desc_num = 0;
17     arg.rbuf = (char *) &oval;       /* data results */
18     arg.rsize = sizeof(long);        /* size of data results */

19         /* call server procedure and print result */
20     Door_call(fd, &arg);
21     printf("&oval = %p, data_ptr = %p, rbuf = %p, rsize  = %d\n",
22            &oval, arg.data_ptr, arg.rbuf, arg.rsize);
23     printf("result: %ld\n", *((long *) arg.data_ptr));

24     exit(0);
25 }
```

doors/client2.c

图15-7　输出结果的地址

19~23　在这个版本的程序中，我们输出oval变量的地址、data_ptr的内容（它指向从door_call返回的结果）以及结果缓冲区的地址和大小（rbuf和rsize）。

这时运行该程序，我们还没有修改来自图15-2的结果缓冲区的大小，因此预期data_ptr和rbuf都指向oval变量，rsize则为4字节。确实，这跟我们实际看到的一致：

```
solaris % client2 /tmp/server2 22
&oval = effff740, data_ptr =effff740, rbuf = effff740, rsize = 4
result: 484
```

现在只改动图15-7中一行，把客户的结果缓冲区大小减少1字节。新版本中将图15-7的第18

行改为如下：

```
arg.rsize = sizeof(long) - 1;     /* size of data results */
```

执行这个新的客户程序，我们看到分配了一个新缓冲区，data_ptr就指向这个新缓冲区。

```
solaris % client3 /tmp/server3 33
&oval = effff740, data_ptr =ef620000, rbuf = ef620000, rsize = 4096
result: 1089
```

所分配缓冲区的大小4096是该系统上的页面大小，我们已在12.6节中看到过这个大小。从这个例子可以看出，我们应该总是通过data_ptr指针访问服务器的结果，而不能通过其地址在rbuf中传递给服务器的变量。这就是说在我们的例子中，我们应该以*((long*)arg.data_ptr)访问长整数结果，而不是以oval来访问（图15-2中是这么做的）。

367 ~ 368

通过调用mmap分配的这个新缓冲区可使用munmap返还给系统。客户也可以给后续的door_call调用一直使用该缓冲区。

15.7.3 door_cred 函数和客户凭证

这一次我们对图15-3中的servproc函数做了修改：调用door_cred函数来获取客户的凭证。图15-8给出了这个新的服务器过程，客户和服务器main函数不变，仍然是图15-2和图15-3。

doors/server4.c

```
 1 #include      "unpipc.h"

 2 void
 3 servproc(void *cookie, char *dataptr, size_t datasize,
 4          door_desc_t *descptr, size_t ndesc)
 5 {
 6     long   arg, result;
 7     door_cred_t info;

 8         /* obtain and print client credentials */
 9     Door_cred(&info);
10     printf("euid = %ld, ruid = %ld, pid = %ld\n",
11            (long) info.dc_euid, (long) info.dc_ruid, (long) info.dc_pid);

12     arg = *((long *) dataptr);
13     result = arg * arg;
14     Door_return((char *) &result, sizeof(result), NULL, 0);
15 }
```

doors/server4.c

图15-8 获取并输出客户凭证的服务器过程

首先运行客户程序，正如所料，我们将看到有效用户ID等于实际用户ID。接着变换为超级用户，把客户程序可执行文件的属主改为root，并启用该文件的SUID位，然后再次运行客户程序。[①]

```
solaris % client4 /tmp/server4 77          第一次运行客户程序
result: 5929
```

① SUID是可执行文件的一个权限位。设置了该位的可执行文件运行时，相应进程的有效用户ID就设置成该文件的属主（本例子中就是root），从而可达到获取原本没有的特权之目的。典型的SUID程序是修改口令用的passwd（路径名通常为/bin/passwd或/usr/bin/passwd，注意与/etc/passwd区分开），该文件的属主为root。当普通用户执行passwd程序时，实际上暂时取得了超级用户的特权，能够修改原本只能读的/etc/passwd文件，不过程序代码控制着具体的操作，使得有恶意的用户不能胡作非为。——译者注

```
solaris % su                                        变为超级用户
Password:
Sun Microsystems Inc.    SunOS 5.6          Generic August 1997
solaris # cd 含有客户程序可执行文件的目录
solaris # ls -l client4
-rwxrwxr-x   1 rstevens other1     139328 Apr 13 06:02 client4
solaris # chown root client4                 把属主改为root
solaris # chmod u+s client4                  并打开SUID位
solaris # ls -l client4                      检查文件权限与属主
-rwsrwxr-x   1 root     other1     139328 Apr 13 06:02 client4
solaris # exit
solaris % ls -l client4
-rwsrwxr-x   1 root     other1     139328 Apr 13 06:02 client4
solaris % client4 /tmp/server4 77            然后再次运行客户程序
result: 5929
```

369

查看服务器的输出，我们看到第二次运行客户程序时，有效用户ID发生了变化。

```
solaris % server4 /tmp/server4
euid = 224, ruid = 224, pid = 3168
euid = 0, ruid = 224, pid =3176
```

其中有效用户ID为0表示超级用户。

15.7.4 服务器的自动线程管理

为了查看由服务器执行的线程管理，我们让服务器过程在一开始执行时输出自己所在线程的线程ID，然后让它休眠5秒，以此模拟一个运行时间较长的服务器过程。这段休眠使我们可以在已有一个客户正在接受服务期间启动多个客户。图15-9给出了新的服务器过程。

doors/server5.c

```
 1 #include    "unpipc.h"

 2 void
 3 servproc(void *cookie, char *dataptr, size_t datasize,
 4          door_desc_t *descptr, size_t ndesc)
 5 {
 6     long    arg, result;

 7     arg = *((long *) dataptr);
 8     printf("thread id %ld, arg = %ld\n", pr_thread_id(NULL), arg);
 9     sleep(5);

10     result = arg * arg;
11     Door_return((char *) &result, sizeof(result), NULL, 0);
12 }
```

doors/server5.c

图15-9　输出线程ID后休眠的服务器过程

其中引入了来自我们自己的函数库的一个新函数pr_thread_id。它需要一个参数（指向一个线程ID的指针或表示使用调用线程之线程ID的空指针），返回的是该线程的一个long类型的整数标识符（往往是一个小整数）。一个进程总是可以由一个整数值来标识，这个整数就是它的进程ID。即使我们不清楚进程ID是int类型还是long类型，也只需把getpid的返回值类型强制转换成long类型后输出其值（图9-2）。但是线程的标识符是一个pthread_t数据类型的值（称为线程ID），它不必是一个整数。事实上，Solaris 2.6使用小整数作为线程ID，Digital Unix则使用指针。然而我们往往希望只给线程输出一个小整数标识符（本例子就是这样），以用于调试目的。图15-10给出的pr_thread_id库函数可处理这个问题。

370

lib/wrappthread.c

```
245 long
246 pr_thread_id(pthread_t *ptr)
247 {
248 #if defined(sun)
249     return((ptr == NULL) ? pthread_self() : *ptr);   /* Solaris */

250 #elif defined(__osf__) && defined(__alpha)
251     pthread_t   tid;

252     tid = (ptr == NULL) ? pthread_self() : *ptr;    /* Digital Unix */
253     return(pthread_getsequence_np(tid));
254 #else
255         /* everything else */
256     return((ptr == NULL) ? pthread_self() : *ptr);
257 #endif
258 }
```

lib/wrappthread.c

图15-10 pr_thread_id函数：给调用线程返回小整数标识符

如果实现没有给线程提供小整数标识符，这个函数就可能复杂得多，需要把pthread_t值映射成小整数，并记住这种映射关系（存放在一个数组或链表中），供以后的调用使用。[Lewis and Berg 1998] 中的thread_name函数完成了这个工作。

返回图15-9，我们接连运行客户程序三次。由于我们在启动下一个客户之前等待shell提示符，因此知道每次在服务器端的5秒等待都是完整的。

```
solaris % client5 /tmp/server5 55
result: 3025
solaris % client5 /tmp/server5 66
result: 4356
solaris % client5 /tmp/server5 77
result: 5929
```

查看服务器的输出，我们看到同一个服务器线程为每个客户提供服务：

```
solaris % server5 /tmp/server5
thread id 4, arg = 55
thread id 4, arg = 66
thread id 4, arg = 77
```

现在同时启动三个客户：

```
solaris % client5 /tmp/server5 11 & client5 /tmp/server5 22 & \
client5 /tmp/server5 33 &
[2]         3812
[3]         3813
[4]         3814
solaris% result: 484
result: 121
result: 1089
```

服务器的输出表明，服务器进程创建了两个新线程来处理同一个服务器过程的第二次和第三次激活请求。

371

```
thread id 4, arg = 22
thread id 5, arg = 11
thread id 6, arg = 33
```

接着同时启动另外两个客户：

```
solaris % client5 /tmp/server5 11 & client5 /tmp/server5 22 &
[2]         3830
```

```
[3]        3831
solaris% result: 484
result: 121
```

我们看到服务器使用的是以前创建的线程：

```
thread id 6, arg = 22
hread id 5, arg = 11
```

从本例子可以看出，服务器进程（实际上是跟我们的服务器代码相链接的门函数库）根据需要自动创建服务器线程。如果一个应用程序希望亲自处理线程的管理，那么它可以使用我们将在15.9节中描述的函数去这么做。

我们还验证了服务器过程是一个并发（concurrent）服务器：同一个服务器过程同时可有多个实例在运行，它们作为彼此独立的线程给不同的客户提供服务。认定服务器并发的第一个办法是，当我们同时运行三个客户时，所有三个结果都在5秒后输出。要是服务器是迭代的（iterative），那么第一个结果在所有三个客户都启动后过5秒输出，下一个结果再过5秒输出，最后一个结果又过5秒后才输出。

15.7.5　服务器的自动线程管理：多个服务器过程

前一个例子的服务器进程中只有一个服务器过程。我们的下一个问题是，同一服务器进程中的多个服务器过程是否可以使用同一个线程池。为测试这一点，我们给服务器进程增加了另一个服务器过程，同时重新编写了前一个例子的代码，以表现出在不同进程间处理参数和结果的一种更好的风格。

我们的第一个文件是名为squareproc.h的头文件，它给我们的求平方函数定义了一个输入参数的数据类型和一个输出参数的数据类型。它还给该过程定义了路径名。图15-11给出了该文件。

doors/squareproc.h

```
1 #define PATH_SQUARE_DOOR       "/tmp/squareproc_door"

2 typedef struct {                      /* input to squareproc() */
3     long    arg1;
4 } squareproc_in_t;

5 typedef struct {                      /* output from squareproc() */
6     long    res1;
7 } squareproc_out_t;
```

doors/squareproc.h

图15-11　squareproc.h头文件

我们的新服务器过程接受一个长整数输入值，返回一个double类型的值，该值是输入值的平方根。我们在sqrtproc.h头文件中定义了该过程的路径名、输入结构和输出结构，图15-12给出了该文件。

doors/sqrtproc.h

```
1 #define PATH_SQRT_DOOR    "/tmp/sqrtproc_door"

2 typedef struct {                    /* input to sqrtproc() */
3     long    arg1;
4 } sqrtproc_in_t;

5 typedef struct {                    /* output from sqrtproc() */
6     double  res1;
7 } sqrtproc_out_t;
```

doors/sqrtproc.h

图15-12　sqrtproc.h头文件

我们的客户程序在图15-13中给出。它只是一先一后调用那两个服务器过程，然后输出结果。该程序与本章中已给出的其他客户程序类似。

doors/client7.c

```
 1 #include    "unpipc.h"
 2 #include    "squareproc.h"
 3 #include    "sqrtproc.h"

 4 int
 5 main(int argc, char **argv)
 6 {
 7     int     fdsquare, fdsqrt;
 8     door_arg_t  arg;
 9     squareproc_in_t square_in;
10     squareproc_out_t square_out;
11     sqrtproc_in_t   sqrt_in;
12     sqrtproc_out_t  sqrt_out;

13     if (argc != 2)
14         err_quit("usage: client7 <integer-value>");

15     fdsquare = Open(PATH_SQUARE_DOOR, O_RDWR);
16     fdsqrt = Open(PATH_SQRT_DOOR, O_RDWR);

17         /* set up the arguments and call squareproc() */
18     square_in.arg1 = atol(argv[1]);
19     arg.data_ptr = (char *) &square_in;
20     arg.data_size = sizeof(square_in);
21     arg.desc_ptr = NULL;
22     arg.desc_num = 0;
23     arg.rbuf = (char *) &square_out;
24     arg.rsize = sizeof(square_out);
25     Door_call(fdsquare, &arg);

26         /* set up the arguments and call sqrtproc() */
27     sqrt_in.arg1 = atol(argv[1]);
28     arg.data_ptr = (char *) &sqrt_in;
29     arg.data_size = sizeof(sqrt_in);
30     arg.desc_ptr = NULL;
31     arg.desc_num = 0;
32     arg.rbuf = (char *) &sqrt_out;
33     arg.rsize = sizeof(sqrt_out);
34     Door_call(fdsqrt, &arg);

35     printf("result: %ld %g\n", square_out.res1, sqrt_out.res1);

36     exit(0);
37 }
```

doors/client7.c

图15-13　调用求平方过程和求平方根过程的客户程序

图15-14给出了我们的两个服务器过程。每个过程输出其所在线程的线程ID和输入参数，休眠5秒，计算结果，然后返回。

图15-15给出的服务器程序main函数打开两个门描述符，然后给每个门描述符关联一个服务器过程。

doors/server7.c

```
 1 #include    "unpipc.h"
 2 #include    <math.h>
 3 #include    "squareproc.h"
 4 #include    "sqrtproc.h"

 5 void
 6 squareproc(void *cookie, char *dataptr, size_t datasize,
 7            door_desc_t *descptr, size_t ndesc)
 8 {
 9     squareproc_in_t in;
10     squareproc_out_tout;

11     memcpy(&in, dataptr, min(sizeof(in), datasize));
12     printf("squareproc: thread id %ld, arg = %ld\n",
13            pr_thread_id(NULL), in.arg1);
14     sleep(5);

15     out.res1 = in.arg1 * in.arg1;
16     Door_return((char *) &out, sizeof(out), NULL, 0);
17 }

18 void
19 sqrtproc(void *cookie, char *dataptr, size_t datasize,
20          door_desc_t *descptr, size_t ndesc)
21 {
22     sqrtproc_in_t   in;
23     sqrtproc_out_t  out;

24     memcpy(&in, dataptr, min(sizeof(in), datasize));
25     printf("sqrtproc: thread id %ld, arg = %ld\n",
26            pr_thread_id(NULL), in.arg1);
27     sleep(5);

28     out.res1 = sqrt((double) in.arg1);
29     Door_return((char *) &out, sizeof(out), NULL, 0);
30 }
```

doors/server7.c

图15-14　两个服务器过程

doors/server7.c

```
31 int
32 main(int argc, char **argv)
33 {
34     int     fd;

35     if (argc != 1)
36         err_quit("usage: server7");

37     fd = Door_create(squareproc, NULL, 0);
38     unlink(PATH_SQUARE_DOOR);
39     Close(Open(PATH_SQUARE_DOOR, O_CREAT | O_RDWR, FILE_MODE));
40     Fattach(fd, PATH_SQUARE_DOOR);

41     fd = Door_create(sqrtproc, NULL, 0);
42     unlink(PATH_SQRT_DOOR);
43     Close(Open(PATH_SQRT_DOOR, O_CREAT | O_RDWR, FILE_MODE));
44     Fattach(fd, PATH_SQRT_DOOR);

45     for ( ; ; )
46         pause();
47 }
```

doors/server7.c

图15-15　服务器程序main函数

我们运行客户程序，它需花10秒才输出结果（正如我们的预料）。

```
solaris % client7 77
result: 5929 8.77496
```

查看服务器的输出，我们看到服务器进程中同一线程处理了该客户的先后两个请求。

```
solaris % server7
squareproc: thread id 4, arg = 77
sqrtproc: thread id 4, arg = 77
```

这个例子告诉我们，对于一个给定进程，其服务器线程池中的任意线程都能够处理针对任意服务器过程的客户请求。

15.7.6 服务器的 DOOR_UNREF 属性

我们在15.3节中提到过，DOOR_UNREF可作为一个新创建的门的属性之一指定给door_create函数。该函数的手册页面中说，当指代某个具备该属性的门的描述符数降为1（即该门的引用计数从2变为1）时，该门的服务器过程将有一次特殊的激活。特殊之处在于，传递给该服务器过程的第二个参数（指向数据参数的指针）是常值DOOR_UNREF_DATA。下面列出了引用该门的三种方法。

(1) 服务器中由door_create返回的描述符算作一个引用。事实上，激活某个不再引用过程的触发条件是其引用计数从2变为1而不是从1变为0的原因在于，服务器进程通常在其整个存活期内一直保持该描述符打开。

372
~
375

(2) 附接到该门上的文件系统中的路径名也算作一个引用。我们可以删除这个引用，办法有：调用fdetach函数，运行fdetach程序，或者从文件系统中删除该路径名（既可调用unlink函数，也可运行rm命令）。

(3) 客户中由open返回的描述符算作一个打开的引用，直到该描述符关闭为止，这种关闭既可以显式地调用close完成，也可以隐式地由客户进程的终止完成。本章中已给出的所有客户进程都是隐式地关闭门描述符的。

我们的第一个例子展示，如果服务器在调用fattch之后关闭所创建的门描述符，那么其服务器过程的不再引用激活（unreferenced invocation）将立即发生。图15-16给出了我们的服务器过程和服务器main函数。

7~10　服务器过程认出特殊的不再引用激活后输出一个消息。当前线程通过以两个空指针和两个值为0的大小调用door_return从这个特殊调用中返回。

28　fattach返回后close所创建的门描述符。fattach之后该描述符对于服务器的唯一用途是供调用door_bind、door_info或door_revoke之用。

启动该服务器，我们注意到不再引用激活立即发生：

```
solaris % serverunref1 /tmp/door1
door unreferenced
```

追踪该门的引用计数变化情况，它在door_create返回后变为1，在fattach返回后变为2。服务器调用close使它从2变为1，于是触发了不再引用激活。该门现在所剩的唯一引用是它在文件系统中的路径名，它是客户指代该门所需的手段。这就是说，客户仍能正常工作。

```
solaris % clientunref1 /tmp/door1 11
result: 121
solaris % clientunref1 /tmp/door1 22
result: 484
```

doors/serverunref1.c

```
 1 #include    "unpipc.h"

 2 void
 3 servproc(void *cookie, char *dataptr, size_t datasize,
 4          door_desc_t *descptr, size_t ndesc)
 5 {
 6     long    arg, result;

 7     if (dataptr == DOOR_UNREF_DATA) {
 8         printf("door unreferenced\n");
 9         Door_return(NULL, 0, NULL, 0);
10     }

11     arg = *((long *) dataptr);
12     printf("thread id %ld, arg = %ld\n", pr_thread_id(NULL), arg);
13     sleep(6);

14     result = arg * arg;
15     Door_return((char *) &result, sizeof(result), NULL, 0);
16 }

17 int
18 main(int argc, char **argv)
19 {
20     int     fd;

21     if (argc != 2)
22         err_quit("usage: serverunref1 <server-pathname>");

23         /* create a door descriptor and attach to pathname */
24     fd = Door_create(servproc, NULL, DOOR_UNREF);

25     unlink(argv[1]);
26     Close(Open(argv[1], O_CREAT | O_RDWR, FILE_MODE));
27     Fattach(fd, argv[1]);
28     Close(fd);

29         /* servproc() handles all client requests */
30     for ( ; ; )
31         pause();
32 }
```

doors/serverunref1.c

图15-16　处理不再引用激活的服务器过程

而且，该服务器过程没有进一步的不再引用激活发生。事实上对于一个给定门，只会递交一次不再引用激活。

现在把我们的服务器程序改回平常的情形，也就是并不close所创建的门描述符。图15-17给出了服务器过程和服务器main函数。我们设置了6秒的休眠，并在服务器过程返回之前输出信息。在一个窗口中启动服务器，在另一个窗口中验证服务器所创建的门的关联路径名存在于文件系统中，然后用rm命令删除该路径名：

```
solaris % ls -l /tmp/door2
Drw-r--r--   1 rstevens other1         0 Apr 16 08:58 /tmp/door2
solaris % rm /tmp/door2
```

我们一删除该路径名，相应服务器过程的不再引用激活就发生：

```
solaris % serverunref2 /tmp/door2
door unreferenced                         一旦从系统中删除该路径名
```

追踪该门的引用计数变化情况，它在door_create返回后变为1，在fattach返回后变为2。

当我们rm该门的路径名时，这个命令把它的引用计数从2降为1，于是触发了不再引用激活。

在下面的有关该属性的最后一个例子中，我们仍然从文件系统中删除路径名，不过是在启动门的三次客户激活之后。我们要展示的是，每次客户激活给引用计数加1，只有所有三个客户都终止后，不再引用激活才发生。我们使用先前的在图15-17中给出的服务器程序，客户程序没有变动，如图15-2所示。

376~377

doors/serverunref2.c

```
 1 #include    "unpipc.h"

 2 void
 3 servproc(void *cookie, char *dataptr, size_t datasize,
 4          door_desc_t *descptr, size_t ndesc)
 5 {
 6     long    arg, result;

 7     if (dataptr == DOOR_UNREF_DATA) {
 8         printf("door unreferenced\n");
 9         Door_return(NULL, 0, NULL, 0);
10     }

11     arg = *((long *) dataptr);
12     printf("thread id %ld, arg = %ld\n", pr_thread_id(NULL), arg);
13     sleep(6);

14     result = arg * arg;
15     printf("thread id %ld returning\n", pr_thread_id(NULL));
16     Door_return((char *) &result, sizeof(result), NULL, 0);
17 }

18 int
19 main(int argc, char **argv)
20 {
21     int     fd;

22     if (argc != 2)
23         err_quit("usage: serverunref2 <server-pathname>");

24         /* create a door descriptor and attach to pathname */
25     fd = Door_create(servproc, NULL, DOOR_UNREF);

26     unlink(argv[1]);
27     Close(Open(argv[1], O_CREAT | O_RDWR, FILE_MODE));
28     Fattach(fd, argv[1]);

29         /* servproc() handles all client requests */
30     for ( ; ; )
31         pause();
32 }
```

doors/serverunref2.c

图15-17 不关闭所创建门描述符的服务器程序

```
solaris % clientunref2 /tmp/door2 44 & clientunref2 /tmp/door2 55 & \
clientunref2 /tmp/door2 66 &
[2]     13552
[3]     13553
[4]     13554
solaris % rm /tmp/door2                     在三个客户运行期间
solaris % result: 1936
result: 3025
result: 4356
```

378

下面是服务器的输出：

```
solaris % serverunref2 /tmp/door2
thread id 4, arg = 44
thread id 5, arg = 55
thread id 6, arg = 66
thread id 4 returning
thread id 5 returning
thread id 6 returning
door unreferenced
```

追踪该门的引用计数变化情况，它在door_create返回后变为1，在fattach返回后变为2。当每个客户调用open时，引用计数逐次加1，从2变为3，从3变为4，最后从4变为5。当我们rm该门的路径名时，引用计数从5变为4。然后随着每个客户的终止，引用计数器从4变为3，从3变为2，最后从2变为1，最后这次减1触发了不再引用激活。

以上这些例子表明，尽管DOOR_UNREF属性的说明很简单（“当引用计数从2变为1时，不再引用激活发生”），但是要使用这一特性，必须首先理解引用计数。

15.8　描述符传递

当考虑把一个打开着的描述符从一个进程传递到另一个进程时，我们通常想到以下两点：

- 调用fork之后，子进程与父进程共享所有打开着的描述符；
- 调用exec之后，所有描述符通常仍保持打开。

前一个例子中，父进程打开一个描述符，调用fork派生出子进程，然后父进程关闭该描述符，由子进程来处理它。这样就把一个打开着的描述符从父进程传递给了子进程。

现今的Unix系统扩充了这种描述符传递概念，提供了把任何打开着的描述符从一个进程传递给任何其他进程的能力，这两个进程间有无亲缘关系皆可。门提供了从客户到服务器以及从服务器到客户的一个描述符传递API。

> 我们在UNPv1的14.7节[①]讲述过使用Unix域套接字的描述符传递。源自Berkely的内核使用这些套接字传递描述符，TCPv3第18章中提供了全部细节。SVR4内核使用另一种技术来传递描述符，即I_SENDFD和I_RECVFD这两个ioctl命令，APUE的15.5.1节讲述了它们。但是SVR4进程仍可以使用Unix域套接字来访问这一内核特性。

注意理解传递描述符的含义。图4-7中，服务器打开文件后把整个文件内容复制到底部的管道中。如果该文件的大小为1MB，那么通过底部的管道从服务器往客户流动了1MB的数据。然而如果是服务器往客户传递回一个描述符的话，通过图4-7中底部的管道传递的仅仅是这个描述符（我们假设它是某些特定于内核的小量信息），而不是文件本身。客户取得该描述符后读出文件内容，并把它写往标准输出。所有的文件读出操作都发生在客户中，服务器只是打开该文件。

379

注意，服务器不能只是通过图4-7中底部的管道写出描述符号，就像以下代码那样：

```
int     fd;

fd = Open( ... );
Write(pipefd, &fd, sizeof(int));
```

这种方法并不奏效。描述符号是特定于进程的属性。假设fd的值在服务器中为4。即使该描述符在客户中是打开的，也几乎可以肯定它指代的文件不同于服务器进程中描述符4所指代的文件（从一个进程到另一个进程描述符号意义不变的唯一时刻是穿越fork前后和穿越exec前

① 此处为UNPv1第2版英文原版书节号，第3版为15.7节。——编者注

后）。如果服务器中的最低未用描述符为4，那么服务器中一个成功的open将返回4。如果服务器把描述符4“传递”给客户，而客户中的最低未用描述符为7，那么我们希望客户中的描述符7与服务器中的描述符4指代同一个文件。APUE的图15-4和TCPv3的图18-4展示了从内核角度看来必然发生的情况：这两个描述符（这儿的例子是服务器中的4和客户中的7）必须同时指向内核中的同一文件表项。描述符传递涉及一定的内核神秘技巧，然而像门和Unix域套接字这样的API隐藏了这些内部细节，从而允许进程们很容易从一个进程向另一个进程传递描述符。

通过一个门从客户向服务器传递描述符的手段是，把door_arg_t结构的desc_ptr成员设置成指向一个door_desc_t结构的数组，door_num成员则设置成这些door_desc_t结构的数目。从服务器向客户传递回描述符的手段是，把door_return的第三个参数设置成指向一个door_desc_t结构的数组，把该函数的第四个参数设置成待传递描述符的数目。

```
typedef struct door_desc {
  door_attr_t  d_attributes;          /* tag for union */
  union {
    struct {                          /* valid if tag = DOOR_DESCRIPTOR */
      int          d_descriptor;      /* descriptor number */
      door_id_t    d_id;              /* unique id */
    } d_desc;
  } d_data;
} door_desc_t;
```

该结构含有一个联合，其第一个成员是一个标识该联合中含有哪个成员的标记。不过该联合当前只定义了一个成员（描述一个描述符的d_desc结构），标记（d_attributes）于是必须设置为DOOR_DESCRIPTOR。 380

例子

我们修改以前的文件服务器例子（回想图1-9），使服务器打开文件并把打开着的描述符传递给客户，然后由客户把文件的内容复制到标准输出。图15-18展示了这样的编排。

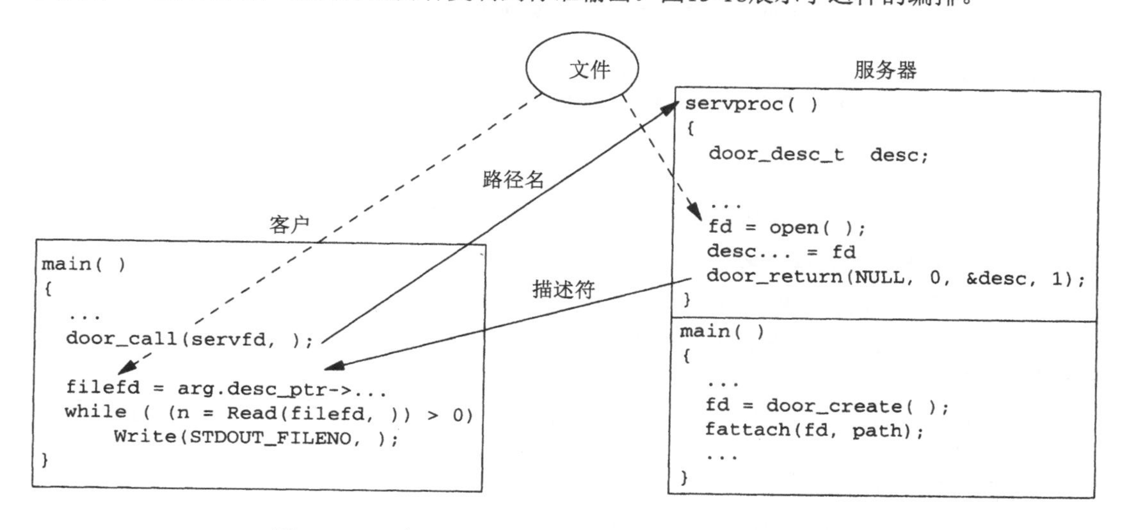

图15-18 服务器传递回打开着描述符的文件服务器例子

图15-19给出了客户程序。

doors/clientfd1.c

```
 1 #include    "unpipc.h"

 2 int
 3 main(int argc, char **argv)
 4 {
 5     int     door, fd;
 6     char    argbuf[BUFFSIZE], resbuf[BUFFSIZE], buff[BUFFSIZE];
 7     size_t  len, n;
 8     door_arg_t  arg;

 9     if (argc != 2)
10         err_quit("usage: clientfd1 <server-pathname>");

11     door = Open(argv[1], O_RDWR);       /* open the door */

12     Fgets(argbuf, BUFFSIZE, stdin);         /* read pathname of file to open */
13     len = strlen(argbuf);
14     if (argbuf[len-1] == '\n')
15         len--;                  /* delete newline from fgets() */

16         /* set up the arguments and pointer to result */
17     arg.data_ptr = argbuf;      /* data argument */
18     arg.data_size = len + 1;    /* size of data argument */
19     arg.desc_ptr = NULL;
20     arg.desc_num = 0;
21     arg.rbuf = resbuf;          /* data results */
22     arg.rsize = BUFFSIZE;       /* size of data results */

23     Door_call(door, &arg);      /* call server procedure */

24     if (arg.data_size != 0)
25         err_quit("%.*s", arg.data_size, arg.data_ptr);
26     else if (arg.desc_ptr == NULL)
27         err_quit("desc_ptr is NULL");
28     else if (arg.desc_num != 1)
29         err_quit("desc_num = %d", arg.desc_num);
30     else if (arg.desc_ptr->d_attributes != DOOR_DESCRIPTOR)
31         err_quit("d_attributes = %d", arg.desc_ptr->d_attributes);

32     fd = arg.desc_ptr->d_data.d_desc.d_descriptor;
33     while ( (n = Read(fd, buff, BUFFSIZE)) > 0)
34         Write(STDOUT_FILENO, buff, n);

35     exit(0);
36 }
```

doors/clientfd1.c

图15-19　描述符传递文件服务器例子的客户程序

打开门，从标准输入读入路径名

9~15　与待打开的门关联的路径名是一个命令行参数。打开该门后，从标准输入读入客户希望打开的文件名，并删掉结尾的换行符。

设置参数和指向结果的指针

16~22　设置door_arg_t结构。我们给路径名的大小多加了1，以允许服务器用空字符终止该路径名。

调用服务器过程并检查结果

23~31　调用服务器过程，然后检查其结果是我们预期的：没有数据，有一个描述符。我们不久将看到，服务器只在打不开客户指定的文件时才返回数据（含有一个出错消息），这种情况下，我们调用err_quit输出这个错误。

获取描述符，把文件复制到标准输出

32~34 从door_desc_t结构取得描述符，然后把相应的文件复制到标准输出。

图15-20给出了服务器过程。服务器main函数没有变化，如图15-3所示。

doors/serverfd1.c

```
 1 #include    "unpipc.h"

 2 void
 3 servproc(void *cookie, char *dataptr, size_t datasize,
 4          door_desc_t *descptr, size_t ndesc)
 5 {
 6     int     fd;
 7     char    resbuf[BUFFSIZE];
 8     door_desc_t desc;

 9     dataptr[datasize-1] = 0;       /* null terminate */
10     if ( (fd = open(dataptr, O_RDONLY)) == -1) {
11             /* error: must tell client */
12         snprintf(resbuf, BUFFSIZE, "%s: can't open, %s",
13                  dataptr, strerror(errno));
14         Door_return(resbuf, strlen(resbuf), NULL, 0);

15     } else {
16             /* open succeeded: return descriptor */
17         desc.d_data.d_desc.d_descriptor = fd;
18         desc.d_attributes = DOOR_DESCRIPTOR;
19         Door_return(NULL, 0, &desc, 1);
20     }
21 }
```

doors/serverfd1.c

图15-20 打开一个文件并传递回其描述符的服务器过程

为客户打开文件

9~14 用空字符终止由客户提供的路径名，然后尝试open该文件。如果发生错误，数据结果就是含有相应出错消息的字符串。

381~382

成功

15~20 如果open成功，那就返回所得到的描述符，这时没有数据结果。

我们启动服务器，指定其待创建的门的路径名为/tmp/fd1，然后运行客户程序：

```
solaris % clientfd1 /tmp/fd1
/etc/shadow
/etc/shadow: can't open, Permission denied
solaris % clientfd1 /tmp/fd1
/no/such/file
/no/such/file: can't open, No such file or directory
solaris % clientfd1 /tmp/df1
/etc/ntp.conf                        一个只有2行文本的文件
multicastclient 224.0.1.1
driftfile /etc/ntp.drift
```

前面两次我们指定了导致出错返回的路径名，最后一次服务器返回了一个只含2行文本的文件的描述符。

> 通过门来传递描述符存在一个问题。在我们的例子中要看到这个问题，只需在服务器过程中成功的open调用之后加一个printf语句。你将看到每次打开的描述符值比上一个描述符值大1。问题在于服务器把这些描述符传递给客户后没有关闭它们。然而没有简单的办法做到这一点。从逻辑上讲，执行close的合适位置是在door_return返回之后，因为那时所打

383

开的描述符已发送给客户，然而door_return并不返回!要是我们通过一个Unix域套接字使用sendmsg来传递该描述符，或者通过一个SVR4管道使用ioctl来传递它，那么可以在sendmsg或ioctl返回后close它。然而门的描述符传递规范不同于这两种技术，因为从传递描述符的函数上不会有返回发生。绕过这个问题的唯一办法是，让服务器过程以某种方式记着它已打开了一个描述符，并在以后某个时候关闭它，这么一来程序会变得非常杂乱。

这个问题到Solaris 2.7中应得到纠正，办法是增加一个新的DOOR_RELEASE属性。发送者把d_attributes设置成DOOR_DESCRIPTOR | DOOR_RELEASE，这样告诉系统在把相应的描述符传递给接收者之后要将其关闭。

15.9 door_sever_create 函数

我们随图15-9展示出，当客户请求到达时，门函数库会按照处理它们的需要自动地创建新线程。这些线程由该函数库作为脱离的线程创建，具有默认的线程栈大小，禁止了线程取消功能，并具有从调用door_create的线程初始继承来的信号掩码和调度类。如果我们想要改变上述任何特性，或者希望亲自管理服务器线程池，那么可以调用door_server_create以指定我们自己的服务器创建过程（sever creation procedure）。

```
#include <door.h>

typedef void Door_create_proc(door_info_t *);

Door_create_proc *door_server_create(Door_create_proc *proc);

                                    返回：指向先前的服务器创建过程的指针
```

跟15.3节中door_create的声明一样，我们使用C的typedef语句来简化库函数的函数原型。我们的新数据类型把服务器创建过程定义为接受单个参数（指向一个door_info_t结构的指针），不返回任何值（void）。当我们调用door_server_create时，其参数是指向我们的服务器创建过程的指针，返回值是指向上一个服务器创建过程的指针。

每当需要一个新线程来给某个客户请求提供服务时，我们的服务器创建过程就被调用。至于哪个服务器过程需要这个新线程的信息则存放在其地址作为参数传递进本创建过程的door_info_t结构中。该结构的di_proc成员含有这个服务器过程的地址，di_data成员则含有该服务器过程每次被调用时所传递进去的cookie指针。

查看所发生的活动的最简单办法是使用例子。我们的客户程序没有变化，如图15-2所示。我们的服务器程序中除原来的服务器过程函数和main函数外，增加了两个新函数。图15-21给出服务器进程中四个函数的关系概貌，当时一些函数已注册而且所有函数都已调用。

384　图15-22给出了服务器程序main函数。

与图15-3相比，有四个变动：(1)去掉了门描述符fd的声明(它现在是一个我们将在图15-23中给出并描述的全局变量)；(2) 以一个互斥锁保护door_create调用（也在图15-23中说明）；(3) 在创建门之前调用door_server_create，将其参数指定为我们的服务器创建过程(my_create，它将在下面给出)；(4) door_create调用中，最后一个参数（属性）现在是DOOR_PRIVATE而不是0。DOOR_PRIVATE告诉门函数库本门将有它自己的称为私用服务器池(private server pool）的线程池。

使用DOOR_PRIVATE指定一个私用服务器池和使用door_server_create指定一个服务器创建过程是互相独立的。总共有以下四种可能情形。

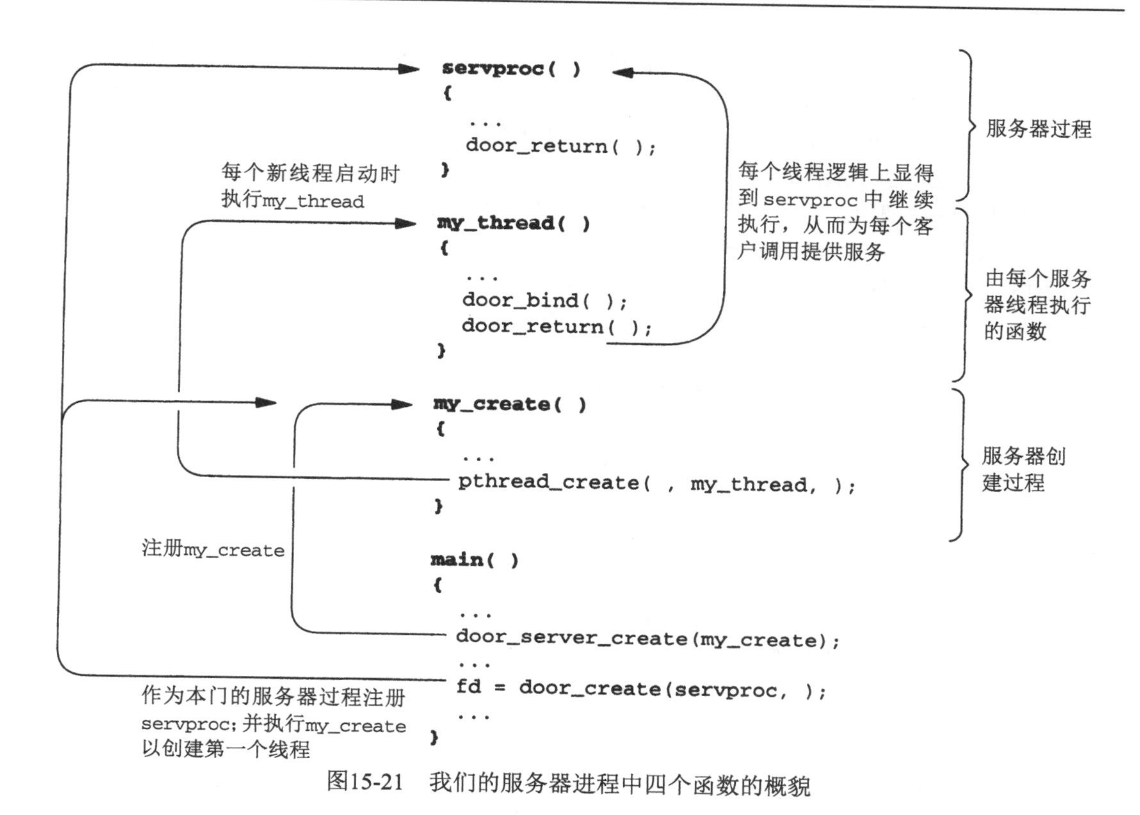

图15-21 我们的服务器进程中四个函数的概貌

doors/server6.c

```
42 int
43 main(int argc, char **argv)
44 {
45     if (argc != 2)
46         err_quit("usage: server6 <server-pathname>");

47     Door_server_create(my_create);

48         /* create a door descriptor and attach to pathname */
49     Pthread_mutex_lock(&fdlock);
50     fd = Door_create(servproc, NULL, DOOR_PRIVATE);
51     Pthread_mutex_unlock(&fdlock);

52     unlink(argv[1]);
53     Close(Open(argv[1], O_CREAT | O_RDWR, FILE_MODE));
54     Fattach(fd, argv[1]);

55         /* servproc() handles all client requests */
56     for ( ; ; )
57         pause();
58 }
```

doors/server6.c

图15-22 线程池管理例子程序的main函数

(1) 默认情形：没有私用服务器池，也没有服务器创建过程。系统根据需要创建线程，它们都进入进程范围的线程池。

(2) 指定DOOR_PRIVATER，不过没有服务器创建过程。系统根据需要创建线程，对于创建时没有指定DOOR_PRIVATE属性的门，新创建的线程将进入进程范围的池，对于创建时指定了

DOOR_PRIVATE属性的门，新创建的线程将进入该门的私用服务器池。

(3) 没有私用服务器，但是指定了一个服务器创建过程。每当需要一个新线程时，该服务器创建过程就被调用，所创建的线程都进入进程范围的线程池。

(4) 指定DOOR_PRIVATE，同时指定了一个服务器创建过程。每当需要一个新线程时，该服务器创建过程就被调用。一个线程创建出来后，必须调用door_bind把自己赋给合适的私用服务器池，否则它将被赋给进程范围的线程池。

图15-23给出了我们的两个新函数：my_create和my_thread。my_create是我们的服务器创建过程，它把my_thread指定为它所创建的每个线程都要执行的函数。

doors/server6.c

```
13 pthread_mutex_t fdlock = PTHREAD_MUTEX_INITIALIZER;
14 static int  fd = -1;             /* door descriptor */

15 void *
16 my_thread(void *arg)
17 {
18     int     oldstate;
19     door_info_t *iptr = arg;

20     if ((Door_server_proc *) iptr->di_proc == servproc) {
21         Pthread_mutex_lock(&fdlock);
22         Pthread_mutex_unlock(&fdlock);

23         Pthread_setcancelstate(PTHREAD_CANCEL_DISABLE, &oldstate);
24         Door_bind(fd);
25         Door_return(NULL, 0, NULL, 0);
26     } else
27         err_quit("my_thread: unknown function: %p", "(Door_Server_proc*)iptr→di_proc");
28     return(NULL);             /* never executed */
29 }

30 void
31 my_create(door_info_t *iptr)
32 {
33     pthread_t tid;
34     pthread_attr_t attr;

35     Pthread_attr_init(&attr);
36     Pthread_attr_setscope(&attr, PTHREAD_SCOPE_SYSTEM);
37     Pthread_attr_setdetachstate(&attr, PTHREAD_CREATE_DETACHED);
38     Pthread_create(&tid, &attr, my_thread, (void *) iptr);
39     Pthread_attr_destroy(&attr);
40     printf("my_create: created server thread %ld\n", pr_thread_id(&tid));
41 }
```

doors/server6.c

图15-23　我们自己的线程管理函数

服务器创建过程

30~41　每当my_create被调用时，我们就创建一个新线程。但是在调用pthread_create前，我们先初始化该线程的属性，设置其竞用范围（contention scope）为PTHREAD_SCOPE_SYSTEM，将它指定为脱离的线程。接着调用pthread_create创建该线程，它启动执行的是my_thread函数。服务器创建过程以及新线程启动函数的参数都是指向待激活之门的door_info_t结构的指针。如果有一个带多个门的服务器，而且指定了一个服务器创建过程，该服务器创建过程就在其中任何一个门需要一个新线程时被调用。该服务器创建过程以及由它指定给pthread_create的线程启动函数区分这些不同的服务器过程的唯一办法是：查看该door_info_t结构中的di_proc指针。

把竞用范围设置成PTHREAD_SCOPE_SYSTEM意味着本线程将跟其他进程中的线程竞争处理器资源的使用。与之相对的PTHREAD_SCOPE_PROCESS意味着本线程只跟本进程内的其他线程竞争处理器资源的使用。后者对于门不起作用，因为门函数库要求执行door_return的内核轻权进程跟引发这个激活请求的轻权进程相同。未绑定的线程（PTHREAD_SCOPE_PROCESS）可能在执行服务器过程期间改变轻权进程。①

要求作为脱离的线程来创建新线程是为了防止系统在该线程终止时保存有关它的任何信息，因为不会有其他线程对它调用pthread_join。

线程启动函数

15~20 my_thread是通过调用pthread_create指定的线程启动函数。传递给它的参数是早先传递进my_create函数的指向待激活之门的door_info_t结构的指针。本进程中唯一存在的服务器过程是servproc，因此我们只是验证该参数引用了这个过程。

385~387

等待描述符变为有效

21~22 服务器创建过程在door_create首次被调用时调用，目的是为了创建一个初始的服务器线程。门函数库中该调用是在door_create返回前发出的。然而变量fd要到door_create返回后才含有有效的门描述符。（这是一个鸡与蛋的问题。）既然知道my_thread是作为独立于调用door_create的主线程的另一个线程运行的，我们解决这个定时问题的办法于是就是按下述方式使用互斥锁fdlock：主线程在调用door_create前给该互斥锁上锁，在door_create返回并往fd中存入一个值（图15-22）后给该互斥锁解锁。我们的my_thread函数先是给该互斥锁上锁（也许要阻塞到主线程解开该互斥锁为止），然后给它解锁。我们也许可以增设一个由主线程向它发送信号的条件变量，不过这儿没有这个必要，因为我们知道将发生的调用的顺序。

禁止线程取消功能

23 当使用pthread_create创建一个新的Posix线程时，线程取消功能默认是启用的。这种情况下，当某个客户中止一个进展中的door_call调用时（我们将在图15-31中展示这个操作），线程取消处理程序（如果有的话）将被调用，相应的服务器过程所在线程随后终止。在取消功能禁止的情况下（如这儿将做的那样），当某个客户中止一个进展

---

① 这里涉及有关线程的不少概念。首先，我们必须区分并发（concurrency）和并行（parallelism）。一个多处理机应用程序运行时的并行度是实际达到的并行执行程度，因此受限于其进程可用的物理处理器数。该应用程序的并发度则是在处理器数无限的理想前提下所能达到的最大并行度。其次，并发既可在系统级提供，也可在用户级提供。内核通过认知一个进程内的多个线程（也称为热线程）并独立地调度它们来提供系统级并发。内核然后把这些线程复用到可用的处理器上。用户级并发则由应用程序通过用户级线程库提供。内核不认得这样的用户线程（也称为冷线程），因而必须由用户级线程库管理和调度。许多系统（包括提供门API的Solaris 2.6）实现了把两者结合起来的双并发模型：内核认得一个进程内的多个线程，线程库则支持不为内核所见的用户线程。再次，Solaris 2.x支持内核线程（kernelthread）、轻权进程（lightweight process）和用户线程（userthread）。内核线程是能够被独立地调度和派遣到某个系统处理器上运行的基本轻权对象。它不必与一个用户进程相关联，是由内核根据内部需要创建、运行或毁除以执行指定的功能的。内核线程对于应用程序不可见。轻权进程是内核支持的用户可见线程，属于热线程。它基于内核线程，实际上每个轻权进程绑定在各自的内核线程上。用户线程是由线程库实现的内核不可见的更高级对象，属于冷线程。这是用户直接看到的线程。最后，一个进程内有两类用户线程：一类是绑定在某个轻权进程上的线程，一类是共享公共的轻权进程池的未绑定线程。竞用范围为PTHREAD_SCOPE_SYSTEM的线程属于绑定的线程，为PTHREAD_SCOPE_PROCESS的线程属于未绑定的线程。

——译者注

中的door_call调用时，相应的服务器过程仍然完成（其所在的线程未被终止），不过来自door_return的结果被简单地丢弃。既然取消功能启用时服务器线程有可能被终止，而且服务器过程当时可能处于为其客户执行的某个操作中（它可能持有某些锁或信号量），因此门函数库（默认）禁止了由它创建的所有线程的线程取消功能。如果一个服务器过程希望在某个客户过早终止时被取消，那么它所在的线程必须启用取消功能，并准备好处理这种事件。

注意，PTHREAD_SCOPE_SYSTEM竞用范围和脱离状态时在创建线程时作为属性指定的。然而取消模式只能由当事线程本身在开始运行后设置。事实上，即使我们禁止了取消功能，线程仍能在任何时候随心所欲地启用和禁止它。

把本线程捆绑到一个门

24　调用door_bind把调用线程捆绑到与某个门关联的私用服务器池，其中该门的描述符为该函数的参数。既然该调用需要这个门描述符，于是我们让fd成为这个版本的服务器程序的一个全局变量。

使得本线程对于客户调用可用

25　通过以两个空指针和两个0长度为参数调用door_return，本线程使其自身对于外来的门激活请求可用。

图15-24给出了服务器过程。它与图15-9中的版本相同。

doors/server6.c

```
 1 #include    "unpipc.h"

 2 void
 3 servproc(void *cookie, char *dataptr, size_t datasize,
 4          door_desc_t *descptr, size_t ndesc)
 5 {
 6     long    arg, result;

 7     arg = *((long *) dataptr);
 8     printf("thread id %ld, arg = %ld\n", pr_thread_id(NULL), arg);
 9     sleep(5);

10     result = arg * arg;
11     Door_return((char *) &result, sizeof(result), NULL, 0);
12 }
```

doors/server6.c

图15-24　服务器过程

为展示所发生的情况，我们首先启动服务器：

```
solaris % server6 /tmp/door6
my_create: created server thread 4
```

服务器启动后一调用door_create，我们的服务器创建过程就被首次调用，尽管当时我们还没有启动客户。这就创建了第一个线程，它将等待第一个客户调用请求。我们然后接连运行客户程序三次。

```
solaris % client6 /tmp/door6 11
result: 121
solaris % client6 /tmp/door6 22
result: 484
solaris % client6 /tmp/door6 33
result: 1089
```

查看服务器的相应输出，我们看到第一个调用发生时创建了另一个线程（其线程ID为5），然后ID为4的线程给所有三个客户请求提供了服务。门函数库看来总是保留一个额外的线程备用。

```
my_create: created server thread 5
thread id 4, arg = 11
thread id 4, arg = 22
thread id 4, arg = 33
```

接着在后台几乎同时执行客户程序三次：

```
solaris % client6 /tmp/door6 44 & client6 /tmp/door6 55 & \
client6 /tmp/door6 66 &
[2]        4919
[3]        4920
[4]        4921
solaris % result: 1936
result: 4356
result: 3025
```

查看服务器的相应输出，我们看到创建了两个新线程（线程ID分别为6和7），给三个客户请求提供服务的分别是线程4、5和6。

388 ~ 389

```
thread id 4, arg = 44
my_create: created server thread 6
thread id 5, arg = 66
my_create: created server thread 7
thread id 6, arg = 55
```

15.10 door_bind、door_unbind和door_revoke函数

加上以下三个额外函数后，门API就完整了。

```
#include <door.h>

int door_bind(int fd);

int door_unbind(void);

int door_revoke(int fd);
```

均返回：若成功则为0，若出错则为-1

我们在图15-23中引入了door_bind函数。它把调用线程捆绑到与描述符为*fd*的门关联的私用服务器池中。如果调用线程已绑定在另外某个门上，那就执行一个隐式的松绑操作。

door_unbind显式地把调用线程从其已绑定的门上松绑。

door_revoke撤销对于由*fd*标识的门的访问。一个门描述符只能由创建它的进程撤销。调用该函数时已在进展中的任何门激活实例仍允许正常地完成。

15.11 客户或服务器的过早终止

到此为止的所有例子都假设客户和服务器上都没有异常之事发生。我们现在考虑客户和服务器任何一方出错时发生什么情况。我们知道，当客户和服务器处于同一个进程中时（图15-1中的本地过程调用），客户不必担心服务器的崩溃，反之亦然，因为如果任何一方崩溃，那么整个进程崩溃。然而当客户和服务器分散到两个进程上时，我们必须考虑任何一方崩溃时会发生

什么情况，以及如何通知对方这种失败。客户和服务器无论是在同一台主机上还是在不同的主机上，我们都得考虑这些问题。

15.11.1　服务器的过早终止

390

客户阻塞在door_call调用中等待结果期间，必须知道服务器线程是否因某种原因而终止了。为了观察所发生的情况，我们让服务器过程调用pthread_exit以终止所在的线程。这样仅仅终止该线程本身，而不是终止整个服务器进程。图15-25给出了服务器过程。

doors/serverintr1.c

```
 1 #include    "unpipc.h"

 2 void
 3 servproc(void *cookie, char *dataptr, size_t datasize,
 4          door_desc_t *descptr, size_t ndesc)
 5 {
 6     long    arg, result;

 7     pthread_exit(NULL);          /* and see what happens at client */
 8     arg = *((long *) dataptr);
 9     result = arg * arg;
10     Door_return((char *) &result, sizeof(result), NULL, 0);
11 }
```

doors/serverintr1.c

图15-25　被激活后终止其自身的服务器过程

服务器程序的其余部分没有变化，如图15-3所示，客户程序没有变化，如图15-2所示。

运行客户程序，我们看到如果服务器过程在返回前终止了，那么客户的door_call将返回一个EINTR错误。

```
solaris % clientintr1 /tmp/door1 11
door_call error: Interrupted system call
```

15.11.2　door_call系统调用的不可中断性

door_call的手册页面警告说，该函数不是一个可重新启动的系统调用。（门函数库中door_call函数激活一个同名的系统调用。）通过把服务器程序修改成其中的服务器过程在返回前休眠6秒，我们就可以看到这种特性。图15-26给出了这个服务器过程。

doors/serverintr2.c

```
 1 #include    "unpipc.h"

 2 void
 3 servproc(void *cookie, char *dataptr, size_t datasize,
 4          door_desc_t *descptr, size_t ndesc)
 5 {
 6     long    arg, result;

 7     sleep(6);                    /* let client catch SIGCHLD */
 8     arg = *((long *) dataptr);
 9     result = arg * arg;
10     Door_return((char *) &result, sizeof(result), NULL, 0);
11 }
```

doors/serverintr2.c

图15-26　休眠6秒的服务器过程

391

我们然后对图15-2给出的客户程序进行修改，即建立一个SIGCHLD信号处理程序，fork一个子进程，让子进程休眠2秒后终止。这么一来，客户父进程调用door_call后约2秒时，该父进程捕获SIGCHLD信号，接着其信号处理程序返回，从而中断door_call系统调用。图15-27给出了这个客户程序。

doors/clientintr2.c

```
 1 #include    "unpipc.h"

 2 void
 3 sig_chld(int signo)
 4 {
 5     return;                          /* just interrupt door_call() */
 6 }

 7 int
 8 main(int argc, char **argv)
 9 {
10     int     fd;
11     long    ival, oval;
12     door_arg_t  arg;

13     if (argc != 3)
14         err_quit("usage: clientintr2 <server-pathname> <integer-value>");

15     fd = Open(argv[1], O_RDWR);    /* open the door */

16         /* set up the arguments and pointer to result */
17     ival = atol(argv[2]);
18     arg.data_ptr = (char *) &ival;      /* data arguments */
19     arg.data_size = sizeof(long);       /* size of data arguments */
20     arg.desc_ptr = NULL;
21     arg.desc_num = 0;
22     arg.rbuf = (char *) &oval;      /* data results */
23     arg.rsize = sizeof(long);       /* size of data results */

24     Signal(SIGCHLD, sig_chld);
25     if (Fork() == 0) {
26         sleep(2);                   /* child */
27         exit(0);                    /* generates SIGCHLD */
28     }

29         /* parent: call server procedure and print result */
30     Door_call(fd, &arg);
31     printf("result: %ld\n", oval);

32     exit(0);
33 }
```

doors/clientintr2.c

图15-27 2秒后捕获SIGCHLD信号的客户程序

客户看到的错误就像服务器过程过早地终止一样，都是EINTR。

```
solaris % clientintr2 /tmp/door2 22
door_call error: Interrupted system call
```

这意味着我们必须阻塞调用door_call期间可能产生的任何信号，防止它们被递交给进程，因为这些信号会中断door_call。

392

15.11.3 等势过程与非等势过程

要是我们知道刚刚捕获了一个信号，当检测到由door_call返回的EINTR错误后接着再次调用同一个服务器过程，情况会怎么样呢？这么做时我们知道错误来自被捕获的信号，而不是来自服务器过程的过早终止。然而这么做会导致我们将马上看到的问题。

首先把服务器过程修改为：（1）当被调用时输出当前线程ID；（2）休眠6秒；（3）在返回之前输出当前线程ID。图15-28给出了这个版本的服务器过程。

doors/serverintr3.c

```
 1 #include    "unpipc.h"

 2 void
 3 servproc(void *cookie, char *dataptr, size_t datasize,
 4          door_desc_t *descptr, size_t ndesc)
 5 {
 6     long    arg, result;

 7     printf("thread id %ld called\n", pr_thread_id(NULL));
 8     sleep(6);                    /* let client catch SIGCHLD */
 9     arg = *((long *) dataptr);
10     result = arg * arg;
11     printf("thread id %ld returning\n", pr_thread_id(NULL));
12     Door_return((char *) &result, sizeof(result), NULL, 0);
13 }
```

doors/serverintr3.c

图15-28　当被调用时和准备返回时输出当前线程ID的服务器过程

图15-29给出了我们的客户程序。

2~8　声明全局变量caught_sigchld，它在SIGCHLD信号被捕获时由其信号处理程序设置为1。

31~42　只要返回的错误是EINTR，而且这是由我们的信号处理程序导致的，我们就在一个循环中调用door_call。

如果只看客户的输出，那么似乎没有问题：

```
solaris % clientintr3 /tmp/door3 33
calling door_call
calling door_call
result: 1089
```

第一次调用door_call后约2秒时，我们的信号处理程序激活，把caught_sigchld设置为1，该信号处理程序的返回导致第一次door_call调用返回EINTR错误，我们于是再次调用door_call。第二次调用时服务器过程运行到完毕，从而返回预期的结果。

但是查看服务器的输出，我们发现服务器过程调用了两次：

```
solaris % serverintr3 /tmp/door3
thread id 4 called
thread id 4 returning
thread id 5 called
thread id 5 returning
```

393

客户的第一次door_call调用被所捕获的信号中断后，它的第二次door_call调用启动了再次调用服务器过程的另一个线程。如果该服务器过程是等势的（idempotent），那是没有问题。但是如果该服务器过程是非等势的，那就有问题了。

等势（idempotent）一词在用于描述一个过程时，意思是该过程可调用任意多次而不出问题。我们那个计算平方值的服务器过程是等势的：不论调用一次还是两次，我们都得到正确的结果。另外一个等势过程的例子是返回当前时间和日期的过程。尽管该过程每次可能返回不同的信息（譬如说它被调用了两次，彼此相差1秒，于是导致返回时间也相差1秒），不过仍然是正确的。非等势过程的经典例子是从某个银行账户减去一笔费用的过程：除非该过程只调用了一次，否则最终结果是错误的。

doors/clientintr3.c

```
 1 #include    "unpipc.h"

 2 volatile sig_atomic_t caught_sigchld;

 3 void
 4 sig_chld(int signo)
 5 {
 6     caught_sigchld = 1;
 7     return;                     /* just interrupt door_call() */
 8 }

 9 int
10 main(int argc, char **argv)
11 {
12     int     fd, rc;
13     long    ival, oval;
14     door_arg_t  arg;

15     if (argc != 3)
16         err_quit("usage: clientintr3 <server-pathname> <integer-value>");

17     fd = Open(argv[1], O_RDWR);   /* open the door */

18         /* set up the arguments and pointer to result */
19     ival = atol(argv[2]);
20     arg.data_ptr = (char *) &ival;     /* data arguments */
21     arg.data_size = sizeof(long);      /* size of data arguments */
22     arg.desc_ptr = NULL;
23     arg.desc_num = 0;
24     arg.rbuf = (char *) &oval;     /* data results */
25     arg.rsize = sizeof(long);      /* size of data results */

26     Signal(SIGCHLD, sig_chld);
27     if (Fork() == 0) {
28         sleep(2);                  /* child */
29         exit(0);                   /* generates SIGCHLD */
30     }

31         /* parent: call server procedure and print result */
32     for ( ; ; ) {
33         printf("calling door_call\n");
34         if ( (rc = door_call(fd, &arg)) == 0)
35             break;                 /* success */
36         if (errno == EINTR && caught_sigchld) {
37             caught_sigchld = 0;
38             continue;              /* call door_call() again */
39         }
40         err_sys("door_call error");
41     }
42     printf("result: %ld\n", oval);

43     exit(0);
44 }
```

doors/clientintr3.c

图15-29 接收到EINTR错误后再次调用door_call的客户程序

15.11.4 客户的过早终止

现在看一看客户在调用door_call之后但在服务器返回之前终止时，服务器过程是如何得到通知的。图15-30给出了我们的客户程序。

doors/clientintr4.c

```
 1 #include    "unpipc.h"

 2 int
 3 main(int argc, char **argv)
 4 {
 5     int     fd;
 6     long    ival, oval;
 7     door_arg_t arg;

 8     if (argc != 3)
 9         err_quit("usage: clientintr4 <server-pathname> <integer-value>");

10     fd = Open(argv[1], O_RDWR);    /* open the door */

11         /* set up the arguments and pointer to result */
12     ival = atol(argv[2]);
13     arg.data_ptr = (char *) &ival;     /* data arguments */
14     arg.data_size = sizeof(long);      /* size of data arguments */
15     arg.desc_ptr = NULL;
16     arg.desc_num = 0;
17     arg.rbuf = (char *) &oval;     /* data results */
18     arg.rsize = sizeof(long);      /* size of data results */

19         /* call server procedure and print result */
20     alarm(3);
21     Door_call(fd, &arg);
22     printf("result: %ld\n", oval);

23     exit(0);
24 }
```

doors/clientintr4.c

394~395

图15-30　调用door_call后过早终止的客户程序

20　与图15-2相比唯一的变化是，在调用door_call之紧前调用alarm(3)。该函数调度了一个3秒后发出的SIGALAM信号，但是由于我们没有捕获这个信号，因此它的默认行为是终止客户进程。这将导致客户在door_call返回前终止，因为我们将在服务器过程中放置一个6秒的休眠。

图15-31给出了我们的服务器过程以及它的线程取消处理程序。

回想8.5节中就线程取消功能的讨论以及随图15-23进行的相关讨论。当系统检测到客户在其door_call调用仍然进展期间即将终止时，就向处理该调用的服务器线程发送一个取消请求。

- 如果该服务器线程禁止了取消功能，那就什么事情都不发生，该线程继续执行到完毕（调用door_return之时），结果则被丢弃。
- 如果该服务器线程启用了取消功能，那就调用所设置的任何清理处理程序，该线程随后终止。

在图15-31给出的服务器过程中，我们首先调用pthread_setcancelstate以启用线程取消功能，因为门函数库创建新线程时禁止该功能。该函数还在变量oldstate中保存当前的取消状态，以便在本函数结尾恢复状态。我们然后调用pthread_cleanup_push以把函数servproc_cleanup注册为取消处理程序。该函数只是输出本线程已被取消的消息，不过这儿正是其服务器过程在客户过早终止后做必要的清理工作（譬如说释放互斥锁、写一个日志文件记录，等等）的地方。当清理处理程序返回时，本线程即终止。

我们还在服务器过程中放置了一个6秒的休眠，以允许客户在其door_call调用仍在进展期间中止。

doors/serverintr4.c

```
 1 #include    "unpipc.h"

 2 void
 3 servproc_cleanup(void *arg)
 4 {
 5     printf("servproc cancelled, thread id %ld\n", pr_thread_id(NULL));
 6 }

 7 void
 8 servproc(void *cookie, char *dataptr, size_t datasize,
 9          door_desc_t *descptr, size_t ndesc)
10 {
11     int     oldstate, junk;
12     long    arg, result;

13     Pthread_setcancelstate(PTHREAD_CANCEL_ENABLE, &oldstate);
14     pthread_cleanup_push(servproc_cleanup, NULL);
15     sleep(6);
16     arg = *((long *) dataptr);
17     result = arg * arg;
18     pthread_cleanup_pop(0);
19     Pthread_setcancelstate(oldstate, &junk);
20     Door_return((char *) &result, sizeof(result), NULL, 0);
21 }
```

doors/serverintr4.c

图15-31 检测客户过早终止的服务器过程

运行客户程序两次，我们看到当它们的进程被SIGALRM信号所杀灭时，shell输出了“Alarm Clock”（报警时钟）消息。

```
solaris % clientintr4 /tmp/door4 44
Alarm Clock
solaris % clientintr4 /tmp/door4 44
Alarm Clock
```

查看相应的服务器输出，我们看到每次有客户过早终止时，服务器线程确实被取消，清理处理程序也被调用。

```
solaris % serverintr4 /tmp/door4
servproc canceled, thread id 4
servproc canceled, thread id 5
```

我们运行客户程序两次是为了展示，当ID为4的线程被取消后，门函数库创建了一个新线程来处理客户的第二个服务器过程激活请求。

15.12 小结

门提供了调用同一台主机上另一个进程中某个过程的能力。下一章中我们将对这种远程过程调用概念加以扩展，讲述如何调用另一台主机上另一个进程中的某个过程。

基本的API函数比较简单。服务器调用door_create创建一个门，并给它关联一个服务器过程，然后调用fattach给该门附接一个文件系统中的路径名。客户对该路径名调用open，然后调用door_call以调用服务器进程中的服务器过程。该服务器过程通过调用door_return返回。

通常情况下，对一个门所执行的唯一权限测试是由open函数在打开该门时进行的，这种测试基于客户的用户ID和组ID以及该门的路径名的权限位和属主/属组ID。门具有本书介绍的其他IPC形式所不具备的一个精妙特性，即服务器具有确定客户的凭证的能力，这些凭证包括客户的有效用户ID和实际用户ID以及有效组ID和实际组ID。服务器可使用这些信息来确定自己是否想给相应客户的请求提供服务。

396～397

门允许从客户向服务器以及从服务器向客户传递描述符。这是一个非常有用的技巧，因为Unix中描述符代表着许多访问手段：访问文件以进行文件或设备I/O，访问套接字或XTI以进行网络通信（UNPv1），访问门以进行远程过程调用。

调用另一个进程中的过程时，我们必须考虑对端的过早终止，这是本地过程调用所不必担心的问题。如果门服务器线程过早终止，其客户通过由door_call返回一个EINTR错误得以通知。如果门客户在其door_call调用仍在进展期间终止，其服务器线程就通过接收一个线程取消请求得到通知。该服务器线程必须确定是否处理这个取消请求。

习题

15.1　由door_call作为参数从客户传递给服务器的信息有多少字节？

15.2　在图15-6中，有必要首先调用fstat以验证所打开的描述符是一个门吗？去掉这个调用，看一看发生了什么。

15.3　Solaris 2.6中sleep(3C)的手册页面这么陈述：“The current process is suspended from exection.”（当前进程从执行状态挂起。）在图15-9中，既然这句话意味着一旦有一个线程调用sleep，整个服务器进程即阻塞，那么为什么在第一个线程（ID为4）开始运行后，门函数库仍能创建第二个和第三个线程（ID为5和6）呢？

15.4　在15.3节中我们说过，对于使用door_create创建的描述符，它们的FD_CLOEXEC位是自动设置的。然而我们可以在door_create返回后，调用fcntl把该位关掉。如果我们这么做后调用exec，再从某个客户中激活服务器过程，将发生什么？

15.5　在图15-28和图15-29中，将客户程序和服务器程序各自的两个printf调用改为输出当前时间。运行这两个程序。为什么第一次激活服务器过程在2秒后返回？

15.6　把图15-22和图15-23中保护fd的互斥锁去掉，验证程序不再正确工作。你看到了什么错误？

15.7　如果我们想要改变的唯一的服务器线程特性是启用取消，那么需要建立一个服务器创建过程吗？

15.8　验证door_revoke允许已在进行的客户调用继续完成，并确定服务器过程被取消后door_call的执行情况。

15.9　在上一道习题的解答以及图15-22中我们说过，当服务器过程或服务器创建过程需使用门描述符时，它必须是一个全局变量。这种说法并不正确。重新编写上一道习题解答的程序，让fd作为main函数中的一个自动变量。

15.10　在图15-23中，我们每次创建一个线程都得调用pthread_attr_init和pthread_attr_destroy。这样做是最佳的吗？

398

第16章 Sun RPC

16.1 概述

构筑一个应用程序时，我们首先在以下两者之间作出选择：

(1) 构筑一个庞大的单一程序，完成全部工作；

(2) 把整个应用程序散布到彼此通信的多个进程中。

如果我们选择后者，接下去的抉择是：

2a) 假设所有进程运行在同一台主机上（允许IPC用于这些进程间的通信）；

2b) 假设某些进程会运行在其他主机上（要求使用进程间某种形式的网络通信）。

在图15-1中，顶部的情形是选择1，中部的情形是选择2a，底部的情形是选择2b。本书的大部分关注的是2a这种情况，也就是使用消息传递、共享内存区，并可能使用某种形式的同步来进行同一台主机上的进程间IPC。同一进程内不同线程间的IPC以及不同进程内各个线程间的IPC只是这种情形的特殊情况。

不同部分之间需要网络通信的应用程序大多数是使用*显式网络编程*（explicit network programming）方式编写的，也就是如UNPv1中讲述的那样直接调用套接字API或XTI API。使用套接字API时，客户调用`socket`、`connect`、`read`和`write`，服务器则调用`socket`、`bind`、`listen`、`accept`、`read`和`write`。我们熟悉的大多数应用程序（Web浏览器、Web服务器、Telnet客户、Telnet服务器等程序）就是以这种方式编写的。

399

编写分布式应用程序的另一种方式是使用*隐式网络编程*（implicit network programming）。远程过程调用（RPC）提供了这样的一个工具。我们使用早已熟悉的过程调用来编写应用程序，但是调用进程（客户）和含有被调用过程的进程（服务器）可在不同的主机上执行。客户和服务器运行在不同的主机上而且过程调用中涉及网络I/O，这样的事实对于程序员基本上是透明的。事实上衡量一个RPC软件包的测度之一就是它能使作为底层支撑的网络I/O对程序员的透明度有多大。

16.1.1 例子

作为RPC的一个例子，我们把图15-2和图15-3重新编写成改用Sun RPC代替门。客户以一个长整数调用服务器的过程，返回值则是该值的平方。图16-1给出了我们的第一个文件`square.x`。

其名字以`.x`结尾的文件称为RPC说明书文件（RPC specification file），它们定义了服务器过程以及这些过程的参数和结果。

定义参数和返回值

1~6　定义两个结构，一个用于参数（其成员为单个`long`变量），另一个用于结果（其成员为单个`long`变量）。

sunrpc/square1/square.x

```
 1 struct square_in {                /* input (argument) */
 2     long    arg1;
 3 };

 4 struct square_out {               /* output (result) */
 5     long    res1;
 6 };

 7 program SQUARE_PROG {
 8     version SQUARE_VERS {
 9         square_out  SQUAREPROC(square_in) = 1;    /* procedure number = 1 */
10     } =     1;                    /* version number */
11 } =     0x31230000;               /* program number */
```

sunrpc/square1/square.x

图16-1 RPC说明书文件

定义程序、版本和过程

7~11 定义一个名为SQUARE_PROG的RPC程序，它由一个版本（SQUARE_VERS）构成，该版本中又定义了单个名为SQUAREPROC的过程。该过程的参数是一个square_in结构，其返回值则是一个square_out结构。我们还给该过程赋了一个值为1的过程号，给版本赋的值为1，给程序号赋的是一个32位十六进制值（我们将在图16-9中详细讨论程序号）。

我们使用一个随Sun RPC软件包提供的程序来编译这个说明书文件，该程序就是rpc_gen。

我们编写的下一个程序是调用我们的远程过程的客户程序main函数。图16-2给出了该函数。

400

sunrpc/square1/client.c

```
 1 #include    "unpipc.h"          /* our header */
 2 #include    "square.h"          /* generated by rpcgen */

 3 int
 4 main(int argc, char **argv)
 5 {
 6     CLIENT *cl;
 7     square_in in;
 8     square_out *outp;

 9     if (argc != 3)
10         err_quit("usage: client <hostname> <integer-value>");

11     cl = Clnt_create(argv[1], SQUARE_PROG, SQUARE_VERS, "tcp");

12     in.arg1 = atol(argv[2]);
13     if ( (outp = squareproc_1(&in, cl)) == NULL)
14         err_quit("%s", clnt_sperror(cl, argv[1]));

15     printf("result: %ld\n", outp->res1);
16     exit(0);
17 }
```

sunrpc/square1/client.c

图16-2 调用远程过程的客户程序main函数

包括进由rpcgen生成的头文件

2 #include由rpcgen产生的square.h头文件。

声明客户句柄

6 我们声明一个名为cl的客户句柄(client handle)。客户句柄意图看起来像标准I/O的FILE指针（因而有全为大写的名字CLIENT）。

获取客户句柄

11 我们调用clnt_create，它运行成功时返回一个客户句柄。

```
#include <rpc/rpc.h>

CLIENT *clnt_create(const char *host, unsigned long program,
                    unsigned long versnum, const char *protocol);
```

返回：若成功则为非空客户句柄，若出错则为NULL

与标准I/O的FILE指针一样，我们并不关心客户句柄指向什么内容。它可能是由RPC运行时系统维护的某个信息结构。clnt_create分配一个这样的结构，并返回指向它的指针，以后每次调用一个远程过程时，我们就把该指针传递给RPC运行时系统。

clnt_create的第一个参数既可以是运行我们的服务器的主机的主机名，也可以是它的IP地址。第二个参数是程序名，第三个参数是版本号，这两者都来自我们的square.x文件（图16-1）。最后一个参数是我们的协议选择，通常指定为TCP或UDP。

401

调用远程过程并输出结果

12~15 调用我们的远程过程，其中第一个参数是指向输入结构的指针（&in），第二个参数是所获取的客户句柄。（在大多数标准I/O调用中，FILE句柄是最后一个参数。类似地，RPC函数的最后一个参数通常为CLIENT句柄。）返回值是指向结果结构的指针。注意，我们给输入结构分配了空间，但是结果结构是由RPC运行时系统分配的。

在square.x说明书文件中，我们称远程过程为SQUAREPROC，但是在客户程序中，我们称它为squareproc_1。这儿的约定是：.x文件中的名字转换成小写字母形式，添上一个底划线后跟以版本号。

在服务器方，我们只编写服务器过程，如图16-3所示。服务器程序的main函数由rpc_gen程序自动生成。

sunrpc/square1/server.c

```
1 #include    "unpipc.h"
2 #include    "square.h"

3 square_out *
4 squareproc_1_svc(square_in *inp, struct svc_req *rqstp)
5 {
6     static square_out  out;

7     out.res1 = inp->arg1 * inp->arg1;
8     return(&out);
9 }
```

sunrpc/square1/server.c

图16-3 使用Sun RPC调用的服务器过程

过程参数

3~4 我们首先注意到服务器过程的名字在版本号后添加了_svc。这样允许square.h头文件中有两个ANSI C函数原型，一个是图16-2中由客户调用的函数（它的一个参数是客户句柄），另一个是实际的服务器函数（它使用的参数与由客户调用的函数不一样）。

当我们的服务器过程被调用时，传递给它的第一个参数是指向输入结构的指针，第二个参数是指向由RPC运行时系统传递的一个结构的指针，该结构含有关于这次激活的信息（我们这个简单的过程忽略了这些信息）。

执行并返回

6~8　取出输入参数并计算其平方值。该结果存放在一个结构中，而该结构的地址则作为本函数的返回值。由于我们是在从函数中返回一个变量的地址，因为该变量不能是一个自动变量。我们把它声明为static变量。

> 机敏的读者将注意到，这样做妨碍服务器函数成为线程安全函数。我们将在16.2节中讨论这一点，并给出一个线程安全的版本。

402

现在在Solaris下编译我们的客户程序，在BSD/OS下编译我们的服务器程序，启动服务器，然后运行客户程序：

```
solaris % client bsdi 11
result: 121
solaris % client 209.75.135.35 22
result: 484
```

第一次运行时我们指定服务器主机的主机名，第二次运行时指定它的IP地址。这表明客户程序调用的clnt_create函数以及RPC运行时函数都是既允许使用主机名，也允许使用IP地址。

接着展示服务器主机不存在或者尽管存在但没有运行我们的服务器程序时，由clnt_create返回的一些错误。

```
solaris % client nosuchhost 11
nosuchhost: RPC: Unknown host          出自RPC运行时系统
clnt_create error                      出自我们的包裹函数
solaris % client localhost 11
localhost: RPC: Program not registered
clnt_create error
```

我们已编写了一个客户程序和一个服务器程序，并展示了其中没有使用任何显式的网络编程方式。我们的客户程序只是调用两个函数（clnt_create和squareproc_1），而在服务器方，我们只是编写squareproc_1_svc函数。涉及Solaris下的XTI、BSD/OS下的套接字以及网络I/O的所有细节都由RPC运行时系统来处理。这就是RPC的目的：不需要显式的网络编程知识就允许编写分布式应用程序。

本例子的另一个重要之处在于，所用的两个系统（运行Solaris的Sparc系统和运行BSD/OS的Intel x86系统）具有不同的字节序（byte order）。其中Sparc系统是大端（big endian）字节序，Intel系统是小端（little endian）字节序（我们在UNPv1的3.4节中展示了这两种字节序）。这些字节排序上的差异也是由运行时函数库自动处理的，其中使用了一个称为*XDR*（external data representation，外部数据表示）的标准，我们将在16.8节中讨论。

本例子中客户程序和服务器程序的构建所涉及的步骤比本书中其他程序的构建都要多。下面是构建客户程序可执行文件所涉及的步骤：

```
solaris % rpcgen -C square.x
solaris % cc -c client.c -o client.o
solaris % cc -c square_clnt.c -o square_clnt.o
solaris % cc -c square_xdr.c -o square_xdr.o
solaris % cc -o client client.o square_clnt.o square_xdr.o libunpipc.a -lnsl
```

其中rpcgen的-C选项告诉它在square.h头文件中生成ANSI C原型。rpcgen还产生一个称为客户程序存根（client stub）的源文件square_clnt.c和一个名为square_xdr.c的用来处理XDR数据转换的文件。libunpipc.a是我们的函数库（存放本书中所用的函数），-lnsl选项则指定Solaris下存放网络支撑函数（包括RPC和XDR运行时系统）的系统函数库。

构建服务器程序时我们会看到类似的命令，不过rpcgen不必再运行。文件square_svc.c中含有服务器程序main函数，另外，构建客户程序时生成的含有XDR函数的square_xdr.o文件在服务器程序的构建中也需要。 [403]

```
solaris % cc -c server.c -o server.o
solaris % cc -c square_svc.c -o square_svc.o
solaris % cc -o server server.o square_svc.o square_xdr.o libunpipc.a -lnsl
```

这样会生成都运行在Solaris下的客户程序和服务器程序。

当客户程序和服务器程序是为不同的系统构建时（例如在我们早先的例子中，客户程序运行在Solaris下，服务器程序运行在BSD/OS下），可能需要额外的步骤。举例来说，某些文件必须共享（例如通过NFS）或者在两个系统之间复制，另外，客户程序和服务器程序都使用的文件（square_xdr.o）必须在每个系统上分别编译。

图16-4汇总了构建我们的客户-服务器例子程序所需的文件和步骤。其中三个带阴影的方框是我们必须编写的文件。短划线指出了需要C伪指令#include square.h的那些文件。

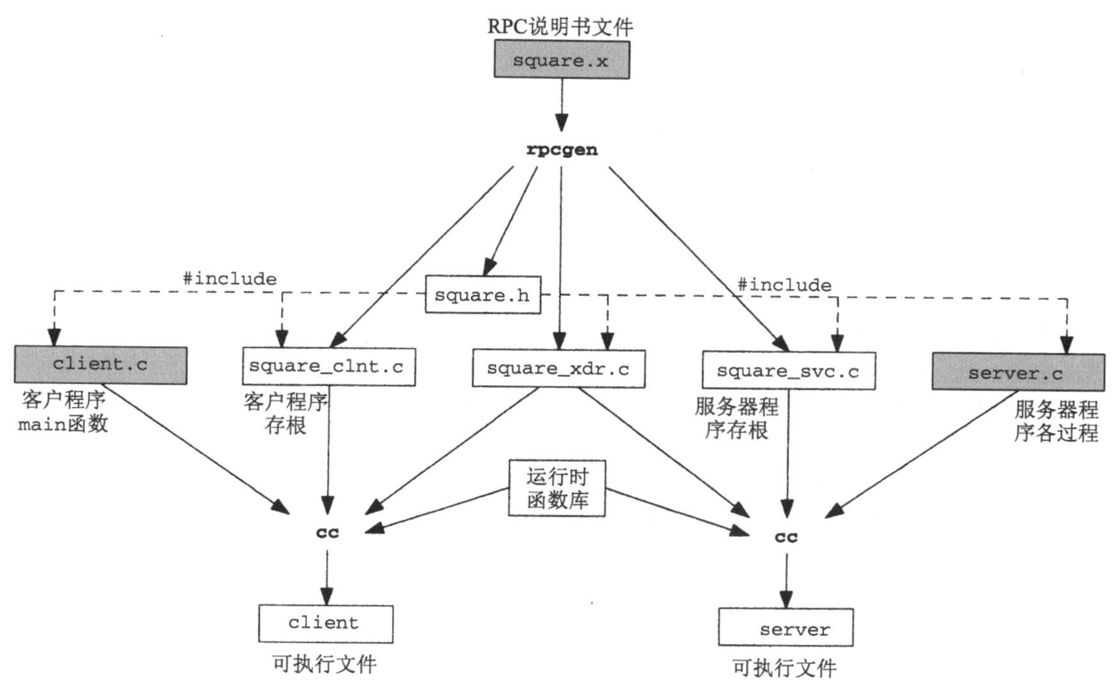

图16-4 构建一个RPC客户-服务器程序所需的步骤汇总

图16-5汇总了一次远程过程调用中通常发生的步骤。编了号的步骤是按顺序执行的。

(0) 服务器启动，它向所在主机上的端口映射器（port mapper）注册自身。然后客户启动，它调用clnt_create，该函数则与服务器主机上的端口映射器联系，以找到服务器的临时端口。clnt_create函数还建立一个与服务器的TCP连接（因为我们在图16-2中指定的协议为TCP）。我们在本图中没有展示这些步骤，留待16.3节中详细地讲述。 [404]

(1) 客户调用一个称为*客户程序存根*（client stub）的本地过程。在图16-2中，该过程名为squareproc_1，而含有这个客户程序存根的文件是由rpcgen产生的，名为square_clnt.c。对于客户来说，客户程序存根看起来像是它想要调用的真正的服务器过程。存根的目的在于把有待传递给远程过程的参数打成包，可能的话把它们转换成某种标准格式，然后构造一个或多个网络消息。把客户提供的参数打包成一个网络消息的过程称为集结（marshaling）。客户程序的各个例程和存根通常调用RPC运行时函数库中的函数（例如我们早先的例子中的clnt_create）。在Solaris下链接时，这些运行时库函数是从_lnsl函数库中加载的，而BSD/OS下它们是在标准C函数库中。

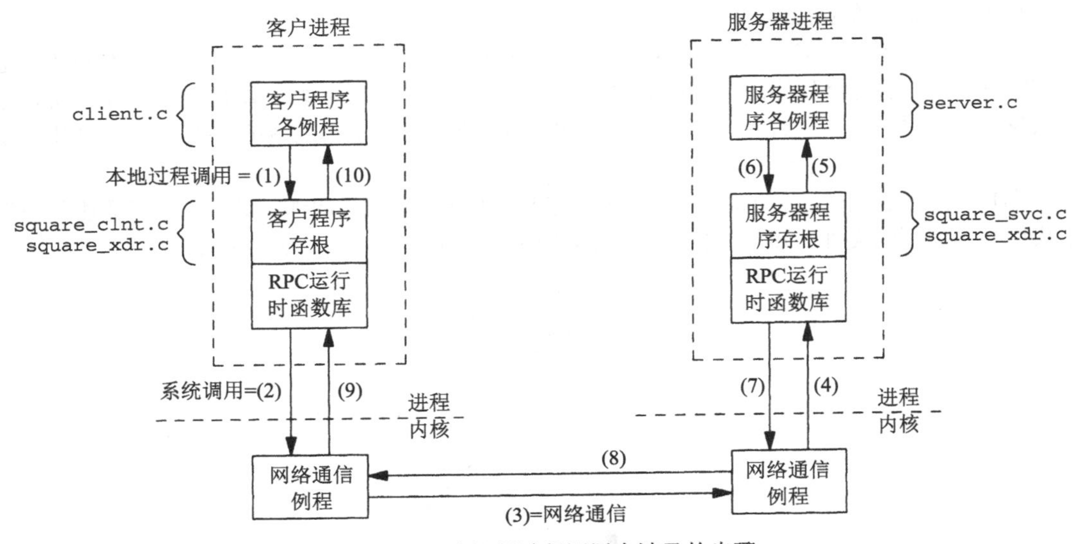

图16-5 一次远程过程调用中涉及的步骤

(2) 这些网络消息由客户程序存根发送给远程系统。这通常需要一次陷入本地内核的系统调用（例如write或sendto）。

(3) 这些网络消息传送到远程系统。这一步所用的典型网络协议为TCP或UDP。

(4) 一个服务器程序存根（sever stub）过程一直在远程系统上等待客户的请求。它从这些网络消息中解散（unmarshaling）出参数。

(5) 服务器程序存根执行一个本地过程调用以激活真正的服务器函数（图16-3中我们的squareproc_1_svc过程），传递给该函数的参数是它从来自客户的网络消息中解散出来的。

405

(6) 当服务器过程完成时，它向服务器程序存根返回其返回值。

(7) 服务器程序存根在必要时对返回值进行转换，然后把它们集结到一个或多个网络消息中，以便发送回客户。

(8) 这些消息通过网络传送回客户。

(9) 客户程序存根从本地内核中读出这些网络消息（例如read或recvfrom）。

(10) 对返回值进行可能的转换后，客户程序存根最终返回客户函数。这一步看起来像是一个普通的过程返回客户。

16.1.2 历史

关于RPC的最早期论文之一也许是［White 1975］。按照［Corbin 1991］的陈述，White当时转到了Xerox（施乐）公司，那儿于是开发了若干个RPC系统。其中之一的Courier是于1981年面世的一个产品。关于RPC的经典论文是［Birrell and Nelson 1984］，它讲述了20世纪80年代早期在Xerox公司的Dorado单用户工作站上运行的Cedar项目的RPC机制。Xerox在大多数人还不知道工作站是什么的时候就打算在工作站上实现RPC了!Courier的一个Unix实现版本随4.x BSD各个发行版本传播了许多年，不过现今Courier只具有历史意义了。

Sun公司于1985年发行它的RPC软件包的第一个版本。它是由Bob Lyon开发的，Bob于1983年离开Xerox加入Sun。它的正式名字是ONC/RPC：Open Network Computing Remote Procedure Call（开放的网络计算远程过程调用），不过往往被称为“Sun RPC”。技术上讲，它类似于Courier。Sun RPC的初期版本是用套接字API编写的，既能用于TCP，也能用于UDP。公开可得的源代码版本称为RPCSRC。20世纪90年代早期，Sun RPC改用TLI API重新编写，能用于内核支持的任何网络协议，其中TLI是XTI（在UNPv1第四部分讲述）的前身。套接字版本和TLI版本的公开可得源代码实现都可从`ftp://playground.sun.com/pub/rpc`中获得，前者的名字为`rpcsrc`，后者的名字为`tirpcsrc`（称为TI-RPC，其中“TI”代表“传输独立”（transport independent））。

RFC 1831［Srinivasan 1995a］提供了Sun RPC的一个概貌，并描述了通过网络发送的RPC消息的格式。RFC 1832［Srinivasan 1995b］讲述了XDR，既包括所支持的数据类型，又包括它们的“在线上”（on the wire）格式。RFC 1833［Srinivasan 1995c］讲述了捆绑协议：RPCBIND及其前身端口映射器。

使用Sun RPC的最广泛流行的应用也许是NFS，即Sun的网络文件系统。正常情况下，NFS不是使用本章讲述的标准RPC工具、`rpcgen`以及RPC运行时函数库构造的。相反，它的大多数库例程是手工优化过的，并且因性能原因而驻留在内核中。然而支持NFS的大多数系统也支持Sun RPC。

20世纪80年代中期，Appollo公司与Sun在工作站市场展开竞争，并自行设计了称为NCA（Network Computing Architecture，网络计算体系结构）的RPC软件包与Sun RPC一较高下，其实现称为NCS（Network Computing System，网络计算系统）。NCA/RPC是RPC协议，NDR（Network Data Representation，网络数据表示）类似于Sun的XDR，NIDL（Network Interface Definition Language，网络接口定义语言）则定义了客户和服务器之间的接口（例如类似于图16-1中的`.x`文件）。运行时函数库称为NCK（Network Computing Kernel，网络计算内核）。 406

Apollo于1989年被Hewlett Packard（惠普）公司收购，NCA于是发展成为开放软件基金会（OSF）的分布式计算环境（Distributed Computing Environment，DCE），其中RPC是一个基本元素，大多数部件就构建在其上。DCE RPC软件包有一个实现是公开可得的，其URL为`ftp://gatekeeper.dec.com/pub/DEC/DCE`。该目录还含有一个171页的文档，讲述DCE RPC软件包的内部工作原理。许多平台上有DCE可用。

> Sun RPC比DCE RPC要流行得多，其原因也许是前者有免费可得的实现，而且大多数版本的Unix把Sun RPC软件包作为基本系统的一部分提供。DCE RPC通常是作为一个增值（也就意味着单独计价）特性提供的。它的公开可得实现并没有得到广泛的移植，尽管往Linux上的移植正在进展中。本书中我们只讨论Sun RPC。Courier、Sun RPC和DCE RPC这三个RPC软件包都极其相似，因为基本的RPC概念是一样的。
>
> 大多数Unix厂家提供关于Sun RPC的除手册页面外的详细文档。举例来说，Sun的文档可从`http://docs.oracle.com/en`获取，在“Developer Collection”（开发人员资料汇编）”第1卷中，它是名为“ONC+Developer’S Guide”（ONC+开发人员指南）的共280页的一个部分。Digital Unix的文档可从网上获取，包括一本题目为“Programming with ONC RPC”（使用ONC RPC编程）的116页手册。
>
> RPC本身是一个有争议的主题。

本章中我们假设给大多数例子使用TI-RPC（早先提及的传输独立版本的RPC），其中TCP和UDP作为TI-RPC支持的协议讨论，不过TI-RPC能够支持主机所能支持的任何协议。

16.2 多线程化

回想图15-9，我们从中展示了由门服务器执行的自动线程管理，由此默认提供了一个并发服务器。我们现在展示Sun RPC默认提供的是一个迭代服务器（iterative server）。我们从上一节中的例子程序着手，并只修改其中的服务器过程。图16-6给出了这个新函数，它输出所在线程的线程ID，休眠5秒，再输出自己的线程ID，然后返回。

sunrpc/square2/server.c

```
 1 #include    "unpipc.h"
 2 #include    "square.h"

 3 square_out *
 4 squareproc_1_svc(square_in *inp, struct svc_req *rqstp)
 5 {
 6     static square_out out;

 7     printf("thread %ld started, arg = %ld\n",
 8            pr_thread_id(NULL), inp->arg1);
 9     sleep(5);
10     out.res1 = inp->arg1 * inp->arg1;
11     printf("thread %ld done\n", pr_thread_id(NULL));

12     return(&out);
13 }
```

sunrpc/square2/server.c

图16-6 休眠5秒的服务器过程

我们启动服务器，然后运行客户程序三次：

```
solaris % client localhost 22 & client localhost 33 & \
client localhost 44 &
[3]     25179
[4]     25180
[5]     25181
solaris % result: 484          shell提示符输出后约5秒
result: 1936                   另一个5秒后
result: 1089                   另一个5秒后
```

尽管光看这些输出，我们不能识别每个客户输出各自的结果时彼此间有5秒的等待发生。然而要是查看服务器的输出，我们就会看到各个客户请求是迭代地处理的：处理完第一个客户的请求后，接着处理第二个客户的请求直到处理完毕，最后是处理第三个客户的请求直到处理完毕。

```
solaris % server
thread 1 started, arg = 22
thread 1 done
thread 1 started, arg = 44
thread 1 done
thread 1 started, arg = 33
thread 1 done
```

可看出单个线程在处理所有的客户请求：默认情况下服务器并不多线程化。

第15章中我们的门服务器程序从shell启动时都运行在前台，例如：

```
solaris % server
```

这样允许我们在服务器过程中放置调试用的printf调用。但是Sun RPC服务器默认作为守护进程运行，也就是执行了UNPv1的12.4节[①]中概括出的若干步骤。这就要求从服务器过程中调用syslog来输出任何诊断信息。然而我们的做法是在编译服务器程序时指定C编译器标志-DDEBUG，这跟在服务器程序存根（由rpcgen产生的square_svc.c文件）中放置如下行是等效的：

```
#define DEBUG
```

这么一来就阻止了服务器程序main函数将自身变为一个守护程序，服务器于是继续连接到启动它的终端上。这就是我们可以从服务器过程中调用printf的原因。

Sun RPC是随Solaris 2.4提供多线程化的服务器的，它通过向rpcgen指定一个-M命令行选项启用。这使由rpcgen产生的服务器代码变得线程安全。另一个选项-A是让服务器根据处理新客户请求的需要自动创建线程。我们运行rpcgen时，同时使能这两个选项。

407
~
408

客户程序和服务器程序的源代码都需要修改，这是我们应该预期到的，因为我们在图16-3中使用了static类型变量。对square.x文件的唯一改动是把版本号从1改为2。服务器过程的参数结构和结果结构的声明都不变。

图16-7给出了新的客户程序。

sunrpc/square3/client.c

```
 1 #include    "unpipc.h"
 2 #include    "square.h"

 3 int
 4 main(int argc, char **argv)
 5 {
 6     CLIENT *cl;
 7     square_in in;
 8     square_out out;

 9     if (argc != 3)
10         err_quit("usage: client <hostname> <integer-value>");

11     cl = Clnt_create(argv[1], SQUARE_PROG, SQUARE_VERS, "tcp");

12     in.arg1 = atol(argv[2]);
13     if (squareproc_2(&in, &out, cl) != RPC_SUCCESS)
14         err_quit("%s", clnt_sperror(cl, argv[1]));

15     printf("result: %ld\n", out.res1);
16     exit(0);
17 }
```

sunrpc/square3/client.c

图16-7 用于多线程化服务器的客户程序main函数

声明存放结果的变量

8 声明一个square_out类型的变量，而不是指向该类型的一个指针。

过程调用的新参数

12~14 指向我们的out变量的指针成为squareproc_2的第二个参数，客户句柄则是最后一个参数。该函数返回的不再是指向结果的指针（如图16-2中所示），而是返回RPC_SUCCESS，或者返回表示发生错误的某个其他值。<rpc/clnt_stat.h>头文件中的clnt_stat枚举列出了所有可能的出错返回值（enum）。

① 此处为UNPv1第2版英文原版书节号，第3版为12.4节。——编者注

图16-8给出了新的服务器过程。与图16-6一样，它输出自己所在线程的线程ID，休眠5秒，输出另一个消息，然后返回。

sunrpc/square3/server.c

```
 1 #include    "unpipc.h"
 2 #include    "square.h"

 3 bool_t
 4 squareproc_2_svc(square_in *inp, square_out *outp, struct svc_req *rqstp)
 5 {
 6     printf("thread %ld started, arg = %ld\n",
 7            pr_thread_id(NULL), inp->arg1);
 8     sleep(5);
 9     outp->res1 = inp->arg1 * inp->arg1;
10     printf("thread %ld done\n", pr_thread_id(NULL));
11     return(TRUE);
12 }

13 int
14 square_prog_2_freeresult(SVCXPRT *transp, xdrproc_t xdr_result,
15                          caddr_t result)
16 {
17     xdr_free(xdr_result, result);
18     return(1);
19 }
```

sunrpc/square3/server.c

图16-8　多线程化的服务器过程

新的参数和返回值

3~12　多线程化所需的变动涉及函数参数和返回值。我们不再返回一个指向结果结构的指针（如图16-3中所示），指向该结构的指针现在成了本函数的第二个参数。指向svc_req结构的指针现在变为第三个参数。本函数的返回值在成功时为TRUE，在发生错误时为FALSE。

释放XDR内存空间的新函数

13~19　我们必须完成的另一个源代码变动是提供一个函数来释放自动分配的内存空间。该函数是在服务器过程返回并且其结果已发送给客户后，从服务器程序存根中调用的。在图16-8中，我们只是调用普通的xdr_free函数。（我们将随图16-19和习题16.10详细讨论该函数。）要是我们的服务器过程曾经分配了任何必要的内存空间以容纳结果（譬如说一个链表），这个新函数就可以释放这部分内存空间。

构造出新的客户程序和服务器程序后，我们再次同时运行客户程序的三个副本：

```
solaris % client localhost 55 & client localhost 66 & \
client localhost 77 &
[3]     25427
[4]     25428
[5]     25429
solaris % result: 4356
result: 3025
result: 5929
```

这一次我们能够辨别出那三个结果是一个紧接一个地输出的。查看服务器的输出，我们看到服务器使用了三个线程，它们是同时运行的。

409
~
410

```
solaris % server
thread 1 started, arg = 55
thread 4 started, arg = 77
```

```
thread 6 started, arg = 66
thread 6 done
thread 1 done
thread 4 done
```

按照多线程化的要求修改源代码有一个不幸的副作用，那就是并非所有系统都支持这个特性。举例来说，Digital Unix 4.0B和BSD/OS 3.1提供的都是不支持多线程化的较老的RPC系统。这意味着如果我们想在这两种类型的系统上编译和运行一个程序，那么在其客户程序和服务器程序中必须加入一些#ifdef伪指令以处理在调用序列上存在的差异。当然举例来说，BSD/OS上未线程化的一个客户仍能调用运行在Solaris上的一个多线程化的服务器过程，但是如果我们有一个希望在这两种类型的系统上都能编译的RPC客户程序（或服务器程序），那就有必要修改源代码以处理这些差异。

16.3 服务器捆绑

在描述图16-5时，我们掩饰了第0步中的细节：服务器如何向它的本地端口映射器（port mapper）注册自身，客户如何发现服务器的端口值。首先应注意的是，运行RPC服务器的任何主机必须在运行端口映射器。赋给端口映射器的是TCP端口111和UDP端口111，它们是赋给Sun RPC的唯一的因特网固定端口。RPC服务器总是先捆绑一个临时端口，再向本地端口映射器注册自己的临时端口。当一个客户启动时，它必须首先跟服务器主机上的端口映射器联系，询问服务器的临时端口号，然后跟这个临时端口上的服务器联系。端口映射器提供了一个范围局限于所在系统的名字服务。

有些读者会声称NFS也有一个固定的端口号2049。尽管许多实现默认使用这个端口，而且某些较早的实现还把这个端口号硬编码到客户程序和服务器程序中，但是大多数当今的实现允许使用其他端口号。大多数NFS客户也是通过与服务器主机上的端口映射器联系来获取NFS服务器的端口号的。

随着Solaris 2.x的出现，Sun公司把端口映射器改名为RPCBIND。换名的原因在于，“端口”一词隐指因特网端口，而TI-RPC软件包能够工作在任何网络协议上，不只是工作在TCP和UDP协议上。我们还是使用传统的名字：端口映射器。另外在下面的讨论中，我们假设服务器主机只支持TCP和UDP协议。

服务器和客户是按如下的步骤执行的。

(1) 当系统进入多用户模式时，端口映射器启动。其可执行文件名一般为portmap或rpcbind。

(2) 当我们的服务器启动时，它的main函数（该函数属于由rpcgen产生的服务器程序存根的一部分）调用库函数svc_create。svc_create确定本主机所支持的网络协议，并为每个协议创建一个传输端点（例如套接字），给TCP和UDP端点各捆绑一个临时端口。该函数然后与本地的端口映射器联系，向它注册（TCP和UDP）这两个临时端口号以及调用程序的RPC程序号和版本号。

411

端口映射器本身是一个RPC程序，服务器就是使用RPC调用向端口映射器注册自身的（不过所用端口为已知的111）。RFC 1833［Srinivasan 1995c］中有端口映射器所支持过程的相关说明。这个RPC程序存在三个版本：版本2是历史久远的端口映射器，只处理TCP和UDP端口，版本3和版本4则采用较新的RPCBIND协议。

通过执行rpcinfo程序，我们可以看到已向端口映射器注册了的所有RPC程序。我们可执行该程序来验证端口映射器本身使用端口号111。

```
solaris % rpcinfo -p
   program vers proto   port  service
    100000    4   tcp    111  rpcbind
    100000    3   tcp    111  rpcbind
    100000    2   tcp    111  rpcbind
    100000    4   udp    111  rpcbind
    100000    3   udp    111  rpcbind
    100000    2   udp    111  rpcbind
```

（我们已省略掉了输出中的许多额外的行。）我们看到Solaris 2.6支持所有三个版本的协议，全部在端口111上，并且或者使用TCP，或者使用UDP。从RPC程序号到服务号的映射关系通常存放在文件/etc/rpc中。在BSD/OS 3.1下执行同样的命令，结果表明它只支持版本2的端口映射器RPC程序。

```
bsdi % rpcinfo -p
   program vers proto   port
    100000    2   tcp    111  portmapper
    100000    2   udp    111  portmapper
```

Digital Unix 4.0B也只支持版本2：

```
alpha % rpcinfo -p
   program vers proto   port
    100000    2   tcp    111  portmapper
    100000    2   udp    111  portmapper
```

然后我们的服务器程序进入休眠状态，等待客户请求的到达。这种请求可以是在其TCP端口上的一个新连接，也可以是在其UDP端口上的一个UDP数据报的到达。启动图16-3给出的服务器后执行rpcinfo，我们看到：

```
solaris % rpcinfo -p
   program vers proto   port  service
 824377344    1   udp  47972
 824377344    1   tcp  40849
```

其中824377344等于0x31230000，它是我们在图16-1所赋的程序号。我们还在该图中赋了一个值为1的版本号。注意，服务器准备好或者使用TCP或者使用UDP接受客户请求，客户则在创建客户句柄时选择使用其中哪个协议（图16-2中clnt_cre_ate的最后一个参数）。

412

(3) 客户启动并调用clnt_create。该函数的参数（图16-2）包括：服务器主机的主机名或IP地址、程序号、版本号及指定所用协议的字符串。客户向服务器主机的端口映射器发送一个RPC请求（这个RPC消息通常使用UDP作为所用协议），询问关于所指定的程序、版本和协议的信息。假设成功的话，作为答复的服务器端口号就保存到客户句柄中，供将来使用该句柄的所有RPC调用参考。

在图16-1中，我们给例子程序使用了值为0x31230000的程序号。这个32位的程序号是划分成组的，如图16-9所示。

程　序　号	说　　明
0x00000000~0x1fffffff	由Sun定义
0x20000000~0x3fffffff	由用户定义
0x40000000~0x5fffffff	临时（供客户编写的应用程序用）
0x60000000~0xffffffff	保留

图16-9　Sun RPC的程序号范围

rpcinfo程序显示本系统上当前已注册的程序。一个给定系统上所支持RPC程序的相关信息的另一个来源是目录/usr/inelude/rpcsvc中的.x文件。

inetd 和 RPC 服务器

默认情况下，由rpcgen创建的服务器可由inetd超级服务器激活。（UNPv1的12.5节[①]详细讨论了inetd。）查看由rpcgen产生的服务器程序存根，可看到服务器程序main函数启动时，会检查标准输入是不是一个XTI端点，若是则假定自身是由inetd启动的。

为了支持这一特性，在创建了一个将由inetd激活的一个RPC服务器之后，必须以该服务器的信息更新/etc/inetd.conf配置文件，这些信息包括：RPC程序名、所支持的程序号、所支持的协议、服务器程序可执行文件的路径名。作为一个例子，下面是出自Solaris配置文件中的一行：

```
rstatd/2-4  tli  rpc/datagram_v  wait  root
    /usr/lib/netsvc/rstat/rpc.rstatd rpc.rstatd
```

其中第一栏是程序名（它将被映射成相应的程序号，这种映射关系存放在/etc/rpc文件中），所支持的版本为2、3和4。下一栏指定一个XTI端点（与套接字端点相对立），第三栏指定所有可见的数据报协议都受支持。查看文件/etc/neteonfig，看到这样的协议有两个：UDP和/dev/clts。（UNPv1第29章讲述该文件和XTI地址。）第四栏wait告诉inetd在监听发往相应XTI端点的下一个客户请求前，先等待本服务器当前这次激活终止。/etc/inetd.conf中的所有RPC服务器都指定wait属性。

再下一栏root指定本程序将在这个用户ID下运行，最后两栏是本程序可执行文件的路径名以及程序名，外带传递给该程序的任何命令行参数（本程序没有命令行参数）。

413

inetd将给所指定的程序及版本创建XTI端点，并向端口映射器登记这些端点。我们可使用rpcinfo程序验证这一点：

```
solaris % rpcinfo | grep statd
100001    2    udp      0.0.0.0.128.11       rstatd    superuser
100001    3    udp      0.0.0.0.128.11       rstatd    superuser
100001    4    udp      0.0.0.0.128.11       rstatd    superuser
100001    2    ticlts   \000\000\020,        rstatd    superuser
100001    3    ticlts   \000\000\020,        rstatd    superuser
100001    4    ticlts   \000\000\020,        rstatd    superuser
```

其中第四栏是XTI地址的可显示格式（它是逐个字节输出的），128×256+11=32779是分配给该XTI端点的UDP临时端口号。

当一个UDP数据报到达端口32779时，inetd将检测到有一个数据报已准备好被读入，于是它fork并exec程序/usr/lib/netsvc/rstat/rpc.rstatd。在fork和exec之间，该服务器的XTI端点被复制到描述符0、1和2上，inetd的所有其他描述符则都被关闭（UNPv1的图12-7[②]）。inetd还将停止监听发往该XTI端点的新的客户请求，直到当前这次服务器激活（它是inetd的一个子进程）终止为止，这是因为该服务器在配置文件中指定了wait属性的缘故。

假设该程序是由rpcgen产生的，它将检测到标准输入是一个XTI端点，于是相应地把该端点初始化为一个RPC服务器端点。这是通过调用RPC函数svc_tli_create和svc_reg完成的，我们不再讨论它们。第二个函数并不向端口映射器登记本服务器，这步工作只由inetd在启动

① 此处为UNPv1第2版英文原版书节号，第3版为13.5节。——编者注

② 此处为UNPv1第2版英文原版书图号，第3版为图13-7。——编者注

时做一次。该RPC服务器接着进入循环，由名为svc_run的函数读入待处理的数据报，并调用相应的服务器过程来处理这个客户请求。

通常情况下，由inetd激活的服务器处理完一个客户请求后就终止，以此允许inetd等待下一个客户请求。作为一种优化手段，由rpcgen产生的RPC服务器会等待一小段时间（默认值为2分钟），以防另一个客户请求在这段时间内到达。如果真是这样，这个已经在运行的现有服务器将读入新的数据报并处理其请求。这就避免了给短时间内相继到达的多个客户请求分别执行一次fork和一次exec的开销。过了这段小的等待期后，服务器将终止。这将给inetd产生一个SIGCHLD信号，从而导致它再次开始查看该XTI端点上有无数据报到达。

16.4 认证

默认情况下，RPC请求中没有标识客户的信息。服务器回答客户的请求时并不关心客户是谁。这称为空认证（null authentication）或AUTH_NONE。

下一个认证级别称为Unix认证（Unix authentication）或AUTH_SYS。客户必须告诉RPC运行时系统随每个请求携带其身份信息（主机名、有效用户ID、有效组ID和可能多个辅助组ID）。我们把16.2节中的客户-服务器程序修改成包括Unix认证。图16-10给出了其中的客户程序。

414

sunrpc/square4/client.c

```
 1 #include    "unpipc.h"
 2 #include    "square.h"

 3 int
 4 main(int argc, char **argv)
 5 {
 6     CLIENT  *cl;
 7     square_in in;
 8     square_out out;

 9     if (argc != 3)
10         err_quit("usage: client <hostname> <integer-value>");

11     cl = Clnt_create(argv[1], SQUARE_PROG, SQUARE_VERS, "tcp");

12     auth_destroy(cl->cl_auth);
13     cl->cl_auth = authsys_create_default();

14     in.arg1 = atol(argv[2]);
15     if (squareproc_2(&in, &out, cl) != RPC_SUCCESS)
16         err_quit("%s", clnt_sperror(cl, argv[1]));

17     printf("result: %ld\n", out.res1);
18     exit(0);
19 }
```

sunrpc/square4/client.c

图16-10　提供Unix认证的客户程序

12~13　这两行是新的。我们首先调用auth_destroy销毁与本客户句柄关联的先前的认证，也就是默认创建的空认证。然后调用函数authsys_create_default创建相应的Unix认证结构，并把该结构存入客户句柄CLIENT结构的cl_auth成员中。客户程序的其余部分与图16-7的一样。

图16-11给出了新的服务器过程，它从图16-8修改而来。我们没有给出square_prog_2_freeresult函数，它没有变动。

sunrpc/square4/server.c

```
 1 #include    "unpipc.h"
 2 #include    "square.h"

 3 bool_t
 4 squareproc_2_svc(square_in *inp, square_out *outp, struct svc_req *rqstp)
 5 {
 6     printf("thread %ld started, arg = %ld, auth = %d\n",
 7            pr_thread_id(NULL), inp->arg1, rqstp->rq_cred.oa_flavor);
 8     if (rqstp->rq_cred.oa_flavor == AUTH_SYS) {
 9         struct authsys_parms  *au;

10         au = (struct authsys_parms *)rqstp->rq_clntcred;
11         printf("AUTH_SYS: host %s, uid %ld, gid %ld\n",
12                au->aup_machname, (long) au->aup_uid, (long) au->aup_gid);
13     }

14     sleep(5);
15     outp->res1 = inp->arg1 * inp->arg1;
16     printf("thread %ld done\n", pr_thread_id(NULL));
17     return(TRUE);
18 }
```

sunrpc/square4/server.c

图16-11 寻找Unix认证的服务器过程

6~8 现在使用一个指向svc_req结构的指针，它总是作为一个参数传递给服务器过程。

```
struct svc_req {
  u_long              rq_prog;      /* program number */
  u_long              rq_vers;      /* version number */
  u_long              rq_proc;      /* procedure number */
  struct opaque_auth  rq_cred;      /* raw credentials */
  caddr_t             rq_clntcred;  /* cooked credentials (read-only) */
  SVCXPRT             *rq_xprt;     /* transport handle */
};

struct opaque_auth {
  enum_t   oa_flavor;       /* flavor: AUTH_xxx constant */
  caddr_t  oa_base;         /* address of more auth stuff */
  u_int    oa_length;       /* not to exceed MAX_AUTH_BYTES */
};
```

其中rq_cred成员含有原始认证信息，它的oa_flavor成员是一个标识认证类型的整数。“原始”（raw）一词意味着RPC运行时系统没有处理由oa_base指向的信息。然而，如果是运行时系统支持的认证类型的话，那么由rq_clntcred指向的成熟（cooked）凭证已被运行时系统处理成某个适合那种认证类型的结构。我们输出认证类型，并检查它是否等于AUTH_SYS。

9~12 对于Unix认证，指向成熟凭证的指针（rq_clntcred）所指的是含有客户身份的一个authsys_parma结构：

```
struct authsys_parms {
  u_long  aup_time;      /* credentials creation time */
  char   *aup_machname;/* hostname where client is located */
  uid_t   aup_uid;       /* effective user ID */
  gid_t   aup_gid;       /* effective group ID */
  u_int   aup_len;       /* #elements in aup_gids[] */
  gid_t  *aup_gids;      /* supplementary group IDs */
};
```

我们取得指向这个结构的指针后，输出客户的主机名、有效用户ID和有效组ID。

启动我们的服务器，然后运行客户程序一次，我们从服务器得到如下的输出：

415~416

```
solaris % server
thread 1 started, arg = 44, auth = 1
AUTH_SYS: host solaris.kohala.com, uid 765, gid 870
thread 1 done
```

Unix认证很少使用，因为它极易被攻破。我们可以很容易地自行构造含有Unix认证信息的RPC分组，把其中的用户ID和组ID设置成我们想要的任何值，然后发送给服务器。服务器没有办法验证我们就是所声称的客户。

> 实际上NFS默认使用Unix认证，然而NFS请求通常是由NFS客户主机的内核发出的，而且通常使用一个保留端口（UNPv1的2.7节）。有些NFS服务器配置成只响应从一个保留端口到达的客户请求。如果你信任想要往其上安装你的文件系统的客户主机，那么你也在信任该客户主机的内核能正确地标识自己的用户。要是服务器不要求客户使用一个保留端口，黑客们就能够自行编写出向NFS服务器发送NFS请求的程序，其中的Unix认证ID可设置成任意想要的值。即使服务器要求客户使用一个保留端口，如果你拥有一个自己具有超级用户特权的系统，而且你能够把自己的系统接入网络中，那么你仍可以向服务器发送自己的NFS请求。

不论是请求还是应答，一个RPC分组中实际都含有两个与认证相关的字段：凭证（credential）和验证器（verifier）（图16-30和图16-32）。一个常用的类比是带相片的身份证件（护照、驾驶执照等）。凭证是印制的信息（姓名、住址、出生日期等），验证器则是相片。验证器还有其他的形式，不过相片的效果要比列出身高、体重、性别等更好。如果我们有一个没有任何形式的识别信息的身份证件（图书馆借书卡往往是这样的例子），那么我们是光有凭证而没有验证器，因而任何人都可以使用它并声称是它的主人。

在空认证的情况下，凭证和验证器都是空的。使用Unix认证时，凭证中含有主机名、用户ID和组ID，但是验证器是空的。RPC还支持其他形式的认证，它们的凭证和验证器含有的信息也不一样。

AUTH_SHORT　另一种形式的Unix认证，在从服务器返回客户的RPC应答的验证器字段中发送。它的信息量比完整的Unix认证少，而且客户可以在后续的请求中把它作为凭证发送回服务器。这种认证类型的意图在于节省网络带宽和服务器主机的CPU时间。

AUTH_DES　DES是数据加密标准（Data Encryption Standard）的首字母缩写，这种认证形式基于私钥和公钥加密机制。这种方案也称为*安全的RPC*（secure RPC），当用作NFS的基础时，这样的NFS称为*安全的NFS*（secure NFS）。

AUTH_KERB　这种方案基于MIT的Kerberos认证系统。

[Garfinkel and Spafford 1996] 第19章详细讨论了后两种形式的认证，包括它们的设置和使用。

16.5　超时和重传

417

现在查看Sun RPC使用的超时和重传策略。Sun RPC使用了两个超时值。

(1) 总超时（total timeout）：一个客户等待其服务器的应答的总时间量。TCP和UDP都使用该值。

(2) 重试超时（retry timeout）：只用于UDP，是一个客户在等待其服务器的应答期间每次重传请求的间隔时间。

首先应注意使用TCP不需要重试超时，因为TCP是一个可靠的协议。如果服务器主机没有接收到客户的请求，客户主机的TCP就会超时并重传该请求。当服务器主机接收到客户的请求时，服务器主机的TCP会向客户主机的TCP确认这次收到。如果服务器的确认是数据丢失，导致客户主机的TCP重传该请求，那么当服务器主机的TCP接收到这个重复的数据时，它将丢弃该数据，并再次发出一个确认。有了可靠的协议后，可靠性（超时、重传、对重复数据或重复确认的处理）就由传输层提供，RPC运行时系统不再关心它。由客户主机RPC层发出的一个请求将由服务器主机RPC层作为一个请求接收（如果这个请求从未得到过确认，那么客户主机RPC层将得到一个出错指示），而不管在网络层和传输层上发生什么。

创建一个客户句柄后，我们可以调用`clnt_control`查询或设置影响该句柄的选项。这类似于给一个描述符调用`fcntl`，或者给一个套接字调用`getsockopt`和`setsockopt`。

```
#include <rpc/rpc.h>

bool_t clnt_control(CLIENT *cl, unsigned int request, char *ptr);
```

返回：若成功则为TRUE，若出错则为FALSE

其中*cl*是客户句柄，由*ptr*指向的内容则取决于*request*。

我们把图16-2给出的客户程序修改为调用该函数并输出RPC的两个超时值。图16-12给出了这个新的客户程序。

sunrpc/square5/client.c

```
 1 #include    "unpipc.h"
 2 #include    "square.h"

 3 int
 4 main(int argc, char **argv)
 5 {
 6     CLIENT *cl;
 7     square_in in;
 8     square_out *outp;
 9     struct timeval tv;

10     if (argc != 4)
11         err_quit("usage: client <hostname> <integer-value> <protocol>");

12     cl = Clnt_create(argv[1], SQUARE_PROG, SQUARE_VERS, argv[3]);

13     Clnt_control(cl, CLGET_TIMEOUT, (char *) &tv);
14     printf("timeout = %ld sec, %ld usec\n", tv.tv_sec, tv.tv_usec);
15     if (clnt_control(cl, CLGET_RETRY_TIMEOUT, (char *) &tv) == TRUE)
16         printf("retry timeout = %ld sec, %ld usec\n", tv.tv_sec, tv.tv_usec);

17     in.arg1 = atol(argv[2]);
18     if ( (outp = squareproc_1(&in, cl)) == NULL)
19         err_quit("%s", clnt_sperror(cl, argv[1]));

20     printf("result: %ld\n", outp->res1);
21     exit(0);
22 }
```

sunrpc/square5/client.c

图16-12 查询并输出两个RPC超时值的客户程序

协议是一个命令行选项

10~12 现在作为另一个命令行选项来指定协议，并把它用作`clnt_create`的最后一个参数。

取得总超时

13~14 clnt_control的第一个参数是客户句柄，第二个参数是请求，第三个参数则通常是指向一个缓冲区的指针。我们的第一个请求是CLGET_TIMEOUT，它在其地址为第三个参数的timeval结构中返回总超时值。该请求对所有协议都有效。

尝试取得重试超时

15~16 我们的下一个请求是获取重试超时的CLGET_RETRY_TIMEOUT，不过这个超时只对UDP有效。因此，如果返回值为FALSE，我们就什么都不输出。

我们还把图16-6给出的服务器程序修改为休眠1000秒而不是5秒，以保证客户的请求超时。在主机bsdi上启动服务器后运行客户程序两次，一次指定TCP协议，一次指定UDP协议，然而结果并不是我们所预期的：

```
solaris % date ; client bsdi 44 tcp ; date
Web Apr 22 14:46:57 MST 1998
timeout = 30 sec, 0 usec                    超时值说是30秒
bsdi: RPC: Timed out
Web Apr 22 14:47:22 MST 1998                但这是在25秒后输出的

solaris % date ; client bsdi 55 udp ; date
Web Apr 22 14:48:05 MST 1998
timeout = -1 sec, -1 usec                   奇怪
retry timeout = 15 sec, 0 usec              这倒是正确的
bsdi: RPC: Timed out
Web Apr 22 14:48:31 MST 1998                大约25秒之后
```

在使用TCP的情况下，由cntl_control返回的总超时值为30秒，但是我们的测量给出一个25秒的超时值。至于使用UDP的情况，所返回的总超时值为-1。

418~419

为查看究竟发生了什么，我们分析由rpcgen产生的客户程序存根文件square_clnt.c中的squareproc_1函数。该函数调用clnt_call，传递给它的最后一个参数是名为TIMEOUT的一个timeval结构，这个变量在该文件中声明，它的初始值为25秒。传递给clnt_call的这个参数覆盖了用于TCP的30秒默认超时值和用于UDP的默认值-1。这个参数一直沿用到客户以一个CLSET_TIMEOUT请求调用clnt_control显式地设置总超时值为止。如果我们想改变总超时值，那就应该调用clnt_control，而不应该修改客户程序存根中的timeval结构变量TIMEOUT。

> 验证UDP重试超时的唯一办法是使用tcpdump观察分组。这种观察表明，第一个数据报是在客户一启动后就发送的，下一个数据报的发送则在约15秒之后。

16.5.1 TCP连接管理

使用tcpdump观察刚才描述的客户-服务器程序的运行情况，我们首先看到TCP的三路握手，然后是客户发送其请求，服务器确认这个请求。大约25秒后，客户发送一个FIN分节，它是由客户进程即将终止引起的，接着是TCP连接终止序列的其余三个分节。UNPv1的2.5节详细讲述了这些分节。

我们想要展示Sun RPC在使用TCP连接上的以下特征：客户通过调用clnt_create建立一个新的TCP连接，这个连接由与所指定的程序和版本相关联的所有过程调用来使用。一个客户的TCP连接或者通过调用clnt_destroy显式地终止，或者由客户进程的终止隐式地终止。

```
#include <rpc/rpc.h>

void clnt_destroy(CLIENT *cl);
```

我们从图16-2的客户程序着手，把它修改成调用服务器过程两次，然后调用clnt_destroy，接着pause。图16-13给出了这个新的客户程序。

sunrpc/square9/client.c

```
1 #include    "unpipc.h"          /* our header */
2 #include    "square.h"          /* generated by rpcgen */

3 int
4 main(int argc, char **argv)
5 {
6     CLIENT  *cl;
7     square_in in;
8     square_out *outp;

9     if (argc != 3)
10        err_quit("usage: client <hostname> <integer-value>");

11    cl = Clnt_create(argv[1], SQUARE_PROG, SQUARE_VERS, "tcp");

12    in.arg1 = atol(argv[2]);
13    if ( (outp = squareproc_1(&in, cl)) == NULL)
14        err_quit("%s", clnt_sperror(cl, argv[1]));
15    printf("result: %ld\n", outp->res1);

16    in.arg1 *= 2;
17    if ( (outp = squareproc_1(&in, cl)) == NULL)
18        err_quit("%s", clnt_sperror(cl, argv[1]));
19    printf("result: %ld\n", outp->res1);

20    clnt_destroy(cl);

21    pause();

22    exit(0);
23 }
```

sunrpc/square9/client.c

图16-13 检查TCP连接使用情况的客户程序

运行这个程序得到了预期的输出：

```
solaris % client kalae 5
result: 25
result: 100
```

程序只是等待，直到我们杀死它为止

不过验证我们早先给出的声明只能通过观察tcpdump的输出。这个输出表明，有一个TCP连接被创建了（通过调用clnt_create），而且两个客户请求都使用这个连接。该连接然后由clnt_destroy调用终止，尽管当时客户进程还没有终止。

16.5.2 事务ID

超时和重传策略的另一部分是使用事务ID（transaction ID）即XID来标识客户请求和服务器应答的。当一个客户发出一个RPC调用时，RPC运行时系统给这个调用赋一个32位整数XID，该值伴随RPC消息发送。服务器必须伴随其应答返回这个XID。RPC运行时系统重传一个请求时，XID并不改变。使用XID的目的有两个。

(1) 客户验证应答的XID等于早先随请求发送的XID，否则的话客户忽略这个应答。如果使用的是TCP协议，那么客户收到XID不正确的应答的机会非常罕见，然而如果使用的是UDP协议，而且存在重传请求的可能，网络也易于丢失分组，那么接收到XID不正确的应答是绝对可能的。

(2) 服务器允许维护一个存放已发送应答的高速缓存（cache），而用于确定一个请求是否为一个重复请求的条目之一是XID。我们稍后讨论这个高速缓存。

TI_RPC软件包使用以下算法来给一个新请求选择一个XID，其中^运算符是C的按位异或：

420～421

```
struct timeval now;

gettimeofday(&now, NULL);
xid = getpid() ^ now.tv_sec ^ now.tv_usec;
```

16.5.3　服务器重复请求高速缓存

为使能RPC运行时系统维护一个重复请求高速缓存，服务器必须调用svc_dg_enablecache。一旦启用了这个高速缓存，就没有办法关掉它（除非服务器进程终止）。

```
#include <rpc/rpc.h>

int svc_dg_enablecache(SVCXPRT *xprt, unsigned long size);
```

返回：若成功则为0，若出错则为−1

其中*xprt*是一个传输句柄，该指针是svc_req结构的一个成员（16.4节）。而该结构的地址是作为一个参数传递给服务器过程的。*size*是需为之分配内存空间的高速缓存项数。

启用该高速缓存后，服务器便为它所发送的全部应答维护一个FIFO（先进先出）高速缓存。每个应答是由如下信息唯一标识的：

- 程序号；
- 版本号；
- 过程号；
- XID；
- 客户地址（IP地址和UDP端口号）。

每当服务器中的RPC运行时系统接收到一个客户请求时，首先会搜索重复请求高速缓存，看其中是否已有该请求的一个应答。如果有的话，这个高速缓存的应答就返回给客户，而不再调用相应的服务器过程。

重复请求高速缓存的目的是：当接收到对某个服务器过程的多个重复请求时，避免多次调用该服务器过程，因为该过程也许不是等势的。在网络中接收到重复请求的可能原因是应答丢失或者客户重传请求超前于应答的接收。注意，这种重复请求高速缓存只适用于像UDP这样的数据报协议，因为使用TCP协议时应用绝对看不到重复的请求，请求的重复问题是由TCP处理的（见习题16.6）。

16.6　调用语义

在图15-29给出的门客户程序中，当客户的door_call调用被一个捕获的信号所中断时，客户向服务器重传其请求。然而我们接下去展示出这将导致相应的服务器过程被调用两次，而不是一次。我们随后把服务器过程划分成等势（能够任意多次无差错地调用）和非等势（例如从某个银行账户上减去一笔费用）两大类。

过程调用可划分成以下三个类别。

(1) **正好一次**（exactly once）：过程只能不多不少地执行一次。这类操作难于实现，因为服务器存在崩溃的可能。

422

(2) 最多一次（at most once）：过程根本不执行或只执行一次。如果正常地返回到调用者，我们就知道该过程执行了一次。然而如果是出错返回，我们就不能肯定该过程执行了一次还是根本没有执行。

(3) 最少一次（at least once）：过程至少执行一次，不过有可能是多次。这对于等势过程没有问题，客户只需一直传送其请求，直到接收到一个有效的响应为止。然而如果客户非得不止一次地发送其请求以接收一个有效的响应，那么该过程执行一次以上的可能是存在的。

对于一个本地过程调用，如果它返回，我们就知道它正好执行了一次，但是如果当前进程在调用该过程后崩溃，我们就不知道它到底执行了一次还是根本没有执行。对于一个远程过程调用，我们必须考虑如下各种情形。

- 如果使用的是TCP协议，而且接收到了一个应答，我们就知道该远程过程正好被调用了一次。但是如果没有接收到应答（譬如说服务器主机崩溃了），我们就不知道该服务器过程已在其主机崩溃之前执行完毕，还是尚未被调用（最多一次的语义）。在服务器主机可能崩溃，而且网络存在停止运作可能的前提下，提供正好一次的语义需要一个事务处理系统，它已超出了RPC软件包的能力。
- 如果使用的是UDP协议，而且服务器主机没有崩溃，应答也接收到了，我们就知道该服务器过程至少被调用了一次，不过也可能是多次（最少一次语义）。
- 如果使用的是UDP协议，而且启用了一个服务器高速缓存，应答也接收到了，我们就知道该服务器过程正好被调用了一次。然而如果没有接收到应答，那就具有最多一次的语义，这跟TCP情形类似。

给定如下三种选择：

(1) TCP；

(2) UDP，带有一个服务器高速缓存；

(3) UDP，没有任何服务器高速缓存。

我们的建议如下所述。

- 总是使用TCP，除非TCP连接的开销对于应用来说过分昂贵。
- 给正确执行的意义相当重大的非等势过程（例如银行账户、机票预订等）使用一个事务处理系统。
- 对于非等势过程，使用TCP要比使用带有一个服务器高速缓存的UDP更为可取。TCP一开始就设计成可靠的，而往一个UDP应用中添加可靠性很少能达到使用TCP的效果（例如UNPv1的20.5节）。
- 对等势过程使用不带服务器高速缓存的UDP不成问题。
- 对非等势过程使用不带服务器高速缓存的UDP则是危险的。

我们将在下一节讨论使用TCP的其他优势。

423

16.7 客户或服务器的过早终止

现在考虑客户或服务器之一过早终止，而且使用TCP作为传输协议时会发生什么情况。既然UDP是无连接的，因而打开着某个UDP端点的一个进程终止时，不会有任何信息发送给对方。在使用UDP的情形下，当有一方崩溃时所发生的全部情况为：对方将超时，可能会重传，最终放弃，这是上一节中讨论过的。然而，当具有某个打开着的TCP连接的一个进程终止时，该连接也终止，从而向对方发送一个FIN分节（UNPv1第36~37页），我们就想看一看当RPC运行时系统在接收到来自对方的这个出乎意料的FIN时会做些什么。

16.7.1　服务器的过早终止

我们首先在服务器仍在处理一个客户请求时过早地终止它。对客户程序所做的唯一变动是：把图16-2中clnt_create调用的“tcp”参数挪走，改成作为一个命令行参数指定所用的传输协议，就像图16-12中的那样。在服务器过程中，我们增加一个abort函数调用。该调用会终止服务器进程，导致服务器主机的TCP向客户主机的TCP发送一个FIN，这一点可使用tcpdump验证。

我们首先对BSD/OS系统上的服务器运行Solaris系统上的客户程序：

```
solaris % client bsdi 22 tcp
bsdi: RPC: Unable to receive; An event requires attention
```

当客户主机接收到服务器主机的FIN时，其RPC运行时系统正在等待服务器的应答。它检测到这个非预期的应答后，从我们的squareproc_1调用返回一个错误。该错误（RPC_CANTRECV）由运行时系统保存在客户句柄中，（从我们的clnt_create包裹函数中）调用clnt_sperror将把该错误输出成“Unable to receive”（无法接收）。该出错消息的其余部分“Anevent requires attention”（有一个事件需要留意）对应于由运行时系统保存的XTI错误，它也由clnt_sperror输出。一个客户调用一个远程过程时能够返回大约30个不同的RPC_*xxx*错误，它们列在<rpc/clnt_star.h>头文件中。

对换客户和服务器的运行主机，我们看到同样的情形，由RPC运行时系统返回同样的错误（RPC_CANTRECV），不过最后输出的消息不一样。

```
bsdi % client solaris 11 tcp
solaris: RPC: Unable to receive; errno = Connection reset by peer
```

上面我们中止的Solaris服务器不是作为一个多线程化的服务器程序编译的，因此当我们调用abort时，整个进程被终止。如果我们运行一个多线程化的服务器程序，事情就有变化，也就是说只有为客户的调用提供服务的线程才终止。为迫使这种情形出现，我们把abort调用替换成pthread_exit调用，就像我们在图15-25中对使用门的例子所做的那样。然后在BSD/OS系统上运行客户程序，在Solaris系统上运行多线程化的服务器程序。

424

```
bsdi % client solaris 33 tcp
solaris: RPC: Timed out
```

当服务器线程终止时，与客户的TCP连接并未关闭，也就是说它仍然在服务器进程中保持打开。因此，服务器主机没有给客户发送FIN，于是客户仅仅超时。在客户请求已发送给服务器，并且服务器主机的TCP已确认该请求后，如果服务器主机崩溃，那么我们将看到同样的情况。

16.7.2　客户的过早终止

当一个RPC客户在其使用TCP的某个RPC过程调用仍在进展期间终止时，客户主机的TCP将向服务器主机的TCP发送一个FIN。我们的问题是：服务器的RPC运行时系统是否检测到了这个条件，从而可能向服务器过程发出通知（回想15.11节，当客户过早终止时，门服务器线程被取消）。

为产生这个条件，我们的客户程序在调用服务器过程的紧前调用alarm(3)，我们的服务器过程则调用sleep(6)。（图15-30和图15-31中使用门的例子就是这么做的。由于客户没有捕获SIGALRM，其进程将在服务器的应答返回前约3秒时由内核终止。）我们在BSD/OS系统上运行客户程序，在Solaris系统上运行服务器程序。

```
bsdi % client solaris 44 tcp
Alarm call
```

在客户方发生的情况是我们预期的，但在服务器方没有发生任何特殊之事。服务器过程结束其6秒的休眠后返回。用tcpdump查看所发生的情况，我们看到以下情况。

- 当客户终止时（在启动后约3秒时），客户主机的TCP向服务器主机的TCP发送一个FIN，服务器主机的TCP对它作了确认。按照TCP的术语，这个过程称为半关闭（half_close，TCPv1的18.5节）。
- 客户和服务器启动后约6秒时，服务器发送其应答，该应答由服务器主机的TCP发送给客户。（正如UNPv1第130~132页中讲述的那样，接收到一个FIN后通过同一TCP连接发送数据没有问题，因为TCP连接是全双工的。）客户主机的TCP响应以一个RST分节（复位），因为客户进程已经终止。服务器下一次在这个连接上读或写时将认识到这个现状，然而目前什么都不发生。

我们汇总一下本节探讨的几个关键点。

- 使用UDP的RPC客户和服务器永远不知道对方是否过早终止。当接收不到响应时，它们可能超时，不过无法分辨错误类型：进程过早终止、对方主机崩溃、网络不可达，等等。 425
- 使用TCP的客户和服务器检测出对方所存在问题的机会要大得多，因为对方进程的过早终止自动导致对方主机的TCP关闭其所在端的连接。但是如果对方是一个线程化的服务器，这一点就不起作用，因为对方线程的终止并不会关闭其所在端的连接。另外这一点也无助于检测对方主机的崩溃，因为发生这种情况时，对方主机的TCP并没关闭它的打开着的连接。为处理所有这些情形，超时机制仍然是必需的。

16.8 XDR：外部数据表示

使用前一章中讲述的门从一个进程调用另一个进程中的某个过程时，这两个进程处于同一台主机上，因而没有数据转换问题。但是对于不同主机间的RPC，各种各样的主机可能使用不同的数据格式。首先，各个基本的C数据类型可能有不同的大小（例如某些系统上long数据类型占据32位，其他系统上却占据64位）。其次，各个位真正的先后顺序可能不一样（也就是大端字节序和小端字节序的差异，我们在UNPv1第66~69页和第137~140页[①]中讨论过）。我们已随图16-3碰到过这个问题，那时我们在小端字节序的x86系统上运行服务器程序，在大端字节序的Sparc系统上运行客户程序，然而这样的两台主机之间仍能正确地交换长整数。

Sun RPC使用XDR即外部数据表示（External Data Representation）标准来描述和编码数据（RFC 1832［Srinivasan 1995b］）。XDR既是一种用于描述数据的语言，又是一组用于编码数据的规则。XDR使用隐式类型指定（implicit typing）方式，它意味着发送者和接收者都得知道数据的类型和字节序：例如两个32位整数值后跟一个单精度浮点数值，再跟一个字符串。

> 作为比较，在OSI领域中ASN.1（抽象语法表示1，Abstract Syntax Notation one）是描述数据的通常方式，BER（基本编码规则，Basic Encoding Rules）是一种编码数据的常用方式。这种方案还使用显式类型指定（explicit typing）方式，它意味着每个数据值之前冠以描述所跟数据之类型的某个值（称为“指定符”（specifier））。对应刚才这个例子的字节流按顺序含有以下各个字段：说下一个值是一个整数的指定符、整数值、说下一个值是一个整数的指定符、整数值、说下一个值是一个浮点数的指定符、浮点数值、说下一个值是一个字符串的指定符、字符串。

① 此处为UNPv1第2版英文原版书页码，第3版为第77~80页和第147~150页。——编者注

所有数据类型的XDR表示都需要4的倍数的字节数，这些字节总是以大端字节序传送的。带符号整数值使用二进制补码（two’s complement）记法存放，浮点数值则使用IEEE格式存放。可变长度字段总是在其末端含有最多3字节的填充，这样下一个条目总是落在某个4字节的边界。例如，一个5字节的ASCII字符串将作为12字节来传送：

- 一个4字节的整数计数，其值为5；
- 5字节的字符串本身；
- 3字节的值为0的填充。

426

在讲述XDR和它支持的数据类型时，我们考虑以下三个问题。

(1) 如何在RPC说明书文件（.x文件）中给rpcgen声明各种类型的变量？到此为止的唯一一个例子（图16-1）只使用一个长整数。

(2) rpcgen把定义在.x文件中的变量转换成自己产生的.h头文件中的哪一种C数据类型？

(3) 所传送数据的真正格式是什么？

图16-14回答了前两个问题。为产生这张表格，我们创建了一个RPC说明书文件，它用到了所有受支持的XDR数据类型。该文件通过rpcgen运行后，我们查看所产生的C头文件从而构造出该表格。

	RPC说明书文件（.x）	C头文件（.h）
1	const *name* = *value*;	#define *name value*
2	typedef *declaration*;	typedef *declaration*;
3	char *var*; short *var*; int *var*; long *var*; hyper *var*;	char *var*; short *var*; int *var*; long *var*; longlong_t *var*;
4	unsigned char *var*; unsigned short *var*; unsigned int *var*; unsigned long *var*; unsigned hyper *var*;	u_char *var*; u_short *var*; u_int *var*; u_long *var*; u_longlong_t *var*;
5	float *var*; double *var*; quadruple *var*;	float *var*; double *var*; quadruple *var*;
6	bool *var*;	bool_t *var*;
7	enum *var* { *name* = *const*, ... };	enum *var* { *name* = *const*, ... }; typedef enum *var var*;
8	opaque *var*[*n*];	char *var*[*n*];
9	opaque *var*<*m*>;	struct{ u_int *var*_len; char **var*_val; } *var*;
10	string *var*<*m*>;	char **var*;
11	*datatype var*[*n*];	*datatype var*[*n*];
12	*datatype var*<*m*>;	struct{ u_int *var*_len; *datatype* **var*_val; } *var*;
13	struct *var* { *members* ... };	struct *var* { *members* ... }; typedef struct *var var*;

14	union *var* switch (int *disc*) {
	case *discvalueA*: *armdeclA*;
	case *discvalueB*: *armdeclB*;
	...
	default: *defaultdecl*;
	};
		struct *var* {
		int *disc*;
		union {
		armdeclA;
		armdeclB;
		...
		defaultdecl;
		} *var*_u;
		};
		typedef struct *var var*;

15	*datatype* **name*;	*datatype* **name*;

图16-14 XDR和rpcgen支持的数据类型的汇总

我们现在详细描述各个表项，并以第一栏中给出的顺序号（1~15）指称它们。

(1) const声明转换成C的#define。

(2) typedef声明转换成C的typedef。

(3) 这些是总共5个的带符号整数数据类型。其中前4个是由XDR作为32位值传送的，最后一个是由XDR作为64位值传送的。

> 对于许多C编译器来说，64位整数的类型为long long int或long long。然而不是所有的编译器和操作系统都支持它们。既然所生成的.h文件声明这样的C变量的类型为longlong_t，因此某个头文件中必须有如下的定义：
>
> ```
> typedef  long long  longlong_t;
> ```
>
> XDR的long类型占据32位，但是64位Unix系统上的C语言long类型占据64位（例如UNPv1第27页[1]描述的LP64模型）。这些10年前的XDR名字在当今的世界中确实是不幸的。更好的名字可能是int8_t、int16_t、int32_t、int64_t等。

(4) 这些是总共5个的无符号整数数据类型。其中前4个是由XDR作为32位值传送的，最后一个是由XDR作为64位值传送的。

(5) 这些是总共3个的浮点数数据类型。其中第一个作为32位值传送，第二个作为64位值传送，第三个作为128位值传送。

> 四精度浮点数在C语言中的类型为long double。然而不是所有的编译器和操作系统都支持它们。（你的编译器也许允许long double，但只是把它作为double类型处理。）由于所生成的.h文件声明这样的C变量的类型为quadruple，因此某个头文件中必须有如下的定义：
>
> ```
> typedef  long double  quadruple;
> ```
>
> 举例来说，Solaris 2.6下我们必须在.x文件的开始处包含如下的行：
>
> ```
> %#include <floatingpoint.h>
> ```
>
> 因为该头文件包含了所需的定义。该行开头的百分号告诉rpcgen把本行剩余部分原封不动地放入所产生的.h头文件中。

427
~
428

(6) 布尔（boolean）数据类型与一个带符号整数等效。RPC头文件同时定义常值TRUE为1，常值FALSE为0。

(7) 一个枚举（enumeration）数据类型与一个带符号整数等效，且跟C语言的enum数据类型一样。rpcgen还给所指定的变量名产生一个typedef定义。

(8) 固定长度不透明数据（fixed-length opaque data）是作为8位值传送的确定数目（*n*）的字节，运行时函数库不解释它。

(9) 可变长度不透明数据（variable-length opaque data）也是作为8位值传送的不作解释的一个字节序列，不过真正的字节数是作为一个无符号整数先于数据传送的。发送这种类型的数据时（例如先于某个RPC调用填写传递给它的参数时），应在发出调用之前设置长度。接收这种类型的数据时，必须检查其长度以确定后跟多少数据。

声明中的最大长度*m*可被忽略。但是如果编译时指定了长度，那么运行时函数库将检查真正的长度（我们作为相应C结构的*var*_len成员给出的内容）没有超过*m*的值。

(10) 一个字符串（string）是一个ASCII字符序列。字符串在内存中是作为一个普通的以空

① 此处为UNPv1第2版英文原版书页码，第3版为第28~29页。——编者注

字符结尾的C字符串存放的，但在传输中却冠以一个指定后跟字符实际数目（不包括结尾的空字符）的无符号整数。发送这种类型的数据时，运行时系统通过调用strlen确定字符数。接收这种类型的数据时，它是作为一个以空字符结尾的C字符串存放的。

声明中的最大长度*m*可被忽略。但是如果编译时指定了长度，那么运行时函数库将检查真正的长度没有超过*m*的值。

(11) 一个任意数据类型的**固定长度数组**（fixed-length array）是作为该数据类型的一个*n*个元素的序列传送的。

(12) 一个任意数据类型的**可变长度数组**（variable-length array）作为指定该数组中实际元素数目的一个无符号整数以及后跟的各个数组元素传送。

声明中的最大长度*m*可被忽略。但是如果编译时指定了长度，那么运行时函数库将检查真正的长度没有超过*m*的值。

(13) 一个**结构**（structure）是通过轮流传送其各个成员来传送的。rpcgen还给所指定的变量名产生一个typedef定义。

(14) 一个**带判别式的联合**（discriminated union）由一个整数判别式后跟基于该判别式的值的一组数据类型（称为**分支**（arm））构成。在图16-14中给出的判别式是一个int，但它也可以是一个unsigned int、一个enum或一个bool（所有这些判别式都作为一个32位整数值传送）。传送一个带判别式的联合时，其判别式的32位值首先传送，然后传送对应于该判别式的值的唯一一个分支值。这种联合的default声明往往是void，它的意思是在判别式的32位值之后不跟任何数据。我们稍后给出这样的一个例子。

(15) **可选数据**（optional data）是一种特殊类型的联合，我们将随图16-24中给出的一个例子描述它。这种数据类型的XDR声明看着像是一个C指针声明，它就是所生成的.h文件所包含的内容。

图16-15汇总了XDR给它的各种数据类型采用的编码格式。

16.8.1 例子：不涉及RPC使用XDR

现在给出一个不涉及RPC使用XDR的例子。也就是说，我们将使用XDR把一个二进制数据的结构编码成一种可在其他系统上加以处理的机器无关表示。这种技巧可用于以一种与机器无关的格式书写文件，或者以一种与机器无关的格式通过网络向另一台计算机发送数据。图16-16给出了我们的RPC说明书文件data.x，它实际上只是一个XDR说明书文件，因为我们没有声明任何RPC过程。

> 文件名后缀.x来自“XDR说明书文件”一词。RPC规范（RFC 1831）中说，有时称为RPCL的RPC语言与XDR语言（在RFC 1832中定义）基本相同，差别只是后者增加了程序定义（用于描述程序、版本和过程）。

429~431

声明枚举和带判别式的联合

1~11 声明一个共有两个值的枚举数据类型，后跟一个把该枚举类型作为判别式的带判别式联合。如果该判别式的值为RESULT_INT，那么在该判别式的值之后传送的是一个整数值。如果该判别式的值为RESULT_DOUBLE，那么在该判别式的值之后传送的是一个双精度浮点数值。否则的话，在该判别式的值之后不传送任何数据。

声明结构

12~21 声明一个包含多个XDR数据类型的结构。

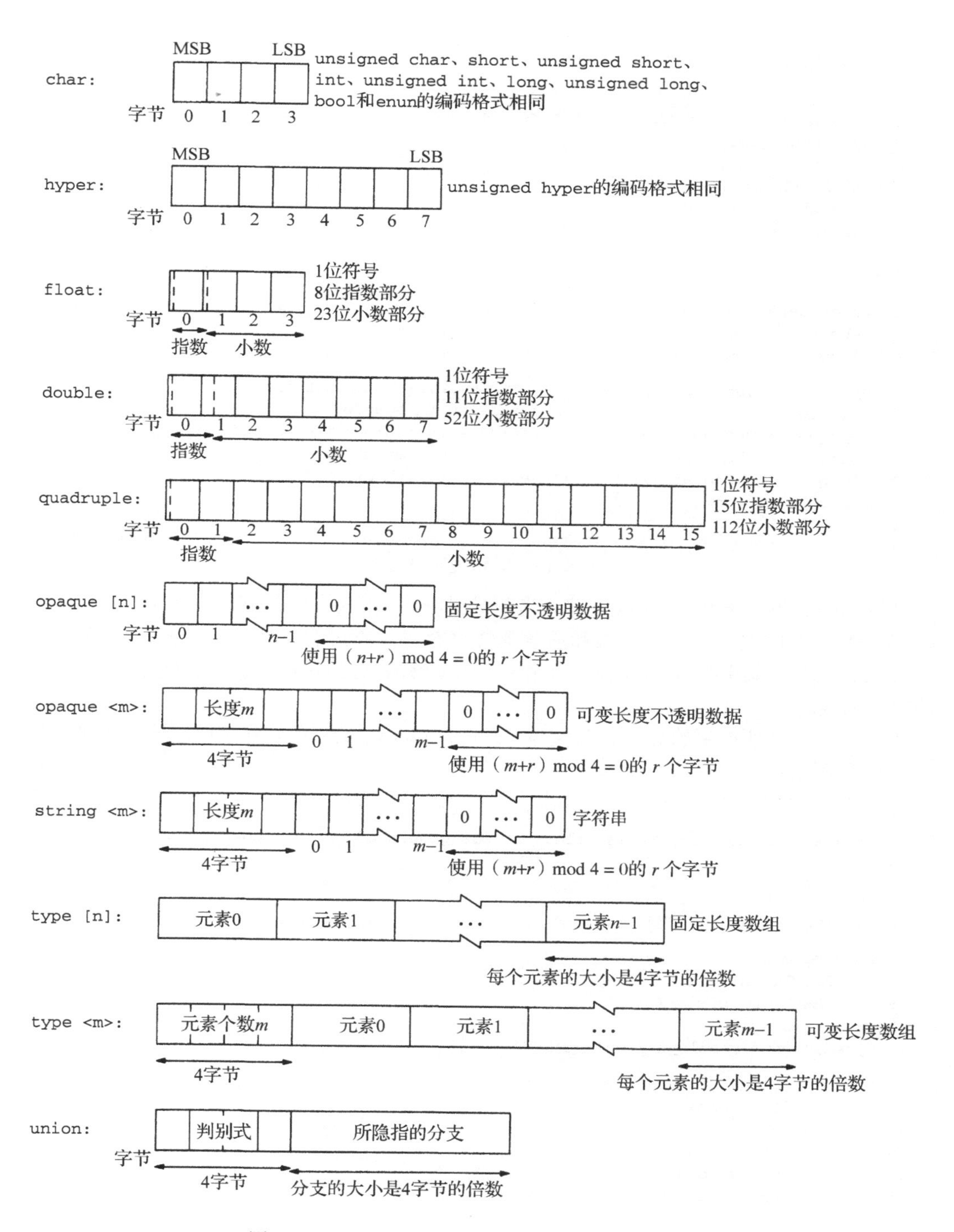

图16-15　XDR给它的各种数据类型采用的编码格式

sunrpc/xdr1/data.x

```
1 enum result_t {
2   RESULT_INT = 1, RESULT_DOUBLE = 2
3 };

4 union union_arg switch (result_t result) {
5 case RESULT_INT:
6     int     intval;
7 case RESULT_DOUBLE:
8     double  doubleval;
9 default:
10    void;
11 };

12 struct data {
13   short     short_arg;
14   long      long_arg;

15   string    vstring_arg<128>;      /* variable-length string */
16   opaque    fopaque_arg[3];   /* fixed-length opaque */
17   opaque    vopaque_arg<>;    /* variable-length opaque */
18   short     fshort_arg[4];    /* fixed-length array */
19   long      vlong_arg<>;      /* variable-length array */
20   union_arg uarg;
21 };
```

sunrpc/xdr1/data.x

图16-16　XDR说明书文件

既然data.x没有声明任何RPC过程，当查看图16-4中由rpcgen产生的所有文件时，我们看到rpcgen并没有产生客户程序存根和服务器程序存根。不过它仍然产生了data.h头文件和data_xdr.c文件，其中data_xdr.c含有用于编码或解码在我们的data.x文件中所声明数据条目的XDR函数。

图16-17给出了所产生的data.h头文件。按照图16-14中给出的转换规则，该头文件的内容正是我们所预期的。

sunrpc/xdr1/data.h

```
1 /*
2  * Please do not edit this file.  It was generated using rpcgen.
3  */

4 #ifndef _DATA_H_RPCGEN
5 #define _DATA_H_RPCGEN

6 enum result_t {
7     RESULT_INT = 1,
8     RESULT_DOUBLE = 2
9 };
10 typedef enum result_t result_t;

11 struct union_arg {
12     result_t result;
13     union {
14         int    intval;
15         double doubleval;
16     } union_arg_u;
17 };
18 typedef struct union_arg union_arg;

19 struct data {
```

图16-17　由rpcgen从图16-16产生的头文件

```
20      short short_arg;
21      long  long_arg;
22      char *vstring_arg;
23      char fopaque_arg[3];
24      struct {
25          u_int vopaque_arg_len;
26          char *vopaque_arg_val;
27      } vopaque_arg;
28      short    fshort_arg[4];
29      struct {
30          u_int    vlong_arg_len;
31          long    *vlong_arg_val;
32      } vlong_arg;
33      union_arg uarg;
34 };
35 typedef struct data data;

36         /* the xdr functions */
37 extern  bool_t xdr_result_t(XDR *, result_t*);
38 extern  bool_t xdr_union_arg(XDR *, union_arg*);
39 extern  bool_t xdr_data(XDR *, data*);

40 #endif /* !_DATA_H_RPCGEN */
```

sunrpc/xdr1/data.h

图16-17（续）

在data_xdr.c文件中定义了一个名为xdr_data的函数，我们可调用它来编码或解码已定义的data结构的内容。（函数名后缀_data来自图16-16中所定义结构的名字。）我们编写的第一个程序的文件名为write.c，它设置data结构中所有变量的值，调用xdr_data函数把所有字段编码成XDR格式，然后把结果写往标准输出。

图16-18给出了这个程序。

把结构成员设置成某个非零值

12~32　首先把data结构的所有成员设置成某个非零值。对于可变长度成员，我们必须设置一个计数以及这个数目的值。对于带判别式的联合，我们将判别式的值设置为RESULT_INT，对应的结果整数值为123。

分配适当地对齐的缓冲区

33　调用malloc分配XDR例程将往其中存入数据的缓冲区空间。由于该缓冲区必须在某个4字节的边界上对齐，因此简单地静态分配一个char数组不能保证这种对齐要求。

创建XDR内存流

34　运行时库函数xdrmem_create把由buff指向的缓冲区初始化成供XDR用作一个内存流。我们分配一个名为xhandle的XDR类型的变量，并把该变量的地址作为第一个参数传递给该函数。XDR运行时系统在这个变量中维护相关信息（缓冲区指针、缓冲区中的当前位置等）。最后一个参数是XDR_ENCODE，它告诉XDR我们需从主机格式（我们的out结构）转换成XDR格式。

432~433

编码结构

35~36　调用由rpcgen在data_xdr.c文件中生成的xdr_data函数，它把out结构编码成XDR格式。返回值为TRUE表示成功。

sunrpc/xdr1/write.c

```
 1 #include    "unpipc.h"
 2 #include    "data.h"

 3 int
 4 main(int argc, char **argv)
 5 {
 6     XDR     xhandle;
 7     data    out;              /* the structure whose values we store */
 8     char   *buff;             /* the result of the XDR encoding */
 9     char    vop[2];
10     long    vlong[3];
11     u_int   size;

12     out.short_arg = 1;
13     out.long_arg = 2;
14     out.vstring_arg = "hello, world";  /* pointer assignment */

15     out.fopaque_arg[0] = 99;    /* fixed-length opaque */
16     out.fopaque_arg[1] = 88;
17     out.fopaque_arg[2] = 77;

18     vop[0] = 33;                /* variable-length opaque */
19     vop[1] = 44;
20     out.vopaque_arg.vopaque_arg_len = 2;
21     out.vopaque_arg.vopaque_arg_val = vop;

22     out.fshort_arg[0] = 9999;   /* fixed-length array */
23     out.fshort_arg[1] = 8888;
24     out.fshort_arg[2] = 7777;
25     out.fshort_arg[3] = 6666;

26     vlong[0] = 123456;          /* variable-length array */
27     vlong[1] = 234567;
28     vlong[2] = 345678;
29     out.vlong_arg.vlong_arg_len = 3;
30     out.vlong_arg.vlong_arg_val = vlong;

31     out.uarg.result = RESULT_INT; /* discriminated union */
32     out.uarg.union_arg_u.intval = 123;

33     buff = Malloc(BUFFSIZE);   /* must be aligned on 4-byte boundary */
34     xdrmem_create(&xhandle, buff, BUFFSIZE, XDR_ENCODE);

35     if (xdr_data(&xhandle, &out) != TRUE)
36         err_quit("xdr_data error");
37     size = xdr_getpos(&xhandle);
38     Write(STDOUT_FILENO, buff, size);

39     exit(0);
40 }
```

sunrpc/xdr1/write.c

图16-18　初始化data结构并以XDR格式将它写出

获取编码后数据的大小并write

37~38　函数xdr_getpos返回XDR运行时系统在输出缓冲区中的当前位置(也就是待存入的下一字节的字节偏移)，我们用它作为write调用的长度参数。

图16-19给出了我们的read程序，它读入由前一个程序写出的文件，输出data结构所有成员的值。

sunrpc/xdr1/read.c

```
 1 #include    "unpipc.h"
 2 #include    "data.h"

 3 int
 4 main(int argc, char **argv)
 5 {
 6     XDR     xhandle;
 7     int     i;
 8     char   *buff;
 9     data    in;
10     ssize_t n;

11     buff = Malloc(BUFFSIZE);      /* must be aligned on 4-byte boundary */
12     n = Read(STDIN_FILENO, buff, BUFFSIZE);
13     printf("read %ld bytes\n", (long) n);

14     xdrmem_create(&xhandle, buff, n, XDR_DECODE);
15     memset(&in, 0, sizeof(in));
16     if (xdr_data(&xhandle, &in) != TRUE)
17         err_quit("xdr_data error");

18     printf("short_arg = %d, long_arg = %ld, vstring_arg = '%s'\n",
19            in.short_arg, in.long_arg, in.vstring_arg);

20     printf("fopaque[] = %d, %d, %d\n",
21            in.fopaque_arg[0], in.fopaque_arg[1], in.fopaque_arg[2]);

22     printf("vopaque<> =");
23     for (i = 0; i < in.vopaque_arg.vopaque_arg_len; i++)
24         printf(" %d", in.vopaque_arg.vopaque_arg_val[i]);
25     printf("\n");

26     printf("fshort_arg[] = %d, %d, %d, %d\n", in.fshort_arg[0],
27            in.fshort_arg[1], in.fshort_arg[2], in.fshort_arg[3]);

28     printf("vlong<> =");
29     for (i = 0; i < in.vlong_arg.vlong_arg_len; i++)
30         printf(" %ld", in.vlong_arg.vlong_arg_val[i]);
31     printf("\n");

32     switch (in.uarg.result) {
33     case RESULT_INT:
34         printf("uarg (int) = %d\n", in.uarg.union_arg_u.intval);
35         break;
36     case RESULT_DOUBLE:
37         printf("uarg (double) = %g\n", in.uarg.union_arg_u.doubleval);
38         break;
39     default:
40         printf("uarg (void)\n");
41         break;
42     }

43     xdr_free(xdr_data, (char *) &in);

44     exit(0);
45 }
```

sunrpc/xdr1/read.c

图16-19　读入XDR格式的data结构并输出其值

分配适当对齐过的缓冲区

11~13　调用malloc分配一个适当对齐过的缓冲区，把由前一个程序生成的文件读入该缓冲区。

创建XDR内存流，初始化缓冲区，然后解码

14~17　初始化一个XDR内存流，这次指定XDR_DECODE以指示我们希望从XDR格式转换成主机格式。把我们的in结构初始化为0后调用xdr_data，从而把缓冲区buff中的数据解码到in结构中。我们必须把XDR目的地（in结构）初始化为0，因为有些XDR例程（例如xdr_string）需要这样做。xdr_data与我们从图16-18中调用的同名函数是一样的，有变化的是xdrmem_create的最后一个参数：前一个程序中指定的是XDR_ENCODE，本程序中指定的是XDR_DECODE。该值由xdrmem_create保存在XDR句柄（xhandle）中，XDR运行时系统就用它来确定是编码数据还是解码数据。

输出结构的值

18~42　输出我们的data结构的所有成员的值。

释放由XDR分配的任何内存空间

43　调用xdr_free释放XDR运行时系统可能已动态分配的内存空间（参见习题16.10）。

我们在一台Sparc主机上运行write程序，并把标准输出重新定向到一个名为data的文件：

```
solaris % write > data
solaris % ls -l data
-rw-rw-r--   1 rstevens other1       76 Apr 23 12:32 data
```

我们看到文件大小为76字节，这跟图16-20是对应的，该图详细展示了数据的存放情况（19个4字节值）。

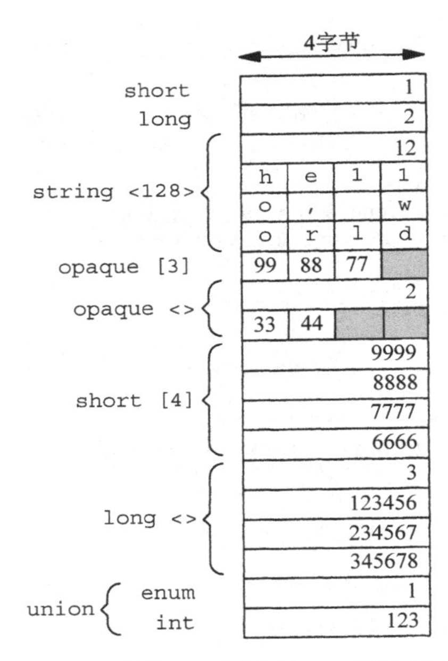

图16-20　由图16-18写出的XDR流的格式

在BSD/OS或Digital Unix下读这个二进制文件，结果跟我们预料的一致：

```
bsdi % read < data
read 76 bytes
short_arg = 1, long_arg = 2, vstring_arg = 'hello, world'
fopaque[] = 99, 88, 77
vopaque<> = 33 44
fshort_arg[] = 9999, 8888, 7777, 6666
```

```
vlong<> = 123456 234567 345678
uarg (int) = 123

alpha % read < data
read 76 bytes
short_arg = 1, long_arg = 2, vstring_arg = 'hello, world'
fopaque[] = 99, 88, 77
vopaque<> = 33 44
fshort_arg[] = 9999, 8888, 7777, 6666
vlong<> = 123456 234567 345678
uarg (int) = 123
```

16.8.2 例子：计算缓冲区的大小

在前一个例子中我们分配了一个长度为BUFFSIZE（该常值在图C-1给出的unpipc.h头文件中定义为8192）的缓冲区，它的大小足够了。不幸的是，没有一种简单方法来计算XDR为一个给定的结构编码所需的总大小。只计算该结构的sizeof值是不对的，因为该结构的每个成员由XDR分别编码。我们必须逐个成员地遍历这个结构，把XDR将用于编码各个成员的大小加在一起。举例来说，图16-21给出了一个有3个成员的结构。

434 ~ 437

sunrpc/xdr1/example.x

```
1 const   MAXC = 4;

2 struct example {
3     short   a;
4     double  b;
5     short   c[MAXC];
6 };
```

sunrpc/xdr1/example.x

图16-21 一个简单结构的XDR说明书文件

图16-22给出的程序计算出XDR编码这个结构所需的字节数为28。

sunrpc/xdr1/example.c

```
 1 #include    "unpipc.h"
 2 #include    "example.h"

 3 int
 4 main(int argc, char **argv)
 5 {
 6     int     size;
 7     example foo;

 8     size = RNDUP(sizeof(foo.a)) + RNDUP(sizeof(foo.b)) +
 9         RNDUP(sizeof(foo.c[0])) * MAXC;
10     printf("size = %d\n", size);
11     exit(0);
12 }
```

sunrpc/xdr1/example.c

图16-22 计算XDR编码所需字节数的程序

8~9 宏RNDUP定义在<rpc/xdr.h>头文件中，它把它的参数向上舍入到下一个BYTES_PER_XDR_UNIT（4）的倍数。对于一个固定长度的数组，使用该宏计算出每个元素的大小后乘以元素数即可。

这种技巧的问题出在可变长度数据类型上。如果我们声明string d<10>，那么所需的最大字节数为RNDUP(sizeof(int))（用于存放长度）加上RNDUP(sizeof(char)*10)（用于存放字符）。但是我们无法计算不带最大值的可变长度数据类型的大小，例如float e<>。最简单的办法是分配一个应该足够大的缓冲区，并检查XDR例程的失败情况（参见习题16.5）。

16.8.3　例子：可选数据

438

XDR说明书文件中有三种指定可选数据的方式，图16-23给出了所有这三种方式。

sunrpc/xdr1/opt1.x

```
 1 union optlong switch (bool flag) {
 2   case TRUE:
 3       long   val;
 4   case FALSE:
 5       void;
 6 };

 7 struct args {
 8     optlong arg1;          /* union with boolean discriminant */
 9     long    arg2<1>;       /* variable-length array with one element */
10     long    *arg3;         /* pointer */
11 };
```

sunrpc/xdr1/opt1.x

图16-23　展示三种指定可选数据的方式的XDR说明书文件

声明一个带布尔型判别式的联合

1~8　定义一个带TRUE和FALSE两个分支的联合，并把某个结构成员定义为该类型。当判别式flag为TRUE时，后跟的是一个long类型的值，否则什么都不跟。XDR运行时系统编码该参数时，它将被编码成以下两种格式之一：

- 值为1（TRUE）的4字节标志后跟一个4字节的值；
- 值为0（FALSE）的4字节标志。

声明可变长度数组

9　指定一个最多一个元素的可变长度数组时，它将被编码成以下两种格式之一：

- 值为1的4字节长度后跟一个4字节的值；
- 值为0的4字节长度。

声明XDR指针

10　成员arg3展示了指定可选数据的一种新方式（它对应于图16-14中的最后一行）。该参数将被编码成以下两种格式之一：

- 值为1的4字节标志后跟一个4字节值；
- 值为0的4字节标志。

这具体取决于编码数据时相应的C指针的值。如果该指针非空，那就使用第一种编码格式（8字节），否则使用第二种编码格式（4字节的0）。当一个可选数据在代码中是通过指针来访问时，这是编码该数据的较为便利的方式。

使得前两个声明产生同样的编码格式的一个实现上的细节是TRUE的值为1，它恰好是只有一个元素的可变长度数组的长度。

图16-24给出了由rpcgen为这个说明书文件产生的.h文件。

439

14~21　尽管所有三个参数都将由XDR运行时系统编码成同样的格式，在C代码中设置和取出它们的值的方法却各不相同。

图16-25是一个简单的程序，它设置上述所有三个参数的值，使得其编码中没有一个long类型的值出现。

sunrpc/xdr1/opt1.h

```
 7 struct optlong {
 8     int     flag;
 9     union {
10         long    val;
11     } optlong_u;
12 };
13 typedef struct optlong optlong;

14 struct args {
15     optlong arg1;
16     struct {
17         u_int   arg2_len;
18         long   *arg2_val;
19     } arg2;
20     long   *arg3;
21 };
22 typedef struct args args;
```

sunrpc/xdr1/opt1.h

图16-24　由rpcgen给图16-23产生的C头文件

sunrpc/xdr1/opt1z.c

```
 1 #include    "unpipc.h"
 2 #include    "opt1.h"

 3 int
 4 main(int argc, char **argv)
 5 {
 6     int     i;
 7     XDR     xhandle;
 8     char   *buff;
 9     long   *lptr;
10     args    out;
11     size_t  size;

12     out.arg1.flag = FALSE;
13     out.arg2.arg2_len = 0;
14     out.arg3 = NULL;

15     buff = Malloc(BUFFSIZE);    /* must be aligned on 4-byte boundary */
16     xdrmem_create(&xhandle, buff, BUFFSIZE, XDR_ENCODE);

17     if (xdr_args(&xhandle, &out) != TRUE)
18         err_quit("xdr_args error");
19     size = xdr_getpos(&xhandle);

20     lptr = (long *) buff;
21     for (i = 0; i < size; i += 4)
22         printf("%ld\n", (long) ntohl(*lptr++));

23     exit(0);
24 }
```

sunrpc/xdr1/opt1z.c

图16-25　使三个参数都不编码long类型值的程序

设置各个值

12~14　把对应第一个参数的联合中的判别式设置为FALSE，把对应第二个参数的可变长度数组的长度设置为0，把对应第三个参数的指针设置为NULL。

分配适当对齐过的缓冲区并编码

15~19　分配一个缓冲区，把我们的out结构编码到一个XDR内存流中。

输出XDR缓冲区

20~22　使用ntohl函数（网络到主机长整数转换函数）把对应于该内存流的缓冲区中的数据从XDR使用的大端字节序转换成当前主机的字节序，然后每个4字节值一次地输出。该输出准确地展示了由XDR运行时系统编码到该缓冲区中的数据。

```
solaris % opt1z
0
0
0
```

正如我们预期的那样，每个参数作为值全为0的4字节编码，指示后面不跟任何值。

图16-26是对前一个程序的修改，它给所有三个参数赋值，把它们编码到一个XDR内存流中，然后输出这个流。

sunrpc/xdr1/opt1.c

```
 1 #include    "unpipc.h"
 2 #include    "opt1.h"

 3 int
 4 main(int argc, char **argv)
 5 {
 6     int      i;
 7     XDR      xhandle;
 8     char    *buff;
 9     long     lval2, lval3, *lptr;
10     args     out;
11     size_t   size;

12     out.arg1.flag = TRUE;
13     out.arg1.optlong_u.val = 5;

14     lval2 = 9876;
15     out.arg2.arg2_len = 1;
16     out.arg2.arg2_val = &lval2;

17     lval3 = 123;
18     out.arg3 = &lval3;

19     buff = Malloc(BUFFSIZE);     /* must be aligned on 4-byte boundary */
20     xdrmem_create(&xhandle, buff, BUFFSIZE, XDR_ENCODE);

21     if (xdr_args(&xhandle, &out) != TRUE)
22         err_quit("xdr_args error");
23     size = xdr_getpos(&xhandle);

24     lptr = (long *) buff;
25     for (i = 0; i < size; i += 4)
26         printf("%ld\n", (long) ntohl(*lptr++));

27     exit(0);
28 }
```

sunrpc/xdr1/opt1.c

图16-26　给来自图16-23的所有三个参数赋值

设置各个值

12~18　为给对应第一个参数的联合赋一个值，我们把它的判别式设置成TRUE，然后设置它的值。为给对应第二个参数的可变长度数据赋一个值，我们把它的长度设置为1，并把与它关联的指针设置成指向它的值。为给对应第三个参数的指针赋一个值，我们把它设置成存放其值的变量的地址。

运行这个程序，输出的是预期的6个4字节值：

```
solaris % opt1
1                判别式值为TRUE
5
1                可变长度数组的长度
9876
1                非空指针变量的标志
123
```

16.8.4 例子：链表处理

有了前面的例子所介绍的编码可选数据的能力后，我们就可以对XDR的指针表示进行扩充，用它来编码和解码含有可变数目元素的链表。我们的例子是一个名-值对（name-value pair）链表，图16-27给出了它的XDR说明书文件。

sunrpc/xdr1/opt2.x

```
1 struct mylist {
2     string  name<>;
3     long    value;
4     mylist *next;
5 };

6 struct args {
7     mylist *list;
8 };
```

sunrpc/xdr1/opt2.x

图16-27 名-值对链表的XDR说明书文件

1~5 我们的mylist结构含有一个名-值对和一个指向下一个结构的指针。该链表中的最后一个结构将有一个值为null的next指针。

图16-28给出了由rpcgen根据图16-27产生的.h文件。

sunrpc/xdr1/opt2.h

```
 7 struct mylist {
 8     char   *name;
 9     long    value;
10     struct mylist *next;
11 };
12 typedef struct mylist mylist;

13 struct args {
14     mylist *list;
15 };
16 typedef struct args args;
```

sunrpc/xdr1/opt2.h

图16-28 对应于图16-27的C声明

图16-29给出的程序先初始化一个含有3个名-值对的链表，然后调用XDR运行时系统对它进行编码。

初始化链表

11~22 分配4个链表项的空间，但只初始化其中3个。第一项为nameval[2]，第二项为nameval[1]，第三项为nameval[0]。链表的头（out.list）设置成&nameval[2]。以这样的顺序初始化该链表是为了展示XDR运行时系统依循指针规则，而且所编码的链表项顺序跟所用的数组元素没有关系。我们还把各个链表项的值初始化成十六进制值，因为长整数值是以十六进制输出的，这使得查看每个字节中的各个ASCII值更为容易。

sunrpc/xdr1/opt2.c

```
 1 #include    "unpipc.h"
 2 #include    "opt2.h"

 3 int
 4 main(int argc, char **argv)
 5 {
 6     int     i;
 7     XDR     xhandle;
 8     long    *lptr;
 9     args    out;                /* the structure that we fill */
10     char    *buff;              /* the XDR encoded result */
11     mylist  nameval[4];         /* up to 4 list entries */
12     size_t  size;

13     out.list = &nameval[2];     /* [2] -> [1] -> [0] */
14     nameval[2].name = "name1";
15     nameval[2].value = 0x1111;
16     nameval[2].next = &nameval[1];
17     nameval[1].name = "namee2";
18     nameval[1].value = 0x2222;
19     nameval[1].next = &nameval[0];
20     nameval[0].name = "nameee3";
21     nameval[0].value = 0x3333;
22     nameval[0].next = NULL;

23     buff = Malloc(BUFFSIZE);    /* must be aligned on 4-byte boundary */
24     xdrmem_create(&xhandle, buff, BUFFSIZE, XDR_ENCODE);

25     if (xdr_args(&xhandle, &out) != TRUE)
26         err_quit("xdr_args error");
27     size = xdr_getpos(&xhandle);

28     lptr = (long *) buff;
29     for (i = 0; i < size; i += 4)
30         printf("%8lx\n", (long) ntohl(*lptr++));

31     exit(0);
32 }
```

sunrpc/xdr1/opt2.c

图16-29　初始化一个链表，对它编码后输出结果

程序的输出表明，前三个链表项之前有一个为1的4字节值（我们既可以认为它是一个可变长度数组值为1的长度，也可以认为它是布尔值TRUE），第四个表项仅由一个为0的4字节值构成，指示链表的结尾。

```
solaris % opt2
       1            后跟一个元素
       5            字符串长度
6e616d65            n a m e
31000000            1，3个填充字节
    1111            相应的值
       1            后跟一个元素
       6            字符串长度
6e616d65            n a m e
65320000            e 2，2个填充字节
    2222            相应的值
       1            后跟一个元素
       7            字符串长度
6e616d65            n a m e
65653300            e e 3，1个填充字节
```

```
   3333                        相应的值
      0                        后面不跟元素：链表尾
```

当XDR给这种格式的链表解码时，它将给链表项和指针动态分配内存空间，并把各个指针链接起来，以允许我们在C中方便地遍历整个链表。

16.9　RPC 分组格式

图16-30展示了封装在一个TCP分节中的一个RPC请求的格式。

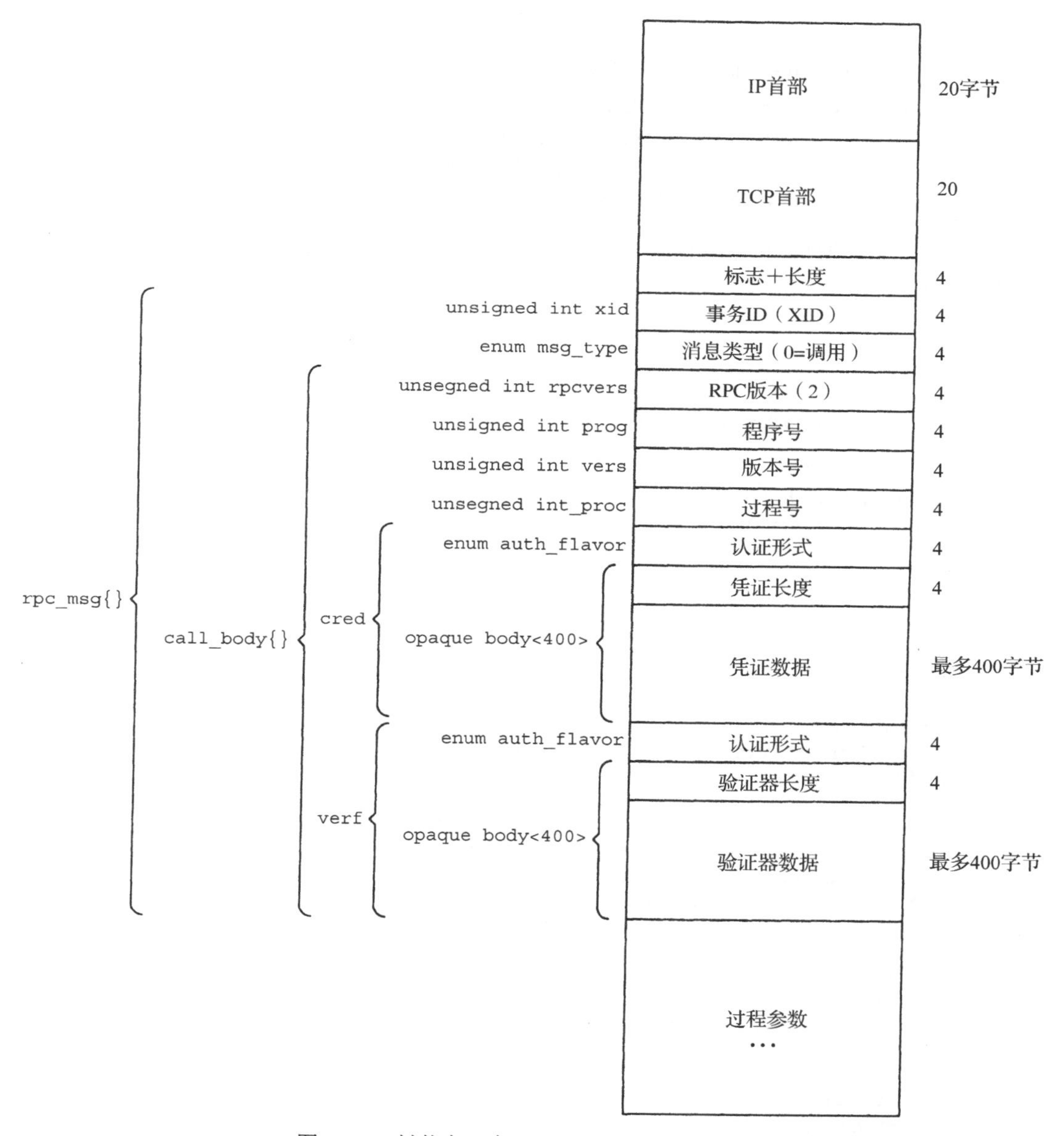

图16-30　封装在一个TCP分节中的RPC请求

既然TCP是一个字节流，不提供消息边界，因此应用程序必须提供界定各个消息的某种方法。Sun RPC定义了既可作为请求也可作为应答的记录（record），每个记录由一个或多个片段（fragment）构成。每个片段以一个4字节值开头：其中最高位是最终片段的标志，低序31位是计数。如果最终片段标志位为0，那么构成当前记录的还有别的片段。

这个4字节值跟所有的4字节XDR整数一样，是以大端字节序传送的，但是本字段却不在标准的XDR格式中，因为XDR并不传送位字段。

如果所用的是UDP而不是TCP，那么紧跟在UDP首部之后的第一个字段是XID，如图16-32所示。

440
~
445

使用TCP时，RPC请求和应答的大小几乎不存在限制，因为可使用任意数目的片段，而每个片段又有一个31位的长度字段。然而使用UDP时，请求和应答都必须适合单个UDP数据报，而一个数据报能容纳的最大数据量是65507字节（假设网络协议为IPv4）。先于TI-RPC软件包的许多实现还把请求或应答的大小进一步限制到8192字节左右，因此如果请求或应答需要多于约8000字节的话，那就得改用TCP。

我们现在给出取自RFC 1831的一个RPC请求的真正XDR说明书。图16-30中给出的名字就出自该说明书。

```
enum auth_flavor {
  AUTH_NONE  = 0;
  AUTH_SYS   = 1;
  AUTH_SHORT = 2
    /* and more to be defined */
};

struct opaque_auth {
   auth_flavor  flavor;
   opaque       body<400>;
};

enum msg_type {
   CALL  = 0;
   RELAY = 1
};
struct call_body {
   unsigned intrpcvers;    /* RPC version: must be 2 */
   unsigned intprog;       /* program number */
   unsigned intvers;       /* version number */
   unsigned intproc;       /* procedure number */
   opaque_auth cred;       /* caller's credentials */
   opaque_auth verf;       /* caller's verifier */
     /* procedure-specific parameters start here */
};

struct rpc_msg {
   unsigned int  xid;
   union switch (msg_type  mtype) {
   case CALL:
      call_body   cbody;
   case REPLY:
      reply_body  rbody;
   } body;
};
```

含有凭证和验证器的可变长度不透明数据的内容取决于认证形式。对于空认证（默认形式）来说，该不透明数据的长度应为0。对于Unix认证来说，该不透明数据含有如下信息：

```
struct authsys_parms {
  unsigned int  stamp;
  string        machinename<255>;
  unsigned int  uid;
  unsigned int  gid;
  unsigned int  gids<16>;
};
```

446

当凭证的认证形式为AUTH_SYS时，验证器的认证形式应为AUTH_NONE。

RPC应答的格式比请求的格式复杂，因为请求中可能发生错误。图16-31展示了RPC应答的各种可能。

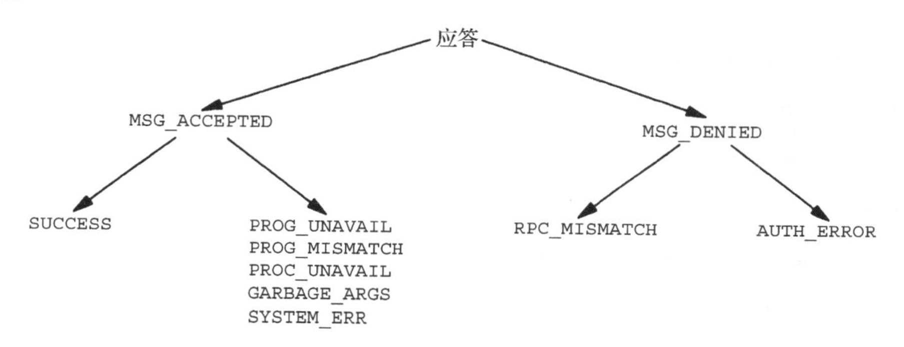

图16-31 可能的RPC应答

图16-32展示了一个成功的RPC应答的格式，不过这一次封装在一个UDP数据报中。

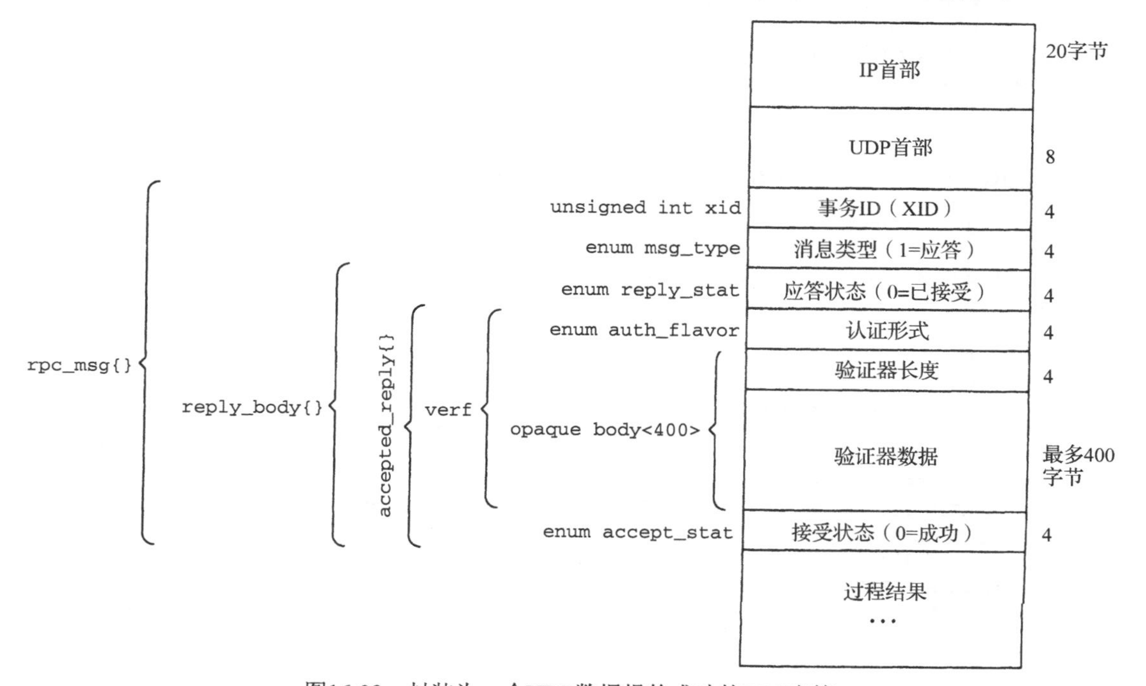

图16-32 封装为一个UDP数据报的成功的RPC应答

我们现在给出取自RFC 1831的一个RPC应答的真正XDR说明书。

```
enum reply_stat {
  MSG_ACCEPTED = 0;
  MSG_DENIED   = 0
};

enum accept_stat {
  SUCCESS       = 0,   /* RPC executed successfully */
  PROG_UNAVAIL  = 1,   /* program # unavailable */
  PROG_MISMATCH = 2,   /* version # unavailable */
  PROC_UNAVAIL  = 3,   /* procedure # unavailable */
  GARBAGE_ARGS  = 4,   /* cannot decode arguments */
  SYSTEM_ERR    = 5    /* memory allocation failure, etc. */
};

struct accepted_reply {
  opaque_auth  verf;
  union switch (accept_stat  stat) {
  case SUCCESS:
    opaque  results[0];    /* procedure-specific results start here */
  case PROG_MISMATCH:
    struct {
      unsigned int  low;   /* lowest version # supported */
      unsigned int  high;  /* highest version # supported */
    } mismatch_info;
  default: /* PROG_UNAVAIL, PROC_UNAVAIL, GARBAGE_ARGS, SYSTEM_ERR */
    void;
  } reply_data;
};

union reply_body switch (reply_stat  stat) {
  case MSG_ACCEPTED:
    accepted_reply  areply;
  case MSG_DENIED:
    rejected_reply  rreply;
} reply;
```

如果RPC版本号有误，或者发生认证错误，服务器就可能拒绝调用请求。

```
enum reject_stat {
  RPC_MISMATCH = 0,    /* RPC version number not 2 */
  AUTH_ERROR   = 1     /* authentication error */
};

enum auth_stat {
  AUTH_OK            = 0,   /* success */
       /* following are failures at server end */
  AUTH_BADCRED       = 1,   /* bad credential (seal broken) */
  AUTH_REJECTEDCRED  = 2,   /* client must begin new session */
  AUTH_BADVERF       = 3,   /* bad verifier (seal broken) */
  AUTH_REJECTEDVERF  = 4,   /* verifier expired or replayed */
  AUTH_TOOWEAK       = 5,   /* rejected for security reasons */
       /* following are failures at client end */
  AUTH_INVALIDRESP   = 6,   /* bogus response verifier */
  AUTH_FAILED        = 7    /* reason unknown */
};

union rejected_reply switch (reject_stat  stat) {
  case RPC_MISMATCH:
```

```
    struct {
      unsigned int  low;   /* lowest RPC version # supported */
      unsigned int  high;  /* highest RPC version # supported */
    } mismatch_info;
  case AUTH_ERROR:
    auth_stat  stat;
};
```

16.10 小结

Sun RPC允许我们编写分布式应用程序，让客户运行在一台主机上，服务器运行在另一台主机上。我们首先定义了客户能够调用的服务器过程，然后编写了一个描述这些过程的参数和返回值的RPC说明书文件。我们接着编写了调用服务器过程的客户程序main函数以及服务器过程本身。客户程序的代码看起来只是简单地调用服务器过程，但在其背后，各种各样的RPC运行时例程隐藏了网络通信正在发生的事实。

rpcgen程序是构建使用RPC的应用程序的一个基本工具。它读入我们的说明书文件，产生客户程序存根和服务器程序存根，同时产生调用所需XDR运行时例程以处理所有数据转换的函数。XDR运行时系统也是构建使用RPC的应用程序过程中的一个基本部件。XDR定义了在不同的系统间交换各种数据格式的一种标准方法，这些系统可能具有不同的整数大小、不同的字节序、不同的浮点数格式等。正如我们所示的那样，XDR可独立于RPC软件包单独使用，其目的纯粹是为了以一种标准的格式交换数据，而数据的交换可以使用任意形式的真正传送数据的通信手段（例如使用套接字或XTI编写的程序、软盘、CD-ROM等）。

447
~
449

Sun RPC提供了自己的命名形式，这种命名使用32位程序号、32位版本号和32位过程号。运行一个RPC服务器的每台主机必须运行一个名为端口映射器（现在称为RPCBIND）的程序。RPC服务器捆绑临时的TCP和UDP端口后向端口映射器注册，从而把这些临时端口与由服务器提供的程序号和版本号关联起来。当一个RPC客户启动时，它首先跟服务器主机上的端口映射器联系以获取所需的端口号，然后跟服务器本身联系，通常情况下要么使用TCP，要么使用UDP。

默认情况下，RPC客户不提供任何认证信息，RPC服务器则处理所收到的任何客户请求。这跟我们使用套接字或XTI编写自己的客户-服务器程序一样。Sun RPC提供了另外三种认证形式：Unix认证（提供客户的主机名、用户ID和组ID）、DES认证（基于私钥和公钥加密技术）和Kerberos认证。

理解作为底层支撑的RPC软件包中的超时和重传策略对于使用RPC（或进行任何形式的网络编程）至关重要。当使用诸如TCP这样的可靠传输层时，RPC客户只需要一个总超时，因为任何丢失或重复的分组都是由传输层完全处理的。然而当使用诸如UDP这样的不可靠传输层时，除总超时外，RPC软件包还有一个重试超时。RPC客户使用事务ID来验证某个接收到的应答是所期望的应答。

任何过程调用可划归为具有正好一次语义、最多一次语义或最少一次语义。对于本地过程调用，我们通常忽略这些问题，但是对于RPC，我们必须清楚这几种语义的差异，并理解等势过程（能够不出问题地调用任意多次的过程）和非等势过程（必须只调用一次的过程）之间的差别。

Sun RPC是一个庞大的软件包，而我们只是触及了它的皮毛而已。不过有了本章中讨论的基本知识后，就能编写出完整的应用程序。rpcgen的使用隐藏了许多细节，并简化了代码编写工作。Sun的手册中把使用RPC的代码编写工作划分成多个级别——简化的接口、顶级、中间级、专家级和底级，不过这样的划分毫无意义。RPC运行时系统总共提供164个函数，划分成以下六类：

- 11个auth_函数（认证）；
- 26个clnt_函数（客户方）；
- 5个pmap_函数（端口映射器访问）；
- 24个rpc_函数（一般性）；
- 44个svc_函数（服务器方）；
- 54个xdr函数（XDR转换）。

比较一下，套接字API和XTI API分别有约25个函数，门API、Posix和System V各自的消息队列API、信号量API和共享内存区API分别有少于10个的函数。处理Posix线程的函数有15个，处理Posix条件变量的函数有10个，处理Posix读写锁的函数有11个，处理fcntl记录上锁的函数只有1个。

450

习题

16.1 当启动某个RPC服务器时，它向端口映射器注册其自身。如果终止该服务器（譬如说使用终端中断键），那么它的注册会有什么变化？如果发往该服务器的某个客户请求在此后某个时刻到达，那会发生什么？

16.2 假设有一个基于UDP使用RPC的客户-服务器系统，它没有服务器应答高速缓存。客户发送一个请求给服务器，但是服务器将其应答发回要花20秒。客户在15秒后超时，导致服务器过程被再次调用。该服务器的第二个应答将发生什么？

16.3 XDR的string数据类型总是编码成在一个长度之后跟以其各个字符。如果我们想要定长的字符串，譬如说以char c[10]代替string s<10>，那么需做哪些变动？

16.4 把图16-16中string的最大大小由128改为10，然后运行write程序，发生了什么？现在把最大长度指定符从string声明中去掉，也就是说写成string vstring_arg<>，比较修改前后分别产生的data_xdr.c文件，有什么变化？

16.5 把图16-18中xdrmem_create的第三个参数（缓冲区大小）改为50，看发生了什么。

16.6 在16.5节中我们讲述了当使用UDP时可被启用的重复请求高速缓存。我们可以说TCP维护着自己的重复请求高速缓存。这具体指什么，另外这个TCP重复请求高速缓存有多大？（提示：TCP是如何检测收到重复数据的？）

16.7 给定唯一标识服务器重复请求高速缓存中每一项的那5个元素，当比较某个新的请求和高速缓存中各个项时，这5个值以怎样的顺序进行比较所需比较次数最少？

16.8 观察16.5节中使用TCP的客户-服务器系统的真正分组传递，可看到请求分节的大小为48字节，应答分节的大小为32字节（忽略IPv4首部和TCP首部）。分析这两个大小（例如如图16-30和图16-32那样）。如果改用UDP代替TCP，那么这两个大小是多少？

16.9 在不支持线程的系统上的RPC客户能调用编译成支持线程的服务器过程吗？我们在16.2节中叙述的调用参数上的差异情况怎么样？

16.10 在图16-19的read程序中，我们分配读入文件用的缓冲区空间，而该缓冲区中含有指针vstring_arg。请问由vstring_arg所指的字符串存放在哪儿？修改该程序以验证你的假设。

16.11 Sun RPC把空过程（null procedure）定义为过程号为0的过程（这就是我们总是以1开始过程编号的原因，如图16-1所示）。另外，由rpcgen生成的每个服务器存根自动定义该过程（这一点只需查看由本章中的例子生成的任何服务器存根就能轻而易举地验证）。空过程不需要参数，也不返回东西，往往用于验证给定服务器正在运行，或者测量到服务器的往返时间。然而要是我们查看客户存根，那么会发现rpcgen并没有给空过程产生存根。查看clnt_call函数的手册页面，并用它来对本章中给出的任意一个服务器调用空过程。 451

16.12 图A-2中对于使用UDP的Sun RPC来说，为什么不存在消息大小为65536的项？图A-4中对于使用UDP的Sun RPC来说，为什么不存在消息大小为16384和32768的项？

16.13 验证在图16-19中省略xdr_free调用将引入内存空间泄漏（memory leak）。在调用xdrmem_create的紧前插入以下语句：

```
for ( ; ; ) {
```

再把配对的右花括弧放在调用xdr_free的紧前。运行该程序，使用ps观察它的内存空间大小。然后把配对的右花括弧改放到调用xdr_free之后，再运行该程序，观察它的内存空间大小。 452

后　　记

本书详细讲述了用于进程间通信（IPC）的四种不同技术：

(1) 消息传递（管道、FIFO、Posix和System V消息队列）；

(2) 同步（互斥锁、条件变量、读写锁、文件和记录锁、Posix和System V信号量）；

(3) 共享内存区（匿名共享内存区、有名Posix共享内存区、有名System V共享内存区）；

(4) 过程调用（Solaris门、Sun RPC）。

消息队列和过程调用往往单独使用，也就是说它们通常提供了自己的同步机制。相反，共享内存区通常需要某种由应用程序提供的同步形式才能正确工作。同步技术有时候单独使用，也就是说不涉及其他形式的IPC。

讨论了共16章的细节后，很显然的一个问题是：解决某个特定问题应使用哪种形式的IPC？遗憾的是不存在关于IPC的简单判定。Unix提供的类型如此之多的IPC表明，不存在解决全部（或者甚至于大部分）问题的单一办法。你能做的仅仅是：逐渐熟悉各种IPC形式提供的机制，然后根据特定应用的要求比较它们的特性。

我们首先列出必须考虑的四个前提，因为它们对于你的应用程序相当重要。

(1) 连网的（networked）还是非连网的（nonnetworked）。我们假设已作出这个决定，IPC就是用于单台主机上的进程或线程间的。如果应用程序有可能散布到多台主机上，那就考虑使用套接字代替IPC，从而简化以后向连网的应用程序转移的工作。

453

(2) 可移植性（portability）。回想图1-5，几乎所有Unix系统都支持Posix管道、Posix FIFO和Posix记录上锁。到了1998年，大多数Unix系统支持System V IPC（消息、信号量和共享内存区），而支持Posix IPC（消息、信号量和共享内存区）的仅有几个系统。Posix IPC应该出现更多实现，然而（遗憾的是）它在Unix 98中只是个选项。许多Unix系统支持Posix线程（包括互斥锁和条件变量在内），或者应在不久的将来支持它们。有些支持Posix线程的系统不支持互斥锁和条件变量的进程间共享属性。Unix 98需要的读写锁应被Posix所采纳，而且许多版本的Unix已在支持某种类型的读写锁。内存映射I/O得到广泛支持，大多数Unix系统还提供匿名内存映射（或者使用`/dev/zero`，或者使用`MAP_ANON`）。几乎所有Unix系统都可使用Sun RPC，门则是Solaris特有的特性（到目前为止是这样）。

(3) 性能（performance）。如果性能是应用程序设计中的一个关键前提，那就在你自己的系统上运行附录A中开发的程序。更好的做法是，把这些程序修改成模拟特定应用的实际环境，再在这样的环境中测量它们的性能。

(4) 实时调度（realtime scheduling）。如果你的应用需要这一特性，而且你的系统支持Posix实时调度选项，那就考虑使用Posix的消息传递和同步函数（消息队列、信号量、互斥锁、条件变量）。举例来说，当某个线程挂出一个有多个线程阻塞在其上的信号量时，待解阻塞的线程是以一种适合于所阻塞线程的调度策略和参数的方式选择的。相反，System V信号量不能保证实时调度。

为帮助理解各种类型IPC的一些特性和局限，我们汇总了它们的一些主要差异。

- 管道和FIFO是字节流，没有消息边界。Posix消息和System V消息则有从发送者向接收者维护的记录边界。（考虑到UNPv1中讲述的网际协议族，TCP是没有记录边界的字节流，UDP则提供具有记录边界的消息。）
- 当有一个消息放置到一个空队列中时，Posix消息队列可向一个进程发送一个信号，或者启动一个新的线程。System V消息队列不提供类似的通知形式。这两种消息队列都不能直接跟`select`或`poll`（UNPv1的第6章）一起使用，不过我们分别在图5-14和6.9节中提供了间接的方法。
- 管道或FIFO中的数据字节是先进先出的。Posix消息和System V消息具备由发送者赋予的优先级。从一个Posix消息队列读出消息时，首先返回的总是具有最高优先级的消息。从一个System V消息队列读出时，读出者可以请求所想要的任意优先级的消息。 454
- 当有一个消息放置到一个Posix或System V消息队列，或者写到一个管道或FIFO时，只有一个副本递交给刚好一个线程。这些IPC形式不存在窥探能力（即类似于套接字API的`MSG_PEEK`标志，UNPv1的13.7节[①]），它们的消息也不能广播或多播到多个接收者（这对于使用UDP协议的套接字程序和XTI程序是可能的，UNPv1第18章和第19章）。
- 互斥锁、条件变量和读写锁都是无名的，也就是说它们是基于内存的。它们能够很容易地在单个进程内的不同线程间共享。然而只有当它们存放在不同进程间共享的内存区中时，它们才可能为这些进程所共享。而Posix信号量就有两种形式：有名的和基于内存的。有名信号量总能在不同进程间共享（因为它们是用Posix IPC名字标识的），基于内存的信号量也能在不同进程间共享，条件是必须存放在这些进程间共享的内存区中。System V信号量也是有名的，不过所用的是`key_t`数据类型，它往往是从某个文件的路径名获取的。这些信号量能够很容易地在不同进程间共享。
- 如果持有某个锁的进程没有释放它就终止，内核就自动释放`fcntl`记录锁。System V信号量将这一特性作为一个选项提供。互斥锁、条件变量、读写锁和Posix信号量不具备该特性。
- 每个`fcntl`锁都与通过其相应描述符访问的文件中的某个字节范围（我们称之为一个“记录”）相关联。读写锁则不与任何类型的记录关联。
- Posix共享内存区和System V共享内存区都具有随内核的持续性。它们一直存在到被显式地删除为止，即使当前没有任何进程在使用它们也这样。
- Posix共享内存区对象的大小可在其使用期间扩张。System V共享内存区的大小则是在创建时固定下来的。
- System V IPC所存在的三种内核限制往往需要系统管理员对它们进行调整，因为它们的默认值通常不能满足现实应用的需要（3.8节）。Posix IPC所存在的三种内核限制则通常根本不需要调整。
- 有关System V IPC对象的信息（当前大小、属主ID、最后修改时间，等等）可使用三个*XXX*`ctl`函数的`IPC_STAT`命令获取，也可执行`ipcs`命令获取。有关Posix IPC对象的信息则不存在标准的获取方式。如果这些对象是用文件系统中的文件实现的，而且我们知道从Posix IPC名字到路径名的映射关系，那么这些对象的信息可使用`stat`函数或`ls`命令获取。但是如果这些对象不是使用文件实现的，那么可能获取不了这样的信息。 455
- 在众多的同步技术——互斥锁、条件变量、读写锁、记录锁、Posix信号量和System V信

① 此处为UNPv1第2版英文原版书节号，第3版为14.3节。——编者注

号量——中，可从信号处理程序中调用的函数（图5-10）只有sem_post和fcntl。

- 在众多的消息传递技术——管道、FIFO、Posix消息队列和System V消息队列——中，可从一个信号处理程序中调用的函数只有read和write（适用于管道和FIFO）。
- 在所有的消息传递技术中，只有门向服务器准确地提供了客户的标识（15.5节）。在5.4节中我们提到过，另外两种消息传递类型也标识客户：BSD/OS在使用Unix域套接字时提供这种标识（UNPv1的14.8节[①]），SVR4则在通过某个管道传递一个描述符时通过同一个管道传递发送者的标识（APUE的15.3.1节）。

456

① 此处为UNPv1第2版英文原版书节号，第3版为15.2节。——编者注

附录A

性能测量

A.1 概述

本书讨论了六种类型的消息传递：

- 管道；
- FIFO；
- Posix消息队列；
- System V消息队列；
- 门；
- Sun RPC。

和五种类型的同步：

- 互斥锁和条件变量；
- 读写锁；
- `fcntl`记录上锁；
- Posix信号量；
- System V信号量。

我们现在开发一些简单的程序来测量这些IPC类型的性能，这样有助于我们就何时该使用某种特定形式的IPC做出明智的决策。

比较不同形式的消息传递时，我们感兴趣的是以下两种测量尺度。

(1) 带宽（bandwidth）：数据通过IPC通道转移的速度。为测量该值，我们从一个进程向另一个进程发送大量数据（几百万字节）。我们还给不同大小的I/O操作（例如管道和FIFO的`write`和`read`操作）测量该值，期待发现带宽随每个I/O操作数据量的增长而增长的规律。

(2) 延迟（latency）：一个小的IPC消息从一个进程到另一个进程再返回所花的时间。我们测量的是只有1字节的消息从一个进程到另一个进程再回来的时间（往返时间）。

在现实世界中，带宽告诉我们大块数据通过一个IPC通道发送出去需花多长时间，然而IPC也用于传送小的控制消息，系统处理这些小消息所需的时间就由延迟提供。这两个数都很重要。

为测量各种同步形式的性能，我们来修改将处于共享内存区中的一个计数器持续加1的程序，该程序或者由多个线程给该计数器每次加1，或者由多个进程给该计数器每次加1。既然加1是个简单的操作，因此它所需的时间差不多由同步原语操作的时间决定。

> 本附录中用于测量各种形式IPC之性能的简单程序大体上基于［McVoy and Staelin 1996］中描述的`lmbench`标准测量程序（benchmark）套件。这是一套复杂精致的标准测量程序，用于测量一个Unix系统的许多特征（上下文切换时间、I/O吞吐量等），而不光是IPC。
>
> 本附录中给出的各个数值是为让我们比较本书中讲述的各种技术而提供的。所暗含的一

个动机是展示测量这些值是多么简单。在从各种技术中作出选择之前，你必须测量自己的系统的这些性能数值。不幸的是，就像测量数值之易的程度一样，当检测到反常现象时，在没法访问出问题的内核或函数库的源代码的情况下，解释起来往往非常困难。

A.2 结果

现在汇总出自本附录的所有结果，目的是在逐个查看我们给出的各个程序的过程中提供方便的指引。

用于所有测量的两个系统是运行Solaris 2.6的一台SparcStation 4/110和运行Digital Unix 4.0B的一台Digital Alpha（DEC 3000型号300，Pelican）。往该Solaris系统的/etc/system文件中添加了以下各行：

```
set msgsys:msginfo_msgmax = 16384
set msgsys:msginfo_msgmnb = 32768
set msgsys:msginfo_msgseg = 4096
```

这样允许在System V消息队列中出现大小为16384字节的消息（图A-2）。通过作为sysconfig程序的输入指定以下各行，对该Digital Unix系统进行同样的修改：

```
ipc:
        msg-max = 16384
        msg-mnb = 32768
```

458

A.2.1 消息传递带宽结果

图A-2列出了在运行Solaris 2.6的一台Sparc主机上测得的带宽结果，图A-3图示了这些值。图A-4列出了在运行Digital Unix 4.0B的一台Alpha主机上测得的带宽结果，图A-5图示了这些值。

正如我们可能预期的那样，带宽通常随消息大小的增长而增长。由于System V消息队列的实现具有较小的内核限制值（3.8节），因此最大的消息是16384字节，而且即使对于这个大小的消息，内核默认值也不得不增加。Solaris系统的带宽在4096字节以上时减小的可能原因在于内部消息队列限制的配置。为跟UNPv1比较，我们还给出了TCP套接字和Unix域套接字的值。这两个值是使用lmbench软件包中的程序测得的，只使用了大小为65536字节的一种消息。对于TCP套接字的测量，它的两个进程处于同一台主机中。

A.2.2 消息传递延迟结果

图A-1列出了在Solaris 2.6和Digital Unix 4.0B下测得的延迟结果。

	延迟（μs）								
	管道	Posix消息队列	System V消息队列	门	Sun RPC TCP	Sun RPC UDP	TCP套接字	UDP套接字	Unix域套接字
Solaris 2.6	324	584	260	121	1891	1677	798	755	465
DUnix 4.0B	574	995	625		1648	1373	848	639	289

图A-1 使用各种形式的IPC交换一个1字节消息的延迟

在A.4节中我们将给出测量其中前6个值的程序，剩下3个值则出自lmbench套件。对于TCP和UDP的测量，它们的两个进程都处于同一台主机中。

459

消息大小	带宽（MB/s）							
	管道	Posix消息队列	System V消息队列	门	Sun RPC TCP	Sun RPC UDP	TCP套接字	Unix域套接字
1024	6.3	3.7	4.9	6.3	0.5	0.5		
2048	8.7	5.3	6.3	10.0	0.9	1.0		
4096	9.8	8.4	6.6	12.6	1.6	2.8		
8192	12.7	10.2	5.8	14.4	2.4	2.8		
16384	13.1	11.6	6.1	16.8	3.2	3.4		
32768	13.2	13.4		11.4	3.5	4.3		
65536	13.7	14.4		12.2	3.7		13.2	11.3

图A-2 各种类型消息传递的带宽（Solaris 2.6）

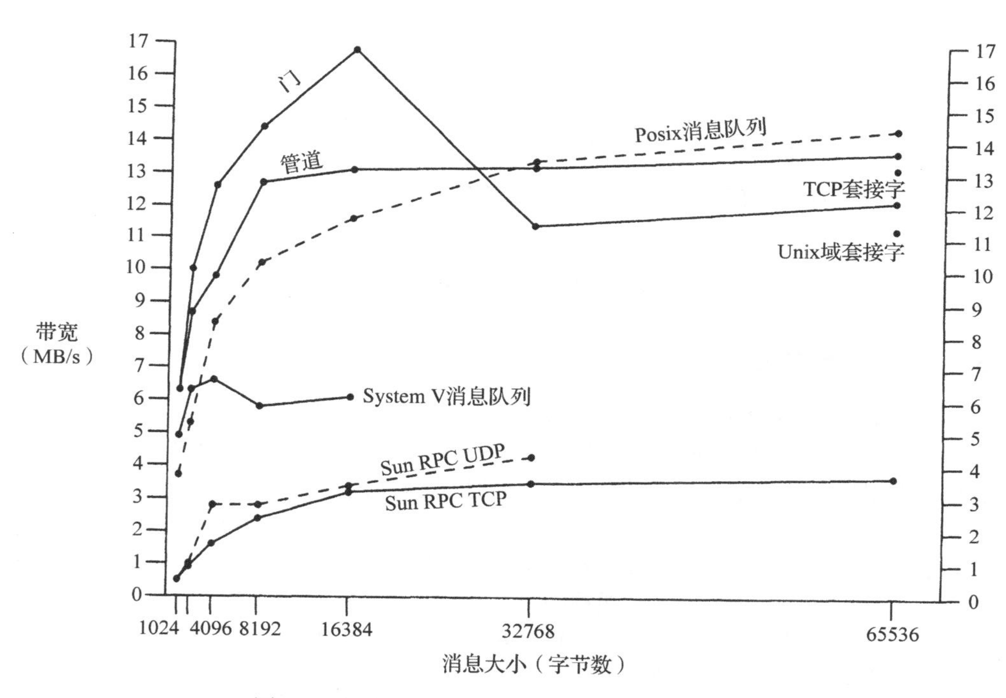

图A-3 各种类型消息传递的带宽（Solaris 2.6）

460

消息大小	带宽（MB/s）						
	管道	Posix消息队列	System V消息队列	Sun RPC TCP	Sun RPC UDP	TCP套接字	Unix域套接字
1024	9.9	1.8	12.7	0.6	0.6		
2048	15.2	3.5	15.0	0.8	1.0		
4096	17.1	5.9	21.1	1.3	1.8		
8192	16.5	8.6	17.1	1.8	2.5		
16384	17.3	11.7	17.3	2.3			
32768	15.9	14.0		2.6			
65536	14.2	9.4		2.8		4.6	18.0

图A-4 各种类型消息传递的带宽（Digital Unix 4.0B）

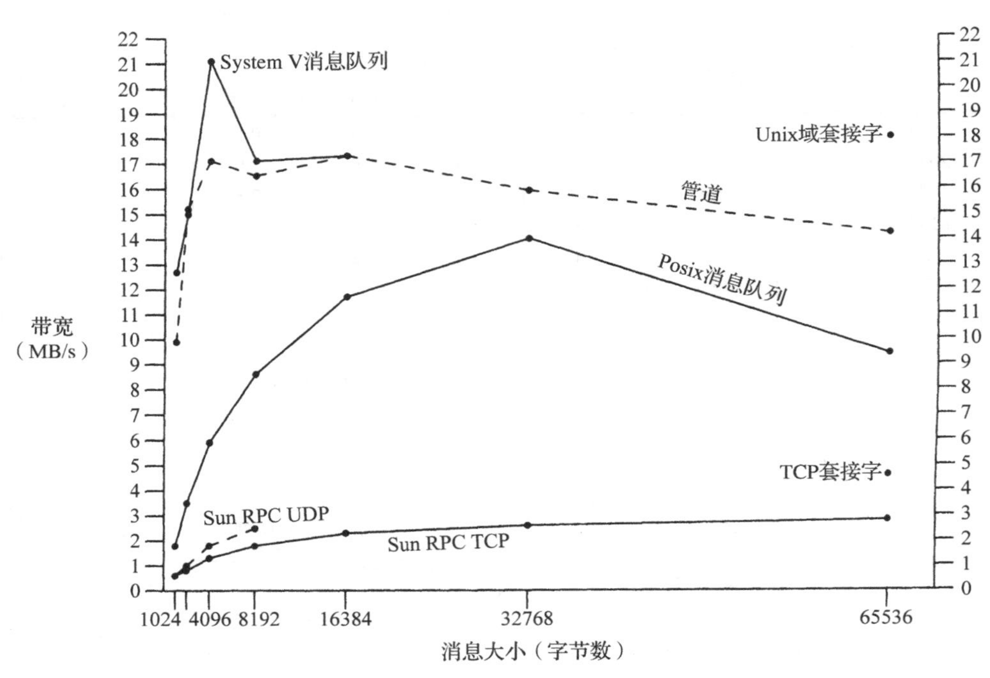

461

图A-5　各种类型消息传递的带宽（Digital Unix 4.0B）

A.2.3　线程同步结果

图A-6列出了Solaris 2.6下使用各种形式的同步，由一个或多个线程给处于共享内存区中的一个计数器持续加1所需的时间，图A-7图示了这些值。每个线程给该计数器加1共1 000 000次，这样的线程数则从1到5变化。图A-8列出了Digital Unix 4.0B下的这些值，图A-9图示了这些值。

增加线程数的原因在于验证使用同步技术的代码是正确的，并查看时间是否随线程数的增加而开始非线性地增长。对于`fcntl`记录上锁我们只能测量单个线程，因为这种同步形式工作于进程间，而不是单个进程内的多个线程间。

Digital Unix下，线程数多于一个时两种Posix信号量类型的时间变得非常大，表明存在某种类型的反常。我们没有图示这些值。

出现这些比预期值大的数值的可能原因之一是，本程序是一个病态的同步测试程序。也就是说，各个线程除同步外什么都不干，因而其中的锁基本上所有时间都为某个线程所锁住。既然默认情况下线程是以进程竞用范围属性创建的，因此每当一个线程失去它的时间片时，它可能仍持有该锁，于是切换来运行的新线程可能立即阻塞。

线程数	给共享内存区中的一个计数器持续加1所需时间（s）						
	Posix 互斥锁	读写锁	Posix 基于内存信号量	Posix 有名信号量	System V 信号量	带UNDO的 System V信号量	`fcntl` 记录上锁
1	0.7	2.0	4.5	15.4	16.3	21.1	89.4
2	1.5	5.4	9.0	31.1	31.5	37.5	
3	2.2	7.5	14.4	46.5	48.3	57.7	
4	2.9	13.7	18.2	62.5	65.8	75.8	
5	3.7	19.7	22.8	76.8	81.8	90.0	

图A-6　给处于共享内存区中的一个计数器持续加1所需的时间（Solaris 2.6）

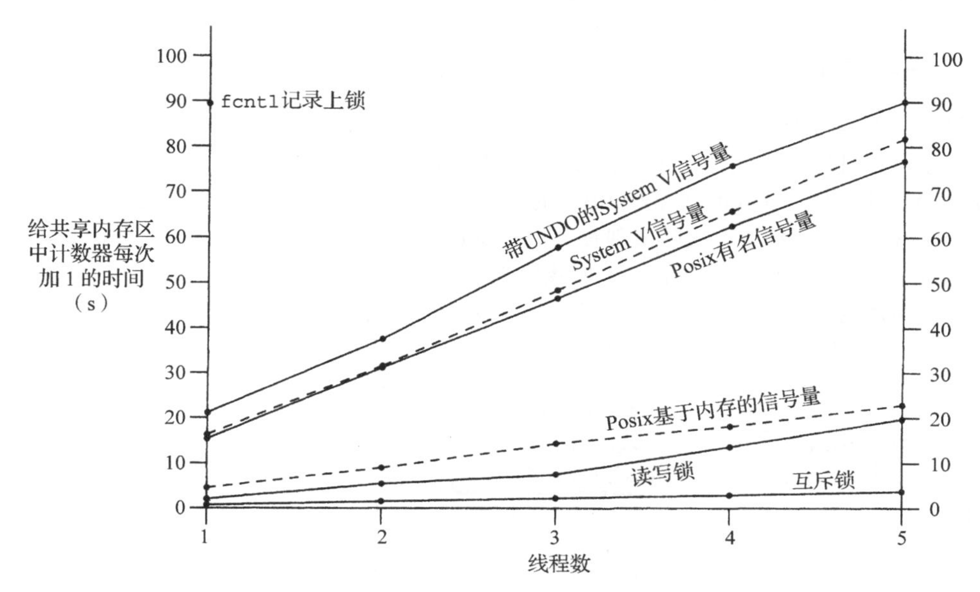

图A-7　给处于共享内存区中的一个计数器持续加1所需的时间（Solaris 2.6）

线程数	给共享内存区中的一个计数器持续加1所需时间（s）						
	Posix互斥锁	读写锁	Posix基于内存信号量	Posix有名信号量	System V信号量	带UNDO的System V信号量	fcntl记录上锁
1	2.9	12.9	13.2	14.2	26.6	46.6	96.4
2	11.4	40.8	742.5	771.6	54.9	93.9	
3	28.4	73.2	1080.5	1074.7	84.5	141.9	
4	49.3	95.0	1534.1	1502.2	109.9	188.4	
5	67.3	126.3	1923.3	1764.1	137.3	233.6	

图A-8　给处于共享内存区中的一个计数器持续加1所需的时间（Digital Unix 4.0B）

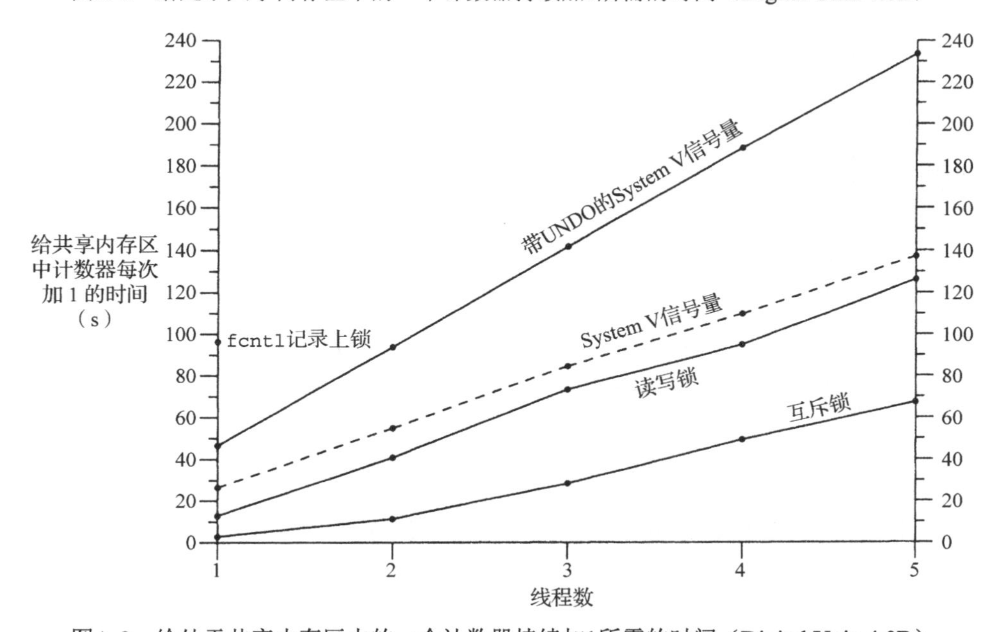

图A-9　给处于共享内存区中的一个计数器持续加1所需的时间（Digital Unix 4.0B）

A.2.4　进程同步结果

图A-6、图A-7、图A-8和图A-9展示了各种同步技术用于同步单个进程内的各个线程时测得的结果。图A-10和图A-11给出了Solaris 2.6下在不同进程间共享计数器时这些同步技术的性能。图A-12和图A-13给出了Digital Unix 4.0B下的进程同步结果。这些结果与对应的线程同步结果类似，不过两种Posix信号量形式的值现在类似于Solaris的结果。我们只画出了fcntl记录上锁的第一个值，因为其余各值太大了。正如我们在7.2节中注出的那样，Digital Unix 4.0B不支持PTHREAD_PROCESS_SHARED特性，因此我们无法测量不同进程间的互斥锁值。在Digital Unix下当涉及多个进程时，我们再次看到了Posix信号量的某种类型的反常。

进程数	给共享内存区中的一个计数器持续加1所需时间（s）						
	Posix互斥锁	读写锁	Posix基于内存信号量	Posix有名信号量	System V信号量	带UNDO的System V信号量	fcntl记录上锁
1	0.8	1.9	13.6	14.3	17.3	22.1	90.7
2	1.6	3.9	29.2	29.2	34.9	41.6	244.5
3	2.3	6.4	41.6	42.9	54.0	60.1	376.4
4	3.1	12.2	57.3	58.8	72.4	81.9	558.0
5	4.0	20.4	70.4	73.5	87.8	102.6	764.0

图A-10　给处于共享内存区中的一个计数器持续加1所需的时间（Solaris 2.6）

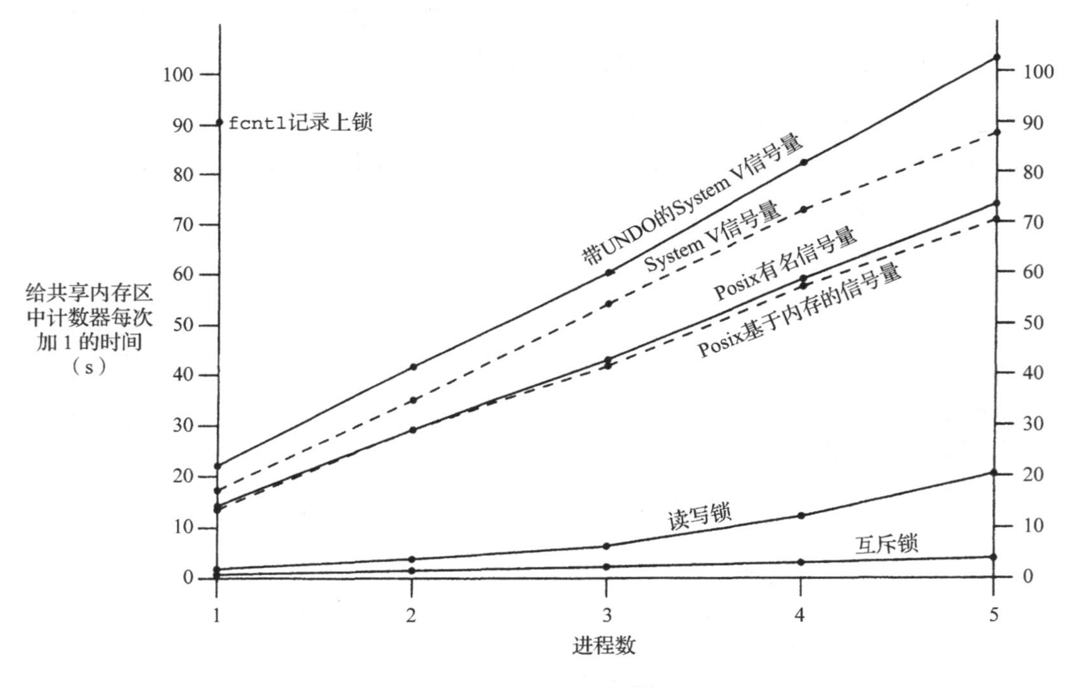

图A-11　给处于共享内存区中的一个计数器持续加1所需的时间（Solaris 2.6）

462～465

进程数	给共享内存区中的一个计数器持续加1所需时间（s）				
	Posix基于内存信号量	Posix有名信号量	System V信号量	带UNDO的System V信号量	fcntl记录上锁
1	12.8	12.5	30.1	49.0	98.1
2	664.8	659.2	58.6	95.7	477.1
3	1236.1	1269.8	96.4	146.2	1785.2
4	1772.9	1804.1	120.3	197.0	2582.8
5	2179.9	2196.8	147.7	250.9	3419.2

图A-12　给处于共享内存区中的一个计数器持续加1所需的时间（Digital Unix 4.0B）

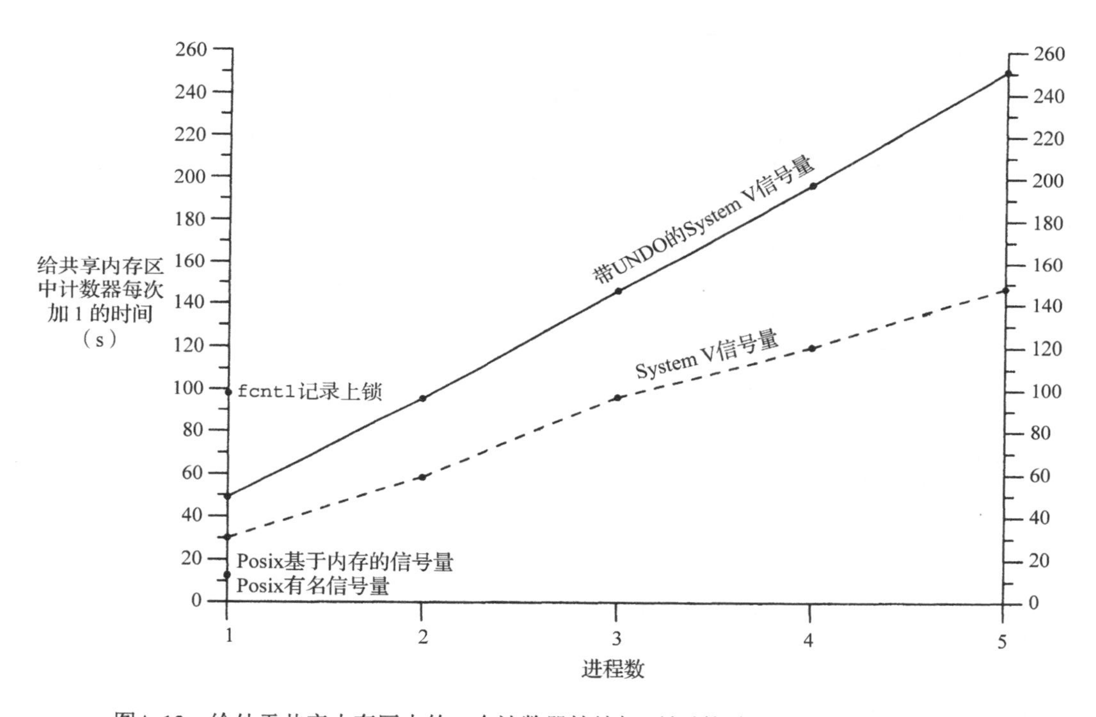

图A-13　给处于共享内存区中的一个计数器持续加1所需的时间（Digital Unix 4.0B）

466

A.3　消息传递带宽程序

本节给出测量管道、Posix消息队列、System V消息队列、门和Sun RPC的带宽的各个程序。我们已在图A-2和图A-3中给出了这些程序的结果。

A.3.1　管道带宽程序

图A-14展示了我们将描述的程序的概貌。

图A-15给出了我们的bw_pipe程序的前半部分，它测量一个管道的带宽。

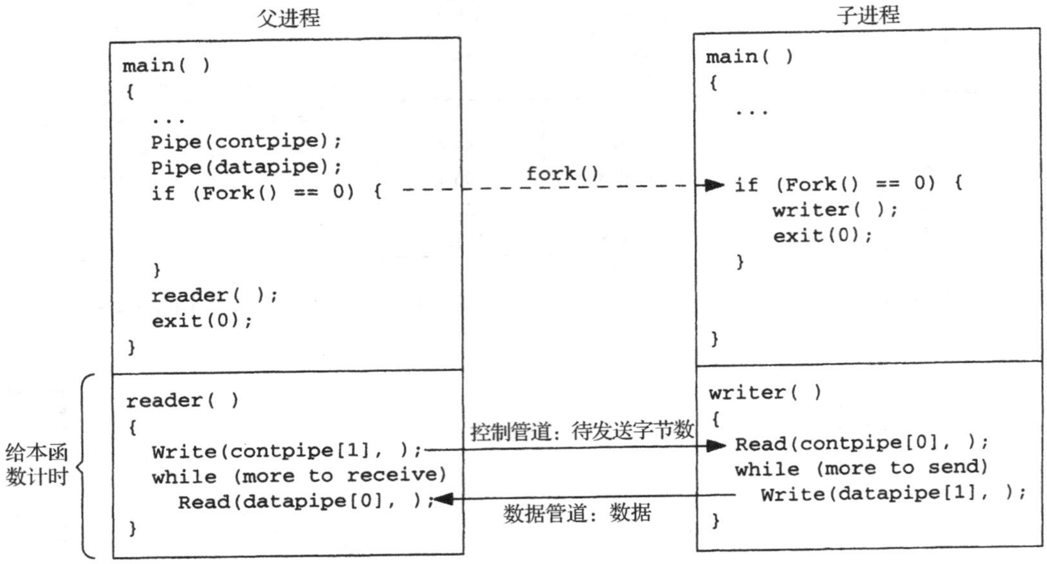

父进程

```
main( )
{
  ...
  Pipe(contpipe);
  Pipe(datapipe);
  if (Fork() == 0) {

  }
  reader( );
  exit(0);
}
```

给本函数计时

```
reader( )
{
  Write(contpipe[1], );
  while (more to receive)
    Read(datapipe[0], );
}
```

fork()

控制管道：待发送字节数

数据管道：数据

子进程

```
main( )
{
  ...

  if (Fork() == 0) {
     writer( );
     exit(0);
  }

}
```

```
writer( )
{
  Read(contpipe[0], );
  while (more to send)
    Write(datapipe[1], );
}
```

图A-14　测量一个管道的带宽的程序的概貌

bench/bw_pipe.c

```
 1 #include    "unpipc.h"

 2 void     reader(int, int, int);
 3 void     writer(int, int);

 4 void    *buf;
 5 int      totalnbytes, xfersize;

 6 int
 7 main(int argc, char **argv)
 8 {
 9     int     i, nloop, contpipe[2], datapipe[2];
10     pid_t   childpid;

11     if (argc != 4)
12         err_quit("usage: bw_pipe <#loops> <#mbytes> <#bytes/write>");
13     nloop = atoi(argv[1]);
14     totalnbytes = atoi(argv[2]) * 1024 * 1024;
15     xfersize = atoi(argv[3]);

16     buf = Valloc(xfersize);
17     Touch(buf, xfersize);

18     Pipe(contpipe);
19     Pipe(datapipe);

20     if ( (childpid = Fork()) == 0) {
21         writer(contpipe[0], datapipe[1]);   /* child */
22         exit(0);
23     }
24         /* parent */
25     Start_time();
26     for (i = 0; i < nloop; i++)
27         reader(contpipe[1], datapipe[0], totalnbytes);
28     printf("bandwidth: %.3f MB/sec\n",
29            totalnbytes / Stop_time() * nloop);
30     kill(childpid, SIGTERM);
31     exit(0);
32 }
```

bench/bw_pipe.c

图A-15　一个管道带宽测量程序的main函数

命令行参数

11~15 命令行参数指定待执行的循环数（以下测量中的典型值为5）、待传送的M字节[1]数（值为10的参数导致传送10×1024×1024字节）以及每次write和read的字节数（我们给出的测量结果中该值在1024和65536之间变化）。

分配缓冲区并触及它的各个页面

16~17 valloc是malloc的版本之一，它从某个页面边界开始分配所请求数量的内存空间。我们的函数touch（图A-17）在该缓冲区的每个页面中存入1字节的数据，从而迫使内核把构成该缓冲区的每个页面置换进内存。我们在进行计时之前完成这些工作。

valloc不属于Posix.1函数，Unix 98把它列为一个“代传”（legacy）接口：早期版本的X/Open规范需要它，但它现在是可选的。如果valloc不受支持，我们的Valloc包裹函数就调用malloc来实现它的功能。

创建两个管道

18~19 创建两个管道，其中contpipe[0]和contpipe[1]用于在开始每次传送之前同步一读一写两个进程，datapipe[0]和datapipe[1]用于真正的数据传送。

调用fork派生子进程

20~31 行派生一个子进程，该子进程（它的fork返回值为0）调用writer函数，父进程则调用reader函数。父进程中reader函数调用nloop次。我们的start_time函数在该循环开始前即刻调用，我们的stop_time函数在该循环终止后马上调用。图A-17给出了这两个函数。所输出的带宽为每次循环传送的总字节数除以传送数据所花的时间（stop_time返回的是自调用start_time以来流逝的微秒数），再乘以循环次数。子进程随后被父进程发送的SIGTERM信号杀死，程序随后终止。

467~468

图A-16给出了bw_pipe程序的后半部分，它包含两个函数writer和reader。

bench/bw_pipe.c

```
33 void
34 writer(int contfd, int datafd)
35 {
36     int     ntowrite;
37     for ( ; ; ) {
38         Read(contfd, &ntowrite, sizeof(ntowrite));
39         while (ntowrite > 0) {
40             Write(datafd, buf, xfersize);
41             ntowrite -= xfersize;
42         }
43     }
44 }
45 void
46 reader(int contfd, int datafd, int nbytes)
47 {
48     ssize_t n;
49     Write(contfd, &nbytes, sizeof(nbytes));
50     while ((nbytes > 0) &&
51            ( (n = Read(datafd, buf, xfersize)) > 0)) {
52         nbytes -= n;
53     }
54 }
```

bench/bw_pipe.c

图A-16 测量一个管道的带宽的writer和reader函数

[1] megabyte一词存在歧义。我们在它代表2^{20}字节时译为M字节，在它代表10^6字节时译为兆字节。kilobyte和gigabyte两词也有类似译法。——译者注

writer函数

33~44 本函数是由子进程调用的一个无限循环。子进程通过在控制管道读出一个整数（该整数指定子进程应写入数据管道的字节数），来等待父进程表明自身已准备好接收数据。接收到这个通知后，子进程通过管道向父进程写入数据，每次write调用写xfersize字节。

reader函数

45~54 本函数是由父进程在一个循环中调用的。它每次被调用时往控制管道写入一个整数，告诉子进程应往数据管道中写入多少字节的数据。本函数随后在一个循环中调用read，直到全部数据都接收完为止。

469

图A-17 给出了我们的start_time、stop_time和touch函数。

lib/timing.c

```
 1 #include    "unpipc.h"
 2 static struct timeval   tv_start, tv_stop;
 3 int
 4 start_time(void)
 5 {
 6     return(gettimeofday(&tv_start, NULL));
 7 }
 8 double
 9 stop_time(void)
10 {
11     double  clockus;
12     if (gettimeofday(&tv_stop, NULL) == -1)
13         return(0.0);
14     tv_sub(&tv_stop, &tv_start);
15     clockus = tv_stop.tv_sec * 1000000.0 + tv_stop.tv_usec;
16     return(clockus);
17 }
18 int
19 touch(void *vptr, int nbytes)
20 {
21     char    *cptr;
22     static int  pagesize = 0;
23     if (pagesize == 0) {
24         errno = 0;
25 #ifdef  _SC_PAGESIZE
26         if ( (pagesize = sysconf(_SC_PAGESIZE)) == -1)
27             return(-1);
28 #else
29         pagesize = getpagesize();       /* BSD */
30 #endif
31     }
32     cptr = vptr;
33     while (nbytes > 0) {
34         *cptr = 1;
35         cptr += pagesize;
36         nbytes -= pagesize;
37     }
38     return(0);
39 }
```

lib/timing.c

470

图A-17 计时函数：start_time、stop_time和touch

图A-18给出了tv_sub函数：它在两个timeval结构间做减法运算，并把结果存回第一个结构中。

lib/tv_sub.c

```
 1 #include    "unpipc.h"

 2 void
 3 tv_sub(struct timeval *out, struct timeval *in)
 4 {
 5     if ( (out->tv_usec -= in->tv_usec) < 0) {   /* out -= in */
 6         --out->tv_sec;
 7         out->tv_usec += 1000000;
 8     }
 9     out->tv_sec -= in->tv_sec;
10 }
```

lib/tv_sub.c

图A-18 tv_sub函数：两个timeval结构相减

在运行Solaris 2.6的一台Sparc主机上接连运行我们的程序5次，得到如下结果：

```
solaris % bw_pipe 5 10 65536
bandwidth: 13.722 MB/sec
solaris % bw_pipe 5 10 65536
bandwidth: 13.781 MB/sec
solaris % bw_pipe 5 10 65536
bandwidth: 13.685 MB/sec
solaris % bw_pipe 5 10 65536
bandwidth: 13.665 MB/sec
solaris % bw_pipe 5 10 65536
bandwidth: 13.584 MB/sec
```

每次我们指定5轮循环，每轮循环传送10 485 760字节，每次write和read调用收发65536字节。这5次程序运行的平均值为图A-2中所示的13.7 MB/s。

A.3.2 Posix 消息队列带宽程序

图A-19是一个Posix消息队列带宽测量程序的main函数。图A-20给出了其中的writer和reader函数。该程序与前面那个管道带宽测量程序类似。

bench/bw_pxmsg.c

```
 1 #include    "unpipc.h"
 2 #define NAME    "bw_pxmsg"

 3 void     reader(int, mqd_t, int);
 4 void     writer(int, mqd_t);

 5 void    *buf;
 6 int      totalnbytes, xfersize;

 7 int
 8 main(int argc, char **argv)
 9 {
10     int     i, nloop, contpipe[2];
11     mqd_t   mq;
12     pid_t   childpid;
13     struct mq_attr  attr;

14     if (argc != 4)
15         err_quit("usage: bw_pxmsg <#loops> <#mbytes> <#bytes/write>");
16     nloop = atoi(argv[1]);
```

图A-19 Posix消息队列带宽测量程序的main函数

```
17      totalnbytes = atoi(argv[2]) * 1024 * 1024;
18      xfersize = atoi(argv[3]);

19      buf = Valloc(xfersize);
20      Touch(buf, xfersize);

21      Pipe(contpipe);
22      mq_unlink(Px_ipc_name(NAME)); /* error OK */
23      attr.mq_maxmsg = 4;
24      attr.mq_msgsize = xfersize;
25      mq = Mq_open(Px_ipc_name(NAME), O_RDWR | O_CREAT, FILE_MODE, &attr);

26      if ( (childpid = Fork()) == 0) {
27          writer(contpipe[0], mq);        /* child */
28          exit(0);
29      }
30          /* parent */
31      Start_time();
32      for (i = 0; i < nloop; i++)
33          reader(contpipe[1], mq, totalnbytes);
34      printf("bandwidth: %.3f MB/sec\n",
35              totalnbytes / Stop_time() * nloop);

36      kill(childpid, SIGTERM);
37      Mq_close(mq);
38      Mq_unlink(Px_ipc_name(NAME));
39      exit(0);
40 }
```

bench/bw_pxmsg.c

图A-19（续）

bench/bw_pxmsg.c

```
41 void
42 writer(int contfd, mqd_t mqsend)
43 {
44     int     ntowrite;

45     for ( ; ; ) {
46         Read(contfd, &ntowrite, sizeof(ntowrite));

47         while (ntowrite > 0) {
48             Mq_send(mqsend, buf, xfersize, 0);
49             ntowrite -= xfersize;
50         }
51     }
52 }

53 void
54 reader(int contfd, mqd_t mqrecv, int nbytes)
55 {
56     ssize_t n;

57     Write(contfd, &nbytes, sizeof(nbytes));

58     while ((nbytes > 0) &&
59            ( (n = Mq_receive(mqrecv, buf, xfersize, NULL)) > 0)) {
60         nbytes -= n;
61     }
62 }
```

bench/bw_pxmsg.c

图A-20　测量一个Posix消息队列的带宽的wirter和reader函数

注意，在我们创建消息队列时，必须指定该程序上能存在的最大消息数，我们把它指定为4。IPC通道的容量能够影响性能，因为写进程在阻塞于某个mqsend调用之前能够发送这么多的消息，然后由内核将上下文切换到读进程。因此本程序的性能依赖于这个魔数。Solaris 2.6下把该数从4改为8并不影响图A-2中的各个数值，然而Digital Unix 4.0B下的同样变动却使性能下降了12%。我们原本会猜想消息数较多时性能将增长，因为这可以让上下文切换数降低一半。然而如果用到了内存映射文件，那么这样一来将使该文件的大小增加一倍，所映射的内存区大小也增长一倍。

A.3.3 System V消息队列带宽程序

图A-21是一个System V消息队列带宽测量程序的main函数，图A-22给出了其中的writer和reader函数。

bench/bw_svmsg.c

```
 1 #include    "unpipc.h"

 2 void    reader(int, int, int);
 3 void    writer(int, int);

 4 struct msgbuf *buf;
 5 int     totalnbytes, xfersize;

 6 int
 7 main(int argc, char **argv)
 8 {
 9     int     i, nloop, contpipe[2], msqid;
10     pid_t   childpid;

11     if (argc != 4)
12         err_quit("usage: bw_svmsg <#loops> <#mbytes> <#bytes/write>");
13     nloop = atoi(argv[1]);
14     totalnbytes = atoi(argv[2]) * 1024 * 1024;
15     xfersize = atoi(argv[3]);

16     buf = Valloc(xfersize);
17     Touch(buf, xfersize);
18     buf->mtype = 1;

19     Pipe(contpipe);
20     msqid = Msgget(IPC_PRIVATE, IPC_CREAT | SVMSG_MODE);

21     if ( (childpid = Fork()) == 0) {
22         writer(contpipe[0], msqid);         /* child */
23         exit(0);
24     }
25     Start_time();
26     for (i = 0; i < nloop; i++)
27         reader(contpipe[1], msqid, totalnbytes);
28     printf("bandwidth: %.3f MB/sec\n",
29            totalnbytes / Stop_time() * nloop);

30     kill(childpid, SIGTERM);
31     Msgctl(msqid, IPC_RMID, NULL);
32     exit(0);
33 }
```

bench/bw_svmsg.c

图A-21 一个System V消息队列带宽测量程序的main函数

471 ~ 473

bench/bw_svmsg.c

```
34 void
35 writer(int contfd, int msqid)
36 {
37     int     ntowrite;

38     for ( ; ; ) {
39         Read(contfd, &ntowrite, sizeof(ntowrite));

40         while (ntowrite > 0) {
41             Msgsnd(msqid, buf, xfersize - sizeof(long), 0);
42             ntowrite -= xfersize;
43         }
44     }
45 }

46 void
47 reader(int contfd, int msqid, int nbytes)
48 {
49     ssize_t n;

50     Write(contfd, &nbytes, sizeof(nbytes));

51     while ((nbytes > 0) &&
52            ( (n = Msgrcv(msqid, buf, xfersize - sizeof(long), 0, 0)) > 0)) {
53         nbytes -= n + sizeof(long);
54     }
55 }
```

bench/bw_svmsg.c

474

图A-22 测量一个System V消息队列的带宽的writer和reader函数

A.3.4 门带宽程序

门API带宽测量程序比本节中先前给出的程序要复杂，因为在创建其中的门之前必须fork出子进程。父进程接着创建该门，并通过写一个管道来通知子进程该门能被打开。

不像图A-14的另一个变化是，reader函数不接收数据。相反，数据是由名为server的函数接收的，它是对应门的服务器过程。图A-23给出了该程序的概貌。

门只在Solaris下受支持，于是我们通过假设采用全双工管道（4.4节）来简化程序本身。

与先前的程序相比，另一个变化在于消息传递和过程调用间的基本差异。例如在我们的Posix消息队列程序中，写入者只是在一个循环中往一个队列写入消息，这种写操作是异步的。到某个时刻队列满了，或者写进程丧失了自己的处理器时间片，读出者就开始运行，读出这些消息。举例来说，如果该队列可容纳8个消息，而且写入者每次运行时写入8个消息，读出者每次运行时读出所有8个消息，那么发送N个消息将涉及N/4次上下文切换（其中N/8次是从写入者到读出者，另外N/8次是从读出者到写入者）。然而门API是同步的：调用者每次调用door_call时阻塞，直到服务器过程返回才能恢复。交换N个消息现在涉及N×2次上下文切换。测量RPC调用的带宽时，我们将碰到同样的问题。尽管上下文切换数增加了，从图A-3可以看出，当消息大小在约25000字节或以上时，门却提供了最快的IPC带宽。

图A-24给出了该程序的main函数。writer、server和reader函数则在图A-25中给出。

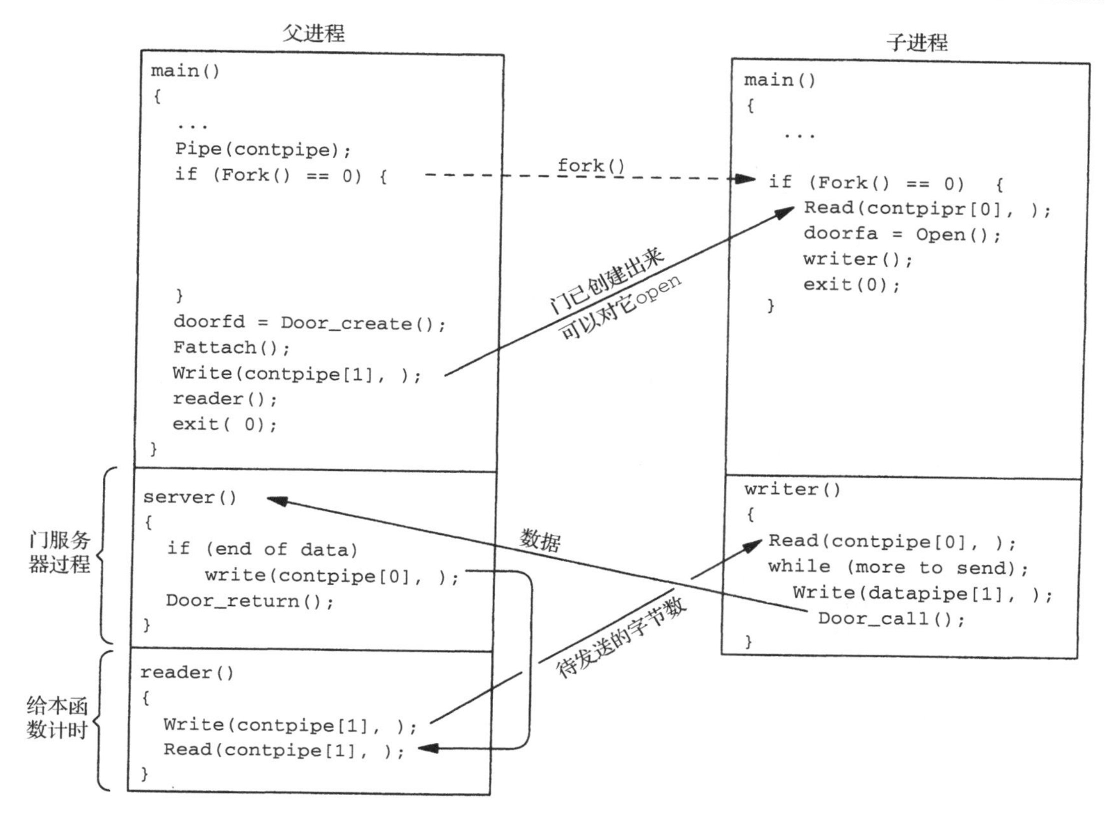

图A-23 门API带宽测量程序的概貌

bench/bw_door.c

```
 1 #include    "unpipc.h"

 2 void    reader(int, int);
 3 void    writer(int);
 4 void    server(void *, char *, size_t, door_desc_t *, size_t);

 5 void    *buf;
 6 int     totalnbytes, xfersize, contpipe[2];

 7 int
 8 main(int argc, char **argv)
 9 {
10     int     i, nloop, doorfd;
11     char    c;
12     pid_t   childpid;
13     ssize_t     n;

14     if (argc != 5)
15     err_quit("usage: bw_door <pathname> <#loops> <#mbytes> <#bytes/write>");
16     nloop = atoi(argv[2]);
17     totalnbytes = atoi(argv[3]) * 1024 * 1024;
18     xfersize = atoi(argv[4]);

19     buf = Valloc(xfersize);
20     Touch(buf, xfersize);
```

图A-24 门API带宽测量程序的main函数

```
21      unlink(argv[1]);
22      Close(Open(argv[1], O_CREAT | O_EXCL | O_RDWR, FILE_MODE));
23      Pipe(contpipe);                 /* assumes full-duplex SVR4 pipe */

24      if ( (childpid = Fork()) == 0) {
25              /* child = client = writer */
26          if ( (n = Read(contpipe[0], &c, 1)) != 1)
27              err_quit("child: pipe read returned %d", n);
28          doorfd = Open(argv[1], O_RDWR);

29          writer(doorfd);
30          exit(0);
31      }
32          /* parent = server = reader */
33      doorfd = Door_create(server, NULL, 0);
34      Fattach(doorfd, argv[1]);
35      Write(contpipe[1], &c, 1);      /* tell child door is ready */

36      Start_time();
37      for (i = 0; i < nloop; i++)
38          reader(doorfd, totalnbytes);
39      printf("bandwidth: %.3f MB/sec\n",
40             totalnbytes / Stop_time() * nloop);
41      kill(childpid, SIGTERM);
42      unlink(argv[1]);
43      exit(0);
44  }
```

bench/bw_door.c

图A-24（续）

bench/bw_door.c

```
45  void
46  writer(int doorfd)
47  {
48      int     ntowrite;
49      door_arg_t  arg;

50      arg.desc_ptr = NULL;        /* no descriptors to pass */
51      arg.desc_num = 0;
52      arg.rbuf = NULL;            /* no return values expected */
53      arg.rsize = 0;

54      for ( ; ; ) {
55          Read(contpipe[0], &ntowrite, sizeof(ntowrite));

56          while (ntowrite > 0) {
57              arg.data_ptr = buf;
58              arg.data_size = xfersize;
59              Door_call(doorfd, &arg);
60              ntowrite -= xfersize;
61          }
62      }
63  }

64  static int  ntoread, nread;

65  void
66  server(void *cookie, char *argp, size_t arg_size,
67         door_desc_t *dp, size_t n_descriptors)
68  {
```

图A-25 测量门API的带宽的writer、server和reader函数

```
69      char    c;

70      nread += arg_size;
71      if (nread >= ntoread)
72          Write(contpipe[0], &c, 1);      /* tell reader() we are all done */

73      Door_return(NULL, 0, NULL, 0);
74 }

75 void
76 reader(int doorfd, int nbytes)
77 {
78      char    c;
79      ssize_t n;

80      ntoread = nbytes;               /* globals for server() procedure */
81      nread = 0;

82      Write(contpipe[1], &nbytes, sizeof(nbytes));

83      if ( (n = Read(contpipe[1], &c, 1)) != 1)
84          err_quit("reader: pipe read returned %d", n);
85 }
```

bench/bw_door.c

图A-25（续）

A.3.5 Sun RPC 带宽程序

既然Sun RPC中的过程调用是同步的，那么我们有已随前面的门程序提到过的同样限制。使用RPC时生成一个客户和一个服务器两个程序更为容易，因为它们是由rpcgen生成的。图A-26给出了本程序的RPC说明书文件。我们声明了单个过程，它以一个可变长度不透明数据作为输入，不返回任何东西。

bench/bw_sunrpc.x

```
1 %#define     DEBUG       /* so server runs in foreground */

2 struct data_in {
3   opaque      data<>;     /* variable-length opaque data */
4 };

5 program BW_SUNRPC_PROG {
6     version BW_SUNRPC_VERS {
7          void BW_SUNRPC(data_in) = 1;
8     } = 1;
9 } = 0x31230001;
```

bench/bw_sunrpc.x

图A-26 Sun RPC带宽测量程序的RPC说明书文件

图A-27给出了我们的客户程序，图A-28给出了我们的服务器过程。我们把协议（TCP或UDP）指定为客户程序的一个命令行参数，以允许分别测量这两种协议。

bench/bw_sunrpc_client.c

```
1 #include     "unpipc.h"
2 #include     "bw_sunrpc.h"

3 void    *buf;
4 int      totalnbytes, xfersize;

5 int
```

图A-27 测量Sun RPC的带宽的RPC客户程序

```
 6 main(int argc, char **argv)
 7 {
 8     int     i, nloop, ntowrite;
 9     CLIENT  *cl;
10     data_in in;

11     if (argc != 6)
12         err_quit("usage: bw_sunrpc_client <hostname> <#loops>"
13                  " <#mbytes> <#bytes/write> <protocol>");
14     nloop = atoi(argv[2]);
15     totalnbytes = atoi(argv[3]) * 1024 * 1024;
16     xfersize = atoi(argv[4]);

17     buf = Valloc(xfersize);
18     Touch(buf, xfersize);

19     cl = Clnt_create(argv[1], BW_SUNRPC_PROG, BW_SUNRPC_VERS, argv[5]);

20     Start_time();
21     for (i = 0; i < nloop; i++) {
22         ntowrite = totalnbytes;
23         while (ntowrite > 0) {
24             in.data.data_len = xfersize;
25             in.data.data_val = buf;
26             if (bw_sunrpc_1(&in, cl) == NULL)
27                 err_quit("%s", clnt_sperror(cl, argv[1]));
28             ntowrite -= xfersize;
29         }
30     }
31     printf("bandwidth: %.3f MB/sec\n",
32            totalnbytes / Stop_time() * nloop);
33     exit(0);
34 }
```

bench/bw_sunrpc_client.c

475 ~ 479

图A-27（续）

bench/bw_sunrpc_server.c

```
 1 #include    "unpipc.h"
 2 #include    "bw_sunrpc.h"

 3 #ifndef RPCGEN_ANSIC
 4 #define bw_sunrpc_1_svc bw_sunrpc_1
 5 #endif

 6 void *
 7 bw_sunrpc_1_svc(data_in *inp, struct svc_req *rqstp)
 8 {
 9     static int  nbytes;

10     nbytes = inp->data.data_len;
11     return(&nbytes);            /* must be nonnull, but xdr_void() will ignore */
12 }
```

bench/bw_sunrpc_server.c

图A-28　测量Sun RPC的带宽的RPC服务器过程

A.4　消息传递延迟程序

本节给出测量管道、Posix消息队列、System V消息队列、门和Sun RPC的延迟的各个程序。

图A-1给出了它们的性能值。

A.4.1 管道延迟程序

图A-29给出了测量一个管道的延迟的程序。

bench/lat_pipe.c

```
 1 #include    "unpipc.h"

 2 void
 3 doit(int readfd, int writefd)
 4 {
 5     char    c;

 6     Write(writefd, &c, 1);
 7     if (Read(readfd, &c, 1) != 1)
 8         err_quit("read error");
 9 }

10 int
11 main(int argc, char **argv)
12 {
13     int     i, nloop, pipe1[2], pipe2[2];
14     char    c;
15     pid_t   childpid;

16     if (argc != 2)
17         err_quit("usage: lat_pipe <#loops>");
18     nloop = atoi(argv[1]);

19     Pipe(pipe1);
20     Pipe(pipe2);

21     if ( (childpid = Fork()) == 0) {
22         for ( ; ; ) {    /* child */
23             if (Read(pipe1[0], &c, 1) != 1)
24                 err_quit("read error");
25             Write(pipe2[1], &c, 1);
26         }
27         exit(0);
28     }
29         /* parent */
30     doit(pipe2[0], pipe1[1]);

31     Start_time();
32     for (i = 0; i < nloop; i++)
33         doit(pipe2[0], pipe1[1]);
34     printf("latency: %.3f usec\n", Stop_time() / nloop);

35     Kill(childpid, SIGTERM);
36     exit(0);
37 }
```

bench/lat_pipe.c

图A-29 测量一个管道的延迟的程序

doit函数

2~9 本函数在父进程中运行，它所花的时钟时间将被测量出来。它往一个管道写入1字节（该字节将由子进程读出）后从另一个管道读出1字节（该字节由子进程写入）。这就是我们所描述的延迟：从发送一个小消息到接收作为应答的一个小消息所花的时间。

创建管道

19~20 创建两个管道，fork一个子进程，形成图4-6所示的布局（不过没有关闭每个管道的未用端，这是不会有问题的）。本测试程序确实需要两个管道，因为管道是半双工的，而我们希望父子进程间有双向通信。

子进程回射只有1字节的消息

22~27 子进程执行一个无限循环，每次读出一个只有1字节的消息后就把它发射回来。

测量父进程

29~34 父进程首先调用doit给子进程发送一个只有1字节的消息，并读出它的也是只有1字节的应答。这使得两个进程都处于运行状态。父进程然后在一个循环中调用doit函数，同时测量所花的时钟时间。

480~481

在运行Solaris 2.6的一台Sparc主机上接连运行该程序5次，得到如下结果：

```
solaris % lat_pipe 10000
latency: 278.633 usec
solaris % lat_pipe 10000
latency: 397.810 usec
solaris % lat_pipe 10000
latency: 392.567 usec
solaris % lat_pipe 10000
latency: 266.572 usec
solaris % lat_pipe 10000
latency: 284.559 usec
```

这5次程序运行的平均值为324微秒，它就是图A-1中给出的值。这些时间包括两次上下文切换（从父进程到子进程，然后是从子进程到父进程）、四个系统调用（父进程的write、子进程的read、子进程的write、父进程的read）以及每个方向1字节数据的管道开销。

A.4.2 Posix 消息队列延迟程序

图A-30给出了一个Posix消息队列延迟测量程序。

bench/lat_pxmsg.c

```
 1 #include    "unpipc.h"
 2 #define NAME1   "lat_pxmsg1"
 3 #define NAME2   "lat_pxmsg2"
 4 #define MAXMSG     4            /* room for 4096 bytes on queue */
 5 #define MSGSIZE 1024

 6 void
 7 doit(mqd_t mqsend, mqd_t mqrecv)
 8 {
 9     char    buff[MSGSIZE];

10     Mq_send(mqsend, buff, 1, 0);
11     if (Mq_receive(mqrecv, buff, MSGSIZE, NULL) != 1)
12         err_quit("mq_receive error");
13 }

14 int
15 main(int argc, char **argv)
16 {
17     int     i, nloop;
18     mqd_t   mq1, mq2;
19     char    buff[MSGSIZE];
```

图A-30 一个Posix消息队列延迟测量程序

```
20      pid_t   childpid;
21      struct mq_attr  attr;

22      if (argc != 2)
23          err_quit("usage: lat_pxmsg <#loops>");
24      nloop = atoi(argv[1]);

25      attr.mq_maxmsg = MAXMSG;
26      attr.mq_msgsize = MSGSIZE;
27      mq1 = Mq_open(Px_ipc_name(NAME1), O_RDWR | O_CREAT, FILE_MODE, &attr);
28      mq2 = Mq_open(Px_ipc_name(NAME2), O_RDWR | O_CREAT, FILE_MODE, &attr);

29      if ( (childpid = Fork()) == 0) {
30          for ( ; ; ) {           /* child */
31              if (Mq_receive(mq1, buff, MSGSIZE, NULL) != 1)
32                  err_quit("mq_receive error");
33              Mq_send(mq2, buff, 1, 0);
34          }
35          exit(0);
36      }
37          /* parent */
38      doit(mq1, mq2);

39      Start_time();
40      for (i = 0; i < nloop; i++)
41          doit(mq1, mq2);
42      printf("latency: %.3f usec\n", Stop_time() / nloop);

43      Kill(childpid, SIGTERM);
44      Mq_close(mq1);
45      Mq_close(mq2);
46      Mq_unlink(Px_ipc_name(NAME1));
47      Mq_unlink(Px_ipc_name(NAME2));
48      exit(0);
49 }
```

bench/lat_pxmsg.c

图A-30（续）

25~28 创建两个消息队列，一个用于从父进程到子进程的消息传递，另一个用于从子进程到父进程的消息传递。尽管Posix消息具有优先级，从而允许我们给两个不同方向的消息赋不同的优先级，mq_receive却总是返回队列中的下一个消息。因此，我们不能仅给本测试程序使用一个队列。

A.4.3 System V消息队列延迟程序

图A-31给出了一个System V消息队列延迟测量程序。

本程序只创建一个消息队列，它含有两个不同方向的消息：从父进程到子进程和从子进程到父进程。前者的类型字段为1，后者的类型字段为2。doit中msgrcv的第四个参数为2，子进程中msgrcv的第四个参数为1，它们都只读出所指定类型的消息。

> 在9.3节和11.3节中我们提到过，许多由内核定义的结构不能静态地初始化，因为Posix.1和Unix 98只保证在这样的结构中存在特定的成员。这两个标准不保证这些成员的顺序，更何况这样的结构还可以含有其他的非标准成员。然而在本程序中我们还是静态地初始化msgbuf结构，因为System V消息列保证该结构含有一个long类型的消息类型成员，后跟真正的数据。

bench/lat_svmsg.c

```
 1 #include    "unpipc.h"
 2 struct msgbuf   p2child = { 1, { 0 } };          /* type = 1 */
 3 struct msgbuf   child2p = { 2, { 0 } };          /* type = 2 */
 4 struct msgbuf   inbuf;

 5 void
 6 doit(int msgid)
 7 {
 8     Msgsnd(msgid, &p2child, 0, 0);
 9     if (Msgrcv(msgid, &inbuf, sizeof(inbuf.mtext), 2, 0) != 0)
10         err_quit("msgrcv error");
11 }

12 int
13 main(int argc, char **argv)
14 {
15     int     i, nloop, msgid;
16     pid_t   childpid;

17     if (argc != 2)
18         err_quit("usage: lat_svmsg <#loops>");
19     nloop = atoi(argv[1]);

20     msgid = Msgget(IPC_PRIVATE, IPC_CREAT | SVMSG_MODE);

21     if ( (childpid = Fork()) == 0) {
22         for ( ; ; ) {     /* child */
23             if (Msgrcv(msgid, &inbuf, sizeof(inbuf.mtext), 1, 0) != 0)
24                 err_quit("msgrcv error");
25             Msgsnd(msgid, &child2p, 0, 0);
26         }
27         exit(0);
28     }
29         /* parent */
30     doit(msgid);

31     Start_time();
32     for (i = 0; i < nloop; i++)
33         doit(msgid);
34     printf("latency: %.3f usec\n", Stop_time() / nloop);

35     Kill(childpid, SIGTERM);
36     Msgctl(msgid, IPC_RMID, NULL);
37     exit(0);
38 }
```

bench/lat_svmsg.c

图A-31　一个System V消息队列延迟测量程序

A.4.4　门延迟程序

图A-32给出了门API的延迟测量程序。子进程创建其中的门，然后给该门关联以server函数。父进程接着打开该门，并在一个循环中激活door_call。作为参数传递的是1字节的数据，返回值则不存在。

482～484

bench/lat_door.c

```
 1 #include    "unpipc.h"

 2 void
 3 server(void *cookie, char *argp, size_t arg_size,
 4        door_desc_t *dp, size_t n_descriptors)
 5 {
 6     char    c;

 7     Door_return(&c, sizeof(char), NULL, 0);
 8 }

 9 int
10 main(int argc, char **argv)
11 {
12     int     i, nloop, doorfd, contpipe[2];
13     char    c;
14     pid_t   childpid;
15     door_arg_t  arg;

16     if (argc != 3)
17         err_quit("usage: lat_door <pathname> <#loops>");
18     nloop = atoi(argv[2]);

19     unlink(argv[1]);
20     Close(Open(argv[1], O_CREAT | O_EXCL | O_RDWR, FILE_MODE));
21     Pipe(contpipe);

22     if ( (childpid = Fork()) == 0) {
23         doorfd = Door_create(server, NULL, 0);
24         Fattach(doorfd, argv[1]);
25         Write(contpipe[1], &c, 1);

26         for ( ; ; )             /* child = server */
27             pause();
28         exit(0);
29     }
30     arg.data_ptr = &c;          /* parent = client */
31     arg.data_size = sizeof(char);
32     arg.desc_ptr = NULL;
33     arg.desc_num = 0;
34     arg.rbuf = &c;
35     arg.rsize = sizeof(char);

36     if (Read(contpipe[0], &c, 1) != 1) /* wait for child to create */
37         err_quit("pipe read error");
38     doorfd = Open(argv[1], O_RDWR);
39     Door_call(doorfd, &arg);  /* once to start everything */

40     Start_time();
41     for (i = 0; i < nloop; i++)
42         Door_call(doorfd, &arg);
43     printf("latency: %.3f usec\n", Stop_time() / nloop);

44     Kill(childpid, SIGTERM);
45     unlink(argv[1]);
46     exit(0);
47 }
```

bench/lat_door.c

图A-32 门API的延迟测量程序

A.4.5 Sun RPC 延迟程序

为测量Sun RPC API的延迟，我们编写一个客户和一个服务器两个程序（类似于测量Sun RPC带宽的做法）。我们使用同样的RPC说明书文件（图A-26），不过这次我们的客户程序调用空过程。回想习题16.11，我们知道该过程没有参数，也没有返回值，而这正好是测量延迟所需的。图A-33给出了客户程序。跟习题16.11的解答一样，我们必须通过直接调用clnt_call来调用空过程，在客户程序存根中不提供它的存根函数。

bench/lat_sunrpc_client.c

```
 1 #include    "unpipc.h"
 2 #include    "lat_sunrpc.h"

 3 int
 4 main(int argc, char **argv)
 5 {
 6     int     i, nloop;
 7     CLIENT  *cl;
 8     struct timeval  tv;

 9     if (argc != 4)
10         err_quit("usage: lat_sunrpc_client <hostname> <#loops> <protocol>");
11     nloop = atoi(argv[2]);

12     cl = Clnt_create(argv[1], BW_SUNRPC_PROG, BW_SUNRPC_VERS, argv[3]);

13     tv.tv_sec = 10;
14     tv.tv_usec = 0;
15     Start_time();
16     for (i = 0; i < nloop; i++) {
17         if (clnt_call(cl, NULLPROC, xdr_void, NULL,
18                       xdr_void, NULL, tv) != RPC_SUCCESS)
19             err_quit("%s", clnt_sperror(cl, argv[1]));
20     }
21     printf("latency: %.3f usec\n", Stop_time() / nloop);
22     exit(0);
23 }
```

bench/lat_sunrpc_client.c

图A-33 测量Sun RPC延迟的Sun RPC客户程序

我们使用图A-28中的服务器函数编译出服务器程序，不过该函数从来不被调用。既然是使用rpcgen来构造客户程序和服务器程序的，那么我们需要定义至少一个服务器过程，但是可不调用它。使用rpcgen的原因在于它自动产生带空过程的服务器程序的main函数，而我们正需要这些。

A.5 线程同步程序

为测量各种同步技术所需的时间，我们创建一定数目的线程（图A-6和图A-8给出的测量结果使用1个到5个线程），每个线程给处于共享内存区中的一个计数器加1很多次（一个很大的次数），各线程使用相应于当前测量的同步形式来协调对于该共享计数器的访问。

486

A.5.1 Posix 互斥锁程序

图A-34给出了Posix互斥锁测量程序的全局变量和main函数。

bench/incr_pxmutex1.c

```
 1 #include    "unpipc.h"

 2 #define MAXNTHREADS 100

 3 int     nloop;

 4 struct {
 5   pthread_mutex_t   mutex;
 6   long  counter;
 7 } shared = {
 8   PTHREAD_MUTEX_INITIALIZER
 9 };

10 void    *incr(void *);

11 int
12 main(int argc, char **argv)
13 {
14     int     i, nthreads;
15     pthread_t   tid[MAXNTHREADS];

16     if (argc != 3)
17         err_quit("usage: incr_pxmutex1 <#loops> <#threads>");
18     nloop = atoi(argv[1]);
19     nthreads = min(atoi(argv[2]), MAXNTHREADS);

20         /* lock the mutex */
21     Pthread_mutex_lock(&shared.mutex);

22         /* create all the threads */
23     Set_concurrency(nthreads);
24     for (i = 0; i < nthreads; i++) {
25         Pthread_create(&tid[i], NULL, incr, NULL);
26     }
27         /* start the timer and unlock the mutex */
28     Start_time();
29     Pthread_mutex_unlock(&shared.mutex);

30         /* wait for all the threads */
31     for (i = 0; i < nthreads; i++) {
32         Pthread_join(tid[i], NULL);
33     }
34     printf("microseconds: %.0f usec\n", Stop_time());
35     if (shared.counter != nloop * nthreads)
36         printf("error: counter = %ld\n", shared.counter);

37     exit(0);
38 }
```

bench/incr_pxmutex1.c

487

图A-34 测量Posix互斥锁同步的全局变量和main函数

共享的数据

4~9 各线程间共享的数据由互斥锁本身和计数器构成。该互斥锁是静态初始化的。

给互斥锁上锁并创建线程

20~26 主线程在创建其他线程前给共享数据的互斥锁上锁，这样在所有线程都创建出来并且主线程释放该互斥锁之前，没有一个线程能够获取该互斥锁。主线程接着调用我们的set_concurrency函数，并创建出各个线程。每个线程执行接下来给出的incr函数。

启动定时器并释放互斥锁

27~36　一旦所有线程都已创建，主线程就启动定时器并释放互斥锁。它接下去等待所有线程结束，到时候就停止定时器，输出所计的总微秒数。

图A-35给出了每个线程执行的incr函数。

bench/incr_pxmutex1.c

```
39 void *
40 incr(void *arg)
41 {
42     int     i;

43     for (i = 0; i < nloop; i++) {
44         Pthread_mutex_lock(&shared.mutex);
45         shared.counter++;
46         Pthread_mutex_unlock(&shared.mutex);
47     }
48     return(NULL);
49 }
```

bench/incr_pxmutex1.c

图A-35　使用一个Posix互斥锁给一个共享的计数器加1

在临界区中给计数器加1

44~46　获取共享数据的互斥锁后给共享的计数器加1。接着释放该互斥锁。

A.5.2　读写锁程序

使用读写锁的程序由刚才使用Posix互斥锁的程序稍加修改而成。每个线程在给共享的计数器加1前必须获取该计数器读写锁中的写入锁。

实现第8章中讲述的Posix读写锁的系统并不多，Posix读写锁是Unix 98的一部分内容，Posix.1j工作组目前正在考虑它的标准化。本附录中给出的读写锁测量结果是在Solaris 2.6下做出的，它使用在rwlock(3T)手册页面中描述的Solaris读写锁。该实现提供了与提议中的读写锁同样的功能，以我们在第8章中给出的函数为接口来使用这些函数所需要的包裹函数非常简单。

Digital Unix 4.0B下的测量结果是使用Digital的线程无关服务读写锁做出的，这种读写锁在tis_rwlock手册页面中描述。我们不再给出为这些读写锁对图A-36和图A-37进行的简单修改。

488

图A-36给出了main函数，图A-37给出了incr函数。

bench/incr_rwlock1.c

```
 1 #include    "unpipc.h"
 2 #include    <synch.h>           /* Solaris header */

 3 void    Rw_wrlock(rwlock_t *rwptr);
 4 void    Rw_unlock(rwlock_t *rwptr);

 5 #define MAXNTHREADS 100

 6 int     nloop;

 7 struct {
 8   rwlock_t  rwlock;             /* the Solaris datatype */
 9   long  counter;
10 } shared;                       /* init to 0 -> USYNC_THREAD */
```

图A-36　读写锁同步测量程序的main函数

```
11 void    *incr(void *);

12 int
13 main(int argc, char **argv)
14 {
15     int     i, nthreads;
16     pthread_t   tid[MAXNTHREADS];

17     if (argc != 3)
18         err_quit("usage: incr_rwlock1 <#loops> <#threads>");
19     nloop = atoi(argv[1]);
20     nthreads = min(atoi(argv[2]), MAXNTHREADS);

21         /* obtain write lock */
22     Rw_wrlock(&shared.rwlock);

23         /* create all the threads */
24     Set_concurrency(nthreads);
25     for (i = 0; i < nthreads; i++) {
26         Pthread_create(&tid[i], NULL, incr, NULL);
27     }
28         /* start the timer and release the write lock */
29     Start_time();
30     Rw_unlock(&shared.rwlock);

31         /* wait for all the threads */
32     for (i = 0; i < nthreads; i++) {
33         Pthread_join(tid[i], NULL);
34     }
35     printf("microseconds: %.0f usec\n", Stop_time());
36     if (shared.counter != nloop * nthreads)
37         printf("error: counter = %ld\n", shared.counter);

38     exit(0);
39 }
```

bench/incr_rwlock1.c

489

图A-36（续）

bench/incr_rwlock1.c

```
40 void *
41 incr(void *arg)
42 {
43     int     i;

44     for (i = 0; i < nloop; i++) {
45         Rw_wrlock(&shared.rwlock);
46         shared.counter++;
47         Rw_unlock(&shared.rwlock);
48     }
49     return(NULL);
50 }
```

bench/incr_rwlock1.c

图A-37 使用一个读写锁给一个共享的计数器加1

A.5.3 Posix基于内存的信号量程序

我们既测量Posix基于内存的信号量，也测量Posix有名信号量。图A-39给出了基于内存的信号量的测量程序的main函数，图A-38给出了它的incr函数。

bench/incr_pxsem1.c

```
37 void *
38 incr(void *arg)
39 {
40     int     i;

41     for (i = 0; i < nloop; i++) {
42         Sem_wait(&shared.mutex);
43         shared.counter++;
44         Sem_post(&shared.mutex);
45     }
46     return(NULL);
47 }
```

bench/incr_pxsem1.c

图A-38　使用一个Posix基于内存的信号量给一个共享的计数器加1

bench/incr_pxsem1.c

```
 1 #include    "unpipc.h"

 2 #define MAXNTHREADS 100

 3 int     nloop;

 4 struct {
 5   sem_t     mutex;          /* the memory-based semaphore */
 6   long      counter;
 7 } shared;

 8 void    *incr(void *);

 9 int
10 main(int argc, char **argv)
11 {
12     int     i, nthreads;
13     pthread_t   tid[MAXNTHREADS];

14     if (argc != 3)
15         err_quit("usage: incr_pxsem1 <#loops> <#threads>");
16     nloop = atoi(argv[1]);
17     nthreads = min(atoi(argv[2]), MAXNTHREADS);

18         /* initialize memory-based semaphore to 0 */
19     Sem_init(&shared.mutex, 0, 0);

20         /* create all the threads */
21     Set_concurrency(nthreads);
22     for (i = 0; i < nthreads; i++) {
23         Pthread_create(&tid[i], NULL, incr, NULL);
24     }
25         /* start the timer and release the semaphore */
26     Start_time();
27     Sem_post(&shared.mutex);

28         /* wait for all the threads */
29     for (i = 0; i < nthreads; i++) {
30         Pthread_join(tid[i], NULL);
31     }
32     printf("microseconds: %.0f usec\n", Stop_time());
33     if (shared.counter != nloop * nthreads)
34         printf("error: counter = %ld\n", shared.counter);

35     exit(0);
36 }
```

bench/incr_pxsem1.c

图A-39　Posix基于内存信号量的同步的测量程序的main函数

18~19 创建一个值为0的信号量，而把给sem_init的第二个参数指定为0表明所创建的信号量将在调用进程的各个线程间共享。

20~27 创建出所有的线程后，主线程启动定时器并调用sem_post一次。

A.5.4 Posix有名信号量程序

图A-41给出了Posix有名信号量测量程序的main函数，图A-40给出了它的incr函数。

bench/incr_pxsem2.c

```
40 void *
41 incr(void *arg)
42 {
43     int     i;

44     for (i = 0; i < nloop; i++) {
45         Sem_wait(shared.mutex);
46         shared.counter++;
47         Sem_post(shared.mutex);
48     }
49     return(NULL);
50 }
```

bench/incr_pxsem2.c

图A-40 Posix有名信号量的同步的测量程序的main函数

bench/incr_pxsem2.c

```
 1 #include    "unpipc.h"

 2 #define MAXNTHREADS 100
 3 #define NAME    "incr_pxsem2"

 4 int     nloop;

 5 struct {
 6   sem_t *mutex;              /* pointer to the named semaphore */
 7   long  counter;
 8 } shared;

 9 void    *incr(void *);

10 int
11 main(int argc, char **argv)
12 {
13     int     i, nthreads;
14     pthread_t   tid[MAXNTHREADS];

15     if (argc != 3)
16         err_quit("usage: incr_pxsem2 <#loops> <#threads>");
17     nloop = atoi(argv[1]);
18     nthreads = min(atoi(argv[2]), MAXNTHREADS);

19         /* initialize named semaphore to 0 */
20     sem_unlink(Px_ipc_name(NAME));      /* error OK */
21     shared.mutex = Sem_open(Px_ipc_name(NAME), O_CREAT | O_EXCL, FILE_MODE,0);

22         /* create all the threads */
23     Set_concurrency(nthreads);
24     for (i = 0; i < nthreads; i++) {
25         Pthread_create(&tid[i], NULL, incr, NULL);
26     }
27         /* start the timer and release the semaphore */
```

图A-41 使用一个Posix有名信号量给一个共享的计数器加1

```
28     Start_time();
29     Sem_post(shared.mutex);

30         /* wait for all the threads */
31     for (i = 0; i < nthreads; i++) {
32         Pthread_join(tid[i], NULL);
33     }
34     printf("microseconds: %.0f usec\n", Stop_time());
35     if (shared.counter != nloop * nthreads)
36         printf("error: counter = %ld\n", shared.counter);
37     Sem_unlink(Px_ipc_name(NAME));

38     exit(0);
39 }
```

bench/incr_pxsem2.c

图A-41（续）

A.5.5　System V信号量程序

图A-42给出了System V信号量测量程序的main函数，图A-43给出了它的incr函数。

bench/incr_svsem1.c

```
 1 #include    "unpipc.h"

 2 #define MAXNTHREADS 100

 3 int     nloop;

 4 struct {
 5   int   semid;
 6   long  counter;
 7 } shared;

 8 struct sembuf   postop, waitop;

 9 void    *incr(void *);

10 int
11 main(int argc, char **argv)
12 {
13     int     i, nthreads;
14     pthread_t   tid[MAXNTHREADS];
15     union semun arg;

16     if (argc != 3)
17         err_quit("usage: incr_svsem1 <#loops> <#threads>");
18     nloop = atoi(argv[1]);
19     nthreads = min(atoi(argv[2]), MAXNTHREADS);

20         /* create semaphore and initialize to 0 */
21     shared.semid = Semget(IPC_PRIVATE, 1, IPC_CREAT | SVSEM_MODE);
22     arg.val = 0;
23     Semctl(shared.semid, 0, SETVAL, arg);
24     postop.sem_num = 0;         /* and init the two semop() structures */
25     postop.sem_op  = 1;
26     postop.sem_flg = 0;
27     waitop.sem_num = 0;
28     waitop.sem_op  = -1;
29     waitop.sem_flg = 0;
```

图A-42　测量System V信号量的同步的程序的main函数

```
30          /* create all the threads */
31      Set_concurrency(nthreads);
32      for (i = 0; i < nthreads; i++) {
33          Pthread_create(&tid[i], NULL, incr, NULL);
34      }
35          /* start the timer and release the semaphore */
36      Start_time();
37      Semop(shared.semid, &postop, 1);        /* up by 1 */
38          /* wait for all the threads */
39      for (i = 0; i < nthreads; i++) {
40          Pthread_join(tid[i], NULL);
41      }
42      printf("microseconds: %.0f usec\n", Stop_time());
43      if (shared.counter != nloop * nthreads)
44          printf("error: counter = %ld\n", shared.counter);
45      Semctl(shared.semid, 0, IPC_RMID);
46      exit(0);
47 }
```

bench/incr_svsem1.c

图A-42（续）

bench/incr_svsem1.c

```
48 void *
49 incr(void *arg)
50 {
51     int     i;
52     for (i = 0; i < nloop; i++) {
53         Semop(shared.semid, &waitop, 1);
54         shared.counter++;
55         Semop(shared.semid, &postop, 1);
56     }
57     return(NULL);
58 }
```

bench/incr_svsem1.c

图A-43 使用一个System V信号量给一个共享的计数器加1

20~23 创建一个仅有一个成员的信号量集，并把它的值初始化为0。

24~29 初始化两个semop结构，一个用于挂出该信号量，另一个用于等待该信号量。注意这两个结构的sem_flg成员均为0，也就是说没有指定SEM_UNDO标志。

A.5.6 带 SEM_UNDO 特性的 System V 信号量程序

测量具有SEM_UNDO特性的System V信号量的程序与图A-42相比的唯一差别是：它把两个semop结构的sem_flg成员设置成SEM_UNDO而不是0。我们不再给出这个简单修改后的版本。

A.5.7 fcntl 记录上锁程序

最后一个程序使用fcntl记录上锁提供同步。图A-45给出了它的main函数。该程序只在指定单个线程时才会成功地运行，因为fcntl锁是在不同进程间而不是单个进程的不同线程间共享的。当指定多个线程时，每个线程总能获取所请求的锁（也就是说writew_lock调用从不阻塞，因为调用进程早已拥有该锁），因而计数器的最终值是错误的。

18~22 待创建并随后用于上锁的文件的路径名是作为一个命令行参数指定的。这样允许我们就驻留在不同文件系统上的文件测量这个程序。我们预期当该文件处在某个通过NFS安装的文件系统上时，该程序的运行变慢，这种情况要求两个系统（NFS客户主机和NFS服务器主机）都支持NFS记录上锁。

图A-44给出了使用记录上锁的incr函数。

bench/incr_fcntl1.c

```
44 void *
45 incr(void *arg)
46 {
47     int     i;

48     for (i = 0; i < nloop; i++) {
49         Writew_lock(shared.fd, 0, SEEK_SET, 0);
50         shared.counter++;
51         Un_lock(shared.fd, 0, SEEK_SET, 0);
52     }
53     return(NULL);
54 }
```

bench/incr_fcntl1.c

490
~
495

图A-44 使用fcntl记录上锁给一个共享的计数器加1

bench/incr_fcntl1.c

```
 4 #include    "unpipc.h"

 5 #define MAXNTHREADS 100

 6 int     nloop;

 7 struct {
 8   int       fd;
 9   long  counter;
10 } shared;

11 void    *incr(void *);

12 int
13 main(int argc, char **argv)
14 {
15     int     i, nthreads;
16     char    *pathname;
17     pthread_t   tid[MAXNTHREADS];

18     if (argc != 4)
19         err_quit("usage: incr_fcntl1 <pathname> <#loops> <#threads>");
20     pathname = argv[1];
21     nloop = atoi(argv[2]);
22     nthreads = min(atoi(argv[3]), MAXNTHREADS);

23         /* create the file and obtain write lock */
24     shared.fd = Open(pathname, O_RDWR | O_CREAT | O_TRUNC, FILE_MODE);
25     Writew_lock(shared.fd, 0, SEEK_SET, 0);

26         /* create all the threads */
27     Set_concurrency(nthreads);
28     for (i = 0; i < nthreads; i++) {
29         Pthread_create(&tid[i], NULL, incr, NULL);
30     }
31         /* start the timer and release the write lock */
32     Start_time();
```

图A-45 fcntl记录上锁测量程序的main函数

```
33     Un_lock(shared.fd, 0, SEEK_SET, 0);

34         /* wait for all the threads */
35     for (i = 0; i < nthreads; i++) {
36         Pthread_join(tid[i], NULL);
37     }
38     printf("microseconds: %.0f usec\n", Stop_time());
39     if (shared.counter != nloop * nthreads)
40         printf("error: counter = %ld\n", shared.counter);
41     Unlink(pathname);

42     exit(0);
43 }
```

bench/incr_fcntl1.c

图A-45（续）

496

A.6 进程同步程序

上一节给出的程序中，多个线程间共享一个计数器比较简单：我们只需把该计数器作为一个全局变量存放。我们现在修改这些程序以提供不同进程间的同步。

为在一个父进程和它的各个子进程间共享该计数器，我们把它存放在由图A-46给出的my_shm函数分配的共享内存区中。

lib/my_shm.c

```
 1 #include    "unpipc.h"

 2 void *
 3 my_shm(size_t nbytes)
 4 {
 5     void    *shared;

 6 #if     defined(MAP_ANON)
 7     shared = mmap(NULL, nbytes, PROT_READ | PROT_WRITE,
 8                   MAP_ANON | MAP_SHARED, -1, 0);

 9 #elif   defined(HAVE_DEV_ZERO)
10     int     fd;

11         /* memory map /dev/zero */
12     if ( (fd = open("/dev/zero", O_RDWR)) == -1)
13         return(MAP_FAILED);
14     shared = mmap(NULL, nbytes, PROT_READ | PROT_WRITE, MAP_SHARED, fd, 0);
15     close(fd);

16 # else
17 # error cannot determine what type of anonymous shared memory to use
18 # endif
19     return(shared);             /* MAP_FAILED on error */
20 }
```

lib/my_shm.c

图A-46　给一个父进程和它的各个子进程创建一个共享内存区

如果系统支持MAP_ANON标志（12.4节），我们就使用它，否则我们把/dev/zero（12.5节）映射到内存。

进一步的修改依赖于同步类型以及调用fork时底层支撑数据类型发生的变化。我们已在10.12节讲述过其中一些细节。

- Posix互斥锁：互斥锁必须存放在共享内存区中（跟共享的计数器在一起），而且初始化互斥锁时必须设置PTHREAD_PROCESS_SHARED属性。我们稍后给出这个程序的代码。
- Posix读写锁：读写锁必须存放在共享内存区中（跟共享的计数器在一起），而且初始化读写锁时必须设置PTHREAD_PROCESS_SHARED属性。

497

- Posix基于内存的信号量：信号量必须存放在共享内存区中（跟共享的计数器在一起），而且sem_init的第二个参数必须为1，从而指定该信号量是在进程间共享的。
- Posix有名信号量：我们既可以让父进程和每个子进程都调用sem_open，也可以只让父进程调用sem_open，因为我们知道该信号量将通过fork由子进程共享。
- System V信号量：不必编写任何特殊的代码，因为这种信号量总是能够在进程间共享。子进程只需知道父进程所创建信号量的标识符。
- fcntl记录上锁：不必编写任何特殊的代码，因为描述符可通过fork由子进程共享。

我们只给出Posix互斥锁程序的代码。

Posix 互斥锁程序

Posix互斥锁程序的main函数使用一个Posix互斥锁来提供进程间的同步形式，如图A-48所示。图A-47给出了它的incr函数。

bench/incr_pxmutex5.c

```
46 void *
47 incr(void *arg)
48 {
49     int     i;

50     for (i = 0; i < nloop; i++) {
51         Pthread_mutex_lock(&shared->mutex);
52         shared->counter++;
53         Pthread_mutex_unlock(&shared->mutex);
54     }
55     return(NULL);
56 }
```

bench/incr_pxmutex5.c

图A-47 测量进程间Posix互斥锁上锁的incr函数

bench/incr_pxmutex5.c

```
 1 #include    "unpipc.h"

 2 #define MAXNPROC    100

 3 int     nloop;

 4 struct shared {
 5   pthread_mutex_t   mutex;
 6   long  counter;
 7 } *shared;                /* pointer; actual structure in shared memory */

 8 void    *incr(void *);

 9 int
10 main(int argc, char **argv)
11 {
12     int     i, nprocs;
13     pid_t   childpid[MAXNPROC];
14     pthread_mutexattr_t mattr;
```

图A-48 进程间Posix互斥锁上锁测量程序的main函数

```
15     if (argc != 3)
16         err_quit("usage: incr_pxmutex5 <#loops> <#processes>");
17     nloop = atoi(argv[1]);
18     nprocs = min(atoi(argv[2]), MAXNPROC);

19         /* get shared memory for parent and children */
20     shared = My_shm(sizeof(struct shared));

21         /* initialize the mutex and lock it */
22     Pthread_mutexattr_init(&mattr);
23     Pthread_mutexattr_setpshared(&mattr, PTHREAD_PROCESS_SHARED);
24     Pthread_mutex_init(&shared->mutex, &mattr);
25     Pthread_mutexattr_destroy(&mattr);
26     Pthread_mutex_lock(&shared->mutex);

27         /* create all the children */
28     for (i = 0; i < nprocs; i++) {
29         if ( (childpid[i] = Fork()) == 0) {
30             incr(NULL);
31             exit(0);
32         }
33     }
34         /* parent: start the timer and unlock the mutex */
35     Start_time();
36     Pthread_mutex_unlock(&shared->mutex);

37         /* wait for all the children */
38     for (i = 0; i < nprocs; i++) {
39         Waitpid(childpid[i], NULL, 0);
40     }
41     printf("microseconds: %.0f usec\n", Stop_time());
42     if (shared->counter != nloop * nprocs)
43         printf("error: counter = %ld\n", shared->counter);

44     exit(0);
45 }
```

bench/incr_pxmutex5.c

图A-48（续）

19~20 既然使用多个进程（一个父进程的多个子进程），我们就必须把shared结构置于共享内存区中。我们调用图A-46给出的my_shm函数做到这一点。

21~26 既然互斥锁处于共享内存区中，我们就不能静态地对它初始化，而必须在设置一个PTHREAD_PROCESS_SHARED属性对象后调用pthread_mutex_init初始化它。该互斥锁一开始是锁着的。

27~36 创建出所有子进程后，父进程启动定时器，并给互斥锁解锁。

37~43 父进程等待所有子进程都结束，然后停止定时器。

498～499

线程入门

B.1 概述

本附录汇总基本的Posix线程函数。在传统的Unix模型中，当一个进程需要由另一个实体来执行某件事时，它就fork一个子进程，让子进程去进行处理。举例来说，Unix下的大多数网络服务器程序就是这么编写的。

尽管这种模式已成功地使用了很多年，但是fork仍然暴露出了以下问题。

- fork的开销很大。内存映像要从父进程复制到子进程，所有描述符要在子进程中复制一份，等等。当前的系统实现使用一种称为写时复制（copy-on-write）的技术，可避免父进程数据空间一开始就向子进程复制，直到子进程确实需要自己的副本为止。尽管有这种优化技术，fork的开销仍然很大。
- fork子进程后，需要用进程间通信（IPC）在父子进程之间传递信息。fork之前由父进程准备好的信息容易传递，因为子进程是从父进程的数据空间及所有描述符的一个副本开始运行的。但是从子进程返回信息给父进程却颇费周折。

线程有助于解决这两个问题。线程有时称为轻权进程（lightweight process），因为线程比进程“权轻”。[①]也就是说，创建线程可能比创建进程快10～100倍。

501

一个进程内的所有线程共享同一个全局内存空间。这使得线程间很容易共享信息，但是这种容易性也带来了同步（synchronization）问题。一个进程内的所有线程不光共享全局变量，以下信息也是它们所共享的：

- 进程指令；
- 大多数数据；
- 打开的文件（例如描述符）；
- 信号处理程序和信号处置；
- 当前工作目录；
- 用户ID和组ID。

但是下列信息却是特定于每个线程的：

- 线程ID；
- 寄存器集合，包括程序计数器和栈指针；
- 栈（用于存放局部变量和返回地址）；
- errno；
- 信号掩码；
- 优先级。

① 线程和轻权进程实际上是不同的概念。Solaris 2.x下实际存在内核线程、轻权进程和用户线程三个概念。——译者注

B.2 基本线程函数：创建和终止

本节讨论5个基本线程函数。

B.2.1 pthread_create 函数

当一个程序由exec启动执行时，系统将创建一个称为*初始线程*（initial thread）或*主线程*（main thread）的单个线程。其余线程则由pthread_create函数创建。

```
#include <pthread.h>

int pthread_create(pthread_t *tid, const pthread_attr_t *attr,
                   void *(*func)(void *), void *arg);
```

返回：若成功则为0，若出错则为正的Exxx值

一个进程内的各个线程是由*线程ID*（thread ID）标识的，这些线程的数据类型为pthread_t。如果新的线程创建成功，它的ID就通过*tid*指针返回。

每个线程有多个*属性*（attribute）：优先级、初始栈大小、是否应该是一个守护线程，等等。当创建线程时，我们可通过初始化一个pthread_attr_t变量来指定这些属性以覆盖默认值。我们通常采用默认值，这种情况下，我们只需把*attr*参数指定为一个空指针。

最后，当创建一个线程时，我们应指定一个它将执行的函数，称为它的*线程启动函数*（thread start function）。这个线程以调用该函数开始，以后或者显式地终止（调用pthread_exit），或者隐式地终止（让该函数返回）。该函数的地址作为*func*参数指定，该函数唯一的调用参数则是一个指针*arg*。如果需要给该函数传递多个参数，我们就得把它们打包成一个结构，然后将其地址作为这个唯一的参数，传递给线程启动函数。

502

注意*func*和*arg*的声明。*func*函数接受一个通用指针参数（void *），返回一个通用指针（void *）。这就使得我们可以给线程传递一个指针（指向任何我们想要指向的东西），再由线程返回一个指针（同样地指向任何我们想要指向的东西）。

Pthread函数的返回值有两种：成功时返回0，出错时返回非零。与出错时返回-1，并置errno为某个正值的大多数系统函数不同，Pthread函数的返回值是正值的出错指示。例如，如果pthread_create函数因为超过了系统线程数目的限制而不能创建新线程，那么它的返回值将是EAGAIN。Pthread函数并不设置errno。成功时返回0，出错时返回非零的约定不成问题，因为在<sys/errno.h>头文件中的所有*Exxx*值都大于0。0值永远不会赋给任何一个*Exxx*常值。

B.2.2 pthread_join 函数

我们可以调用pthread_join等待一个线程终止。把线程和Unix进程相比，pthread_create类似于fork，pthread_join则类似于waitpid。

```
#include <pthread.h>

int pthread_join(pthread_t tid, void **status);
```

返回：若成功则为0，若出错则为正的Exxx值

我们必须指定要等待的线程的*tid*。遗憾的是，不是任意一个线程的终止都能等待（类似于给waitpid的进程ID参数传递-1值的情况）。

如果*status*指针非空，那么所等待线程的返回值（指向某个对象的指针）将存放在*status*指向的位置。

B.2.3 pthread_self 函数

每个线程都有在某个给定的进程内标识自身的一个ID。这个线程ID由pthread_create函数返回，我们已看到pthread_join函数用到它。一个线程使用pthread_self取得自己的线程ID。

```
#include <pthread.h>

pthread_t pthread_self(void);
```

返回：调用线程的线程ID

503

把线程和Unix进程相比较，pthread_self类似于getpid。

B.2.4 pthread_detach 函数

线程或者是可汇合的（joinable），或者是脱离的（detached）。当可汇合的线程终止时，其线程ID和退出状态将保留，直到另外一个线程调用pthread_join。脱离的线程则像守护进程：当它终止时，所有的资源都将释放，因此我们不能等待它终止。如果一个线程需要知道另一个线程的终止时间，那就最好保留第二个线程的可汇合性。

pthread_detach函数将指定的线程变为脱离的。

```
#include <pthread.h>

int pthread_detach(pthread_t tid);
```

返回：若成功则为0，若出错则为正的Exxx值

该函数通常由想让自己脱离的线程使用，例如：

```
pthread_detach(pthread_self());
```

B.2.5 pthread_exit 函数

终止一个线程的方法之一是调用pthread_exit。

```
#include <pthread.h>

void pthread_exit(void *status);
```

不返回到调用者

如果该线程未脱离，那么其线程ID和退出状态将一直保留到调用进程内的另外某个线程调用pthread_join为止。

指针*status*不能指向局部于调用线程的对象（例如该线程的启动函数中的某个自动变量），因为该线程终止时那个对象也消失了。

使一个线程终止还有其他两种方法。

- 启动该线程的函数（pthread_create的第三个参数）可以调用return。既然该函数必须声明成返回一个void指针，该返回值便是该线程的终止状态。
- 如果本进程的main函数返回，或者某个线程调用了exit或_exit，那么该进程将立即终止，它的仍在运行的任意线程也都将终止。

504

杂凑的源代码

C.1 unpipc.h头文件

本书正文中几乎每个程序都包含了我们的unpipc.h头文件，它如图C-1所示。该头文件包含了大多数网络程序需要的所有标准系统头文件以及一些普通的系统头文件。它还定义了诸如MAXLINE等常值和我们已在正文中定义过的函数（例如px_ipc_name），以及所用到的所有包裹函数的ANSI C函数原型。不过这儿没有给出这些原型。

lib/unpipc.h

```
 1 /* Our own header.  Tabs are set for 4 spaces, not 8 */

 2 #ifndef     __unpipc_h
 3 #define     __unpipc_h

 4 #include    "../config.h"       /* configuration options for current OS */
 5                             /* "../config.h" is generated by configure */

 6 /* If anything changes in the following list of #includes, must change
 7    ../aclocal.m4 and ../configure.in also, for configure's tests. */

 8 #include    <sys/types.h>       /* basic system data types */
 9 #include    <sys/time.h>        /* timeval{} for select() */
10 #include    <time.h>            /* timespec{} for pselect() */
11 #include    <errno.h>
12 #include    <fcntl.h>           /* for nonblocking */
13 #include    <limits.h>          /* PIPE_BUF */
14 #include    <signal.h>
15 #include    <stdio.h>
16 #include    <stdlib.h>
17 #include    <string.h>
18 #include    <sys/stat.h>        /* for S_xxx file mode constants */
19 #include    <unistd.h>
20 #include    <sys/wait.h>

21 #ifdef HAVE_MQUEUE_H
22 # include   <mqueue.h>          /* Posix message queues */
23 #endif

24 #ifdef HAVE_SEMAPHORE_H
25 # include   <semaphore.h>       /* Posix semaphores */

26 #ifndef SEM_FAILED
27 #define SEM_FAILED  ((sem_t *)(-1))
28 #endif

29 #endif

30 #ifdef  HAVE_SYS_MMAN_H
```

图C-1　我们的unpipc.h头文件

```
31 # include  <sys/mman.h>      /* Posix shared memory */
32 #endif

33 #ifndef MAP_FAILED
34 #define MAP_FAILED ((void *)(-1))
35 #endif

36 #ifdef HAVE_SYS_IPC_H
37 # include  <sys/ipc.h>       /* System V IPC */
38 #endif

39 #ifdef HAVE_SYS_MSG_H
40 # include  <sys/msg.h>       /* System V message queues */
41 #endif

42 #ifdef HAVE_SYS_SEM_H
43 #ifdef __bsdi__
44 #undef HAVE_SYS_SEM_H        /* hack: BSDI's semctl() prototype is wrong */
45 #else
46 # include  <sys/sem.h>       /* System V semaphores */
47 #endif

48 #ifndef HAVE_SEMUN_UNION
49 union semun {                /* define union for semctl() */
50     int     val;
51     struct semid_ds *buf;
52     unsigned short  *array;
53 };
54 #endif
55 #endif /* HAVE_SYS_SEM_H */

56 #ifdef HAVE_SYS_SHM_H
57 # include  <sys/shm.h>       /* System V shared memory */
58 #endif

59 #ifdef HAVE_SYS_SELECT_H
60 # include  <sys/select.h>    /* for convenience */
61 #endif

62 #ifdef HAVE_POLL_H
63 # include  <poll.h>          /* for convenience */
64 #endif

65 #ifdef HAVE_STROPTS_H
66 # include  <stropts.h>       /* for convenience */
67 #endif

68 #ifdef HAVE_STRINGS_H
69 # include  <strings.h>       /* for convenience */
70 #endif

71 /* Next three headers are normally needed for socket/file ioctl's:
72  * <sys/ioctl.h>, <sys/filio.h>, and <sys/sockio.h>.
73  */
74 #ifdef HAVE_SYS_IOCTL_H
75 # include  <sys/ioctl.h>
76 #endif
77 #ifdef HAVE_SYS_FILIO_H
78 # include  <sys/filio.h>
79 #endif
80 #ifdef HAVE_PTHREAD_H
```

506

图C-1（续）

```
 81 # include  <pthread.h>
 82 #endif

 83 #ifdef HAVE_DOOR_H
 84 # include  <door.h>              /* Solaris doors API */
 85 #endif

 86 #ifdef HAVE_RPC_RPC_H
 87 #ifdef _PSX4_NSPACE_H_TS          /* Digital Unix 4.0b hack, hack, hack */
 88 #undef SUCCESS
 89 #endif
 90 # include  <rpc/rpc.h>           /* Sun RPC */
 91 #endif

 92 /* Define bzero() as a macro if it's not in standard C library. */
 93 #ifndef HAVE_BZERO
 94 #define bzero(ptr,n)        memset(ptr, 0, n)
 95 #endif

 96 /* Posix.1g requires that an #include of <poll.h> DefinE INFTIM, but many
 97    systems still DefinE it in <sys/stropts.h>.  We don't want to include
 98    all the streams stuff if it's not needed, so we just DefinE INFTIM here.
 99    This is the standard value, but there's no guarantee it is -1. */
100 #ifndef INFTIM
101 #define INFTIM          (-1)      /* infinite poll timeout */
102 #ifdef  HAVE_POLL_H
103 #define INFTIM_UNPH               /* tell unpxti.h we defined it */
104 #endif
105 #endif

106 /* Miscellaneous constants */
107 #ifndef PATH_MAX                  /* should be in <limits.h> */
108 #define PATH_MAX   1024           /* max # of characters in a pathname */
109 #endif

110 #define MAX_PATH   1024
111 #define MAXLINE    4096      /* max text line length */
112 #define BUFFSIZE   8192      /* buffer size for reads and writes */

113 #define FILE_MODE  (S_IRUSR | S_IWUSR | S_IRGRP | S_IROTH)
114                    /* default permissions for new files */
115 #define DIR_MODE   (FILE_MODE | S_IXUSR | S_IXGRP | S_IXOTH)
116                    /* default permissions for new directories */

117 #define SVMSG_MODE (MSG_R | MSG_W | MSG_R>>3 | MSG_R>>6)
118                    /* default permissions for new SV message queues */
119 #define SVSEM_MODE (SEM_R | SEM_A | SEM_R>>3 | SEM_R>>6)
120                    /* default permissions for new SV semaphores */
121 #define SVSHM_MODE (SHM_R | SHM_W | SHM_R>>3 | SHM_R>>6)
122                    /* default permissions for new SV shared memory */

123 typedef void Sigfunc(int);     /* for signal handlers */

124 #ifdef HAVE_SIGINFO_T_STRUCT
125 typedef void Sigfunc_rt(int, siginfo_t *, void *);
126 #endif

127 #define min(a,b)   ((a) < (b) ? (a) : (b))
128 #define max(a,b)   ((a) > (b) ? (a) : (b))

129 #ifndef HAVE_TIMESPEC_STRUCT
```

507

图C-1（续）

```
130 struct timespec {
131   time_t     tv_sec;     /* seconds */
132   long       tv_nsec;     /* and nanoseconds */
133 };
134 #endif

135 /*
136  * In our wrappers for open(), mq_open(), and sem_open() we handle the
137  * optional arguments using the va_XXX() macros.  But one of the optional
138  * arguments is of type "mode_t" and this breaks under BSD/OS because it
139  * uses a 16-bit integer for this datatype.  But when our wrapper function
140  * is called, the compiler expands the 16-bit short integer to a 32-bit
141  * integer.  This breaks our call to va_arg().  All we can do is the
142  * following hack.  Other systems in addition to BSD/OS might have this
143  * problem too ...
144  */

145 #ifdef __bsdi__
146 #define va_mode_t  int
147 #else
148 #define va_mode_t  mode_t
149 #endif

150         /* our record locking macros */
151 #define read_lock(fd, offset, whence, len) \
152             lock_reg(fd, F_SETLK, F_RDLCK, offset, whence, len)
153 #define readw_lock(fd, offset, whence, len) \
154             lock_reg(fd, F_SETLKW, F_RDLCK, offset, whence, len)
155 #define write_lock(fd, offset, whence, len) \
156             lock_reg(fd, F_SETLK, F_WRLCK, offset, whence, len)
157 #define writew_lock(fd, offset, whence, len) \
158             lock_reg(fd, F_SETLKW, F_WRLCK, offset, whence, len)
159 #define un_lock(fd, offset, whence, len) \
160             lock_reg(fd, F_SETLK, F_UNLCK, offset, whence, len)
161 #define is_read_lockable(fd, offset, whence, len) \
162             lock_test(fd, F_RDLCK, offset, whence, len)
163 #define is_write_lockable(fd, offset, whence, len) \
164             lock_test(fd, F_WRLCK, offset, whence, len)
```

lib/unpipc.h

508

图C-1（续）

C.2　config.h头文件

本书中使用了GNU autoconf工具以辅助所有源代码的移植。它可以从ftp://prep.ai.mit.edu/pub/gnu获取。这个工具生成一个名为configure的shell脚本，在把软件下载到你的系统后你必须运行该脚本。这个脚本确定你的Unix系统所提供的特性：支持System V消息队列吗？定义unit8_t数据类型了吗？提供gethostname函数了吗？等等，最终生成一个名为config.h的头文件。它是上节介绍的unpipc.h头文件中包含的第一个头文件。图C-2给出了在使用gcc编译器的前提下，在Solaris 2.6系统上生成的config.h头文件。

其中从第1列开始以#define开头的行代表系统提供了的特性。注释掉并且含有#undef的行代表系统没有提供的特性。

sparc-sun-solaris2.6/config.h

```
 1 /* config.h.  Generated automatically by configure.  */
 2 /* Define the following if you have the corresponding header */
 3 #define CPU_VENDOR_OS "sparc-sun-solaris2.6"
 4 #define HAVE_DOOR_H 1                  /* <door.h> */
 5 #define HAVE_MQUEUE_H 1                /* <mqueue.h> */
 6 #define HAVE_POLL_H 1                  /* <poll.h> */
 7 #define HAVE_PTHREAD_H 1               /* <pthread.h> */
 8 #define HAVE_RPC_RPC_H 1               /* <rpc/rpc.h> */
 9 #define HAVE_SEMAPHORE_H 1             /* <semaphore.h> */
10 #define HAVE_STRINGS_H 1               /* <strings.h> */
11 #define HAVE_SYS_FILIO_H 1             /* <sys/filio.h> */
12 #define HAVE_SYS_IOCTL_H 1             /* <sys/ioctl.h> */
13 #define HAVE_SYS_IPC_H 1               /* <sys/ipc.h> */
14 #define HAVE_SYS_MMAN_H 1              /* <sys/mman.h> */
15 #define HAVE_SYS_MSG_H 1               /* <sys/msg.h> */
16 #define HAVE_SYS_SEM_H 1               /* <sys/sem.h> */
17 #define HAVE_SYS_SHM_H 1               /* <sys/shm.h> */
18 #define HAVE_SYS_SELECT_H 1            /* <sys/select.h> */
19 /* #undef   HAVE_SYS_SYSCTL_H */       /* <sys/sysctl.h> */
20 #define HAVE_SYS_TIME_H 1              /* <sys/time.h> */
21 /* Define if we can include <time.h> with <sys/time.h> */
22 #define TIME_WITH_SYS_TIME 1
23 /* Define the following if the function is provided */
24 #define HAVE_BZERO 1
25 #define HAVE_FATTACH 1
26 #define HAVE_POLL 1
27 /* #undef   HAVE_PSELECT */
28 #define HAVE_SIGWAIT 1
29 #define HAVE_VALLOC 1
30 #define HAVE_VSNPRINTF 1
31 /* Define the following if the function prototype is in a header */
32 #define HAVE_GETHOSTNAME_PROTO 1     /* <unistd.h> */
33 #define HAVE_GETRUSAGE_PROTO 1       /* <sys/resource.h> */
34 /* #undef   HAVE_PSELECT_PROTO */    /* <sys/select.h> */
35 #define HAVE_SHM_OPEN_PROTO 1        /* <sys/mman.h> */
36 #define HAVE_SNPRINTF_PROTO 1        /* <stdio.h> */
37 #define HAVE_THR_SETCONCURRENCY_PROTO 1      /* <thread.h> */
38 /* Define the following if the structure is defined. */
39 #define HAVE_SIGINFO_T_STRUCT 1      /* <signal.h> */
40 #define HAVE_TIMESPEC_STRUCT 1       /* <time.h> */
41 /* #undef   HAVE_SEMUN_UNION */      /* <sys/sem.h> */
42 /* Devices */
43 #define HAVE_DEV_ZERO 1
44 /* Define the following to the appropriate datatype, if necessary */
45 /* #undef   int8_t */                /* <sys/types.h> */
46 /* #undef   int16_t */               /* <sys/types.h> */
47 /* #undef   int32_t */               /* <sys/types.h> */
48 /* #undef   uint8_t */               /* <sys/types.h> */
49 /* #undef   uint16_t */              /* <sys/types.h> */
50 /* #undef   uint32_t */              /* <sys/types.h> */
51 /* #undef   size_t */                /* <sys/types.h> */
52 /* #undef   ssize_t */               /* <sys/types.h> */
53 #define POSIX_IPC_PREFIX "/"
54 #define RPCGEN_ANSIC 1          /* defined if rpcgen groks -C option */
```

sparc-sun-solaris2.6/config.h

509

图C-2　Solaris 2.6上的config.h头文件

C.3　标准错误处理函数

我们定义了一组自己的错误处理函数，它们用在整本书中以处理出错情况。定义一组自己的错误处理函数的原因在于，我们可以用一行简单的C代码编写错误处理过程，就像如下所示：

```
if (出错条件)
    err_sys(带任意数目的参数的printf格式串);
```

而不是如下所示用多行：

```
if (出错条件)
    char   buff[200];
    snprintf(buff, sizeof(buff), 带任意数目的参数的printf格式串);
    perror(buff);
    exit(1);
}
```

510

我们的错误处理函数使用来自ANSI C的可变长度参数表机制。具体细节参见［Kernighan and Ritchie 1988］的7.3节。

图C-3列出了各个错误处理函数之间的差异。如果全局整数daemon_proc非零，那么当前出错消息将按指定的级别传递给syslog（关于syslog的细节参见UNPv1第12章）；否则，当前出错消息输出到标准错误输出。

函　数	strerror(errno)?	结束语句	syslog级别
err_dump	是	abort();	LOG_ERR
err_msg	否	return;	LOG_INFO
err_quit	否	exit(1);	LOG_ERR
err_ret	是	return;	LOG_INFO
err_sys	是	exit(1);	LOG_ERR

图C-3　标准错误处理函数汇总

图C-4给出了图C-3所示的5个函数。

lib/error.c

```
 1 #include    "unpipc.h"

 2 #include    <stdarg.h>          /* ANSI C header file */
 3 #include    <syslog.h>          /* for syslog() */

 4 int     daemon_proc;            /* set nonzero by daemon_init() */

 5 static void err_doit(int, int, const char *, va_list);

 6 /* Nonfatal error related to a system call.
 7  * Print a message and return. */

 8 void
 9 err_ret(const char *fmt, ...)
10 {
11     va_list  ap;

12     va_start(ap, fmt);
13     err_doit(1, LOG_INFO, fmt, ap);
14     va_end(ap);
15     return;
```

图C-4　我们的标准错误处理函数

```
16 }

17 /* Fatal error related to a system call.
18  * Print a message and terminate. */

19 void
20 err_sys(const char *fmt, ...)
21 {
22     va_list  ap;

23     va_start(ap, fmt);
24     err_doit(1, LOG_ERR, fmt, ap);
25     va_end(ap);
26     exit(1);
27 }

28 /* Fatal error related to a system call.
29  * Print a message, dump core, and terminate. */

30 void
31 err_dump(const char *fmt, ...)
32 {
33     va_list  ap;

34     va_start(ap, fmt);
35     err_doit(1, LOG_ERR, fmt, ap);
36     va_end(ap);
37     abort();                    /* dump core and terminate */
38     exit(1);                    /* shouldn't get here */
39 }

40 /* Nonfatal error unrelated to a system call.
41  * Print a message and return. */

42 void
43 err_msg(const char *fmt, ...)
44 {
45     va_list    ap;

46     va_start(ap, fmt);
47     err_doit(0, LOG_INFO, fmt, ap);
48     va_end(ap);
49     return;
50 }

51 /* Fatal error unrelated to a system call.
52  * Print a message and terminate. */

53 void
54 err_quit(const char *fmt, ...)
55 {
56     va_list  ap;

57     va_start(ap, fmt);
58     err_doit(0, LOG_ERR, fmt, ap);
59     va_end(ap);
60     exit(1);
61 }

62 /* Print a message and return to caller.
63  * Caller specifies "errnoflag" and "level". */
```

511

图C-4（续）

```
64 static void
65 err_doit(int errnoflag, int level, const char *fmt, va_list ap)
66 {
67     int     errno_save, n;
68     char    buf[MAXLINE];

69     errno_save = errno;  /* value caller might want printed */
70 #ifdef  HAVE_VSNPRINTF
71     vsnprintf(buf, sizeof(buf), fmt, ap);       /* this is safe */
72 #else
73     vsprintf(buf, fmt, ap);                     /* this is not safe */
74 #endif
75     n = strlen(buf);
76     if (errnoflag)
77         snprintf(buf+n, sizeof(buf)-n, ": %s", strerror(errno_save));
78     strcat(buf, "\n");

79     if (daemon_proc) {
80         syslog(level, buf);
81     } else {
82         fflush(stdout);          /* in case stdout and stderr are the same */
83         fputs(buf, stderr);
84         fflush(stderr);
85     }
86     return;
87 }
```

512

513

lib/error.c

图C-4（续）

精选习题解答

第 1 章

1.1 这两个进程只需给open函数指定O_APPEND标志，或者给fopen函数指定添加模式。内核保证每次write都将新的数据添加到该文件的末尾。这是可指定的最容易的文件同步形式（APUE第60~61页①对此有具体的讨论）。当更新文件中已有的数据时，同步问题会变得复杂起来，数据库系统中的情况就是这样。

1.2 典型的定义类似如下：

```
#ifdef  _REENTRANT
#define errno   (*_errno())
#else
extern int  errno;
#endif
```

如果_REENTRANT已定义，引用errno时就调用一个名为_errno的函数，该函数返回调用线程的errno变量的地址。该变量可能是作为线程特定数据（UNPv1的23.5节②）存储的。如果_REENTRANT未定义，errno就是一个全局int变量。

第 2 章

2.1 这两位能改变待运行程序的有效用户ID和/或有效组ID。2.4节中用到了这两个有效ID。

2.2 首先同时指定O_CREAT和O_EXCL标志，如果成功返回，那么已创建了一个新对象。然而如果调用失败并返回EEXIST错误，那么对象已经存在，程序于是得再次调用打开函数，不过不再同时指定O_CREAT和O_EXCL标志。第二次调用应该成功，但是调用失败并返回ENOENT错误的机会仍然存在（尽管很小），它表明在这两次调用之间，另外某个线程或进程已将该对象删除了。

第 3 章

3.1 我们的程序如图D-1所示。

3.2 第二个程序运行时，第一次调用msgget使用的是第一个可用的消息队列，其槽位使用序列号在运行图3-7中的程序两次之后变为20，因而返回的标识符值为1000。假设下一个可用的消息队列从未使用过，其槽位使用序列号于是为0，因而返回的标识符值为1。

3.3 我们的简单程序如图D-2所示。

---

① 此处为APUE第1版英文原版书页码，第2版为第77~78页，中文版为第61~62页。——编者注

② 此处为UNPv1第2版英文原版书节号，第3版为26.5节。——编者注

svmsg/slotseq.c

```
 1 #include    "unpipc.h"

 2 int
 3 main(int argc, char **argv)
 4 {
 5     int     i, msqid;
 6     struct msqid_ds info;

 7     for (i = 0; i < 10; i++) {
 8         msqid = Msgget(IPC_PRIVATE, SVMSG_MODE | IPC_CREAT);
 9         Msgctl(msqid, IPC_STAT, &info);
10         printf("msqid = %d, seq = %lu\n", msqid, info.msg_perm.seq);

11         Msgctl(msqid, IPC_RMID, NULL);
12     }
13     exit(0);
14 }
```

svmsg/slotseq.c

图D-1 输出标识符和槽位使用序列号

svmsg/testumask.c

```
1 #include    "unpipc.h"

2 int
3 main(int argc, char **argv)
4 {
5     Msgget(IPC_PRIVATE, 0666 | IPC_CREAT | IPC_EXCL);
6     unlink("/tmp/fifo.1");
7     Mkfifo("/tmp/fifo.1", 0666);

8     exit(0);
9 }
```

svmsg/testumask.c

516

图D-2 测试msgget是否使用文件模式创建掩码

从下面的程序运行情况可以看出，文件模式创建掩码是2（关掉其他用户写位），该位在FIFO中确实关掉，在消息队列中却并未关掉。

```
solaris % umask
02
solaris % testumask
solaris % ls -l /tmp/fifo.1
prw-rw-r--   1 rstevens other1         0 Mar 25 16:05 /tmp/fifo.1
solaris % ipcs -q
IPC status from <running system> as of Wed Mar 25 16:06:03 1998
T         ID       KEY         MODE        OWNER     GROUP
Message Queues:
q        200    00000000 --rw-rw-rw- rstevens    other1
```

3.4 使用ftok的话，系统中另外某个路径名所形成的键与我们的服务器所用的键相同的可能性总是存在。使用IPC_PRIVATE的话，服务器尽管知道它是在创建新的消息队列，但它必须接着把所创建消息队列的标识符写到某个文件中，供客户读取。

3.5 下面是检测冲突的方法之一：

```
solaris % find / -links 1 -not -type l -print |
xargs -n1 ftok1 > temp.1
solaris % wc -l temp.1
  109351 temp.1

solaris % sort +0 -1 temp.1 |
```

```
nawk '{ if (lastkey == $1)
            print lastline, $0
        lastline = $0
        lastkey = $1
}' > temp.2
solaris % wc -l temp.2
  82188 temp.2
```

在find程序中，我们忽略链接数多于一个的文件（因为每个链接都有相同的索引节点），符号链接也忽略（因为stat函数因循符号链接，也就是说解释并替换符号链接，直到不再有新的符号链接）。很高的冲突比率（75.2%）是由于Solaris 2.x只使用了索引节点号中的12位。这意味着在文件数多于4096的任何文件系统中，有许多冲突会发生。例如索引节点号分别为4096、8192、12288和16384的4个文件都有相同的IPC键（假设它们在同一个文件系统中）。

下一个例子运行在同样的文件系统上，但使用的是来自BSD/OS的ftok函数。由于该函数把整个索引节点号加到键中，因此冲突数只有849（少于1%）。

第4章

517

4.1 当父进程终止时，如果子进程中fd[1]处于打开状态，那么子进程对fd[0]的read不会返回文件结束符，因为fd[1]在子进程中仍然打开。在子进程中关闭fd[1]保证一旦父进程终止，它的所有描述符即关闭，从而使得子进程对fd[0]的read返回0。

4.2 如果调用关系反转了，另外某个进程就有可能在本进程的open和mkfifo两个调用之间创建本进程想要创建的FIFO，结果导致本进程的mkfifo调用失败。

4.3 如果执行如下命令：

```
solaris % mainpopen 2>temp.stderr
/etc/ntp.conf > /myfile
solaris % cat temp.stderr
sh: /myfile: cannot create
```

那么我们看到popen返回成功，但是我们用fgets读到的只是一个文件结束符。该shell出错消息是写到标准错误输出的。

4.5 把第一个open调用改为指定非阻塞标志：

```
readfifo = Open(SERV_FIFO, O_RDONLY | O_NONBLOCK, 0);
```

该调用将立即返回，接下去的open调用（用于只写）也立即返回，因为它要打开的FIFO已经由第一个open调用打开用于读。但是为了避免从readline返回错误，描述符readfifo的O_NONBLOCK标志必须在调用readline之前关掉。

4.6 如果客户在打开服务器的众所周知FIFO（用于只写）之前先打开它的客户特定FIFO（用于只读），那么会发生死锁。避免这种死锁的唯一办法是如图4-24中所示的顺序open这两个FIFO，也可以使用非阻塞标志。

4.7 写进程关闭管道或FIFO的信息通过文件结束符传递给读进程。

4.8 图D-3给出了我们的程序。

4.9 select返回说该描述符是可写的，但调用write却引发SIGPIPE信号。这个概念在UNPv1第153~155页[①]说明过，当发生读（或写）错误时，select返回说相应描述符是可读的（或可写的），真正的错误则由read（或write）返回。图D-4给出了我们的程序。

① 此处为UNPv1第2版英文原版书页码，第3版为第160~163页。——编者注

pipe/test1.c

```
 1 #include    "unpipc.h"

 2 int
 3 main(int argc, char **argv)
 4 {
 5     int     fd[2];
 6     char    buff[7];
 7     struct stat info;

 8     if (argc != 2)
 9         err_quit("usage: test1 <pathname>");

10     Mkfifo(argv[1], FILE_MODE);
11     fd[0] = Open(argv[1], O_RDONLY | O_NONBLOCK);
12     fd[1] = Open(argv[1], O_WRONLY | O_NONBLOCK);

13         /* check sizes when FIFO is empty */
14     Fstat(fd[0], &info);
15     printf("fd[0]: st_size = %ld\n", (long) info.st_size);
16     Fstat(fd[1], &info);
17     printf("fd[1]: st_size = %ld\n", (long) info.st_size);

18     Write(fd[1], buff, sizeof(buff));

19         /* check sizes when FIFO contains 7 bytes */
20     Fstat(fd[0], &info);
21     printf("fd[0]: st_size = %ld\n", (long) info.st_size);
22     Fstat(fd[1], &info);
23     printf("fd[1]: st_size = %ld\n", (long) info.st_size);

24     exit(0);
25 }
```

pipe/test1.c

图D-3 判定fstat是否返回在某个FIFO中的字节数

pipe/test2.c

```
 1 #include    "unpipc.h"

 2 int
 3 main(int argc, char **argv)
 4 {
 5     int     fd[2], n;
 6     pid_t   childpid;
 7     fd_set  wset;

 8     Pipe(fd);
 9     if ( (childpid = Fork()) == 0) {        /* child */
10         printf("child closing pipe read descriptor\n");
11         Close(fd[0]);
12         sleep(6);
13         exit(0);
14     }
15         /* parent */
16     Close(fd[0]);                   /* in case of a full-duplex pipe */
17     sleep(3);
18     FD_ZERO(&wset);
19     FD_SET(fd[1], &wset);
20     n = select(fd[1] + 1, NULL, &wset, NULL, NULL);
21     printf("select returned %d\n", n);

22     if (FD_ISSET(fd[1], &wset)) {
23         printf("fd[1] writable\n");
24         Write(fd[1], "hello", 5);
25     }

26     exit(0);
27 }
```

pipe/test2.c

518
~
519

图D-4 当一个管道的读出端关闭时，判定select为可写性返回的是什么

第5章

5.1 先不指定任何属性创建该队列，紧接着调用mq_getattr取得默认属性。随后删除该队列并重新创建，对未指定的那个属性使用其默认值。

5.2 对应第二个消息的信号没有产生是因为注册在每次通知发生之后即撤销。

5.3 对应第二个消息的信号没有产生是因为接收该消息时队列不空。

5.4 Solaris 2.6把这两个常值定义成调用sysconf，其上的GNU C编译器将产生如下出错消息：

```
test1.c:13: warning: int format, long int arg (arg 2)
test1.c:13: warning: int format, long int arg (arg 3)
```

5.5 在Solaris 2.6下，我们指定1 000 000个消息，每个消息10字节。这使文件大小为20 000 536字节，它与我们运行图5-5中程序所得的结果是一致的：每个消息占据10字节数据、8字节开销（也许是为存放指针）以及另外2字节开销（也许因4字节对齐之需），每个文件再占据536字节开销。在调用mq_open之前，由ps所报告的该程序大小为1052 KB，该消息队列创建之后，大小变为20 MB。这使得我们认为Posix消息队列是使用内存映射文件实现的，mq_open把该文件映射到调用进程的地址空间中。在Digital Unix 4.0B下我们也取得了类似的结果。

5.6 对于ANSI C mem*XXX*函数来说，大小参数为0不成问题。最初的1989 ANSI C标准X3.159-1989（也称为ISO/IEC 9899:1990）并没有这么说，作者能找到的手册页面也没有一个提及这一点，然而“Technical Corrigendum Number 1”（1号技术勘误）却明确陈述大小为0可行（不过指针参数仍必须有效）。要参阅有关C语言的信息，http://www.lysator.liu.se/c/是个颇值得访问的地方。

5.7 两进程之间的双向通信需2个消息队列（图A-30是这样的一个例子）。事实上，要是我们把图4-14中程序改为使用Posix消息队列而不是管道，就会看到父进程读回它写到队列中的东西。

5.8 互斥锁和条件变量包含在内存映射文件中，而该文件是由打开了相应队列的所有进程共享的。其他进程也许打开着该队列，因此即将关闭该队列本地句柄的一个进程不能摧毁该互斥锁和条件变量。

5.9 C语言中数组不能通过等号赋值，结构却可以。

5.10 main函数几乎把所有时间都花在select调用的阻塞之中，等待管道变为可读。每次提交相应信号时，其信号处理程序的返回会中断这个select调用，使得它返回一个EINTR错误。为处理这种情形，我们的Select包裹函数检查这个错误，并重新调用select，如图D-5所示。 520

lib/wrapunix.c

```
313 int
314 Select(int nfds, fd_set *readfds, fd_set *writefds, fd_set *exceptfds,
315        struct timeval *timeout)
316 {
317     int     n;

318 again:
319     if ( (n = select(nfds, readfds, writefds, exceptfds, timeout)) < 0){
320         if (errno == EINTR)
```

图D-5 处理EINTR的Select包裹函数

```
321             goto again;
322         else
323             err_sys("select error");
324     } else if (n == 0 && timeout == NULL)
325         err_quit("select returned 0 with no timeout");
326     return(n);                  /* can return 0 on timeout */
327 }
```
lib/wrapunix.c

图D-5（续）

UNPv1第124页[①]有关于被中断系统调用的详细讨论。

第6章

6.1　其余程序必须接受数值形式的消息队列标识符，而不是路径名（回想一下图6-3中程序的输出）。这些程序上的如此变动既可通过增设一个新的命令行选项做到，也可假设完全为数值的路径名参数是标识符而不是真的路径名。既然传递给ftok的多数路径名是绝对路径名而不是相对路径名(也就是说它们至少包含一个斜杠符)，这样的假设也许可行。

6.2　类型为0的消息是不被允许的，而客户是决不可能有1这个进程ID的，因为它通常是init进程的进程ID。

6.3　当如图6-14所示只使用一个队列时，这个恶意的客户影响所有其他客户。当给每个客户准备一个返送队列时（图6-19），这个客户只能影响它自己的队列。

第7章

7.2　进程将终止，而且可能是在消费者线程完成之前，因为调用exit将终止任何仍在运行中的线程。

7.3　Solaris 2.6下，省略destroy函数的调用导致内存泄漏，暗示init函数是在执行动态内存分配。在Digital Unix 4.0B下，我们没有看到这种现象，这意味着实现上存在差异。不过调用匹配的destroy函数仍是需要的。从实现的角度看，Digital Unix像是把attr_t变量用作属性对象本身，Solaris则把该变量用作指向动态分配对象的指针。这两种实现都是可行的。

521

第9章

9.1　你可能需要把原来为20的循环计数加大才能看到这些错误，这取决于你的系统。

9.2　要使标准I/O流不缓冲，我们在main函数的for循环之前插入如下行：

```
setvbuf(stdout, NULL, _IONBF, 0);
```

这么修改不应该有任何效果，因为printf调用只有一个，而且所输出字符串是以换行符结尾的。通常情况下，标准输出是行缓冲的，因此不论哪种缓冲方式（行缓冲或不缓冲），这个单独的printf调用最终变为对内核的单个write调用。

9.3　我们把printf调用改为：

```
snprintf(line, sizeof(line), "%s: pid = %ld, seq# = %d\n",
         argv[0], (long)pid, seqno);
for (ptr = line; (c = *ptr++) != 0; )
    putchar(c);
```

① 此处为UNPv1第2版英文原版书页码，第3版为第134~135页。——编者注

并声明c是一个整数，ptr的类型为char *。保留上一道习题所加的setvbuf调用不变，从而使得标准输出变为不缓冲，于是标准I/O函数库给所输出的每个字符调用一次write，而不是每行调用一次。这么一来需要更多的CPU时间，内核在两个进程之间来回切换的机会也增多。我们应该从这个程序的运行中看到更多的错误。

9.4 既然对于一个文件的同一区段允许多个进程有读出锁，那么就我们的例子而言，这与没有任何锁是一样的。

9.5 没有任何变化，因为一个描述符的非阻塞标志对于fcntl劝告性上锁没有影响。决定fcntl调用是否阻塞的是其命令：F_SETLKW表明总是阻塞，F_SETLK则表明永不阻塞。

9.6 loopfcntlnonb程序运行如常，因为我们已在上一道习题展示，非阻塞标志对于执行fcntl上锁的程序没有影响。然而非阻塞标志确实影响不执行上锁的loopnonenonb程序。我们在9.5节说过，如果对启用了强制性上锁的文件所进行的read或write非阻塞调用与已有的锁发生冲突，那么会返回一个EAGAIN错误。我们看到的这个错误或者是

```
read error: Resource temporarily unavailable
```

或者是

```
write error: Resource temporarily unavailable
```

通过执行如下命令就能验证这个错误是EAGAIN：

```
solaris % grep Resource /usr/include/sys/errno.h
#define EAGAIN  11      /* Resource temporarily unavailable */
```

522

9.7 Solaris 2.6下，强制性上锁增加了约16%的时钟时间和约20%的系统CPU时间。用户CPU时间保持不变，正如我们所预期的那样，这是因为额外的时间花在了内核对每个read和write调用的检查上，而不是在用户进程上。

9.8 锁是以每个进程为基而不是以每个线程为基授予的。要看到上锁请求的竞争现象，我们必须让不同的进程来尝试获取锁。

9.9 如果本守护进程的另一个副本正在运行，当使用O_TRUNC标志open时，由本守护进程的第一个副本存放的进程ID就会被冲掉。我们只有获悉自己是唯一在运行的副本后，才能截掉文件内容。

9.10 SEEK_SET总是最可取的。SEEK_CUR的问题是它取决于文件中的当前偏移量，而该值是由lseek指定的。但是如果在调用lseek之后调用fcntl，那么我们是在使用两个函数调用完成单个操作的任务，而这两个函数调用之间存在由另外一个线程通过调用lseek修改当前偏移量的机会。（回想一下所有线程共享相同的描述符。另外回想一下fcntl记录锁用于不同进程之间的上锁，而不是单个进程内的不同线程之间的上锁。）同样，如果我们指定SEEK_END，那么在基于所认定的文件尾获得一个锁之前，另外一个线程有可能已往该文件添加数据。

第10章

10.1 以下是在Solaris 2.6下的结果输出：

```
solaris % deadlock 100
prod: calling sem_wait(nempty)                生产者i=0时的循环
prod: got sem_wait(nempty)
prod: calling sem_wait(mutex)
prod: got sem_wait(mutex), storing 0

prod: calling sem_wait(nempty)                生产者i=1时的循环
```

```
prod: got sem_wait(nempty)
prod: calling sem_wait(mutex)
prod: got sem_wait(mutex), storing 1
prod: calling sem_wait(nempty)              开始下一轮循环，但没有空槽位
                                            上下文从生产者切换到消费者
cons: calling sem_wait(mutex)               消费者i=0时的循环
cons: got sem_wait(mutex)
cons: calling sem_wait(nstored)
cons: got sem_wait(nstored)
cons: fetched 0
cons: calling sem_wait(mutex)               消费者i=1时的循环
cons: got sem_wait(mutex)
cons: calling sem_wait(nstored)
cons: got sem_wait(nstored)
cons: fetched 1
cons: calling sem_wait(mutex)
cons: got sem_wait(mutex)
cons: calling sem_wait(nstored)             消费者永远阻塞于此
                                            上下文从消费者切换到生产者
prod: got sem_wait(nempty)
prod: calling sem_wait(mutex)               生产者永远阻塞于此
```

523

10.2 在我们描述sem_open时指定了信号量初始化规则的前提下，这是可行的。该规则说，如果信号量已经存在，它就不被初始化。因此这4个进程中，只有第一个调用sem_open的进程才真正把信号量的值初始化为1。当其余3个进程以O_CREAT标志调用sem_open时，所需信号量已经存在，其值于是不再被初始化。

10.3 这确实是个问题。信号量在该进程终止时被自动关闭，但是其值并没有改变。这将妨碍其他3个进程中的任何一个取得所需的锁，从而导致另外一种类型的死锁。

10.4 要是我们没有把这两个描述符初始化为-1，那么它们的初始值是不确定的，因为malloc并不对它分配的内存进行初始化。这么一来，如果有一个open调用失败，error标号处的close调用就可能关闭该进程正在使用的某个描述符。把描述符初始化为-1后，我们可知如果描述符尚未被打开则close调用不会有什么后果（除返回一个我们忽略掉的错误外）。

10.5 尽管很小，却存在这样的机会：close调用虽然针对一个有效的描述符，但仍可能返回某个错误，从而把errno由我们想返回的值改为其他值。既然我们想要保存errno值以返回给调用者，显式地去做总比依赖某些副作用（例如当关闭的是一个有效的描述符时，close调用不会返回错误）来得好。

10.6 这个函数中不存在竞争状态，因为如果所需的FIFO已经存在，mkfifo函数将返回一个错误。如果有两个进程几乎同时调用这个函数，那么相应的FIFO只创建一次。调用mkfifo的第二个进程将收到一个EEXIST错误，导致O_CREAT标志被关掉，从而防止再次初始化同一个FIFO。

10.7 图10-37没有我们随图10-43描述的竞争状态，因为其信号量的初始化是通过写数据到相应的FIFO完成的。如果创建该FIFO的进程在调用mkfifo之后但在向该FIFO write数据字节之前被内核挂起，那么第二个进程只是打开该FIFO，随后在首次调用sem_wait处阻塞，因为这个新创建的FIFO在第一个进程（即创建该FIFO的进程）往它写数据字节前一直为空。

10.8 图D-6给出了该测试程序。Solaris 2.6和Digital Unix 4.0B上的实现都检测被某个捕获的

信号中断的情况，并返回EINTR错误。

524

pxsem/testeintr.c

```
 1 #include    "unpipc.h"

 2 #define NAME    "testeintr"

 3 static void sig_alrm(int);

 4 int
 5 main(int argc, char **argv)
 6 {
 7     sem_t   *sem1, sem2;

 8         /* first test a named semaphore */
 9     sem_unlink(Px_ipc_name(NAME));
10     sem1 = Sem_open(Px_ipc_name(NAME), O_RDWR | O_CREAT | O_EXCL,
11                     FILE_MODE, 0);

12     Signal(SIGALRM, sig_alrm);
13     alarm(2);
14     if (sem_wait(sem1) == 0)
15         printf("sem_wait returned 0?\n");
16     else
17         err_ret("sem_wait error");
18     Sem_close(sem1);

19         /* now a memory-based semaphore with process scope */
20     Sem_init(&sem2, 1, 0);
21     alarm(2);
22     if (sem_wait(&sem2) == 0)
23         printf("sem_wait returned 0?\n");
24     else
25         err_ret("sem_wait error");
26     Sem_destroy(&sem2);

27     exit(0);
28 }

29 static void
30 sig_alrm(int signo)
31 {
32     printf("SIGALRM caught\n");
33     return;
34 }
```

pxsem/testeintr.c

图D-6 测试sem_wait是否返回EINTR

我们使用FIFO的实现会返回EINTR，因为sem_wait阻塞在对于一个FIFO的某个read调用中，而read调用必须返回EINTR错误。我们使用内存映射I/O的实现不返回任何错误，因为sem_wait阻塞在某个pthread_cond_wait调用中，而该函数被一个捕获的信号中断时并不返回EINTR。（我们在图5-29中看到过另外一个例子。）我们使用System V信号量的实现返回EINTR，因为sem_wait阻塞在某个semop调用中，而semop调用返回EINTR错误。

10.9 使用FIFO的实现（图10-40）是异步信号安全的，因为write是异步信号安全的。使用内存映射文件的实现（图10-47）则不是，因为没有一个pthread_*XXX*函数是异步信号安全的。使用System V信号量的实现（图10-56）也不是，因为Unix 98没有把semop列为异步信号安全函数。

525

第11章

11.1　只需修改其中一行：

```
<        semid = Semget(Ftok(argv[optind], 0), 0, 0);
---
>        semid = atol(argv[optind]);
```

11.2　ftok调用将失败，从而导致我们的Ftok包裹函数的终止。my_lock函数可在调用semget之前调用ftok，检查是否返回ENOENT错误，若LOCK_PATH文件不存在则创建它。

第12章

12.1　文件大小将再增长4 096字节（达到36 864字节），最后一个printf对新文件结束符（ptr字符数组的对应下标为36863）所做的引用可能引发SIGSEGV信号，因为内存映射区的大小为32 768字节。我们说“可能”而不是“将”的原因在于，该信号产生与否取决于页面大小。

12.2　图D-7是使用System V消息队列发送消息的示意图，图D-8是使用通过mmap实现的Posix消息队列发送消息的示意图。图D-8中发送者的memcpy发生在调用mq_send期间（图5-30），接收者的memcpy则发生在调用mq_receive期间（图5-32）。

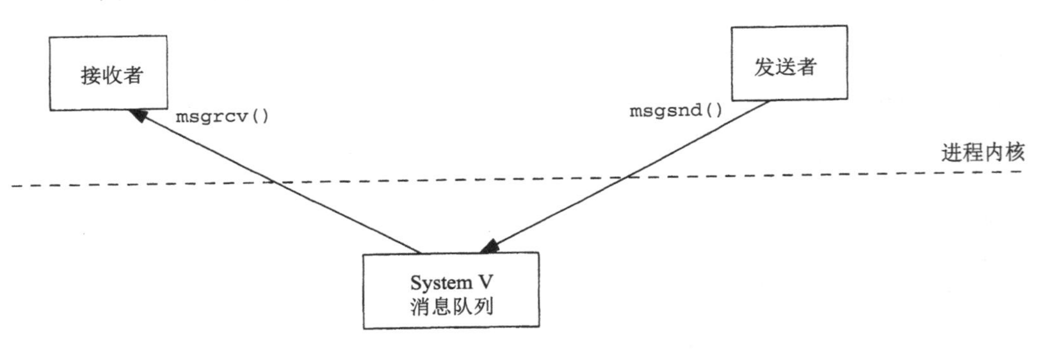

图D-7　使用System V消息队列发送消息

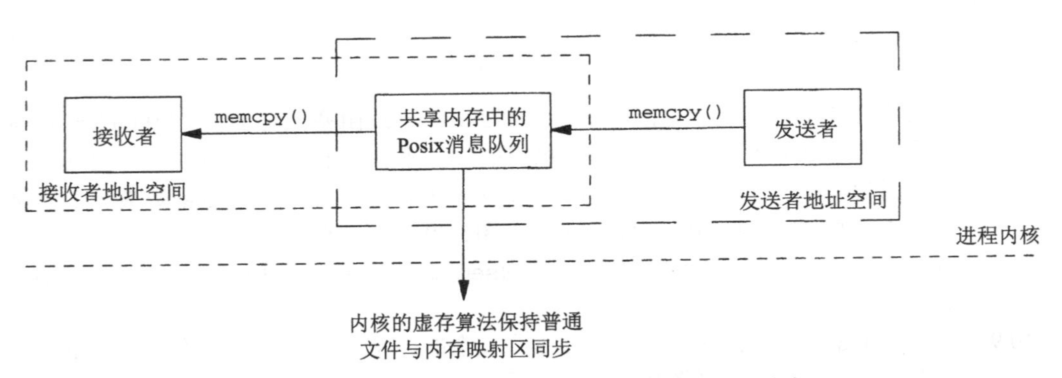

图D-8　使用通过mmap实现的Posix消息队列发送消息

12.3　对/dev/zero设备文件的任何read，所返回的是所请求数目的全为0的字节。write到该设备的任何数据被直接丢弃掉，就像write到/dev/null设备一样。

12.4 该文件的最终内容为4字节的0（假设int类型为32位）。

12.5 图D-9给出了我们的程序。

shm/svmsgread.c

```
 1 #include    "unpipc.h"
 2 #define MAXMSG  (8192 + sizeof(long))
 3 int
 4 main(int argc, char **argv)
 5 {
 6     int     pipe1[2], pipe2[2], mqid;
 7     char    c;
 8     pid_t   childpid;
 9     fd_set  rset;
10     ssize_t n, nread;
11     struct msgbuf   *buff;
12     if (argc != 2)
13         err_quit("usage: svmsgread <pathname>");
14     Pipe(pipe1);                /* 2-way communication with child */
15     Pipe(pipe2);
16     buff = My_shm(MAXMSG);      /* anonymous shared memory with child */
17     if ( (childpid = Fork()) == 0) {
18         Close(pipe1[1]);        /* child */
19         Close(pipe2[0]);
20         mqid = Msgget(Ftok(argv[1], 0), MSG_R);
21         for ( ; ; ) {
22                 /* block, waiting for message, then tell parent */
23             nread = Msgrcv(mqid, buff, MAXMSG, 0, 0);
24             Write(pipe2[1], &nread, sizeof(ssize_t));
25                 /* wait for parent to say shm is available */
26             if ( (n = Read(pipe1[0], &c, 1)) != 1)
27                 err_quit("child: read on pipe returned %d", n);
28         }
29         exit(0);
30     }
31         /* parent */
32     Close(pipe1[0]);
33     Close(pipe2[1]);
34     FD_ZERO(&rset);
35     FD_SET(pipe2[0], &rset);
36     for ( ; ; ) {
37         if ( (n = select(pipe2[0] + 1, &rset, NULL, NULL, NULL)) != 1)
38             err_sys("select returned %d", n);
39         if (FD_ISSET(pipe2[0], &rset)) {
40             n = Read(pipe2[0], &nread, sizeof(ssize_t));
41             if (n != sizeof(ssize_t))
42                 err_quit("parent: read on pipe returned %d", n);
43             printf("read %d bytes, type = %ld\n", nread, buff->mtype);
44             Write(pipe1[1], &c, 1);
45         } else
46             err_quit("pipe2[0] not ready");
47     }
48     Kill(childpid, SIGTERM);
49     exit(0);
50 }
```

shm/svmsgread.c

图D-9 父子进程设置成对System V消息使用select的例子

526～527

第13章

13.1　图D-10给出了图12-16的修改后版本，图D-11给出了图12-19的修改后版本。注意在第一个程序中，我们必须使用`ftruncate`设置共享内存对象的大小，而不能使用`lseek`和`write`。

pxshm/test1.c

```
 1 #include    "unpipc.h"

 2 int
 3 main(int argc, char **argv)
 4 {
 5     int     fd, i;
 6     char    *ptr;
 7     size_t  shmsize, mmapsize, pagesize;

 8     if (argc != 4)
 9         err_quit("usage: test1 <name> <shmsize> <mmapsize>");
10     shmsize = atoi(argv[2]);
11     mmapsize = atoi(argv[3]);

12         /* open shm: create or truncate; set shm size */
13     fd = Shm_open(Px_ipc_name(argv[1]), O_RDWR | O_CREAT | O_TRUNC,
14                   FILE_MODE);
15     Ftruncate(fd, shmsize);
16     ptr=Mmap(NULL, mmapsize, PROT_READ | PROT_WRITE, MAP_SHARED, fd, 0);
17     Close(fd);

18     pagesize = Sysconf(_SC_PAGESIZE);
19     printf("PAGESIZE = %ld\n", (long) pagesize);

20     for (i = 0; i < max(shmsize, mmapsize); i += pagesize) {
21         printf("ptr[%d] = %d\n", i, ptr[i]);
22         ptr[i] = 1;
23         printf("ptr[%d] = %d\n", i + pagesize - 1,ptr[i + pagesize - 1]);
24         ptr[i + pagesize - 1] = 1;
25     }
26     printf("ptr[%d] = %d\n", i, ptr[i]);

27     exit(0);
28 }
```

pxshm/test1.c

528

图D-10　访问其大小可能不同于共享内存区大小的mmap

pxshm/test2.c

```
 1 #include    "unpipc.h"

 2 #define FILE     "test.data"
 3 #define SIZE     32768

 4 int
 5 main(int argc, char **argv)
 6 {
 7     int     fd, i;
 8     char    *ptr;

 9         /* open shm: create or truncate; then mmap shm */
10     fd=Shm_open(Px_ipc_name(FILE),O_RDWR|O_CREAT|O_TRUNC, FILE_MODE);
11     ptr = Mmap(NULL, SIZE, PROT_READ | PROT_WRITE, MAP_SHARED, fd, 0);
```

图D-11　允许共享内存区大小增长的内存映射例子

```
12     for (i = 4096; i <= SIZE; i += 4096) {
13         printf("setting shm size to %d\n", i);
14         Ftruncate(fd, i);
15         printf("ptr[%d] = %d\n", i-1, ptr[i-1]);
16     }
17     exit(0);
18 }
```
pxshm/test2.c

图D-11（续）

13.2 *ptr++可能存在的问题之一是由mmap返回的指针被改掉，从而妨碍以后调用munmap。如果以后要用到该指针，我们就得把它保存起来，或者不作修改。

529

第14章

14.1 只有一行需要改动：

```
13c13
<       id = Shmget(Ftok(argv[1], 0), 0, SVSHM_MODE);
---
>       id = atol(argv[1]);
```

第15章

15.1 这样的参数的字节数为data_size+(desc_num*sizeof(door_desc_t))。

15.2 没有调用fstat的必要。如果所打开的描述符指代的不是一个门，那么door_info将返回一个EBADF错误：

```
solaris % doorinfo /etc/passwd
door_info error: Bad file number
```

15.3 该手册页面是错误的。Posix.1对此的正确陈述为“The *sleep()* function shall cause the current thread to be suspended from execution.”（sleep函数会导致当前线程从执行状态挂起）。

15.4 结果难以预料（尽管核心转储是一个相当安全的猜测），因为与其中的门相关联的服务器过程的地址会导致在新执行的程序中，某段随机的代码会被作为一个函数来调用。

15.5 当客户的door_call被所捕获的信号中断时，服务器进程必须被通知到，因为它需随后向处理该客户的服务器线程（它的ID在我们的输出例子中为4）发送一个取消请求，然而我们随图15-23说过，对于由门函数库自动创建的所有服务器线程来说，取消操作是被禁止的，我们正讨论的线程于是不会因取消而终止。相反，当客户的door_call被终止时，服务器过程阻塞在其上的sleep(6)调用看来在该过程被调用后约2秒就过早地返回了。但是执行该过程的服务器线程仍持续运行到完成为止。

15.6 我们看到的错误如下：

```
solaris % server6 /tmp/door6
my_thread: created server thread 4
door_bind error: Bad file number
```

当我们连续启动该服务器20次时，该错误出现了5次。该错误是不确定的。

15.7 不需要。我们需做的只是如图15-31中那样，每次服务器过程被调用时就启用取消。这种技术尽管在服务器过程每次被激活时都要调用pthread_setcancelstate，而不是仅在执行该过程的线程启动时调用一次，但其开销却可能很小。

530

15.8 为验证这一点，我们将某个服务器程序（譬如说图15-9）改为从服务器过程中调用door_revoke。由于门描述符是door_revoke的参数，因此我们还得把fd改成一个全局变量。我们随后执行相应的客户程序（譬如说图15-2）两次：

```
solaris % client8 /tmp/door8 88
result: 7744
solaris % client8 /tmp/door8 99
door_call error: Bad file number
```

第一次激活服务器过程成功返回，从而证实door_revoke不影响已在进行的调用。第二次激活告知从door_call返回的错误是EBADF。

15.9 为避免使fd成为一个全局变量，我们使用传递给door_create的cookie指针，该指针随后在服务器过程每次被调用时传递给它。图D-12给出了服务器程序。

doors/server9.c

```
 1 #include    "unpipc.h"

 2 void
 3 servproc(void *cookie, char *dataptr, size_t datasize,
 4          door_desc_t *descptr, size_t ndesc)
 5 {
 6     long    arg, result;

 7     Door_revoke(*((int *) cookie));
 8     arg = *((long *) dataptr);
 9     printf("thread id %ld, arg = %ld\n", pr_thread_id(NULL), arg);

10     result = arg * arg;
11     Door_return((char *) &result, sizeof(result), NULL, 0);
12 }

13 int
14 main(int argc, char **argv)
15 {
16     int     fd;

17     if (argc != 2)
18         err_quit("usage: server9 <server-pathname>");

19         /* create a door descriptor and attach to pathname */
20     fd = Door_create(servproc, &fd, 0);

21     unlink(argv[1]);
22     Close(Open(argv[1], O_CREAT | O_RDWR, FILE_MODE));
23     Fattach(fd, argv[1]);

24         /* servproc() handles all client requests */
25     for ( ; ; )
26         pause();
27 }
```

doors/server9.c

图D-12　使用cookie指针以避免使fd成为一个全局变量

531

我们可以很容易地对图15-22和图15-23作同样的修改，因为cookie指针对我们的my_create函数而言是可得的（该指针在door_info_t结构中），而该函数又把指向该结构的指针传递给新创建的线程（它需要对应door_bind调用的描述符）。

15.10 本例中线程属性从不改变，因此我们可以只初始化一次线程属性（在main函数中完成）。

第16章

16.1 端口映射器并不监视已向它注册的各个服务器，因而无法检测它们是否崩溃。终止其中某个服务器后，它在端口映射器中注册的映射关系并不注销，这一点可使用rpcinfo程序来验证。这么一来，该服务器终止后，与端口映射器联系以获取该服务器端口号的某个客户将得到肯定的答复，由端口映射器返回该服务器在终止之前使用的端口号。假设该服务器是一个TCP服务器，当该客户试图与它联系时，客户方RPC运行时环境将收到RST（复位）分节作为对SYN分节的响应（前提是自该服务器终止以来，服务器主机上没有其他进程被赋予同样的端口），从而导致从clnt_create返回一个错误。UDP客户调用clnt_create将成功（因为没有连接需要建立）。但是当它向以前的服务器端口发送UDP数据报时，什么应答都不会返回（同样假设自该服务器终止以来，服务器主机上没有其他进程被赋予同样的端口），该客户的远程过程调用最终将超时。

16.2 当收到服务器的第一个应答后，RPC运行时环境把它返回给客户，这发生在客户发出远程过程调用后约20秒。因超时重传导致的服务器的下一个应答将一直存留在客户方端点的网络缓冲区中，直到该端点被关闭，或者直到RPC运行时环境下一次读该缓冲区为止。现在假设客户在收到第一个应答后立即向服务器再次发出调用[①]，再假设没有网络分组丢失现象，下一个到达客户方端点的数据报将是服务器对于客户的超时重传的应答。然而RPC运行时环境将忽略这个应答，因为它的XID对应于客户的第一次远程过程调用，它不可能与客户的第二次过程调用所用的XID相同。

16.3 构造一个成员为char c[10]的C结构，不过XDR将把它编码成10个4字节整数。要是你确实需要定长的字符串，那就使用定长的不透明数据类型。

16.4 xdr_data调用返回FALSE，因为它的xdr_string调用返回FALSE（参见data_xdr.c文件）。

当指定一个最大长度时，它将作为xdr_string的最后一个参数编码。当省略这个最大长度时，最后一个参数是0的反码（在32位整数前提下，其值为$2^{32}-1$）。

16.5 所有的XDR例程都检查缓冲区中是否有足够的空间以存放将编码到其中的数据，当缓冲区满时返回FALSE错误。不幸的是，没有办法区别来自XDR函数的各种不同的可能错误。

16.6 我们可以说TCP使用序列号检测重复数据在效果上等同于重复请求高速缓存，因为对于作为含有TCP已确认过的重复数据而到达的任何旧分节，这些序列号都能将其标识出来。对于一个给定的连接（例如一个给定客户的IP地址和端口），该高速缓存的大小是TCP的32位序列号空间的一半，也就是2^{31}或约2G字节。 532

16.7 由于对一个给定的请求来说，它的所有5个值必须等于某个高速缓存项中对应的5个值，因此第一个作比较的值应该是最可能不等的那个值，而最后一个作比较的值应该是最可能相等的那个值。在TI-RPC软件包中，真正的比较顺序是：（1）XID，（2）过程号，（3）版本号，（4）程序号，（5）客户地址。在XID随每个请求变化的前提下，首先对它进行比较是明智的。

16.8 在图16-30中，从标志/长度字段开始，包括4字节的长整数过程参数在内，共有12个4字节字段，合计48字节。按照默认的无认证配置，凭证数据和验证器数据均为空。也就是说，凭证和验证器均占用8字节：4字节指定认证方式（AUTH_NONE），另4字节指定认证长度（其值为0）。

在应答分节中（看图16-32，但要意识到由于在使用TCP，因此在XID之前有一个4字

① 注意区别这个由客户主动发出的再次调用和因超时重传导致的由RPC运行时环境完成的再次调用，后者对客户不可见。——译者注

节的标志/长度字段），共有8个4字节字段，从标志/长度字段开始，到4字节的长整数过程结果为止，共计32字节。

当使用UDP时，请求和应答的唯一变动是不存在4字节的标志/长度字段。因此请求的大小为44字节，应答的大小为28字节，这一点可使用tcpdump验证。

16.9 可以。不论在客户端还是在服务器端，参数处理上的差异都局限于主机，而与穿越网络的分组无关。客户的main函数调用客户存根中的某个函数以产生一个网络记录，服务器的main函数则调用服务器存根中的某个函数处理这个网络记录。跨越网络传送的RPC记录是由RPC协议定义的，而RPC协议不论客户端或服务器端是否支持线程都不变。

16.10 XDR运行时环境给这些字符串动态分配字间。给read程序增加下面一行就能验证这个事实：

```
printf("sbrk() = %p, buff = %p, in.vstring_arg = %p\n",
       sbrk(NULL), buff, in.vstring_arg);
```

其中sbrk函数返回处于程序数据段顶部的当前地址，而在此以下的内存空间通常就是malloc从中分配内存的区段。运行该程序产生如下输出：

```
sbrk() = 29638, buff = 25e48, in.vstring_arg = 27e58
```

它表明指针vstring_arg指向malloc使用的内存区段内。8192字节的buff地址为0x25e48~0x27e47，字符串就存放在该缓冲区之后。

533

16.11 图D-13给出了客户程序。注意clnt_call的最后一个参数是一个真正的timeval结构，而不是指向某个这种结构的指针。还要注意clnt_call的第三个和第五个参数必须是指向XDR例程的非空函数指针，因此我们指定的是不做任何工作的XDR函数xdr_void。（编写一个很小的RPC规范文件，其中定义一个既没有参数也没有返回值的函数，运行rpcgen，然后检查所生成的客户存根，这样你就能验证图D-13中给出的确实是调用一个既没有参数又没有返回值的函数的方法。）

sunrpc/square10/client.c

```
 1 #include      "unpipc.h"      /* our header */
 2 #include      "square.h"      /* generated by rpcgen */

 3 int
 4 main(int argc, char **argv)
 5 {
 6     CLIENT     *cl;
 7     struct timeval tv;

 8     if (argc != 3)
 9         err_quit("usage: client <hostname> <protocol>");

10     cl = Clnt_create(argv[1], SQUARE_PROG, SQUARE_VERS, argv[2]);

11     tv.tv_sec = 10;
12     tv.tv_usec = 0;
13     if (clnt_call(cl, NULLPROC, xdr_void, NULL,
14                   xdr_void, NULL, tv) != RPC_SUCCESS)
15         err_quit("%s", clnt_sperror(cl, argv[1]));

16     exit(0);
17 }
```

sunrpc/square10/client.c

图D-13 调用服务器空过程的客户程序

16.12 所产生的UDP数据报大小（65536+20+RPC开销）超过了IPv4数据报的最大大小65535。图A-4中对于使用UDP的RPC来说，不存在消息大小为16384和32768的项的原因是，这是一个较早的RPCSRC 4.0实现，它把UDP数据报的大小限制在9000字节左右。

534

参 考 文 献

要是能找到本参考文献所引用的论文或报告的电子文档的话，我们就给出它们的URL。需留意的是，这些URL可能随时间而变动，因此读者应经常访问作者在`http://www.kohala.com/start`的WWW主页，检查本书的最新勘误表。

Bach, M.J. 1986. *The Design of the UNIX Operating System*. Prentice Hall, Englewood Cliffs, N.J.

Birrell, A.D., and Nelson, B.J. 1984. "Implementing Remote Procedure Calls," *ACM Transactions on Computer Systems*, vol.2, no.1, pp.39-59 (Feb.).

Butenhof, D.R. 1997. *Programming with POSIX Threads*. Addison-Wesley, Reading, Mass.

Corbin, J.R. 1991. *The Art of Distributed Applications: Programming Techniques for Remote Procedure Calls*. Springer-Verlag, New York.

Garfinkel, S.L., and Spafford, E.H. 1996. *Practical UNIX and Internet Security, Second Edition*. O'Reilly & Associates, Sebastopol, Calif.

Goodheart, B., and Cox, J. 1994. *The Magic Garden Explained: The Internals of UNIX System V Release 4, An Open Systems Design*. Prentice Hall, Englewood Cliffs, N.J.

Hamilton, G., and Kougiouris, P. 1993. "The Spring Nucleus：A Microkernel for Objects," *Proceedings of the 1993 Summer USENIX Conference*, pp.147-159, Cincinnati, Oh.

IEEE. 1996. "Information Technology—Portable Operating System Interface (POSIX) —Part 1: System Application Program Interface(API) [C Language]," IEEE Std 1003.1, 1996 Edition, Institute of Electrical and Electronics Engineers, Piscataway, N.J. (July).

这个版本的Posix.1含有1990年版基本API、1003.1b实时扩展（1993年）、1003.1c Pthreads（1995年）以及1003-1i技术性更正（1995年）。它同时也是国际标准ISO/IEC 9945-1: 1996 (E)。IEEE正式标准和草案标准的定购信息可从`IEEE`官方网站获取。遗憾的是，因特网上IEEE标准不是免费可得的。

Josey, A., ed. 1997. *Go Solo 2: The Authorized Guide to Version 2 of the Single UNIX Specification*. Prentice Hall, Upper Saddle River, N.J.

Kernighan, B.W., and Pike, R. 1984. *The UNIX Programming Environment*. Prentice Hall, Englewood Cliffs, N.J.

Kernighan, B.W., and Ritchie, D.M. 1988. *The C Programming Language, Second Edition*. Prentice Hall, Englewood Cliffs, N.J.

Kleiman, S., Shah, D., and Smaalders, B. 1996. *Programming with Threads*. Prentice Hall, Upper Saddle River, N.J.

Lewis, B., and Berg, D.J. 1998. *Multithreaded Programming with Pthreads*. Prentice Hall, Upper

Saddle River, N.J.

McKusick, M.K., Bostic, K., Karels, M.J., and Quarterman, J.S. 1996. *The Design and Implementation of the 4.4BSD Operating System*. Addison-Wesley, Reading, Mass.

McVoy, L., and Staelin, C. 1996. "Imbench： Portable Tools for Performance Analysis," *Proceedings of the 1996 Winter Technical Conference*, pp.279-294, San Diego, Calif.

Rochkind, M.J. 1985. *Advanced UNIX Programming*. Prentice Hall, Englewood Cliffs, N.J.

Salus, P.H. 1994. *A Quarter Century of Unix*. Addison-Wesley, Reading, Mass.

Srinivasan, R. 1995a. "RPC： Remote Procedure Call Protocol Specification Version 2," RFC 1831, 18 pages (Aug.).

Srinivasan, R. 1995b. "XDR： External Data Representation Standard," RFC 1832, 24 pages (Aug.).

Srinivasan, R. 1995c. "Binding Protocols for ONC RPC Version 2," RFC 1833, 14 pages (Aug.).

Stevens, W.R. 1992. *Advanced Programming in the UNIX Environment*. Addison-Wesley, Reading, Mass.

全部Unix编程细节。本书称之为APUE。

Stevens, W.R. 1994. *TCP/IP Illustrated, Volume 1: The Protocols*. Addison-Wesley, Reading, Mass.

对于网际协议的完整介绍。本书称之为TCPv1。

Stevens, W.R. 1996. *TCP/IP Illustrated, Volume 3: TCP for Transactions, HTTP, NNTP, and the UNIX Domain Protocols*. Addison-Wesley, Reading, Mass.

本书称之为TCPv3。

Stevens, W.R. 1998. *UNIX Network Programming, Volume 1, Second Edition, Networking APIs: Sockets and XTI*. Prentice Hall, Upper Saddle River, N.J.

本书称之为UNPv1。

Vahalia, U. 1996. *UNIX Internals: The New Frontiers*. Prentice Hall, Upper Saddle River, N.J.

White, J.E. 1975. "A High-Level Framework for Network-Based Resource Sharing," RFC 707, 27 pages (Dec.).

Wright, G.R., and Stevens, W.R. 1995. *TCP/IP Illustrated, Volume 2: The Implementation*. Addison-Wesley, Reading, Mass.

网际协议在4.4BSD-Lite操作系统上的实现。本书称之为TCPv2。

索　　引

我们不提供一个单独的词汇表（其中大多数条目将是首字母缩写词），不过本索引也可用作本书所用所有首字母缩写词的词汇表。可以首字母缩写的词条其主条目编排在缩写词之下。举例来说，所有对Remote Procedure Call（远程过程调用）的引用出现在RPC之下；在完整词条“Remote Procedure Call”之下的条目只是引用回RPC之下的主条目。

每个C函数的“definition of”（定义）条目给出该函数带方框的函数原型即基本描述的所在页。每个结构的“definition of”（定义）条目给出该结构的基本定义的所在页。那些在本书中有源代码实现的函数还有“source code”（源代码）条目。

索引中的页码为英文原书页码，与书中页边标注的页码一致。

索函数原型索引表

（下面所列页码均指页边栏中标注的页码）

（续）

（续）

结构定义索引表

（下面所列页码均指页边栏中标注的页码）